普通高等教育"十三五"规划教材
（风景园林/园林）

草坪学

（南方本）

赵　雁　主编

中国农业大学出版社
·北京·

内容简介

草坪学是一门应用性学科，知识更新快，尤其在水土保持、生态恢复、运动场草坪建植与养护等方面发展非常迅速。本书分为理论和应用两个部分，前者论述草坪草分类、常用草坪植物、草坪生态以及草坪质量评价；后者突出草坪建植的步骤、草坪养护与管理、草坪机械。教材反映草坪学全貌与最新进展，将草坪学各分支学科的内容尽可能有机交融，体系新颖。本书基础理论与应用技术有机结合，具有较高的理论水平和实际应用价值，可作为大学园林、风景园林、环境艺术等专业的教科书，也可供园林工作者、草种生产者与销售者参考。

图书在版编目(CIP)数据

草坪学：南方本 / 赵雁主编. — 北京：中国农业大学出版社，2017.8
ISBN 978-7-5655-1838-6

Ⅰ. ①草… Ⅱ. ①赵… Ⅲ. ①草坪-观赏园艺-高等学校-教材 Ⅳ. ①S688.4

中国版本图书馆 CIP 数据核字(2017)第 132578 号

书　名　草坪学(南方本)
作　者　赵　雁　主编

策划编辑	梁爱荣	责任编辑	韩元凤
封面设计	郑　川	责任校对	王晓凤
出版发行	中国农业大学出版社		
社　址	北京市海淀区圆明园西路 2 号	邮政编码	100193
电　话	发行部 010-62818525,8625	读者服务部	010-62732336
	编辑部 010-62732617,2618	出　版　部	010-62733440
网　址	http://www.cau.edu.cn/caup	e-mail	cbsszs@cau.edu.cn
经　销	新华书店		
印　刷	涿州市星河印刷有限公司		
版　次	2017 年 8 月第 1 版　2017 年 8 月第 1 次印刷		
规　格	889×1194　16 开本　14.25 印张　380 千字		
定　价	39.00 元		

普通高等教育风景园林/园林系列
“十三五”规划建设教材编写指导委员会

编写人员

主　　编　赵　雁

副 主 编　张晓波　车伟光　彭　燕

编　　委　(以姓氏拼音排序)

车伟光(云南农业大学)

何永宏(云南农业大学)

孟　静(云南农业大学)

彭　燕(四川农业大学)

孙凌霞(四川农业大学)

王有国(云南农业大学)

张福星(铜仁学院)

张晓波(海南大学)

赵秀枢(云南师范大学)

赵　雁(云南农业大学)

钟天秀(华南农业大学)

周　雯(云南农业大学)

朱燕蕾(云南农业大学)

出版说明

进入21世纪以来，随着我国城市化快速推进，城乡人居环境建设从内容到形式，都在发生着巨大的变化，风景园林/园林产业在这巨大的变化中得到了迅猛发展，社会对风景园林/园林专业人才的要求越来越高、需求越来越大，这对风景园林/园林高等教育事业的发展起到巨大的促进和推动作用。2011年风景园林学新增为国家一级学科，标志着我国风景园林学科教育和风景园林事业进入了一个新的发展阶段，也对我国风景园林学科高等教育提出了新的挑战、新的要求，也提供了新的发展机遇。

由于我国风景园林/园林高等教育事业发展的速度很快，办学规模迅速扩大，办学院校学科背景、资源优势、办学特色、培养目标不尽相同，使得各校在专业人才培养质量上存在差异。为此，2013年由高等学校风景园林学科专业教学指导委员会制定了《高等学校风景园林本科指导性专业规范(2013年版)》，该规范明确了风景园林本科专业人才所应掌握的专业知识点和技能，同时指出各地区高等院校可依据自身办学特点和地域特征，进行有特色的专业教育。

为实现高等学校风景园林学科专业教学指导委员会制定规范的目标，2015年7月，由中国农业大学出版社邀请西南地区开设风景园林/园林等相关专业的本科专业院校的专家教授齐聚四川农业大学，共同探讨了西南地区风景园林本科人才培养质量和特色等问题。为了促进西南地区院校本科教学质量的提高，满足社会对风景园林本科人才的需求，彰显西南地区风景园林教育特色，在达成广泛共识的基础上决定组织开展园林、风景园林西南地区特色教材建设工作。在专门成立的风景园林/园林西南地区特色教材编审指导委员会统一指导、规划和出版社的精心组织下，经过2年多的时间，系列教材已经陆续出版。

该系列教材具有以下特点：

(1)以“专业规范”为依据。以风景园林/园林本科教学“专业规范”为依据，对应专业知识点的基本要求，组织确定教材内容和编写要求，努力体现各门课程教学与专业培养目标的内在联系性和教学要求，教材突出西南地区各学校的风景园林/园林专业培养目标和培养特点。

(2)突出西部地区专业特色。根据西部地区院校学科背景、资源优势、办学特色、培养目标以及文化历史渊源等，在内容要求上对接“专业规范”的基础上，努力体现西部地区风景园林/园林人才需求和培养特色。院校教材名称与课程名称相一致，教材内容、主要知识点与上课学时、教学大纲相适应。

(3)教学内容模块化。以风景园林人才培养的基本规律为主线,在保证教材内容的系统性、科学性、先进性的基础上,专业知识编写板块化,满足不同学校、不同授课学时的需要。

(4)融入现代信息技术。风景园林/园林系列教材采用现代信息技术特别是二维码等数字技术,使得教材内容更加丰富,表现形式更加生动、灵活,教与学的关系更加密切,更加符合“90后”学生学习习惯特点,便于学生学习和接受。

(5)着力处理好4个关系。比较好地处理了理论知识体系与专业技能培养的关系、教学体系传承与创新的关系、教材常规体系与教材特色的关系、知识内容的包容性与突出知识重点的关系。

我们确信这套教材的出版必将为推动西南地区风景园林/园林本科教学起到应有的积极作用。

编写指导委员会

2017.3

前　言

草坪学是研究各类草坪草、草坪工程、草坪养护管理的理论及技术的一门应用科学，是园林或草业科学的专业核心课程之一。近年来，随着草坪在环保、城建、园林、体育、旅游、度假、娱乐、水土保持等方面的广泛应用，草坪绿地面积迅速增加；各式运动场、足球场、高尔夫球场及度假旅游区的发展，推动了草坪业的发展。随着经济的发展，人们生活水平的不断提高，城市园林绿化建设也越来越重要，草坪作为园林绿化的重要组成部分，以其独特的观赏价值，在园林绿地植物配置中起着基调和主体的作用，这为草坪业的发展提供了巨大的空间。

本书在参阅了国内外同类教材的基础上，系统地介绍了草坪的概念、草坪草的特征及分类、草坪草的生长发育规律、草坪草与环境因子的关系、常用草坪植物的种类、草坪建植与草坪养护管理的基础理论与技术、草坪应用的形式与方法以及草坪草质量评定的方法等八个部分的内容。本教材具有较强的针对性和实用性，编者们将多年来在草坪栽培、应用和养护方面的研究成果融入其中。此外，本教材配图较为全面丰富，方便学生掌握行业知识技能、了解行业最新发展动态。

本书由6所高等院校园林专业或草业科学专业的13名老师集体完成。编写具体分工如下：赵雁完成绪论部分、第2章2.1、2.2和2.3、第5章5.1至5.6的编写；张晓波完成第5章5.7和5.8的编写；何永宏完成第5章5.10的编写；彭燕完成第1章的编写；孙凌霞完成第3章的编写；王有国完成第4章4.1和4.2的编写；周雯完成第4章4.3和4.4的编写；孟静完成第5章5.9的编写；朱燕蕾完成第6章6.1和6.2的编写；张福星完成第6章6.3和6.4的编写；钟天秀完成第7章的编写；赵秀枢完成第2章2.4的编写。编写人员对本书各章内容进行了互换校阅与一审；而后由主编赵雁、副主编张晓波和车伟光对各章内容进行了二审工作。最后由赵雁对全书进行统稿。

感谢所有编写人员付出的辛勤劳动，感谢中国农业大学出版社对本教材给予的大力支持，感谢TORO公司无偿提供图片，书中的某些图片和案例分析数据来自草坪行(产)业相关网站，附录中列出参考网站的链接，感谢网站提供的开放平台。

由于时间关系，本书难免有错误疏漏之处，希望各位读者批评指正。

编者

2017.3.15

前言

编者

目 录

0 绪论

草坪自古有之，是自人类诞生以来就伴随在人们身旁的绿色卫士。草坪是现代城乡绿化中面积最广、数量最大的绿色生命之源，作为园林绿化的主体材料，在改善生态环境，美化绿化生活中起着越来越重要的作用。园林景观中，草坪可以单独成为主景，也能做配景，与山、石、水面、坡地以及园林建筑、园林植物等要素相结合，组成各种不同类型的空间景观，增添绿地景色和景观层次，为人们提供游览、休憩、活动的场地，使绿地发挥多种功能，草坪在园林绿地的应用逐年扩大。

0.1 关于草坪的几个基本概念

1. 草坪

在古代与近代乃至现代早期的中国出版物如《康熙字典》和《辞源》中都只有“草地”或“草坡”词目，无“草坪”词目。直到 1979 年在北京召开的全国园林学术会议，才由专家们正式确定了“草坪”专业术语词目，《辞海》(1979 版)将其定义为：“草坪亦称草地，是园林中用人工铺植草皮或播种草籽培养形成的整片绿色地面，是园林风景的重要组成部分之一，同时也是休憩、娱乐的活动场所。”

现代草坪不局限于园林中的应用，在运动场、水土保持地带、铁路、公路、飞机场和工厂等领域广泛使用。草坪较为全面的定义是：草坪即草坪植被，通常是指以禾本科草或其他质地纤细的植被覆盖，并以大量的根或匍匐茎充满土壤表层，是由草坪草的地上部分以及根系和表层土构成的整体。首先，草坪包括草坪草和草坪草生长的环境，是一个生态系统。草坪的性质为人工植被。不同于纯天然草地，草坪具有强烈的人工干预性，是由人工建植并定期修剪养护管理，或由天然草地经人工改造而成。其次，草坪具有独特的景观特征。不同于其他园林地被植物，草坪以低矮密集生长的多年生草本植物为主体，并相对均匀地覆盖于地面。最后草坪的使用目的明确。不同于放牧地或人工割草地，草坪的使用目的是保护环境、美化环境，为人类娱乐和体育活动提供优美舒适的场地。

草坪概念的演化经历了 3 个阶段：①自然意义上的草坪：草本植物自然生长的场所，如山川野地、道路两旁等日常生活中随处可见的低矮草原和植被，也就是草本植物群居生长的场所。②古典意义上的草坪：草地经家畜采食后所留下的低矮整齐、相对平坦的场地。这些场地被人们利用，为人们户外活动和竞技活动提供场所。公元前 631—前 579 年，波斯(今伊朗)将草坪配合花木装饰庭院，把种草作为绿化观赏内容之一，出现了缀花草坪。后来波斯的庭院给欧洲带来深远的影响。公元前 354 年，罗马在有关草坪的简短记述中，提到了庭园小块草坪的建设。伴随着十字军东征，草坪进入英国并首先在修道院中得以应用。13 世纪，英国有了用禾草播种建立草坪的技术，绅士和贵族们对草坪的建造和养护非常重视，把居住地铺设草坪视为一个家族声望和气派的标志，并在草坪上进行户外活动(休闲、野餐)及竞技活动。中世纪英国文献中有“草园”的记载。中世纪,欧洲的许多村庄建立起大面积的草坪,称为绿地或公共场所,供村民集会和娱乐活动。目前公认球场是现代草坪的先驱,1588 年在公有草地上进行的滚木球运动被纳入比赛项目,滚木球草坪是现代高尔夫球草坪的先驱。高尔夫运动兴起于 Linksland 的草坪上,英国圣安德鲁斯的老球场(The Old Course)已经存在了 500 多年,最初其草坪的修剪是由放牧绵羊啃食来完成。③现代意义上的草坪:需要养护管理的禾草所组成的绿地或由人工建植的绿色草地。在美国,草坪最初以村镇草坪的形式存在,多分布在市镇的广场或公园内。草坪为绵羊和山羊所喜食,致密的草坪为孩子及母亲所喜爱,可供儿童们散步及日光浴。二战之后,由于美国经济的迅速发展和人口的剧增,住房建筑业的发展对草坪应用的发展起到了积极的推动作用,使草坪的面积急剧上升,用途进一步扩大,养护水平愈来愈高,从而诞生了现代草坪。草坪发展的历史就是人们利用草地作为活动场所,进而发展到人类有意识地按照自己的需要建植人工草地——草坪,以满足人们休闲、娱乐、运动等需求的一个不断进步的漫长过程,也是人们认识草地、利用草地、改造草地和创造草地的一个历史过程。

2. 草坪草、草坪植物和地被植物

草坪草是指能够经受一定程度修剪而形成草坪的草本植物。2008 年出版的《草业大辞典》将草坪草定义为:“草坪草是用于草坪建植的能忍受修剪、践踏、碾压的草本植物,主要是指具扩展性根茎型或匍匐型的禾本科植物,是建植草坪最重要的基础材料。”草坪草是指用于建植草坪或着生于地面的草本植物本身,是草坪的基本组成部分和功能单位。一般认为,凡是适宜建植草坪的都可以称作草坪草,但现代草坪主要用禾本科草,因而把用于建植草坪的(禾本科)草坪草称为禾草,禾草具有株丛低矮、质地细腻的特点,能形成平展、整齐一致而品质优美的草坪;茎叶致密,刚性和弹性好,极耐践踏;须根系发达,大多具有地下根茎和匍匐茎,能形成草根絮结、牢固、易铺植的草皮;再生性好,能经受频繁的修剪和碾压等特性。随着草坪功能的日益扩大,除禾本科植物外,许多非禾本科的植物也被用于草坪建植。如莎草科的细叶苔草、豆科的白三叶、旋花科的马蹄金、百合科的沿阶草等。胡叔良认为,草坪植物是用以铺设草坪的植物之总称。传统地,凡能覆盖地面的植物均称地被植物,木本植物中矮小丛木、堰伏性或半蔓性的灌木以及藤本、竹类、蕨类、部分草本均可作园林地被植物使用。

国外的地被植物概念中明确将草坪植物排除在外,并认为地被植物与草坪植物的区别在于:草坪植物只能表现单调的绿色或黄褐色,而地被植物色彩丰富,除绿色外,还有蓝色、银色、紫色、铜色、红色以及金色等,通过合理的配置可以展示出丰富多彩的层次结构。严格地说,草坪植物也是一类特殊的地被植物,由于草坪很早以前就为人类广泛利用,长期实践中,已经形成一个独立的体系。为了研究和应用的方便,在第一次全国草坪及地被植物工作座谈会上,决定将草坪植物和地被植物两个概念明确开来,即属于禾本科和莎草科的地被植物统称“草坪植物”,草坪植物以外的其他地面覆盖植物称为“地被植物”。只有具有扩散生长特性的根茎型和匍匐型的禾本科或莎草科草类才属于草坪草。

草坪草具有三个主要功能。①生态保护功能:草坪与林地草地一样,可以对地区性气候要素如温度、降水、湿度、蒸发进行调节。草坪由于有草坪草层覆盖,其地面的热交换强度较小,温度较裸地低而稳定,可使近地面大气层和土壤的温度变化较小,同时草坪还具有水土保持的功能,可固土防尘。②休憩娱乐功能:均匀一致的绿色草坪具有很强烈的视觉效果,会给人一种身心愉悦的感觉,使人心胸开阔、陶冶情操。③组合空间功能:在同一块草坪上,为了同时满足众多游人与个别游人的需要,应进行空间大小的划分。在一定的视线范围内,多种植物的形态及其草坪空间的划分、主景的安排、树丛的组合和色彩与季相的变化都能直接影响草坪空间效果,给游人以不同的艺术感受。

3. 中英文草坪相关术语

中文虽然对草坪的定义不尽相同,但用词均相同,只有草坪一词,它是来源于草地又区别于草地不同用途的一个称谓。但是,英文中描述草坪的词汇，依草坪的起源、地域、民族、用途等划分比较细致，用词较多。下面对英语中有关草坪用词作简单解析。

Turf：草坪、草皮、草根土、草根块，引申为赛马、赛马场、用草皮覆盖等词义。英国于公元1150—1500年开始使用。Turf指由草坪草的枝条系统、根系和土壤最上层（约10 cm）构成的整体，其植被覆盖通常具大量垫状化的根，或以地下匍匐茎充满地表的上层，并具有耐低修剪和均一生长的特性。Turf一词在草原学中不使用。

Sod：草皮、草块、草垡、草泥。在草坪学上通常指草皮，是草坪被起草机铲起后，用切割机切割成的块状和条状并带有少量土壤的草产品，便于搬运和移栽。在搬运过程中常被卷成卷状，称为草皮卷。

Sward：草地、草皮、草甸、人工草地、铺草（皮），是草本植物群体的地上与地下部分的总称。它特指具有相对较矮生长习性和相对连续的地面覆盖。按Beard的解释，Sward是指由一种以上草坪草构成的Turf表面。Sward原来是草原学用语，与Turf是同义词。

Lawn：草坪、草地、天然草坪地、草场、林间空地。Lawn源于日耳曼语，是指被围起来的地方，是历来的荒弃地。具体是指森林间的开阔地；被草坪草覆盖，不能耕作的地面，特别是住宅附近及庭院、公园等处所的一部分，由纤细的草坪草覆盖，并低修剪管理的土地。

0.2 国内外草坪业发展概况

1. 草坪业

草坪业（turfgrass industry）是指用于环境美化、运动休闲、保持水土等的草坪及地被植物的生产与管理产业，包括草坪科学与技术、草坪的生产与管理、人力开发、草坪产品的制造、销售以及服务等。它是第二次世界大战后在世界兴起的一门新兴产业，是以农学、园艺学、土壤学、植物学、林学、肥料学、农田灌溉学、农业工程学、生态学、环境学、草坪学及运动体育、娱乐休闲等多种学科和技术为基础，以草坪草与地被植物为对象，以人类美学为前提的生产产业。因此，庭园美化、娱乐休假地建设，运动竞技场地，家庭居宅，墓地绿化，道路、坡面保护等都是草坪业的对象。草坪业由四大产业体系构成：草坪建植体系（包括运动场、公园、工厂、居宅、机场、路面等的绿化建设）；草坪产品体系（包括草皮、种子、化肥、农药、土壤改良剂、沙、机具等的制作及出售）；草坪服务体系（包括草坪绿地的管理、草坪的直接经营、全面承包、部分承包）；草坪科研教育体系（包括进行草坪专门人才的培养教育、进行有关草坪的研究与开发以及草坪草良种改良）。

1966年，James B. Beard在美国农学会草坪分会的年会上提出成立国际草坪学会（International Turfgrass Society）的建议并得到其他成员的支持，学会于1969年正式成立。同年在英国举办了第一届国际草坪会议，有13个国家的83位代表出席。2013年，第12届国际草坪会议在北京顺利召开，有17个国家和地区的200多名代表出席。特邀9位国际草坪界知名学者进行主题发言，有46个口头报告和65篇墙报展出，收到论文123篇。一系列草坪学术会议的召开标志着现代草坪事业在世界范围内的发展。一些国家纷纷建立草坪研究机构，对草坪进行了系统的研究，为草坪业的发展起到了重要的促进作用。我国草业协会草坪分会成立于1983年，并发展到具1 000名会员的规模。

2. 国外草坪业的发展概况

草坪业在世界各地都取得了重大的发展，人们对它在现代社会中的独特价值有了新的认识。目前，美国、英国、法国、德国、意大利、加拿大、丹麦、比利时、新西兰、澳大利亚和日本等国家，城市裸地的绿地覆盖率都在80%以上，有的超过90%。草坪业是美国近几十年来与种植业有关的行业中发展最快的行业，并且这种趋势有增无减。美国的草坪业已与航空航天、汽车制造、石油、电子和化工等一起被列为十大产业，尤其在佛罗里达等几个州是支柱产业之一。现在美国草坪草覆盖面积超过2 000万 hm^2，这其中包括几千万公顷的庭院草坪、公园，70万 hm^2 的运动场草坪和1.7万座高尔夫球场。截至2005年，美国草坪业每年产值约为400亿美元，此外美国高尔夫产业每年提供大约200万个工作岗位和总共610亿美元的工资收入。而整个相关产业的经济效益高达1 950亿美元,其中直接经济效益为760亿美元。

3.我国草坪业的发展概况

现代草坪业作为一项新兴产业直到20世纪80年代才进入我国,并以1990年北京亚运会为契机,开始逐步走向正规化、专业化、市场化的发展之路。随着国内经济的发展和城市化进程的加快,国内草坪需求大幅提升,为草坪业的发展创造了良好的条件。尤其进入21世纪以来,2008年的北京奥运会、2010年的上海世博会、高尔夫世界杯在中国的连续举办,还有海南国际旅游岛以及高尔夫球重新加入奥运会等一系列好消息,国内草坪业步入全面发展的新阶段,目前已基本形成了草坪及相关产品生产销售与服务一条龙的产业体系,成为我国国民经济中一个新的增长点。2010年全国城市绿地面积发展到了213万hm^2。在高尔夫球场方面,2004年以来发展极为迅速,6年时间内新增球场设施197个,截至2009年底已经运营的高尔夫球场设施共有348家。高尔夫消费人群已经突破100万人,其产业总产值接近500亿元。另外我国与草坪相关的公司数量经过过去10多年的快速发展已经达到了5 000余家,其中上规模的综合型草坪业公司有20~30家。这些公司大多数集中于北京、上海、大连、青岛和深圳等少数大城市。尽管我国现代草坪科学研究与教育滞后于发达国家,但2003—2013年间,随着我国草坪业的快速发展,中国现代草坪高等教育经历了一个高起点、高速度的发展历程。1989年甘肃农业大学草业学院第一个开始开设"草坪学"课程。截至2010年,全国设置草坪专业的高等学校超过30所(不包含只有研究生专业没有本科专业的院校、职业技术学院和科研单位),在读本科学生达到5 227人。

总体来看,今后我国草坪业发展的重点任务主要包括以下两个方面:制定行业标准和加强行业管理。长期以来,国内草坪业的管理较为混乱,没有统一的草坪行业标准和相关管理法规,严重制约了我国草坪业的发展。加强科研教育,提高科技产出是目前的任务之一。目前售卖的草坪草种子基本靠进口,并且只适用于建植草坪,不能进行繁育。再加上草坪草育种技术要求高、育种周期长、培育新品种的投资大、相关技术与设备落后、国内新品种保护制度不完善等各方面因素的影响,国内草坪草种的育种与制种工作严重滞后于草坪产业的发展,严重制约了草坪业的发展。

0.3 草坪学

草坪学是研究各类草坪草、草坪工程、草坪养护管理理论及技术的一门应用科学。园林专业的草坪学不仅研究各类草坪草、草坪工程、草坪养护管理的理论和技术,而且研究草坪与园林景观的合理配置;以禾本科草坪草为主要研究对象,也包括部分观赏草和地被植物,是多学科渗透、组合、创新后的一门应用学科。

草坪学涉及广泛的学科内容,与土壤物理学、土壤化学、土壤微生物学、土壤肥料学、植物分类学、植物生理学、植物营养学、牧草栽培学、种子学、农田灌溉学、农业工程学、生态学、植物保护学、杂草防治学、运动场管理、娱乐场管理、园林设计、环境学、美学、计算机学等学科有密切关系。

【复习思考题】

1.如何理解现代草坪的概念?

2.草坪的功能有哪些?

3.简述草坪与草坪草的概念与区别。

4.根据世界草坪发展简史,试总结草坪发展的规律。

5.常用的英文草坪词汇有哪些?试说明其内涵。

第1章

禾本科草坪草的分类和特征

据估计，地球上现有高等植物种类约35万种，其中最高级的一个门类为被子植物，它可分为双子叶植物纲和单子叶植物纲，不仅分布广泛而且经济价值极高。被子植物中的禾本科植物，种类多，约750属近万种，分布范围广，适应环境能力强，如今形成了与人类生存与发展息息相关的农作物、栽培牧草、草坪草、观赏草等。为了将众多草坪草从外形上区分开来，以及更好地了解它们的生态习性和使用功能，需要按照一定的标准对草坪草进行归类。

1.1 草坪禾草的分类

草坪草是组成草坪的基础植物材料。传统观念认为组成草坪的植物是以禾本科草类为主体，因为从草坪的景观和运动功能来看，禾草更具备典型的草坪性状。随着草坪应用范围的拓展，当代草坪的生态功能越来越突出，那些具备生态功能的植物也进入草坪的组成行列。因此，扩展后的草坪草内涵不仅包含经典的具草坪性状的禾本科草类，也包含能体现草坪诸多功能的禾本科以外的植物。如豆科植物、莎草科植物以及其他科的植物。

1.1.1 草坪草的植物学分类

在植物系统分类中，设立各分类等级和单位将众多的植物类群按其进化程度和亲缘关系分门别类，从而形成分类系统。根据《国际植物命名法规》，每种植物的学名（拉丁名）只有1个，按照经典的植物分类法对草坪草进行分类，每一种草坪草都有一个两个单词组成的学名，第一个单词为属名，第二个单词为种名，均以斜体表示，后面常跟上命名人姓名的缩写，以正体表示。如草地早熟禾的拉丁名为 *Poa pratensis* L.，它的分类位置如下：

植物界 Palantae
　种子植物门 Spermatphyta
　　被子植物亚门 Angiospermae
　　　单子叶植物纲 Monocotyledoneae
　　　　颖花亚纲 Glumiflorae
　　　　　禾本目 Poales
　　　　　　禾本科 Poaceae
　　　　　　　早熟禾亚科 Pooideae
　　　　　　　　早熟禾族 Poeae
　　　　　　　　　早熟禾属 *Poa*
　　　　　　　　　　草地早熟禾 *Poa pratensis* L.

按照植物学的分类方式，草坪草可分为禾本科草坪草和非禾本科草坪草两大类。

（1）禾本科草坪植物　大部分草坪草属于禾本科。禾本科植物是地球上分布最广泛的植物类型，其下分为6个亚科、25个族、600个属和7 500个种，其中可用作草坪草的约几十种，分属于羊茅亚科、画眉草亚科、黍亚科，为单子叶植物。禾本科常见草坪草见表1-1。

表 1-1　禾本科内主要草坪草种

亚科	属	种
羊茅亚科	羊茅属	高羊茅、紫羊茅、羊茅、匍匐紫羊茅、硬羊茅
	早熟禾属	草地早熟禾、一年生早熟禾、粗茎早熟禾、加拿大早熟禾
	黑麦草属	多年生黑麦草、一年生黑麦草
	剪股颖属	匍茎剪股颖、细弱剪股颖、茸毛剪股颖
	雀麦属	无芒雀麦
	狗尾草属	洋狗尾草
	碱茅属	碱茅、纳托尔碱茅、莱蒙氏碱茅
	梯牧草属	梯牧草
	冰草属	冰草、蓝茎冰草
画眉草亚科	狗牙根属	狗牙根、杂交狗牙根、布拉德雷氏狗牙根
	结缕草属	结缕草、沟叶结缕草、细叶结缕草、中华结缕草、大穗结缕草
	野牛草属	野牛草
	垂穗草属	格兰马草、垂穗草
黍亚科	假俭草属	假俭草
	钝叶草属	钝叶草
	地毯草属	地毯草、近缘地毯草
	雀稗属	海滨雀稗、巴哈雀稗
	狼尾草属	铺地狼尾草

羊茅亚科草坪草为冷季型草，绝大多数分布于温带和亚热带地区，热带地区偶有分布。一般为长日照植物，其花的产生须具备春化作用和凉爽的夜晚。花有 1～12 个小穗，脱节于颖片之上，小花脱落后两花间的颖片仍附着在株体上。花序为圆锥花序，偶有总状花序和穗状花序。花的苞片纵生而折叠，花序侧向压缩。光合作用中，主要通过卡尔文循环（C_3）固定碳。共有 9 个族，其中 3 个族含草坪草。

画眉草亚科草坪草属暖季型草，主要分布于热带、亚热带和温带地区。有些种能完全适应这些气候带的半干旱地区。一般为短日照和中日照植物，须通过春化作用和温暖的夜晚才能形成花。大多数的小穗类似羊茅亚科，染色体数量、大小以及大部分的胚、根、茎和叶的特征与黍亚科相近。光合作用中碳的固定主要是 C_4 途径。共有 8 个族，其中虎尾草族和结缕草族的部分草类可用于草坪。

黍亚科的草坪草也为暖季型草，大多数生长在热带和亚热带。常为短日照或中日照植物，花形成期需温暖夜晚而不需春化作用。小穗是典型的单花小穗，小花脱落时，脱节发生在颖片之下，整个小穗（包括颖片）脱落。一般为圆锥花序，偶见小穗近轴压缩的总状花序。光合作用中碳固定主要通过 C_4 途径。黍族和须芒草族中部分草种可用作草坪草。3 个亚科的草坪草的形态和解剖特征见表 1-2。

表 1-2　早熟禾亚科、画眉草亚科、黍亚科形态和解剖特征

器官	早熟禾亚科	画眉草亚科	黍亚科
根	长和短的表皮细胞交替存在，只有短的细胞长出根毛。	所有的表皮细胞相似，每一个都能长出根毛。	所有的表皮细胞相似，每一个都能长出根毛。
茎	茎的节间中空，被维管束包围，在节间基部没有分生组织隆起，隆起位于叶鞘基部。	茎的节间实心，在髓内分散着维管束，节间基部具分生组织隆起，在叶鞘的基部有很小的隆起或没有。	茎的节间实心，在髓内分散着维管束，节间基部具分生组织隆起，在叶鞘的基部有很小的隆起或没有。
叶	具双层维管束鞘，鞘的细胞小而壁厚，外层鞘的细胞大，叶肉组织排列松散，细胞间隙大，没有小纤毛，叶舌膜质。	维管束鞘外层具有大细胞，在某些禾草中，内鞘的细胞小而壁厚，叶肉细胞围着维管束放射状排列，具有细小纤毛，叶舌通常具有纤毛边缘。	维管束鞘是典型的大细胞单层鞘，叶肉细胞间隙小，具有两细胞小纤毛，叶舌膜状。
花序	小穗具 1 个或几个能孕的小花，浆片伸出，顶端尖。	小穗具 1 个或几个能孕的小花，浆片小。	小穗具 1 个能孕的小花，下面有一退化小花，浆片短而平截。
胚	中胚轴无节间，有外胚叶，胚小，大约是颖果的 1/5。	中胚轴具节间，有外胚叶，胚大，大约是颖果的 1/2 或更大。	中胚轴具节间，无外胚叶，胚大，大约是颖果的 1/2 或更大。
染色体	染色体基数 $x=7$，染色体大。	染色体基数 $x=9$ 或 10，染色体小。	染色体基数 $x=9$ 或 10，染色体小到中等大小。

（2）非禾本科草坪植物　除禾本科草坪草外，某些非禾本科草类因具有纤细的叶片、发达的匍匐茎、耐践踏、易形成草皮等特性，也可用作建植草坪。如莎草科苔草属的细叶苔草、白颖苔草，豆科的白三叶，旋花科的马蹄金，百合科的沿阶草。也有把这类植物称为草坪地被植物，因为它们符合地被植物（ground-cover）的定义：覆盖地表面的一类低矮植物群体（标高50 cm以下）。

1.1.2　草坪草的人为分类

草坪草是根据草类生产属性而区分的一类特殊经济类群，因而分类方法多样。除了以上的植物学分类法，还可根据草坪草的形态特征、对环境条件的适应性、应用特点等进行分类（表1-3）。

表1-3　草坪草分类简表

分类依据	分类	一般说明
植物学分类	禾本科草坪草	是草坪草的主体，分属于羊茅亚科、画眉草亚科、黍亚科，为单子叶植物，约有几十个种。
	禾本科以外的草坪草	具有发达的匍匐茎，或其他优良特性，如白三叶、马蹄金、多变小冠花、沿阶草等。
气候与地域分布	冷季型草坪草	最适生长温度为15～25℃，主要分布于华北、东北、西北等地区。
	暖季型草坪草	最适生长温度为25～35℃，主要分布于长江流域以南地区。
草叶宽度	宽叶草坪草	叶宽茎粗，生长强健，适应性强，适用于较大面积的草坪地，如结缕草、地毯草、假俭草、钝叶草等。
	细叶草坪草	茎叶纤细，可形成致密的草坪，但生长势较弱，要求光照充足、土质较好的条件，如细叶结缕草、紫羊茅、细弱剪股颖等。
植株高度	低矮草坪草	株高一般在30 cm以下，可形成低矮、致密的草坪，具发达的匍匐茎和根茎，耐践踏，管理方便，大多数种类适合于我国夏季高温多雨的气候条件，以无性繁殖为主，成坪所需时间较长，主要是一些暖季型草坪草，如狗牙根、结缕草、野牛草、假俭草等。
	高型草坪草	株高通常为30～100 cm，主要进行播种繁殖，生长速度快，在短期内可形成草坪，适用于大面积草坪建植，需经常修剪方能形成平整的草坪，如高羊茅、草地早熟禾、多年生黑麦草等。
生活型	根茎型	具有根状茎的草坪草，从根状茎长出分枝。这种地上枝又产生自己的根状茎并以同样的方式形成新枝，如狗牙根。
	丛生型	这类草坪草主要通过分蘖进行分枝。分蘖枝与主枝呈锐角方向伸出形成株丛。各代侧枝都形成自己的根系。如高羊茅、多年生黑麦草。
	根茎-丛生型	由短根状茎把许多丛生型株丛紧密地联系在一起，形成稠密的网状，如草地早熟禾。
	匍匐茎型	这类植物的茎匍匐地面，并不断向前延伸。在茎节上可以发芽，长出枝叶，向下可产生不定根，把枝条固定于地面。如狗牙根、结缕草等。

1. 依地理分布与气候及生态适应性分类

通常将草坪草分为冷季型草坪草和暖季型草坪草两类。

冷季型草坪草：又可称之为冷地型、寒地型或冬绿型草坪草，主要分布在寒温带、温带、暖温带地区以及亚热带、热带的高海拔地区。冷季型草坪草适宜在我国黄河以北的地区生长，生长发育的最适温度为15～25℃，主要特征为耐寒冷，喜湿润冷凉气候，抗热性差，春秋两季生长旺盛，夏季生长缓慢，呈半休眠状态，生长主要受夏季炎热强度和持续时间以及干旱环境的制约。冷季型草坪草主要以种子繁殖，容易建立大面积草坪，需经常修剪。属于羊茅亚科。

暖季型草坪草：又称夏绿型草种，主要分布于亚热带、热带。暖季型草坪草适宜在我国长江以南的广大地区种植，生长最适温度为25～35℃。其主要特征是性喜温暖、湿润气候，耐寒能力差。早春开始返青复苏，入夏后生长旺盛，进入晚秋，茎叶开始枯萎退绿，气温下降到10℃时，呈休眠状态。在暖季型草中，野牛草类似于冷季型草的性状，不耐炎热，但能耐－39℃的低温，在我国东北、西北、华北北部生长良好。暖季型草坪草仅少数可获得种子，主要进行营养繁殖。属于画眉草亚科和黍亚科。

2.依叶宽度分类

根据植株叶片宽度可分为宽叶草坪草和细叶草坪草。

宽叶草坪草：叶宽茎粗，生长强健，适应性强，适于建植管理较粗放的草坪，如结缕草、假俭草、高羊茅等。

细叶草坪草：茎叶纤细，形成的草坪致密，但生长势相对较弱，要求光照充足，土质良好的环境条件以及较好的管理水平，如细叶结缕草、草地早熟禾、野牛草等。

3.依植株高低分类

根据植株自然生长高度可分为低矮草坪草和高型草坪草。

低矮草坪草：株高一般在30 cm以下，可形成低矮、致密的草坪，具发达的匍匐茎和根茎，耐践踏，管理方便，大多数种类适合于我国夏季高温多雨的气候条件，以无性繁殖为主，成坪所需时间较长，主要是一些暖季型草坪草，如狗牙根、结缕草、假俭草、地毯草、野牛草等。

高型草坪草：株高为30～100 cm，播种繁殖，在短期内可形成草坪，适宜于大面积草坪设置。多为丛生型的草类，无匍匐茎和根状茎，必须经常刈剪方能形成平整的草坪，补植和恢复较困难。主要是冷季型的一些草坪草，如高羊茅、黑麦草等。

4.依生活型分类

根据草坪草的生活型可分为根茎型、丛生型、根茎-丛生型和匍匐茎型。详细叙述见1.2.3中的分枝方式。

1.2　草坪禾草的形态特征和基本结构

典型草坪草的各组成部分及其外部形态特征如图1-1所示。

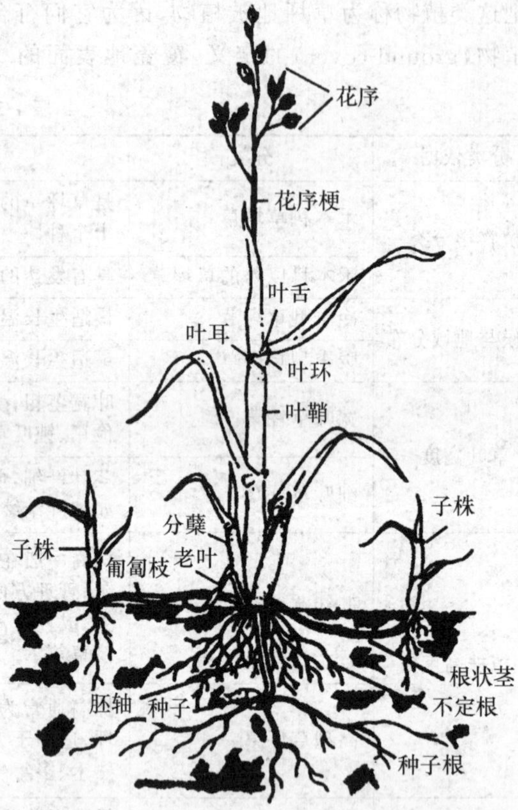

图1-1　草坪草植株模式图

1.2.1　根

1.根的类型

草坪草的根有胚根(primary roots)和不定根(adventitious roots)2种类型。胚根是种子萌发时最先产生的初生根。草坪草种子播种之后，气温、土壤、温度、水分等环境因子满足它的需要时就生根发芽，这时由胚长出的初生根称为胚根，胚根使幼苗固定在土壤中，并吸收水分和养分。胚根的寿命较短，随植株长出真叶后，便逐渐萎缩。不定根：当第一片真叶充分开展的时候，光合作用积累的有机物质，使幼茎基部长出许多纤细、等粗的次生根，即不定根，也称须根。从匍匐茎和根状茎的茎节上也能长出不定根，由不定根及其产生的侧根组成成熟草坪的整个根系。

2. 根系的结构与功能

根由有序排列的细胞组成，这些细胞由位于根冠后面的分生组织细胞分裂而产生。根冠对分生组织起保护作用，以防止根在生长过程中穿行时因受到土粒的摩擦而损伤。根顶端分生组织细胞不断分裂产生新细胞补充到根冠中，并为根尖的生长提供基础。细胞分裂后，新细胞伸长推动根冠在土壤中穿行。伸长细胞的分化和成熟导致特殊组织的发育，使根能够吸收和运输水分及养分到植株的其他部位。把从土壤中吸收的物质向上的运输叫向顶运输(acropetal transport)，将光合产物由叶到根的运输叫向基运输(basipetal transport)，这对维持根的生长和呼吸是必要的。根毛产生于表皮细胞，在一些草坪草中只有特化的表皮细胞才能产生根毛。根毛大大地增加了吸收水分和养分的表面积。

草坪草体内物质的运输是通过中柱内木质部的导管进行的，而光合产物的向下运输则是通过中柱内韧皮部的筛管进行。表皮细胞和中柱间物质交换是通过在活的皮层细胞(共质运动 symplastic movement)或细胞间隙(非胞质运动 apoplastic movement)中的扩散完成的。皮层内紧靠中柱的一层特殊细胞称内皮层。内皮层细胞壁除外切向壁外其他五面壁均加厚，形成凯氏带从而限制了水和其他物质的非胞质运输。物质进入中柱需要通过活原生质体，因此要依赖呼吸产生的能量。在土壤十分紧实或渍涝的地方，草坪草的根因供氧不足呼吸作用降低，不能产生充分的能量供给，使根内的物质运输受阻，进而导致草坪草生理萎蔫。

3. 根的寿命

不定根的寿命理论上与它们所支持的匍匐茎和根状茎的寿命一样长，但不良的气候和土壤条件常常引起根的死亡，而与它们联系的茎仍然存活。冷季型草坪草根的发生和生长的最适季节是凉爽的春季和秋季，根的退化和死亡则多发生在炎热、干燥的夏季。适宜根生长的温度一般低于茎所需的温度。如果冷季温度高于 0℃，根仍能保持生长。暖季型草坪草的根在夏季生长最活跃，适于生长的温度通常高于冷季型草坪草。冷季型草坪草根系生长的适宜土温为 12～15℃，暖季型草坪草则为 26～28℃。草坪草根系寿命随草种及所处的环境不同而有很大变化，根系每年更换的程度也不相同。草地早熟禾根系的大部分保持 1 年以上，但翦股颖、多年生黑麦草和普通早熟禾的根系每年都有大部分被更替。

4. 根系的分布

根据观察，草坪草的根系 70% 以上分布在地面以下 0～20 cm 土层中。少数达到 30～50 cm，极少数种类的根可达到 1 m 以上。根的长短受草坪草的种类、品种、土壤条件、施肥条件、灌水方法、刈剪频率、种植年限、踏压程度等诸多因素影响。如地下深部施肥，根则会向深处分布；刈剪次数多时，地上绿色部分极度矮化，根几乎分布在表层；过度踏压将使根坏死，新根向上分布，使草坪草逐渐失去活力。了解和掌握根系的分布深度，有利于在建坪之前考虑整理坪基的深度、施用基肥的数量及排水系统的设计。

5. 根系发育与草坪质量的关系

根系的主要功能是在土壤中吸收水分和养分，供草坪草生长发育之用，同时起机械支撑的作用，使植株固定在土壤中，它的作用主要是通过根系表面的根毛完成的，老根毛和新根毛不断地进行更新。它们具有向地和向湿性。须根生长越多，分蘖、叶片等地上部分的生长势越好，植株越茂盛。新生的根粗而呈白色，随着根龄的增长，根逐渐变细、颜色变深。根的腐烂从表皮开始，最后扩散到中柱。根上较老的表皮会脱落(剥皮)，但裸露的中柱仍能将水分和养分运输到植株的上部。

根系的深度与耐旱能力密切相关，通常根系越深，耐旱能力越强，相反则耐旱能力差。为增强根从土壤中吸收水分和养分的能力，满足草坪草生长发育的需要，促进生成一个发育良好的根系是重要的，这一点在缺水而炎热的夏季更为重要。连续的低修剪、高温、氮素过多、不利的光照条件都会降低根的生长。因此，通过适时适量供给草坪水分和养分，适宜的剪草次数和留茬高度，适当的松土更新作业,可使根系生长发育良好,从而促使草坪地上部分生长茂盛。根系是草坪草生长发育的基础,提高草坪养护管理水平,促进根系良好生长是保证草坪质量的关键。

1.2.2 茎

1. 茎的组成

草坪草茎的组成包括茎基、横走茎和直立茎。除茎基外,所有的茎都具有伸长的节间,容易识别。

茎基是一个高度压缩的茎,是个隐含器官,不易辨认(图 1-2)。茎基位于地表或地表附近,它的上半部分(包括生长点)完全包被于几个叶鞘的基部,是植物生长的关键器官。根、直立茎、叶都是从茎基上长出,即所有生长都从茎基开始。茎基通常出现在以下几个部位:萌发种子的胚中,根茎和匍匐茎的末端及腋芽中,新的分蘖体的腋芽中。与双子叶植物的生长点位于顶端不同,草坪草因有这种高度压缩的茎基,生长点低位,因而具有较好的耐践踏和耐修剪性。茎基也作为碳水化合物的贮藏器官,在草坪草的营养生长中具有重要地位。

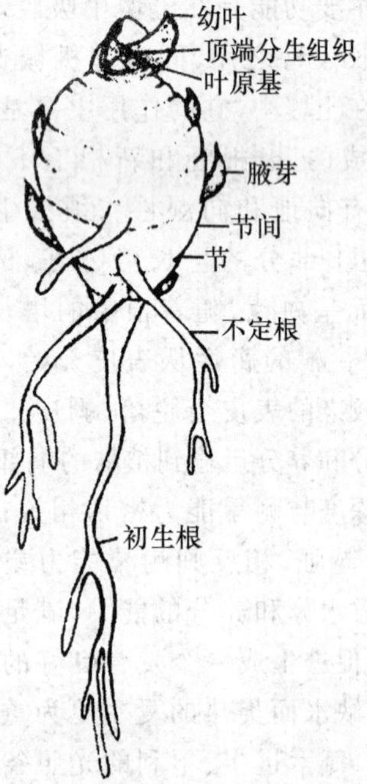

图 1-2 草坪草的茎基和其上的叶原基、腋芽、根

草坪草中另一类重要的茎是横向生长的匍匐茎和根状茎。这类茎来自于茎基上腋芽的伸长。匍匐茎沿地表生长,位于土壤表面之上,在每个节上形成根和新蘖枝。如果匍匐茎的末端向上生长,也可以形成新的地上茎。匍匐茎的节也可在水平方向分枝,形成复杂的网状侧枝。具匍匐茎的草坪草包括匍匐翦股颖、狗牙根、结缕草等。根状茎位于土壤表面之下,包括有限型和无限型 2 种。有限型根茎通常很短,并且末端向上生长形成新的地上茎,它的生长分为三个阶段:由母茎向下生长阶段、水平生长阶段和向上生长阶段。向上生长的根状茎到达地表附近时,因获得光照而导致节间生长停止,形成新的地上枝条。具有有限型根状茎的草坪草包括草地早熟禾、匍匐紫羊茅和红顶草(小糠草)等。其中,草地早熟禾的有限型根状茎最发达,可以在较紧实的土壤中生长良好。无限型根状茎较长,在每个节上都有可能生成新的蘖枝。这种地下茎的腋芽可以生出地上枝条。狗牙根除具有无限型根状茎外,还有匍匐茎。无限型根状茎的伸展长度可以从很短(根状茎末端几乎直接向上生长)到十几厘米甚至更长。它不像根那样在末端有细胞的分裂,却具有地上茎一样的生长方式,由互生的叶、生长点、节、节间和腋芽组成,除顶端生长外,还可进行居间生长,而且具有退化的鳞状叶片(图 1-3)。

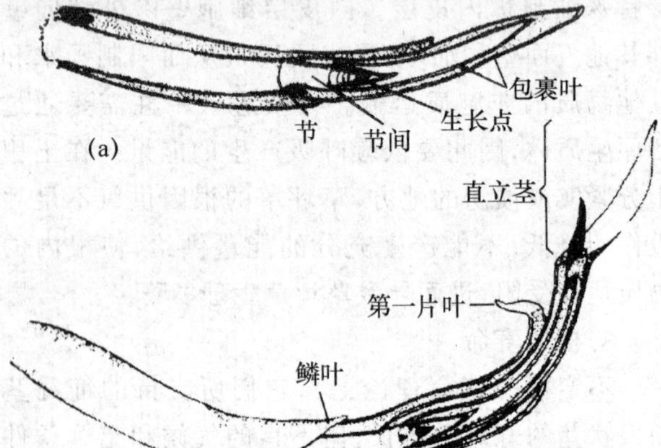

图 1-3 根状茎示意图

(a)根状茎通过叶和节间伸长而生长,生长点与地上枝条相似,密闭在几个叶中

(b)叶片的出现,标志根状茎向上生长形成直立茎

根状茎的末端是一个包裹着生长点的圆锥形小叶。在根状茎的衰老部分，每个节上的叶子已经脱落并且露出相邻的节间。每个叶的叶腋都生长着可以发育为根状茎或地上茎的腋芽。在腋芽周围可产生不定根。根状茎的末端先是通过鳞叶的伸长而后通过节间的伸长穿出土壤。末端部分的鳞叶有很短的叶片。叶片的发育标志着根状茎开始向上生长，并随之形成地上茎。当叶片获得光照时，节间伸长便停止，并从生长点不断地形成新叶，一个类似于幼苗所具有的茎基也就形成了。

具有横走茎的草坪草覆盖地面的能力特别强，且盖度大，因而建成的草坪质量比较高。比如冷季型草坪草中的匍茎翦股颖具有匍匐茎，草地早熟禾具有根状茎，而暖季型草坪草中的狗牙根、结缕草既具匍匐茎又具根状茎，不具匍匐茎的草坪草主要依靠分蘖扩展和覆盖地面。

2.分蘖

新生草坪草抽出几片叶后，植株进入一个新的发育阶段。这时，在叶腋处形成腋芽，这些芽逐渐发育成地上枝条。这种腋芽形成新的地上枝条的过程叫分蘖。不同于根状茎和匍匐茎的伸展，分蘖枝无向地性，由叶鞘内长出，直接向上生长，所以也称为鞘内分枝(intravaginal branching)。分蘖后产生了许多与母体直接相连的新生枝条。在匍匐茎和根状茎上生成的直立茎也可以产生分蘖。因此，分蘖和水平分枝使单一的幼苗群体最终形成一个完整的草坪草群落(图 1-4)。

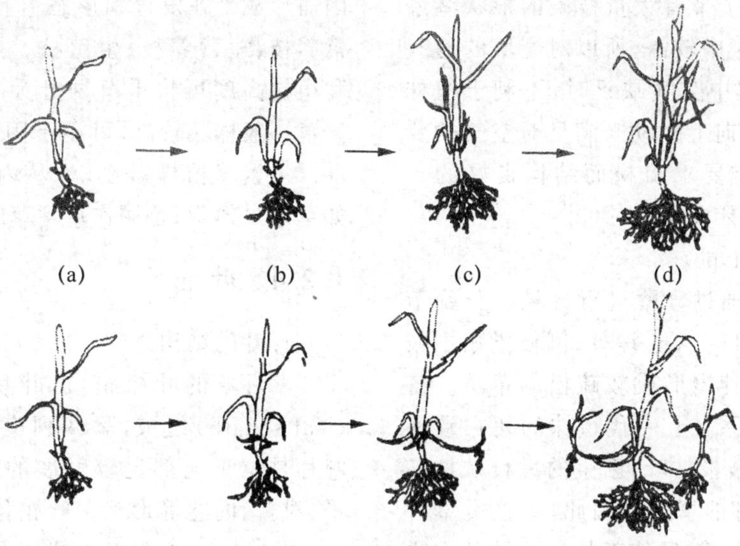

图 1-4　草坪草鞘内(分蘖)和鞘外(根茎或匍匐枝)分枝示意图

(a)、(e)亲本　(b)～(d)鞘内分枝　(f)～(h)鞘外分枝

草坪之所以能被多年利用，不是因为植株个体可以无限生存，而是由于草坪群落中新陈代谢的动态平衡。在一个具有生命力的草坪群落中，单个枝条最终必然死亡，并为新的枝条所代替，正是这种动态的更替，才使草坪维持了一个令人满意的密度水平。个体植株的寿命一般不超过 1 年。秋季的分蘖对草坪安全越冬和春季返青具有重要意义，但进入夏季这些枝条可能死亡。春天的分蘖对草坪夏季保持良好的外观很重要。如果环境条件恶劣，新的分蘖通常会先死亡，春天开花的分蘖，通常会在入秋之前死亡。

新生成的分蘖在形成自己独立的根系和叶片系统以前依靠母体提供养分。尽管成熟的分蘖常常表现为独立的植株个体，但在分蘖之间实际上有维管系统相互联系着。因此，草坪实际上是一个高度协调的系统而不是一个独立分蘖体的集合。

1.2.3 分蘖(枝)方式

草坪草的分枝方式主要有鞘内分枝和鞘外分枝(extravaginal branching)2 种。鞘内分枝主要产生分蘖枝条,鞘外分枝主要产生根状茎和匍匐茎。不同的草坪草分枝的方式不同,导致它们具有不同的分枝类型。主要的分枝类型包括以下 5 种:

1. 根茎型(rhizome type)

这类草坪草具有根状茎,从根状茎上长出分枝。根状茎在离母枝一定距离处向上弯曲,穿出地面后形成地上枝。这种地上枝又产生自己的根状茎并以同样的方式形成新枝。根状茎每年可延伸很长,如匍匐冰草年伸长长度可达 1～1.5 m,重量每公顷可达 30 t。这种草繁殖能力强,能在地下 0～20 cm 深处形成一个带有大量枝条的根状茎系统。由于根状茎在土壤中较深,所以对土壤的通气状况十分敏感,当土壤中空气缺乏时,不利于植株产生根状茎,分蘖节便向上移动来满足对空气的要求。因此,根茎型草类要求疏松而结构良好的土壤。如草地早熟禾、狗牙根等。

2. 疏丛型(bunch type)

这类草坪草主要通过分蘖进行分枝。分蘖节位于地表或地表以下 1～5 cm 深处,侧枝紧贴主枝或与主枝呈锐角方向伸出形成较疏松的草丛。各侧枝都形成自己的根系。上一代植株的死亡致使土壤中沉积了大量的残根枯叶,新生的嫩枝从株丛边缘长出,形成"中空"的草丛。因此,对这类草坪草应及时进行梳耙和施肥,促使新枝叶从株丛中央长出而使草坪均匀。疏丛型草坪草由于分蘖节位于地表,空气较充足,但失水较快,因此抗旱性较差。如高羊茅、多年生黑麦草等。

3. 密丛型(thick-bunch type)

分蘖节位于地表以上或接近地表,处于空气充足的条件下。分蘖节产生的新枝条与母枝平行向上生长,并保持在叶鞘内(鞘内分枝),因而形成紧密的小丘状株丛。草坪草中央紧贴地面,而周围高出。草丛直径随时间而扩大,形成"中空"的草丛。由于密丛型草类分蘖节位置较高,故能适应土壤紧实、通气不良的环境。又由于分蘖节被叶鞘和茎所包围,能蓄水保温,因而使地表的分蘖节常处于湿润的条件下,是一类抗旱、抗寒的草坪草。如羊茅属的紫羊茅、羊茅等草种。

4. 根茎-丛生型(rhizome-bunch type)

这类草是由短根状茎把许多丛生型株丛紧密地联系在一起,形成稠密的网状,如草地早熟禾等。这类草能形成平坦而有弹性的草坪。

5. 匍匐茎型(stolon type)

这类植物的茎匍匐地面,并不断向前延伸。在茎节上向上长出枝叶,向下产生不定根,把枝条固定于地面。这类草适宜于营养繁殖,是一类优良的草坪草,如狗牙根、结缕草、假俭草、野牛草等。

多年生禾草的分蘖几乎在整个生长期内都进行,不同时期产生的分蘖枝处于不同的发育阶段,因而形成了在发育和形态上有所差异的枝条,即长营养枝、短营养枝、生殖枝。根据株丛内枝条性质和植株高度可将禾草划分为上繁草和下繁草。上繁草一般株丛较高,可用于固土护坡等生态保护草坪。下繁草植株矮小,株丛内多由短营养枝组成,如草地早熟禾,是用作草坪草的良好材料。

1.2.4 叶

1. 叶的结构

草坪草的叶(leaf)由叶片(leaf blade)和叶鞘(leaf sheath)组成,呈两列交互着生于茎的节上。叶片是位于上部比较舒展的部分,约占 2/3,呈扁平、对折、内卷等形状。叶鞘位于下部,包裹茎呈鞘状,占 1/3 左右,呈开裂或闭合状态,顶端与叶片交界处称为"鞘口",基部与茎基相连(图 1-5)。刚刚形成的新叶一般被相邻老叶的叶鞘包裹,不易看到。在叶片、叶鞘连接处的内侧(靠近茎轴的一侧),具有膜质或纤毛状向上突起的结构,称为叶舌(ligule),可防止害虫、水、病菌孢子等进入叶鞘内,也可使叶片向外伸展,以更好地接受光照,叶舌的大小和形状因不同草坪草种类而变化(图 1-6)。在叶的外侧(远离茎轴的一侧)与叶舌相对的位置上,生长着淡绿色或微白色的带状结构,称为叶环(collar)或叶枕,叶环有弹性或延展性,借以调节叶片的位置(图 1-7)。不同草坪草种之间叶环的大小、形状、色泽也有明显的差异。在叶片与叶鞘相连处的两侧边缘,叶片基部延伸呈爪状的附属物,称为叶耳(auricles)(图 1-8)。禾草叶片中央还有纵向分布的维管束,称为叶脉(vein)。

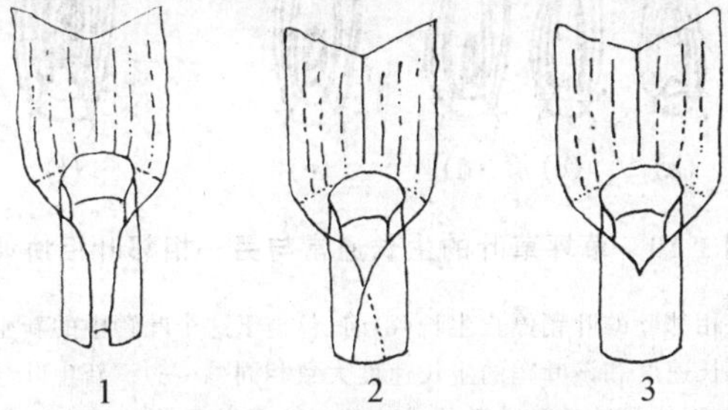

图 1-5 叶鞘结构

1.分离 2.分离,边缘重叠 3.合生

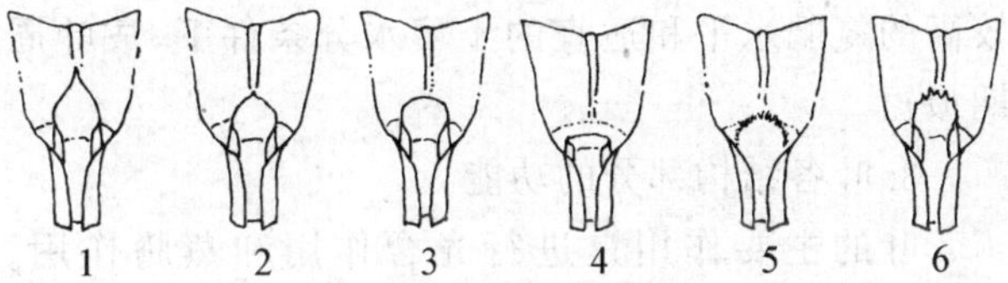

图 1-6 叶舌类型

1.渐尖 2.尖 3.全缘 4.截形 5.有缘毛 6.齿状

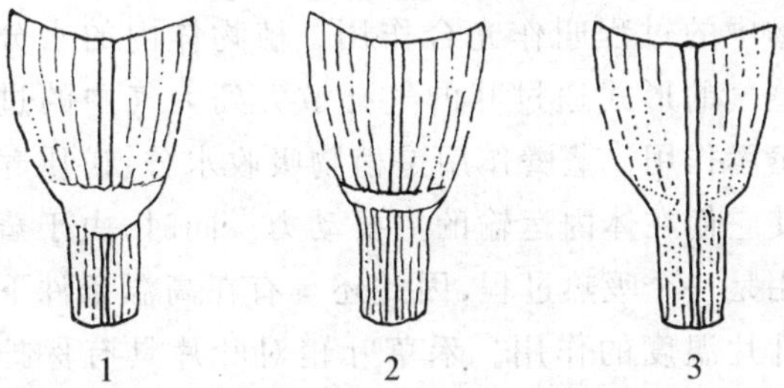

图 1-7 叶环类型

1.宽 2.窄 3.分离

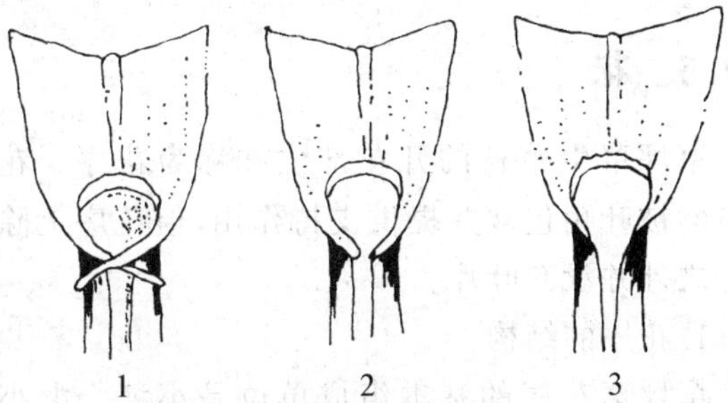

图 1-8 叶耳结构

1.爪状 2.短 3.无叶耳

2.叶的形成

草坪草叶的形成、生长是持续不断的,因此草坪对频繁修剪具有良好的适应性。在草坪草的整个营养生长阶段,分生组织(一种具有产生新细胞能力的植物组织)主要分布在地表以上到被修剪的叶片以下的部分。位于茎基顶点的生长点,持续不断地形成叶原基,并最终发育形成完全展开的叶。这些叶原基最初只是部分位于茎基顶端分生组织以下的小突起(图 1-9)。在某一时期内,叶原基的数目由于草坪草的品种、生长期、环境条件的不同而有变化,一般几个到二十几个不等。大多数草坪草在不同生长阶段具有 5～10 个叶原基,整个生长点的长度通常不超过 1 mm。

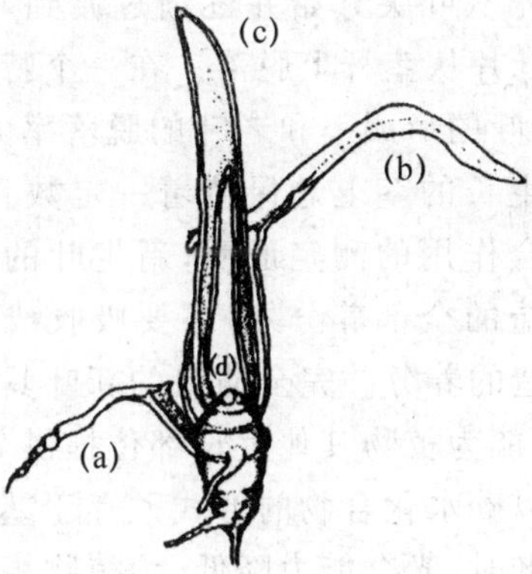

图 1-9 茎基顶端叶原基生长形成叶

(a)衰败的老叶 (b)成叶

(c)刚刚从叶鞘中长出的新叶 (d)未长出叶鞘的新生叶

叶原基的生长是顶端分生组织下部细胞分裂增殖的结果。顶端分生组织以下细胞的分裂导致了叶原基位置升高,叶原基中部细胞的大量分裂最终形成叶尖。叶原基基部细胞的分生活动形成了居间分生组织。这样,生长点就出现了两种类型的分生组织。顶端分生组织不断形成新细胞以提高茎基的位置,居间分生组织则形成紧靠顶端分生组织以下的叶。

随着叶原基不断发育,居间分生组织分化形成两种不同类型的分生组织。上部居间分生组织产生细胞形成叶片,下部居间分生组织在叶的基部形成叶鞘。上部居间分生组织的细胞分裂使叶鞘包围中的叶片不断扩展,当叶尖从包围的叶鞘中露出来以后，上部居间分生组织就停止了细胞分裂活动。以后的叶片生长主要是靠叶片基部细胞的伸长来完成。在叶片完全形成以后，叶鞘基部的分生活动还将持续一段时间。因此，叶最老的部位是叶尖，最嫩的部位是叶鞘基部。叶的一部分被修剪后，仍能继续生长，并会形成不同于修剪之前的形状。在叶鞘仍然被前一个叶鞘包裹着时，未被包裹的叶片就会形成相对平展的结构。当新叶在沿茎基向较高位置产生时，相应产生的叶鞘比附近较老的叶鞘位置要高。包裹在叶鞘中的幼叶在抽出时呈两种形态。一种是幼叶呈折叠式，另一种则是卷叠式，也称卷包式。

在草坪草由成熟期到枯黄期的过渡阶段，叶的衰老首先从叶尖开始并逐渐过渡到叶的基部，最终导致叶片从茎秆上脱落。在一个特定的环境下，由于新叶的形成率和老叶的脱落率大致相等，因此正在生长的茎上总保持着一定数目的叶片。草坪草光合作用的测定证明，新生叶的生长除利用自己制造的全部养分外，还要吸收成熟叶片光合作用制造的养分。完全伸展的新叶具有最高的光合效率，能为植物其他生长部位提供养分，余下的部分则以碳水化合物的形式贮存于茎基。当叶片接近衰老时，光合能力降低，为植物提供的养分减少。对于正在生长中没有光合能力的嫩叶，所需的养分全部来自于贮存或其他叶片的光合作用。因此，过多的修剪会导致草坪草活力的严重下降。叶的生长速度依叶龄不同而有差异，最幼嫩的叶片生长最快，而老叶几乎停止生长。所以修剪会影响草坪的整齐度。

草坪草叶片向上生长通常与另一相邻叶片相协调。当叶鞘内叶的尖端开始向上伸展的同时，下一片新叶也开始了叶鞘的伸长，叶鞘的伸长速率和叶片的扩展速率是近似的。在一对叶中，每片叶的不同形态单元的生长都是同步发生的。所以，在每片叶的叶鞘闭合停止生长以前，每一片叶通常是不一样的(图 1-10)。

由于草坪草品种和管理水平不同，新叶生成率也不一样。气候条件与施肥水平对新叶生成率也有影响。两片叶形成的时间间隔被称为成叶周期，

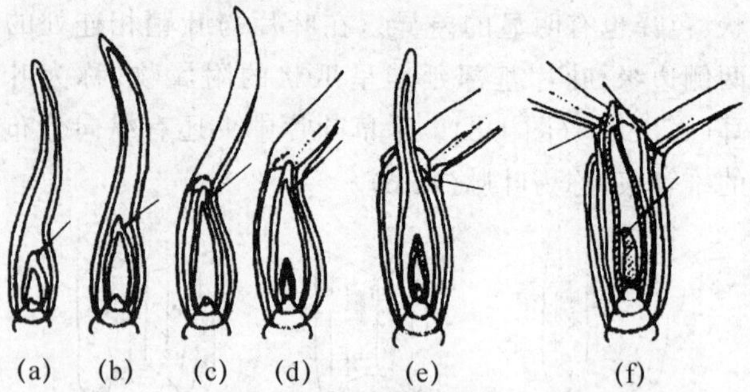

图 1-10　草坪草叶的生长通常与另一相邻叶相协调

在相邻叶的叶鞘停止生长(e)前，包裹于这个叶鞘中的新生叶叶片的伸长速度和该叶鞘的生长速度大致相同(a～d)。新生叶继续向上生长，形成具叶片和叶鞘的成熟叶。这个过程被随后发生的幼叶所重复(f)。

一般为几天的时间。在最适的温度、充足的光照、较高的氮肥水平和适宜的土壤水分条件下，成叶周期最短。

3. 叶各结构部分的功能

叶的主要作用是进行光合作用和蒸腾作用。植物在光照条件下，将外界吸收的二氧化碳和水分，在叶绿体中合成以碳水化合物为主的有机物，并放出氧气。这种将光能转化成化学能储藏在有机物中的过程叫作光合作用。植物体内的水分以水蒸气的形式通过叶的气孔散失到大气中的过程叫蒸腾作用。蒸腾作用是植物吸收水分、矿质养分和使它们在体内运输的主要动力。同时，由于蒸腾作用是一个吸热过程，因此还具有在高温条件下降低叶片温度的作用。禾草叶鞘对叶片具有保护作用，可抵抗外力的踏压以及增强禾草茎叶的抗寒性。叶脉是水分和养分的通道，对细长的叶片起支柱作用。

1.2.5　花

草坪草生殖枝的开花部位被称为花序。花序轴虽然被叶鞘包被并提供支持作用，但花序上除了苞片之外并没有叶片。

1. 花序的结构

草坪草花序的基本组成单位是小穗。由小穗再组成各式各样的花序。其中，最为常见的花序有总状花序、穗状花序和圆锥花序(图 1-11)。总状花

序和穗状花序比较接近，只是总状花序的小穗有柄而穗状花序的小穗无柄。圆锥花序则是由分枝的穗状花序或总状花序构成，整体外形呈圆锥状。狗牙根、黑麦草、冰草、结缕草的花序为穗状花序；地毯草、钝叶草、美洲雀稗的花序为总状花序；早熟禾、剪股颖属的花序则为圆锥花序。

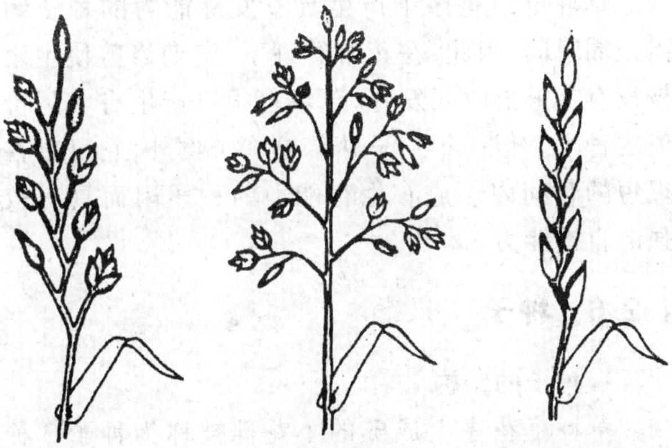

图 1-11　草坪草的 3 种主要花序类型

组成花序的小穗有一短轴叫小穗轴，小穗轴的基部着生两枚苞片，称为颖片(glumes)。每一小穗包含 1 到多数小花，每一小花都被称为外稃和内稃的两个苞片包被着，小花长在小花柄上，位于外稃的腹腋中，紧靠花的下边是内稃。小花的最下边是两个浆片。开花时浆片吸水膨胀，使内、外稃张开，露出花药和柱头。每小花有 3 枚雄蕊(少数较多或较少)，雄蕊又可分为花丝和花药 2 部分。雌蕊通常由 1 个子房、2 个花柱和柱头组成。子房呈倒卵形，柱头为乳白色羽毛状(图 1-12)。不同草坪草品种，每个小穗包含的小花数目不同。一般而言，黍亚科的草坪草每小穗具有 2 朵小花，上面一朵为两性花，下面一朵为雄花或无性花；早熟禾亚科和画眉草亚科的小穗往往具一朵或多朵小花。当种子成熟时，草坪草的小穗会脱落，黍亚科草坪草的小穗脱落于颖节之下，早熟禾亚科和画眉草亚科的小穗脱落于颖节之上。

2. 授粉受精

在开花期，花丝迅速伸长把花药托展在空中，释放花粉后枯萎。花粉从花药传送到柱头的过程被称为授粉(或传粉)。草坪草中同时存在异花授

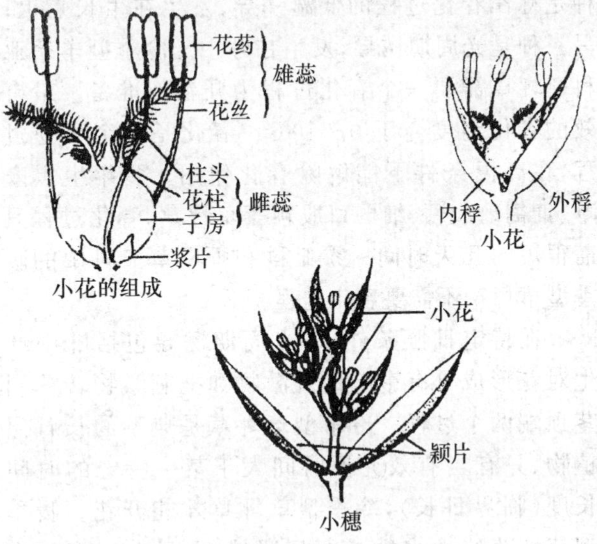

图 1-12　草坪草小穗和小花示意图

粉和自花授粉两种情况。在一些草坪草中，尤其是一年生种类，闭花授粉或闭花受精比较常见，可以确保自交繁殖。

花粉落到雌蕊的柱头后就会形成一个花粉管，穿过花柱进入到子房的胚珠中。花粉管中的 2 个精子被释放到胚囊后，接着发生精子与卵细胞的融合。其中 1 个精子与卵细胞融合，形成合子，也叫受精卵；另 1 个与 2 个极核(或称次生核)融合，这种 2 个精子分别与卵细胞和极核同时融合的过程，称为双受精。合子(或受精卵)发育成胚，受精的极核最终发育成胚乳，胚乳作为种子萌发时胚的营养源。除有性生殖外，有些草坪草不经过精卵融合，也能由卵细胞直接发育成胚，这种现象称为无融合生殖。由无融合生殖发育的种子萌发形成的植株与母体完全相同。许多草坪草具有无融合生殖的能力，如草地早熟禾是高度无融合生殖的草坪草，因此可用种子进行原种繁殖。

3. 花序的形成

草坪草花序的形成可以分为成熟、诱导、发生、发育 4 个不同的阶段。在成熟期以前，植物对刺激开花的环境条件反应不敏感。在诱导期，植物体内发生一系列的生理变化以适应外界特定的环境条件。现在已经知道存在两种类型的诱导过程。一

种是称作春化过程的低温诱导，发生在生长点上；另一种是光周期诱导，发生在叶中。冷季型羊茅亚科草坪草需要一个春化过程为开花作准备。最有效的春化温度介于 0～10℃。春化是一个可逆过程，在高温条件下能解除春化作用。多年生黑麦草、匍匐翦股颖、细弱翦股颖等草坪草，春化过程只需很短的几天时间。黍亚科和画眉草亚科中的暖季型草坪草不需要春化过程。

在特定日照条件下，光周期诱导包括叶中产生对花形成具有影响的刺激物和把刺激物转移到茎顶端两个过程。冷季型草坪草是典型的长日照植物，只有当有效光照时间大于某一特定的时间长度(临界日长)，冷季型草坪草才能开花。暖季型草坪草绝大多数是短日照植物，只有当有效光照时间小于某一特定的时间长度(临界日长)时才会开花。部分暖季型草坪草对日照条件没有特殊要求，当其他条件满足时，在任何日照长度下都可以开花。

花序形成的第三个阶段是发生期(又叫初始化期)。植物由营养生长转向生殖生长，茎基转化为花轴。在初始化期首先观察到的反应是茎的顶端迅速伸长(图 1-13)，此时，叶原基连续迅速形成，茎顶端的全长明显地增加。第 2 个反应是在叶原基腋中侧芽形成，导致沿茎顶部形成双脊。

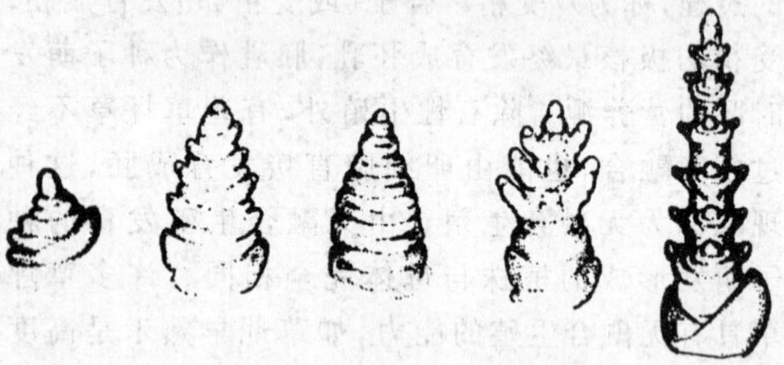

图 1-13　花序的发生和发育

(a)花序发生前茎的前端　(b)伸长　(c)双脊期
(d)早期小穗　(e)后期小穗

花序形成的第四个阶段是发育期，包括了分枝、花穗、小花和花序其他部分的形成。

一旦茎基完成了营养生长向生殖生长的转化，叶原基便不再产生。因此，修剪去掉花序并不能去掉形成叶的结构，相反，会刺激分蘖和叶片的形成。多年生草坪草群落的密度取决于不开花的枝条以及由分蘖、分枝形成的新蘖枝。如果不需要种子，就不要让草坪开花。因为开花以后草坪外观不佳，更主要的是开花后死亡的枝条会降低草坪的密度。

草坪草的花序中产生具有发芽能力的种子约需几周时间，因此，在正常管理下，定期修剪使生殖枝没有足够的时间发育，草坪草很难产生有实际价值的种子。但一年生早熟禾是一个例外，它可以在很短的时间内形成有生育能力的种子因而具有较强的自繁能力。

1.2.6　种子

1. 种子的结构

草坪草花序上成熟的小花穗被称为种子。种子由夹在两个稃片之间的颖果组成，这两个稃片通称内稃和外稃(图 1-14)。内稃的基部是一很短的小穗轴，类似茎的结构(图 1-15)。颖果在种子外面紧紧地包裹着一层果皮，果皮与种皮紧密愈合，不易分离。紧靠种皮的内部是糊粉层，它是一层薄的蛋白质层，在种子萌发过程中起重要作用。种子内部包含有胚和胚乳。胚是位于种子先端的一个微小植株体，即植株的雏形。从种子萌发到胚生长发育成可以进行光合作用的植株体之前，胚乳是胚初期发育的重要养分来源。

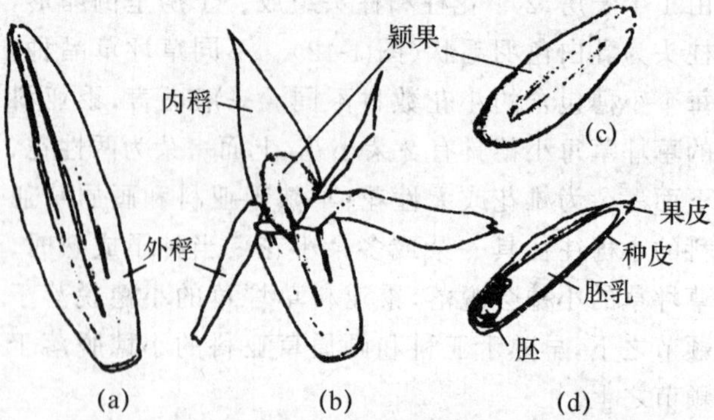

图 1-14　草坪草成熟小花的组成

(a)外稃外观　(b)外稃被剥去露出内稃和颖果
(c)颖果　(d)颖果的组成

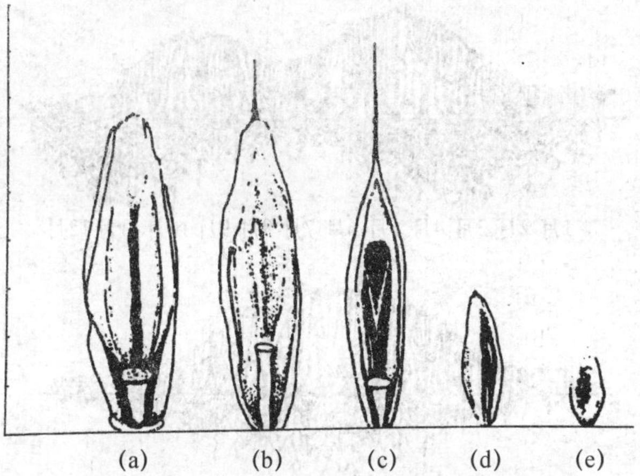

图 1-15　草坪草小花的内稃和小花轴的近轴面图

(a)多年生黑麦草　(b)高羊茅　(c)紫羊茅
(d)草地早熟禾　(e)匍匐翦股颖

2.种子萌发

种子的发芽过程是从吸水膨胀开始的。紧接着要经历几个生物化学过程和形态的变化,最终胚生长发育成幼苗。种子吸水膨胀以后,盾片内产生激素(赤霉素),进而促进糊粉层内生成大量的淀粉水解酶,在这些酶的作用下,胚乳内的淀粉水解为简单的碳水化合物,被盾片吸收并转运至胚的各部分,为胚提供营养。

胚的结构如图 1-16 所示。发芽时形态发育的第一步是通过细胞的伸长使胚根增大,同时从胚根鞘长出根毛状的结构,其作用是固定胚并从土壤中吸取水分。接着初生根(胚根)从胚根鞘中伸出向下穿入土壤中。与此同时,包围着生长点的由半透明组织构成的胚芽鞘长出地面。某些草坪草胚芽鞘向上生长常与中胚轴的伸长有关,中胚轴是胚轴位于盾片节和胚芽鞘之间的部分。中胚轴的伸长与种子在土壤中的深度有关。光促进胚芽鞘的生长但抑制中胚轴的伸长,因此,如果不考虑播种的深度,中胚轴的生长应开始于胚而终止于地表附近。在无中胚轴的禾草中,胚芽鞘长出地面完全依靠自身的生长,这类草坪草建植草坪时,创造一个浅播环境十分重要。

当第一片叶由胚芽鞘内长出时,标志着光合作用的开始。此后幼苗就不再依靠胚乳供给养分,而开始了独立生活。此时草坪草幼苗进入自养阶段,而植株生长完全靠胚乳供给养料的阶段则称异养阶段。如果草坪建植时播种太深,草坪草异养阶段变长,幼苗在能够自养之前将胚乳中贮藏的养分消耗殆尽,则会因饥饿而死亡。

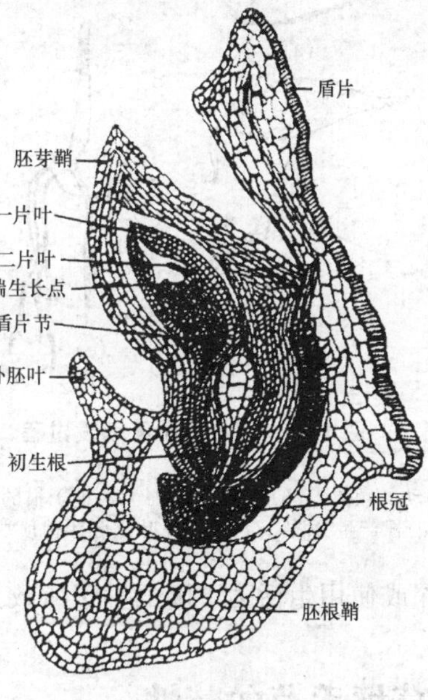

图 1-16　典型的草坪草胚

3.幼苗发育

幼苗生长点包在胚芽鞘内,随着第一叶的出现,第二叶随之长出胚芽鞘,最后胚芽鞘枯萎,因此在地表只能见到明显的叶。新叶均从生长点产生,并从卷曲的老叶中向上生长(图 1-17)。从新枝条基部节上产生的不定根是幼苗的另一重要结构。在新建植的草坪中存在初生根和次生根 2 种类型的根,但随着草坪草的发育和成熟,初生根逐渐死亡而被淘汰,因此,在成熟的草坪中,整个根系是由次生根(不定根)构成的。

建坪时的出苗率和幼苗成活率取决于种子的播种深度、土壤中的有效水分、温度、光照和胚乳中所含养分的量。因为此阶段幼苗的根系发育不完全,从土壤中吸收水分的能力有限,又由于土表的蒸发作用引起水分过快地损失,因此刚出土的幼苗极易脱水。在严重遮阴的地方,幼苗还会因得不到充足的光照而降低光合作用的水平,生产不出维持生长所必需的养分。最后,由于内源养分供应不足引起幼苗的死亡。幼苗初期的死亡往往是由于种子

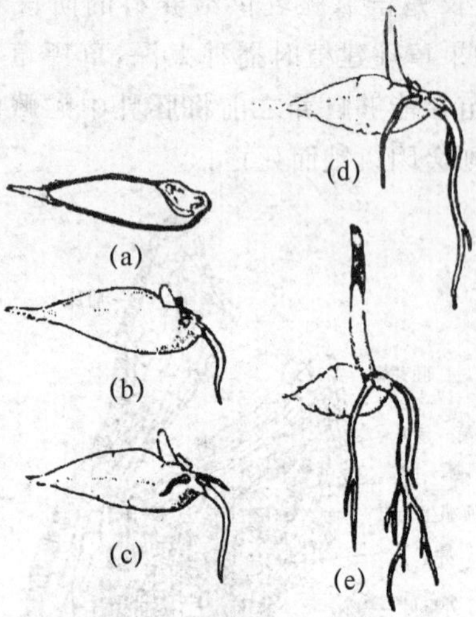

图 1-17　草坪草种子萌发过程

(a)未萌动的颖果　(b)长出初生根　(c)种子根的数目在增加
(d)根产生分枝　(e)第一片叶从胚芽鞘顶端长出

播得过深或使用生活力下降的种子所致。

1.3　草坪禾草的特性

1.3.1　草坪禾草生长的季节变化特性

冷季型草坪草一年中有两次生长高峰。地上茎叶春季生长快，而后逐步减缓，到了夏季生长几乎停止，到了秋季又恢复直立生长和分蘖，由于根系生长的温度略低于地上茎叶的生长温度，因此，根系春季生长开始得早一些，秋季停止生长晚一些。在夏季多数冷季型草坪草特别是储存器官中碳水化合物储存量低时，根系生长慢，分布浅。在光照不足或过多施用氮素化肥引起过多茎叶生长的情况下也会出现类似情况。暖季型草坪草一年中仅在夏季有一个生长高峰期(图 1-18)。

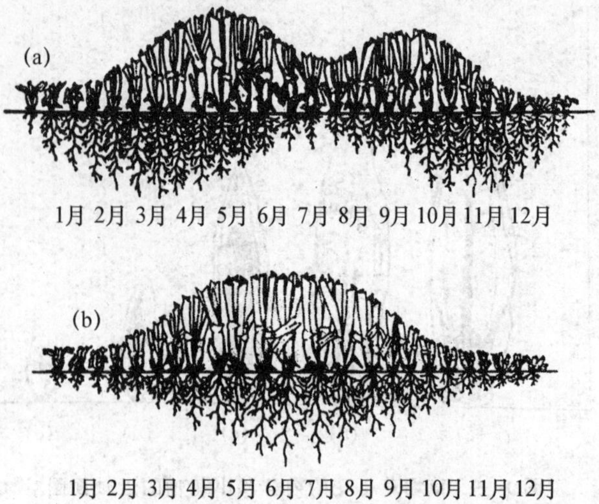

图 1-18　草坪草根、茎生长的季节性变化

(a)冷季型草坪草　(b)暖季型草坪草

1.3.2　草坪禾草的再生特性

1. 草坪草的再生能力

草坪禾草的再生能力是指草坪草被修剪后重新恢复生长的能力，它是草坪草的重要特性之一。正是由于草坪草具有很强的再生能力，尽管对其进行频繁修剪，如高尔夫球场草坪在 3—11 月要修剪 100～130 次，仍然能保持生长，形成高质量的草坪。

2. 再生方式

草坪草的再生部位主要有三处：一是叶的上端衰老部分被剪去后，保留下来的幼嫩部分仍可继续生长；二是修剪时未被伤害的幼叶仍可保持生长；三是位于草坪草生长点的分蘖节可以不断产生新的枝叶。

3. 再生物质的供给

在再生所需营养物质的供给中，草坪草被修剪后保留下来的部分，也称为留茬，起着重要作用。留茬中贮藏的营养物质可为再生提供所需的能源。除留茬外，草坪草中还有根、匍匐茎等贮藏器官为再生提供养分。草坪草在生长季具有极其活跃的光合作用及多种生理机能，光合作用生产的营养物质一部分被自身的生长所消耗，剩余的部分则被贮藏下来。匍匐茎是重要的贮藏器官，在匍匐茎的皮层内部和髓中心的柔软组织中能贮藏大量的淀粉，淀粉的量依季节和管理状态而增减。直立茎由自己产生的不定根吸收养分，因此，大部分的直立茎具有较强的独立性。在其下部的匍匐茎不仅把各直立茎网络在一起，组成一个整体，同时也将各个直立茎多余的养分贮藏在共同的匍匐茎内。如细叶结缕草、结缕草、狗牙根、草地早熟禾等，主要由留茬和匍匐茎提供再生所需养分,其次是根。而多年生黑麦草和细弱翦股颖的修剪留茬和根部是营养物质的贮藏器官。在修剪情况下,留茬和匍匐茎作为贮藏器官对再生的作用比根要大得多。但也有例外,如无芒虎尾草的根是主要的贮藏器官。在草坪草再生的初期,草坪草的留茬、匍匐茎和其中的贮藏物质用于再生已被相关试验所证实。在再生的过程中,贮藏的营养物质被输送到新生的叶中直接利用,作为其构成物和呼吸代谢的基质。具有匍匐茎的草坪草的贮藏物质大部分贮藏在匍匐茎内,这类草坪草即使在低修剪的情况下,其匍匐茎被保留,失去的贮藏物质比直立茎型草坪草要少,因此,具匍匐茎的草坪草在构造上表现出比直立茎型草坪草更耐低修剪的特性。

4.贮藏物质的利用与再生的关系

草坪草留茬和根中干物质的减少,意味着它们已被用于再生。草坪修剪后,首先是草坪草地上部分被保留的茎叶和再生叶干物质量增加,根中干物质量减少;其后,随再生叶的增多,光合作用的增强,留茬和根中的干物质量又表现出增加的趋势。草坪在频繁低修剪的情况下,恢复消耗的贮藏物质是不易的,其进行再生也有一定的限度。如运动场草坪会因频繁的修剪而使生存年限变短。人们将留茬及根中干物质的减少量与其干物质总量的比称为贮藏营养物质利用率。利用率可用再生利用前留茬及根中干物质重与再生过程发生后留茬及根中干物质重的比例来计算。干物质的减少量,即为草坪草在再生过程中用于再生新叶的生长和呼吸的留茬和根的干物质量。其中,将用于新叶生长的部分用再生利用率表示。贮藏营养物质再生利用率依草坪草的种类或温度等的变化而变化。如在暗室中雀稗的留茬及根的干物质减少40%～50%,即利用率为40%～50%,其中约20%用于新叶的生长,即再生利用率约20%;意大利黑麦草的则相应为35%～40%和约40%。

1.3.3 草坪禾草的繁殖特性

植物在长期的进化过程中,由于自然选择和人工选择的作用,形成了各种不同繁殖方式。草坪草的繁殖方式可分为有性繁殖(sexual reproduction)和无性繁殖(asexual reproduction)两大类。

1.有性繁殖

是指通过有性过程产生的雌雄性细胞(或雌雄配子)的结合(即受精)繁殖后代的繁殖类型。根据参与受精的雌雄配子的来源不同,常将有性繁殖植物分为自花授粉、异花授粉和常异花授粉植物3类。

自花授粉植物(self pollinated plant)是指同一朵花内的雌雄配子结合而繁殖后代的植物。如禾本科中的弯叶画眉草、加拿大披碱草、毛花雀稗。这类植物开花时间短,花器保护严密,外来花粉不易侵入,多在夜间或清晨开花,不易引诱昆虫传粉。

异花授粉植物(cross pollinated plant)是指通过不同植株花朵的花粉进行传粉而繁殖后代的植物。异花传粉主要借助风、昆虫、水、鸟等作为传粉媒介。其中又分为雌雄异株植物,如野牛草;雌雄同株异花植物,在草坪草中少见;以及雌雄同花但具有自交不亲和性(self incompatibility)植物,属于这类的草坪草比较多,如高羊茅、多年生黑麦草、狗牙根、白三叶等。

常异花授粉植物(often cross pollinated plant)多以自花授粉为主,也进行异花授粉,是典型的自花授粉植物与典型的异花授粉植物的中间类型。花开放时间较长,通常异交率比自花授粉植物高,但一般仍以自花授粉占优势。这类植物在草坪草中也比较少。

2.无性繁殖

是指通过根茎、匍匐茎、株条等营养器官繁殖后代的植物。这类植物又包括专性无性繁殖和兼性无性繁殖两类。专性无性繁殖是指在一般条件下不通过两性细胞的结合产生后代,但在适宜发育的自然或人工控制条件下,仍可进行有性繁殖,它们进行有性繁殖时,也有自花授粉和异花授粉的区别。兼性无性繁殖是指在生产实践中既利用有性繁殖,也利用无性繁殖,大多数草坪草都属于此类,特别是暖季型草坪草,如狗牙根、结缕草。豆科植物通常可用扦插法,即插枝条进行繁殖。对于多年生禾本科草坪草来说,通常采用分株繁殖建立无性系。禾本科植物的分枝称为分蘖,也是禾草进行无性繁殖的形式。这一特性使得禾草用作草坪草成为可能。

3.无融合生殖

是指雌雄配子不发生核融合的一种无性生殖方式。这类繁殖方式被认为是有性生殖的一种特殊方式或变态。它与有性繁殖不同,因为没有经过受精过程;它与无性繁殖的差异在于它不是通过营养器官繁殖,而是通过种子进行繁殖。在草坪草中,早熟禾属是最早发现无融合生殖的属,其中草地早熟禾最为典型。具有无融合生殖特性的草坪草还有披碱草属、冰草属、画眉草属、雀稗属等。

1.3.4 草坪禾草的坪用特性

1.草坪禾草的一般特性

禾本科植物的种类十分丰富,为 8 000～10 000 种。其中广泛用作草坪草的仅为几十种,因为草坪禾草需要具备以下特性:

(1)地上部生长点低位,并有坚韧叶鞘的多重保护。因此,修剪时所受到的机械损伤较小,能减轻踏压引起的物理危害。

(2)叶小型,叶量丰富且细长、直立。纤细而密生的叶是形成地毯状草坪的必要条件。直立细长的叶有利于光线进入草坪下层,可避免下层叶出现黄化和枯死现象以及草坪修剪后不会出现斑驳的外观。

(3)草坪草多为低矮的丛生型或匍匐型,覆盖力强,易形成毯状的覆盖层。

(4)对不良环境的适应性强,分布广泛,特别是在贫瘠地、干燥地、盐碱地分布的种类较多,因而容易从中选育出适应各类土壤条件的种类。

(5)繁殖力强。草坪草要求结种量大且种子的发芽性好,或具有发达的匍匐茎或根茎,向周围空间扩展的能力强,易于建成大面积的草坪。

2.草坪禾草的坪用特性

草坪草有观赏、运动、环境保护等多种用途,因而被广泛用于庭园、公园、运动场以及固土护坡等。草坪草的这些应用价值,取决于草坪草的坪用特性。草坪草的坪用特性包括以下几点:

(1)草坪草为草本植物,具有一定的柔软度,叶丛低矮、密集,叶片纤细,因此形成的草坪具有一定弹性,有良好的触感。

(2)一般为匍匐型或丛生型,能致密地覆盖地表,使整体的色泽和均一性较好,能形成低矮、平坦、开阔、观赏性良好的外观。

(3)生长旺盛,分布广泛,再生能力强。多次修剪不仅能恢复生长,而且能够促进密生,因此,覆盖裸地能力强。

(4)对环境的适应性强,对气候、土壤条件及其变化均能良好适应,尤其是对强风、干旱、贫瘠等不良环境有较强的适应性。

(5)对外力的抵抗力强,对踏压、修剪等有强的适应性。

(6)草坪草结实率高,容易收获,发芽性强,宜用种子直播建坪。此外,草坪草还可以用匍匐茎、草皮、植株等进行营养繁殖,因此,易于建造大面积草坪。

(7)草坪草通常无刺及其他刺人的器官,一般无毒,也不具不良气味和弄脏衣服的乳汁等不良物质。

【复习思考题】

1.绘图说明一株典型成熟草坪草的主要器官组成。

2.简述草坪草种子的解剖特征。

3.举例说明草坪草种子萌发过程及其影响因素。

4.描述草坪草根、茎、叶、花的形成过程。

5.草坪草的茎有哪些类型,它们有什么区别?

6.何为草坪草的分蘖,它对草坪草的生长发育有何作用?

7.区别禾本科草坪草 3 个亚科的特征。

第2章 草坪植物和地被植物

为了避免不必要的混淆，按照陈佐忠(2006)的观点，本章讲述的草坪植物为禾本科植物，而地被植物则指禾本科以外的植物。草坪植物在绿化中占据越来越重要的位置，其研究也越来越深入；而地被植物具有种类丰富、适应性强、观赏性高、应用广泛和前景广阔的特点，两类植物都具有重要的观赏功能和生态功能。目前，草坪植物和地被植物对环境因子的适应性，尤其是对干旱、荫蔽和盐碱等逆境条件的适应性是研究热点。

2.1 种质资源的概念及其意义

2.1.1 种质资源的概念

种质(germplasm)是指决定生物“种性”(遗传性)并将其遗传信息从亲代传递给后代的遗传物质的总体。携带种质的载体可以是群体、个体，也可以是部分器官、组织和细胞。随着生物技术的发展，载体也可以是个别染色体或DNA片段。植物种质资源(germplasm resource of plants)是具备一定的遗传物质基础进而表现出一定遗传性状的植物资源。凡携带不同种质(基因)的各种栽培植物及其近缘种和野生种都统称为植物种质资源。种质资源与遗传资源或基因资源属同义语。草种质资源是指对草坪品种改良和栽培利用具有价值的遗传物质总体，即包含一定的遗传物质、表现一定优良性状、能将其特定的遗传信息传递给后代的草坪植物资源，是人类的宝贵财富。对草坪植物种质资源的收集、保存、鉴定及开发利用是种质创新的基础，也是生物多样性研究的重要内容。

2.1.2 草种质资源的基本类型

草坪植物的种质资源种类繁多，来源广泛，为便于研究和利用，根据其材料来源可分为本地种质资源、外地种质资源、野生种质资源和人工培育的种质资源。

地方种质资源：地方品种是指在某一地区长期栽培，适应当地气候和土壤条件，具有良好经济和生态价值的品种。地方种质资源主要来源于当地的地方品种和在当地推广的其他草坪草品种，是育种工作最基本的基因资源，其在当地自然和栽培条件下长期形成，对当地条件具有高度的适应性和抗逆性，并且取材方便。

引进种质资源：引进种质资源是由国内外其他地区引入的种、品种或类型。它们反映了各自原产地区的自然和栽培特点，具有不同的遗传性状，有些是本地种质资源所不具备的，所以在育种工作中是改良本地品种的重要材料，可以作为杂交亲本与当地品种进行杂交，培育出理想的品种。但是不少引进资源，对当地自然条件适应性不强，需要经过引种驯化试验以后才能利用。

野生种质资源：野生种质资源是指野生的草坪植物资源，经过引种驯化，可以成功栽培并具有利用价值的群体，由于它们是在某一地区的自然条件下经过长期自然选择的结果，因此具有高度的适应性和抗性基因，其有益性状常是抗性育种的重要资源，但野生植物资源也常常带有很多不良的野生性状，如落粒性强、种子休眠期长、硬实率高、种子发芽不整齐、叶片质感差等，这些不良性状常给栽培和育种工作带来一定的困难。

人工培育的种质资源：人工培育的种质资源是指经人工杂交所获得的杂交组合、人工诱变产生的变异材料、植物组织培养、细胞质融合、转基因等获得的变异类型，含有人工有目标诱导的特异优良基因和变异性状，但必须经过一系列的选育过程，才能培育成新品种。

2.1.3 研究草种质资源的意义与现状

草种质资源是经过漫长的自然选择和人工培育而形成的一类重要植物资源。草种质资源是生物多样性保护的重要组成部分、是推进草坪产业可持续发展的物质基础，草种质资源的开发利用在生态建设中起到重要的作用和意义。

我国是世界上草坪草种质资源最丰富的国家之一，不仅蕴藏的种类多、储量大，而且生境类型各异、性状变异多样、优良种质丰富，具有巨大的研究、开发利用潜力。国外结缕草品种 Meyer 和狗牙根品种 Tifton10 等都是国外草坪草育种家通过收集中国野生种质资源选育而来的。我国从“五五”以来就开始搜集和征集草种质资源，目前收集到的草种质材料约 1.0 万份，与资源大国不相称；与世界上畜牧业大国相比，差距较大。此外，我国育种研究手段单一，技术含量低，开发利用方式不合理，资源浪费严重。

美国、俄罗斯、澳大利亚、新西兰等国家，以及国际植物遗传资源研究所（International Plant Genetic Resources Institute，IPGRI）、国际热带农业研究中心（International Center for Tropical Agriculture，CIAT）等机构，都十分重视草种质资源的搜集、保存及利用的研究。1983 年以来 IPGRI 将搜集重点转入到草资源，优先对热带、亚热带、地中海沿岸地区进行考察和搜集，现已搜集和保存草种质 3.0万余份；俄罗斯收集保存的各类种质资源多达 30 万份；美国保存的种质资源达 25 万份；澳大利亚、新西兰、巴西等国也都重视草种质资源的搜集和保存，保存草种质均在 2.5 万份以上，丰富的种质资源促进了草（牧草）育种工作的发展。

2.2 禾本科冷季型草坪草

2.2.1 冷季型草坪草资源及种类

冷季型草坪草（cool-season turfgrass）广布于冷凉湿润、半湿润及半干旱的地区。某些种或品种的分布区可延伸至冷暖过渡带。大多数冷季型草坪草适于 pH 6.0～7.0 的微酸性土壤。冷季型草坪草多为长日照 C_3 植物，抗寒性强，生长迅速，绿期长，品质好，用途广。一年中有春、秋两个生长高峰期，夏季生长缓慢，并出现短期休眠现象。草地早熟禾、细叶羊茅、多年生黑麦草、小糠草和高羊茅都是我国北方最适宜的冷季型草坪草种。某些冷季型草坪草，如高羊茅、匍匐翦股颖和草地早熟禾可在草坪过渡带或暖季型草坪区的高海拔地区生长，但在我国南方越夏比较困难，必须采取特别的养护措施。大多数冷季型草坪草的种子产量高，草坪建植多用种子繁殖，部分冷季型草坪草可用营养繁殖，如草地早熟禾、匍匐翦股颖等。

禾本科冷季型草坪草属于羊茅亚科，常用的冷季型草坪草有 20 余种，分属于早熟禾属、羊茅属、黑麦草属和翦股颖属。

2.2.2 早熟禾属（*Poa* L.）

全世界约 300 个种，广泛分布于寒冷潮湿带和过渡气候带内，许多种类都是世界广泛使用的冷季型草坪草，耐寒性较强。常用作草坪草的有草地早熟禾、加拿大早熟禾等 7 种。我国 100 多种，以西南、东北地区较多，主要分布在青藏高原带、寒冷半干旱带、寒冷潮湿带、寒冷干旱带、北过渡带和云贵高原带。

1. 草地早熟禾（*P. pratensis* L.）

草地早熟禾英文名为 Kentucky Bluegrass，别名肯塔基草地早熟禾、早熟禾、蓝草、肯塔基蓝草等，是非常重要的草坪草种。原产欧洲、亚洲北部及非洲北部，后引到北美洲，现遍及全球温带、寒温带冷凉地区。我国东北、华北、西北地区及长江中下游冷湿地有野生种分布。

【形态特征】叶片多为暗绿色，也有部分品种为浅绿色；叶片 V 形扁平，宽 2～4 mm，两面光滑，中等质地；船形叶尖，有两条浅色线分布在中心叶脉的两侧；叶缘稍粗糙，两侧叶缘平行；幼叶折叠式，无叶耳，叶舌短，膜质，叶环宽而分离状；具有地下根状茎，受损后自修复能力强，可形成致密的草皮；圆锥花序，春末夏初开花（图 2-1）。

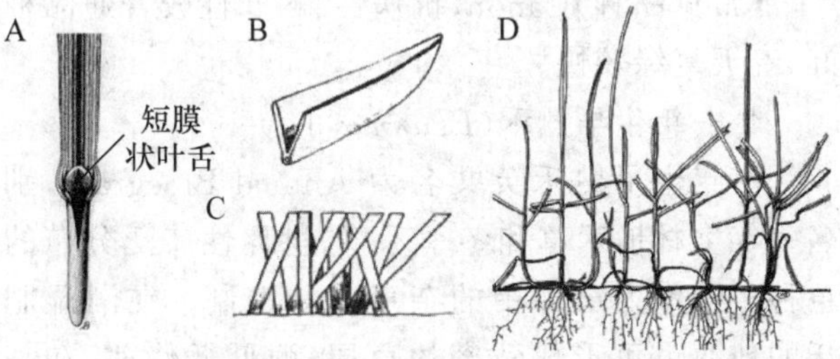

图 2-1　草地早熟禾短膜状叶舌（A）、船形叶尖（B）、条形叶片（C）和整株形态（D）

【生态习性】喜光稍耐阴，喜温暖湿润，耐寒性强，耐热性和抗旱性中等；春季和秋季生长旺盛，夏季生长缓慢，高温干旱时有休眠现象；适宜于排水良好、肥沃，pH 6～7 的土壤，不耐盐碱。根茎繁殖力强，再生性好，较耐践踏。在温度胁迫、干旱或者不良土壤条件下，草地早熟禾易感病，易受杂草侵袭，使得草坪质量下降。

【繁殖技术和管理要点】采用种子直播或草皮卷建坪，或利用根状茎扩展特性进行营养繁殖。需要中等及以上养护管理强度。留茬 1.9～6.3 cm，依品种和使用要求而异；春秋两季生长旺盛时应加强修剪和水肥管理，尤其是高温季节应注意灌溉。夏季易发生夏季斑病、秋季容易发生锈病；根茎发达，应加强枯草层管理。

【应用特点】多年生、寿命长，一次建坪可使用多年。草质地细软、颜色光亮、绿期长、耐践踏，是应用范围广泛的冷季型草坪草之一。适用于公园、学校、庭院、运动场，也可用于高尔夫球场的球道区和长草区。可单播或混播建坪，混播时常与多年生黑麦草、匍匐紫羊茅等配合，效果较好。

【常见品种】目前草地早熟禾的品种已有 300 多个，分为普通型和改良型。适应高强度养护的品种有：Touchdown、A-34 和 Brunswick。适应中等强度养护的品种有很多，例如：A-20、Adelphi、Baron、Bonnie blue、Cheri、Eclipse、Georgetown、Glade、Majestic、Merit、Midnight、Parade、Plush、Rugby 和 Victa。普通型的品种有：Park、Delta 和 South Dakota Certified，它们适应低强度养护。选育适应高强度和中等强度品种的重要标准是抗叶斑病（浸染长蠕孢属引起）。

2. 普通早熟禾（*P. trivialis* L.）

普通早熟禾英文名为 Rough Bluegrass，别名粗茎早熟禾、糙茎早熟禾，其茎秆基部的叶鞘比较粗糙。

【形态特征】叶片平展或 V 形，黄绿色，背面光滑，柔软；船形叶尖，较草地早熟禾窄；具匍匐茎和根状茎或不具根状茎；叶舌长，膜质，全缘或纤毛状；叶环明显、较宽、光滑；叶鞘压扁状，背面粗糙，略带紫色，开裂；圆锥花序。起初，叶片向上直立生长，随着植株老化逐渐表现出平卧生长的趋势；浅根性和匍匐生长使得粗茎早熟禾易形成稠密、浓厚的簇状草丛（图 2-2）。

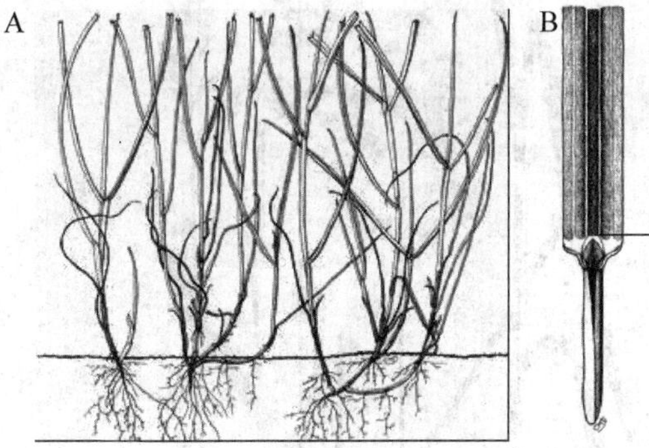

图 2-2　普通早熟禾整株形态（A）和膜状叶舌（B）

【生态习性】适宜在气候凉爽，遮阴，潮湿的环境条件下生长。耐寒性强，有灌溉条件时，可在寒冷半干旱区和干旱区生长。根系浅，抗旱性差；不耐践踏和高温，夏季叶片边缘会变成褐色，出现休眠，甚至枯死，春秋季生长繁茂。在高水肥条件下生长良好。

【繁殖技术和管理要点】用种子直播的方法建坪。在生长旺季应注意修剪、施肥,特别要注意加强灌溉。易发病虫害,因此要加强病虫预防管理。

【应用特点】由于其叶片色泽不佳及抗旱性差,在草坪中应用极为有限。主要用于潮湿、轻度遮阴环境,如河岸树下、湿润或排水不良地段的草坪建植,不宜在干旱和强日照环境中使用。耐寒性强,可用于冬天交播狗牙根果岭。

【常见品种】目前仅有极少数品种应用于草坪建植,如 Colt,Lazer 和 Sabre 等,这些品种的叶色、耐热性或抗病性等比过去的品种有所改良。

3. 加拿大早熟禾(*P. compressa* L.)

加拿大早熟禾英文名为 Canada Bluegrass,又名扁茎早熟禾、加拿大蓝草,原产欧亚大陆的西部地区,现广泛分布于寒冷潮湿气候带中更冷一些的地区,是良好的多年生冷季型草坪草。

【形态特征】叶片灰蓝色或蓝绿色,表面无毛或疏生灰白色柔毛,叶尖船形;叶鞘灰蓝色或暗绿色,节间短;叶舌膜质,较草地早熟禾长;秆丛生,倒伏状,绿色或灰蓝色;具根状茎,根系深;圆锥花序,枝条密度小(图 2-3)。

图 2-3　加拿大早熟禾整株形态

【生态习性】喜光,耐寒性和耐阴性均优于草地早熟禾,耐践踏能力较强。能适应黏土、沙土,适宜的土壤 pH 5.5～6.5,可在草地早熟禾不能适应的贫瘠、干旱土壤上生长良好。

【繁殖技术和管理要点】种子直播建坪。茎秆较长,当修剪过低时,便露出坚硬的秆状茎使其看起来粗糙,不能形成致密、美观的高质量草坪,留茬高度不宜过低。

【应用特点】常用于道路绿化,保持水土、固土护坡等对质量要求不高,管理粗放的草坪建植。可与羊茅属草坪草混播使用。

【常见品种】Canon,抗病性、耐寒性较普通品种好,春天复绿较快。

4. 一年生早熟禾(*P. annua* L.)

一年生早熟禾英文名为 Annual Bluegrass,别名一年生林地禾草和冬季禾草,世界性广泛分布的草种。常作为草坪中的杂草进行控制。在潮湿肥沃的地块也可形成致密的草层,耐低矮修剪,在一些精细管理的草坪中成为主要组成部分。

【形态特征】叶片浅绿色,在生长季结束或冬季叶片呈亮绿色。绿膜状叶舌,无叶耳,叶片平展或 V 形、两侧平行且光滑、船形叶尖。圆锥花序小而松散,在整个生长季均能产生种子,尤其是早春和春季中期(图 2-4)。

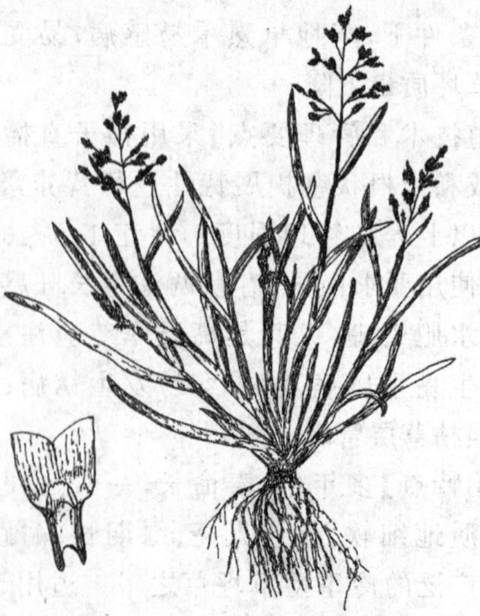

图 2-4　一年生早熟禾整株形态

【生态习性】喜潮湿、遮阴的环境，喜细致、肥沃、潮湿的土壤，pH 5.5～6.5。不耐涝，当温度高时更差。耐寒性、耐热性、耐旱性、耐盐性均差，在严寒、炎热、干旱条件下不能生存。

【繁殖技术和管理要点】种子繁殖，具有很强的自播能力。要求管理水平精细，在修剪高度为 2.5 cm或更低时，它具有很强的侵占性和竞争力；当修剪高度为 0.5 cm 时，能形成高质量的草坪，且易于修剪，当修剪次数少或修剪高度不够低时，容易形成芜枝层。

【应用特点】由于耐阴性强，可栽植于园林绿化乔木下、行道树下等较荫蔽的地段。

【亚种和常见品种】一年生早熟禾的两个亚种具有致密、色泽佳、质地好的特点。冬季一年生型(*P. annua* var. *annua* L.)，具有直立生长习性；多年生型(*P. annua* var. *reptans* Hausskn.)，具有横向生长习性，均能在低修剪、高频率灌溉的环境中生长良好。Trueputt 是 1997 年育成的第一个品种，主要用于运动场和高尔夫球场。

2.2.3　黑麦草属(*Lolium* L.)

全世界约 10 个种，栽培品种很多，主要分布在世界温暖湿润地区，欧亚温带地区有分布，在我国属于引种栽培。本属中多年生黑麦草和一年生黑麦草常用作草坪草，多年生黑麦草发芽速度快，草坪混播中常用作保护草种。

1. 多年生黑麦草(*L. perenne* L.)

多年生黑麦草英文名为 Perennial Ryegrass，别名宿根黑麦草。黑麦草属中应用最广泛的草坪草，也是最早的草坪栽培种之一。原产于亚洲和北非的温带地区，现广泛分布于世界各地的温带地区。

【形态特征】叶色浓绿，叶片狭长，扁平，上面被微毛，背面平滑有光泽；中脉显著，叶缘平行，锥状叶尖；幼叶折叠；叶舌小，膜质，叶耳较长；叶鞘疏松，开裂或封闭，无毛；丛生型草本，穗状花序(图 2-5)。

【生态习性】喜终年温暖湿润的气候，春秋季生长旺盛。喜光稍耐阴，耐寒性较早熟禾差，高温时生长不良。喜湿不耐旱，喜肥不耐瘠薄。适应土壤

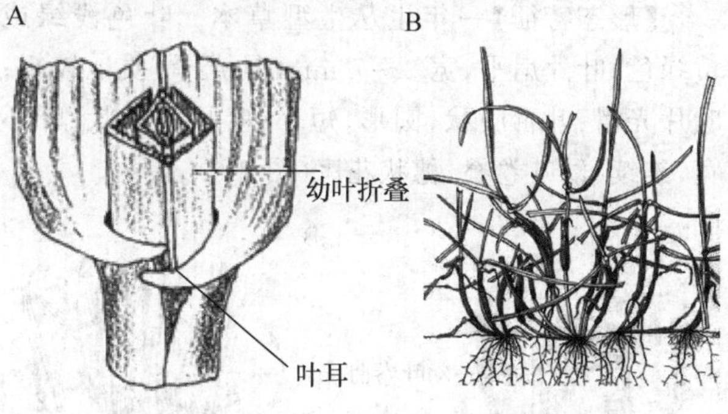

图 2-5　多年生黑麦草叶耳和幼叶折叠(A)、整株形态(B)

范围广，pH 6.0～7.0，以中性偏酸、肥沃土壤为宜。耐践踏性好。

【繁殖技术和管理要点】种子繁殖为主。多年生黑麦草不耐旱，需要经常灌溉才能保持良好的长势。适宜修剪高度为 3.7～6.4 cm，部分品种可忍受低于 1.0 cm 的修剪，再生快，特别是春、秋两季，应加强修剪。对肥料反应敏感，尤其是春秋季旺盛生长时期，频繁修剪使得其对氮肥需求较高。用于暖季型草坪草冬季交播时，随着春季气温逐渐回升，应降低修剪高度，减少灌溉次数，以促进暖季型草坪草打破休眠、恢复生长。

【应用特点】色泽深绿，耐密植、耐践踏，广泛用于公园绿地、庭院以及高尔夫球场的景观部分，甚至是高尔夫球道、发球台及棒球场等。常用于种植暖季型草的高尔夫球场果岭和发球台的冬季交播。快速成坪的特性使其可用作快速、临时性植被覆盖，也可作为水土保持植物组合中的先锋草种。与草地早熟禾混播可提高草坪受损后的恢复力和抗病性。

【常见品种】改良过的多年生黑麦草具有更致密、更细腻、更耐修剪的特点。Citation、Derby、Diplomat、Manhattan、Manhattan Ⅱ、Palmer 这些品种在抗旱性、抗虫性和抗病性上有优良表现。

2. 一年生黑麦草(*L. multiflorum* Lam.)

一年生黑麦草英文名为 Annual Ryegrass，别名多花黑麦草、意大利黑麦草，生长在欧洲南部的地中海地区、北非和亚洲部分地区。存活时间短，应用范围有限。幼苗生长迅速并抑制其他冷季型草的生长，影响成坪质量，很少与其他种子混播。

【形态特征】一年生丛生型草本。叶色浅绿或黄绿色，叶片扁平，宽 3～7 mm，具光泽，质地较粗；叶片光滑；叶舌膜状，圆形，短小；叶耳长爪状；叶环宽，连续；幼叶卷叠，穗状花序(图 2-6)。

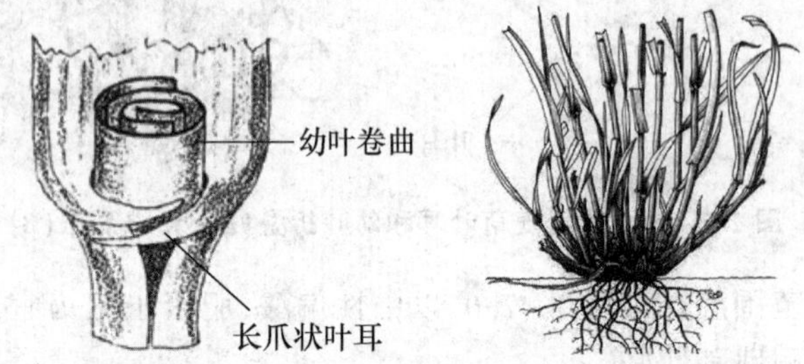

图 2-6　一年生黑麦草幼叶卷曲和长爪状的叶耳(A)、整株形态(B)

【生态习性】喜光稍耐阴，在所有冷季型草坪草中，耐寒性差，不耐热。根系浅，抗旱性差。最适于肥沃、pH 6.0～7.0 的湿润土壤。耐践踏性中等。

【繁殖技术和管理要点】种子繁殖为主。修剪高度 3.7～5.0 cm，修剪质量较差。降水量较小时，需经常灌溉。

【应用特点】主要用于温暖潮湿地区暖季型草坪草的冬季交播。能快速建坪，也可用作临时性水土保持植被。耐热性差，在春末夏初暖季型草坪草尚未完全恢复时，一年生黑麦草就开始变黄甚至死亡。

【常见品种】Gulf、Magnolia、Tam 90、Top One、Abunant、Rustmaster 等。

2.2.4　羊茅属(*Festuca* L.)

全世界约 100 种，分布于全世界的寒带、温带和热带的高山区域。我国有 20 多种，产于西南、西北、东北地区，尤以西南分布最多。本属中紫羊茅和高羊茅常用作草坪草。

1. 高羊茅(*F. arundinacea* Schreb.)

高羊茅英文名为 Tall Fescue，是生长在欧洲的一种冷季型草坪草，具有许多非常优良的坪用性状，适应于许多土壤和气候条件，是一种应用非常广泛的草坪草。

【形态特征】高羊茅为多年生丛生型草本植物。叶卷叠式；叶鞘圆形，光滑或有时粗糙，开裂，边缘透明，基部红色；叶舌膜质，截平；叶耳小而狭窄；叶片扁平，坚硬，上面接近顶端处粗糙，中脉明显，顶端渐尖，边缘粗糙透明；茎圆形，直立，粗壮，簇生。根颈显著，宽大，分开。花序为圆锥花序，直立或下垂(图 2-7)。

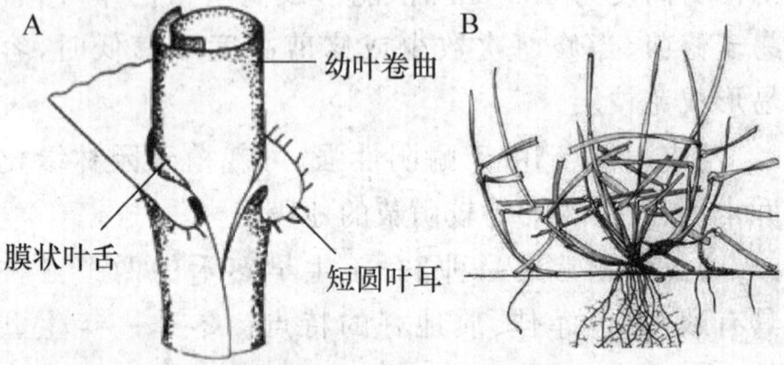

图 2-7　高羊茅幼叶卷曲、膜状叶舌和短圆叶耳(A)、整株形态(B)

【生态习性】高羊茅是最耐旱和最耐践踏的丛生型冷季型草坪草之一，其耐盐碱、耐高温能力也很强。高羊茅耐土壤潮湿，可忍受较长时间的水淹，故常用作排水道旁的草坪，但耐阴性中等。其生长最适宜于肥沃，潮湿、富含有机质的细壤，对肥料反应明显。虽然高羊茅适应的土壤范围很广，适应的 pH 4.7～8.5，但最合适的 pH 5.5～7.5。大多数新枝由根冠产生而不是由根茎的节产生，根系在土壤中分布比大多数冷季型草坪草更深也更广泛。在寒冷潮湿气候带的较冷地区，高羊茅易受到低温的伤害，由于抗低温性差，使草坪密度逐渐降低，直至最后变成零星的粗质杂草。高羊茅适宜于寒冷潮湿和温暖潮湿过渡地带生长。

【繁殖技术和管理要点】种子繁殖为主。成坪速度较快，介于草地早熟禾和黑麦草之间，但再生性差。单播、混播和春播、秋播均可。高羊茅与草地早熟禾等草种混播时，高羊茅所占的比例不应低于 70%。虽然高羊茅能耐低肥，但适度施肥会使其生长得更好。高羊茅不耐低修剪，修剪高度以 4～6 cm 为宜。适应范围广，耐粗放管理，耐践踏，但叶片较粗糙，一般用于建植中、低档质量的草坪。可用作高尔夫球场球道、赛马场和机场草坪，以及园林中只要求绿化、不要求观赏的大片空地或斜坡的种植材料。

【常见品种】Alta 和 Kentucky-31 是应用最广泛的两个品种。许多细叶的品种在适宜的栽培管理条件下可以形成优良的草坪，如 Bonsai、Jaguar 和 Rebel。

2. 紫羊茅(*F. rubra* L.)

紫羊茅的英文名为 Red Fescue，别名红狐茅和匍匐紫羊茅，广布于北半球温寒地带，我国长江流域以北各省均有分布，生于山坡、草地及湿地，是羊茅属中应用最广泛的草坪草。国外培育出许多适应寒冷潮湿地区生长的紫羊茅品种。

【形态特征】紫羊茅为多年生密丛型草本植物。具横根茎。秆基部斜升或膝曲，基部红色或紫色。叶鞘基部红棕色并破碎成纤维状，分蘖叶的叶鞘闭合；叶片光滑柔软，对折或内卷。圆锥花序；小穗先端带紫色(图 2-8)。

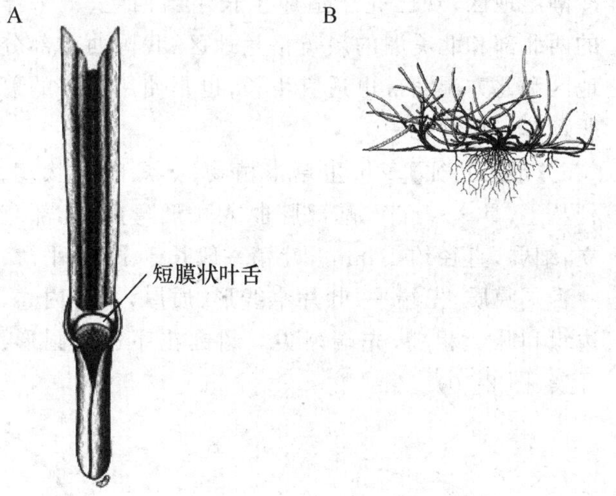

图 2-8 紫羊茅短膜状叶舌(A)和整株形态(B)

【生态习性】紫羊茅广泛分布于北美洲、欧亚大陆、北非和澳大利亚的寒冷潮湿地区以及我国的西南、东北等地。性喜凉爽湿润气候，耐寒性较强，适于在高海拔地区生长。不耐炎热，高温地区越夏困难。在较弱的光强度下，它比其他冷季型草坪草生长更快，耐阴性较强，但在全光照条件下生长得更好。抗旱性比草地早熟禾和匍匐翦股颖强，耐践踏性中等。适于土壤 pH 5.5～6.5 的沙壤，不能在水渍地或盐碱地上生长。

【繁殖技术和管理要点】种子发芽率高，以种子繁殖为主。常与草地早熟禾混播，有时与多年生黑麦草或细弱翦股颖混播。播种后 7～9 d 发芽出苗，苗期要注意防除杂草。紫羊茅生长缓慢，剪草高度以 4～6 cm 为宜。需肥量低，若氮肥比例过高，易染病。紫羊茅是可以粗放管理的优良草坪草种，草坪质量也较好。

【应用特点】广泛用于机场、庭院、广场、绿地、路旁、林下及其他一般用途的草坪。由于根状茎弱、再生能力差，较少应用于各类运动场草坪。紫羊茅可用于温暖潮湿地区狗牙根占优势种草坪的冬季覆播材料。在欧洲，它与翦股颖混播用于高尔夫球场果岭和保龄球场。与多年生黑麦草和粗茎早熟禾相比，紫羊茅在秋季和春季的过渡时期内性状表现较好。

【亚种和常见品种】栽培中应用的品种基本都是以紫羊茅的三个亚种为亲本，培育而成。弱匍匐型紫羊茅(*F. rubra* subsp. *trachophylla*)、强匍匐型紫羊茅(*F. rubra* subsp. *rubra*)和丛生型紫羊茅(*F. rubra* subsp. *commutata*)，前两者均为匍匐(型)紫羊茅，具有匍匐型的根状茎，但弱匍匐型紫羊茅的根状茎弱而短小、扩展缓慢，而强匍匐型紫羊茅的根状茎较粗大、扩展性较强。常见品种：Shadeway、Banner、Bargreen、Marker、Pernnille、Polar、Oasis、Jaruestoun、Wintergreen 和 Atlanta 等。

2.2.5 翦股颖属(*Agrostis* L.)

全世界 200 多种，主要分布于北温带，大部分多年生，也有少数一年生，生长习性差异很大。在所有冷季型草坪草中翦股颖属最能忍受连续修剪，某些品种修剪高度甚至可低于 0.5 cm。目前国内报道翦股颖属种类较多的是贵州和云南，贵州草业科学研究所收集到 40 余份不同生态型的翦股颖材料，云南省内坪用价值突出的翦股颖属草种有小糠草(*Agrostis alba*)也是优良的草坪草种。本属中匍匐翦股颖、细弱翦股颖和茸毛翦股颖常用作草坪草。

1. 匍匐翦股颖(*A. stolonifera* L.)

匍匐翦股颖英文名为 Creeping Bentgrass，别名匍茎翦股颖和本特草，生长于欧亚大陆的温带和北美，我国东北、华北、西北及江西、浙江等地均有分布，常见于河边和较潮湿的草地。广泛用于低修剪、细致优质的草坪。具有强壮的匍匐茎生于地表面上，能从节上长出新根和茎。

【形态特征】多年生草本植物。秆直立，多数丛生、细弱。叶鞘无毛，下部长于节间，上部短于节间；叶舌膜质；叶片线形，圆锥花序开展（图 2-9）。

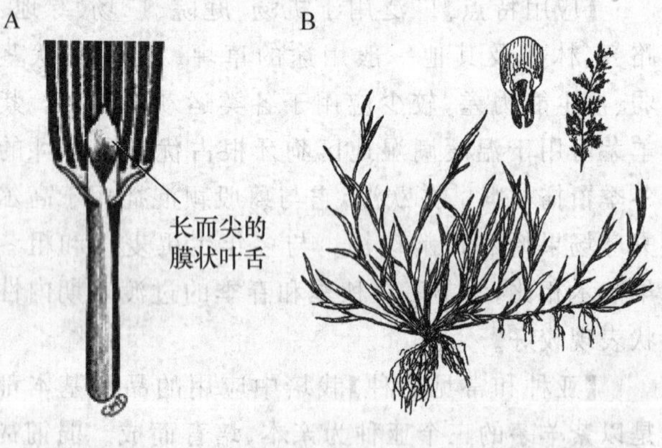

图 2-9 匍匐翦股颖长而尖的膜状叶舌（A）和整株形态（B）

【生态习性】匍匐翦股颖喜冷凉湿润气候，耐寒、耐热、耐瘠薄、耐低修剪，有一定的耐阴性，但在阳光充足条件下生长更好，耐践踏性中等。该草种的匍匐茎横向蔓延能力强，能迅速覆盖地面，形成高密度的草坪，但匍匐茎节上的不定根入土较浅，而影响其耐旱性。匍匐翦股颖对土壤要求不严，在微酸性至微碱性土壤上均能生长，以湿润肥沃的土壤生长最好，土壤紧实度高时则适应性较差。春季返青慢。

【繁殖技术和管理要点】匍匐翦股颖可以种子和匍匐茎两种方式繁殖。因匍匐翦股颖种子特别细小，播种时地面要整平整细，一般播种量为 3～8 g/m²。在我国华北地区从 4 月下旬到 9 月下旬均可进行栽植匍匐茎。在养护管理中，应注意经常供给水分和所需的养分，否则影响绿化效果。在大陆性气候区，用匍匐翦股颖建成的草坪，隔 3～5 年应进行一次更新，切断其根系，使土壤透气，或重新栽植。

【应用特点】匍匐翦股颖建坪速度快、再生性强，常为应急绿化的材料。在低修剪时，能形成美丽、细致的草坪，修剪高度为 0.5～0.75 cm。应及时、适时修剪，如果草层长得过密过高，会因不通风而发生各种病害。匍匐翦股颖适用于保龄球场、高尔夫球场球道、发球区和果岭等高质量的草坪，也可用作观赏草坪，一般不作庭院草坪。因匍匐翦股颖具有侵占性很强的匍匐茎，很少与直立生长的草种混播，如草地早熟禾等。

【常见品种】最初用于无性繁殖的品种有 Washington（C-50）、Toronto（C-15）、Cohansey（C-7）和 Pennpar 等。如今多数匍匐翦股颖品种以种子繁殖，例如 Emerald、Penn cross、Penn eagle、Penn links、Prominent、Providence、Putter、Seaside 和 SR1020 等。

2. 细弱翦股颖（*A. tenuis* Sibth.）

细弱翦股颖英文名为 Colonial Bentgrass，别名棕顶草。分布于欧亚大陆及我国山西、河北等地区的北温带，后来作为草坪草被引种于世界各地的寒冷潮湿地区，现已完全适应生长于新西兰、太平洋的西北部和北美洲的新英格兰地区，我国西南部分地区和北方湿润带也适宜生长，也是使用最广的翦股颖草坪草种之一。

【形态特征】多年生草本植物；具短的根状茎。秆丛生，具 3～4 节，基部膝曲或弧形弯曲，上部直立，细弱，直径约 1 mm。叶鞘一般长于节间，平滑；叶舌干膜质，先端平；叶片窄线形，质厚，干时内卷，边缘和脉上粗糙，先端渐尖。圆锥花序近椭圆形、开展（图 2-10）。

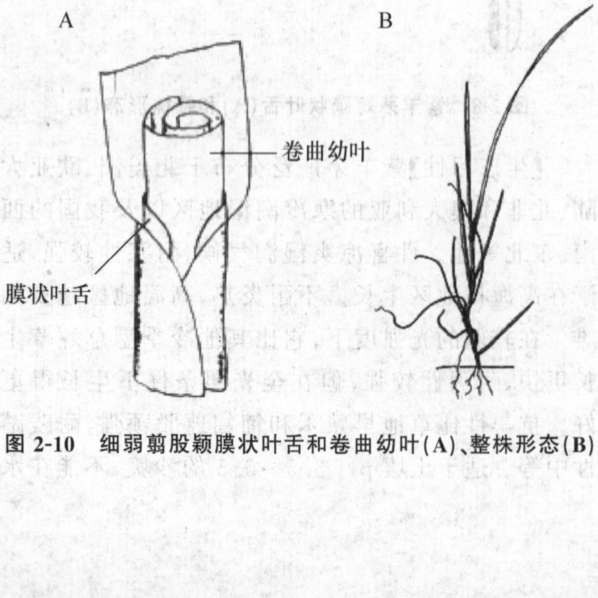

图 2-10 细弱翦股颖膜状叶舌和卷曲幼叶（A）、整株形态（B）

【生态习性】最适宜湿润冷凉气候,适应的土壤范围较广,但在中等肥力、排水良好、pH 5.5～6.5的微酸性细壤土上生长最好。颜色范围是从黄绿色到中等深绿色,须根系,生长较浅。春季返青相对慢些,抗热和抗水性较差,在炎热的夏季叶尖转为黄色,盛夏易枯。具有良好的抗寒性,但不如匍匐剪股颖。耐阴性中等,较耐践踏。

【繁殖技术和管理要点】种子发芽率高,以种子繁殖为主,但也可采用营养繁殖。播种期春季或秋季均可。播种量 3～7 g/m^2,7 d 左右出苗,成坪迅速,耐杂草。种子细小,种植时对坪床质量要求极高,坪床应细致、平整、肥沃,以沙床为最好。只要苗前和苗期水肥充足,直播建坪效果较好,苗期喜湿润,但过于潮湿易患病,应及时喷杀菌剂数次,及早预防。营养繁殖可采用栽植小草块的方法。将草块挖起后分成许多宽 3～4 cm,长 10～15 cm 的小块,采用 10～15 cm 穴距品字形穴栽。栽植时短根状茎及根系必须栽入土壤中,栽后压实,适量浇水,7～10 d 能成活。

细弱翦股颖枝叶柔软、细长、茂密,再生性好,耐低修剪和频繁修剪,一般生长旺期每月修剪 4～6 次,以茬高 0.75～2 cm 为宜。刈后应及时追肥、灌水、喷施杀菌剂,注意病害发生。细弱翦股颖形成的草坪,每隔 3～5 年必须进行更新,切断其根系,使土壤透气或重新补植。

【应用特点】细弱翦股颖需要较高强度的管理、特殊的剪草设备和高水平的管理技术,因而不太适宜作庭院草坪,适宜大的公园、街道、广场、高尔夫球场果岭等采用。

【常见品种】美国品种有:Allure、Astoria、Bardat、Egmont 和 Exeter。经过北欧育种家的努力,选育出 Holfior 和 Boral 两个品种。品种 Highland 具有相对较高的耐热性和耐旱性,适用于干热的环境。

2.3 禾本科暖季型草坪草

暖季型草坪草(warm-season turfgrass)广泛分布在温暖湿润的热带及亚热带地区,最适生长温度 26～32℃,与冷季型草坪草相比耐寒性差。在我国南方地区广泛种植,在北部地区越冬困难。野牛草、普通狗牙根和日本结缕草是暖季型草坪草中较为抗寒的草种,因此,它们的分布区可向北延伸,较寒冷的辽东半岛和山东半岛也可以栽培。其中钝叶草、细叶结缕草、假俭草要求较高的生长温度,只在我国南方地区栽培利用。暖季型草坪草以营养繁殖为主,仅少数几种可以产生种子进行播种繁殖。暖季型草坪草大多具有匍匐茎和根茎,生长势旺,侵占力、再生力、繁殖力强,建坪时通常选择单播,很少混播。

禾本科暖季型草坪草属于画眉草亚科和黍亚科,目前常用的暖季型草坪草种有十几种,分属于狗牙根属、雀稗属、结缕草属、地毯草属、野牛草属、钝叶草属、狼尾草属、画眉草属、蜈蚣草属 9 个属。

2.3.1 狗牙根属(*Cynodon* Rich.)

全球包括 9 个种 10 个变种,我国有 2 个种 1 个变种。狗牙根属草坪草是最具代表性的暖季型草坪草,广泛分布于欧洲、亚洲的热带及亚热带地区。在园林绿化中应用非常广泛,用作草坪草的一般是普通狗牙根和杂交狗牙根。

普通狗牙根[*C. dactylon*(L.)Pers.]

普通狗牙根英文名为 Bermudagrass,又名百慕大草、绊根草(上海)、爬根草(南京)。普通狗牙根原产非洲,广泛分布于热带、亚热带和温带地区。我国黄河流域以南各地均有普通狗牙根的野生种,北至新疆的伊犁、喀什、和田亦有野生普通狗牙根。

【形态特征】多年生草本,具根状茎和匍匐枝,茎秆细而坚韧,节间长短不一,匍匐枝可长达 1 m,并于节上产生不定根和分枝,故又名"爬根草"。叶扁平线条形,长 3.8～8 cm,宽 1～2 mm,先端渐尖,边缘有细齿,叶色浓绿;叶舌短小,具小纤毛。穗状花序 3～6 枚指状排列,分枝长 3～4 cm;小穗排列于穗轴一侧,绿色,有时略带紫色,含 1 花,颖近等长。种子成熟易脱落,具一定的自生能力(图 2-11)。

【生态习性】适合于温暖潮湿和温暖半干旱地

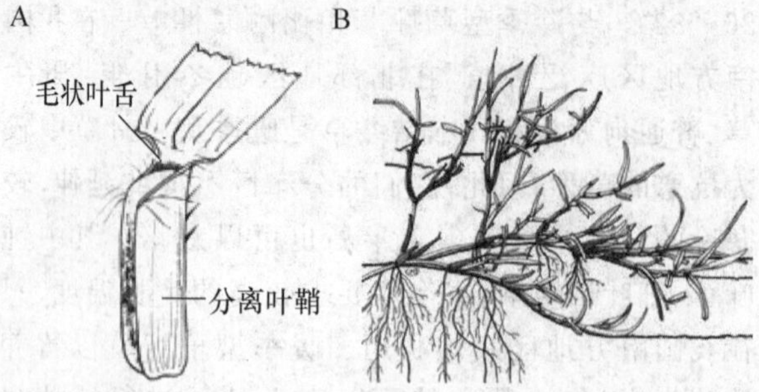

图 2-11 普通狗牙根毛状叶舌和分离叶鞘(A)、整株形态(B)

区生长,极耐热且抗旱,但抗寒性差,也不耐阴。在新疆乌鲁木齐市有栽培,在有积雪的情况下能越冬。因根系浅,具少量须根,所以遇干旱气候容易出现匍匐茎嫩尖成片枯萎,造成草坪景观价值的下降。耐践踏,喜在排水良好的肥沃土壤中生长,在轻度盐碱地上也生长较快,且侵占力强,在适宜的条件下常侵入其他草坪生长。在华南用该草建成的草坪全年绿期 270 d,华东、华中 245 d,成都 250 d 左右。在新疆乌鲁木齐市秋季枯黄较早,绿期 170 d 左右。

【繁殖技术和管理要点】普通狗牙根是生长最快、建坪最快的暖季型草坪草,再生力强,耐践踏,耐低修剪,修剪高度为 1.5～3 cm,需要中等偏高的养护水平。由于生长快,易形成芜枝层,因此养护管理上需较频繁的垂直刈割,该措施也可提高狗牙根的低温保绿性,增加草坪绿期。可产生种子,但是种子不易采收,主要通过短枝、草皮等营养繁殖材料来建坪。目前多采用分根繁殖,一般在春、夏季进行,栽植后保持土壤湿润,20 d 左右即能生出匍匐茎。由于根系较浅不耐旱,夏季干燥时应注意经常浇水。冬季草坪根系部应增施薄肥覆盖,夏秋季宜施氮、磷肥,施肥量 8 g/m^2 氮肥,2 g/m^2 磷肥。

【应用特点】一般采用单播建坪,但由于种子不易采收,故多采用营养繁殖。因耐践踏,再生力强,适宜建植运动场草坪,因比赛受到践踏的普通狗牙根草坪,如能在当晚立即灌水,1～2 d 后即可快速恢复;若及时增施氮肥,即可很快投入使用。我国华北、西北、西南及长江中下游等地广泛用该草建植草坪。因覆盖力强,也是很好的固土护坡材料。另外,秋季在其草坪中可补播(交播)冷型草坪草,如黑麦草、紫羊茅等来缓和因普通狗牙根冬季休眠而造成的褪色。

【相关种和常见品种】狗牙根的育种目标是提高抗病虫性、耐旱寒性、密度和减少穗头。由普通狗牙根(*C. dactylon*)与非洲狗牙根(*C. trasvaalensis*)杂交培育出的许多优良的品种,包括适用于果岭的 Tifgreen 和 Tifdwarf;适用于发球台、球道和庭园的 Tifway、Tifgreen (T-419)、Tifgreen (T-328);耐践踏适用于足球场的 Tiflawn;以及具有一定的耐寒性的 Midiron,该品种适用于处于温带和亚热带之间的过渡地带运动场。普通狗牙根的常用品种有:低温胁迫失绿慢的 Ormond 和 Royal Cape;穗头较少并适用于运动场和庭园的 Texturf 1F 和 Texturf 10;以及常用的 Pyramid、Bermuda 和 Mirage 等品种。除普通狗牙根外,其余品种均用营养体繁殖。

2.3.2 雀稗属(*Paspalum* Flugge.)

雀稗属植物约 300 个种,分布于亚热带、热带,美洲分布最丰富。我国有 16 个种,以前大部分被用作牧草,近几年才开始用于草坪建植,应用最为广泛的是海滨雀稗、巴哈雀稗和两耳草。

2.3.2.1 海滨雀稗(*P. vaginatum* Swartz.)

海滨雀稗英文名为 Seashore Paspalum,别名夏威夷草。海滨雀稗生长于南纬 30°和北纬 30°之间的沿海地带,源于非洲和美洲,曾作为饲料、草坪和改良受盐碱影响的土壤草种,在世界各地均引种过。现广泛分布于热带和亚热带地区,南非、澳大利亚的海滨和美国从得克萨斯州至佛罗里达州的沿海都有野生,以能适应各种非常恶劣的环境而闻名。

【形态特征】多年生草本,具匍匐茎和根状茎。叶片颜色深绿,宽度变化很大。总状花序穗形 2 枚,延伸长度 10～65 mm(图 2-12)。

【生态习性】主要分布在热带和亚热带地区,生于海滨,性喜温暖。染色体数为 20。抗寒性较狗牙根差。在地温 10℃打破冬眠,并且返青比狗牙根提前 2～3 周。耐阴性中等。耐水淹性强,在遭受涨潮的海水、暴雨和水淹或水泡较长时间后仍然正常生

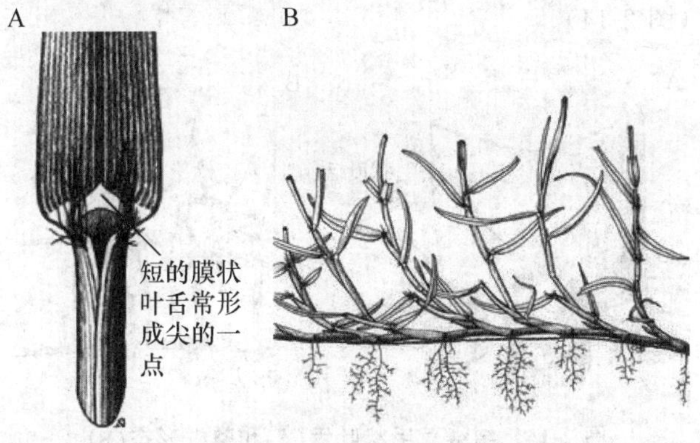

图 2-12 海滨雀稗短的膜状叶舌常形成尖的一点(A)、整株形态(B)

长。耐热和抗旱性强。耐瘠薄土壤,适应的土壤范围很广,从干旱的沙地到湿渍的黏地,特别适合于海滨地区和含盐的潮汐湿地、沙地或潮湿的沼泽地、淤泥地。不同品种适应的土壤 pH 可达 3.6～10.2。具有很强的抗盐性,被认为是最耐盐的草种之一,甚至可以直接用海水进行灌溉。抗病虫害,但在高强度使用过程中也需要进行除草、灭虫、防病等养护管理。

【繁殖技术和管理要点】海滨雀稗根茎粗壮、密集,根系深,抗旱能力强,利用海水直接喷灌对草坪生长基本没有损害。长期用海水浇灌的草,病虫害发生的次数和施肥量都比淡水浇灌少很多,这对节水和降低成本提供了极好的条件。此外,再循环用水、生活污水、混合的非饮用水等都可用作喷灌水。施肥与冷型草坪草相似,夏季少量,春、秋季适量,初冬重施。耐频繁低修剪,修剪高度 5～20 mm。在每年的春季和秋季,凉爽的夜晚容易发生银圆斑病,通过梳草,降低草的密度,能降低发病率。

【应用特征】因耐频繁低修剪,可以用于高尔夫球场的果岭、球道、发球台和绿地区。可种植在海滨的沙丘地区,用作水土保持。也常用于受盐碱破坏的土地和受潮汐影响的土壤改良地区。

【常见品种】Platinure、Aloha、Adalayd、Futurf、Tmpic Shore、Salam、Neptune、Seaway、Seagreen、Seadwarf、FSP-1、FSP-2、SeaIsle 1、Sea Isle 2000、Seaspray、Supreme 等。

2. 巴哈雀稗(*P. notatum* Flugge.)

巴哈雀稗英文名为 Bahiagrass,别名百喜草,原产南美东部的亚热带地区。它用于草坪的范围有限,但在无养护管理或者粗放管理条件下,巴哈雀稗是优秀的暖季型草坪草。

【形态特征】多年生草本。具粗壮、木质、多节的根状茎。秆密集丛生,高约 80 cm。叶鞘基部扩大,长 10～20 cm,长于节间,背部压扁成脊,无毛;叶舌膜质,极短,紧贴其叶片基部有一圈短柔毛。小穗卵形,平滑无毛,具光泽(图 2-13)。

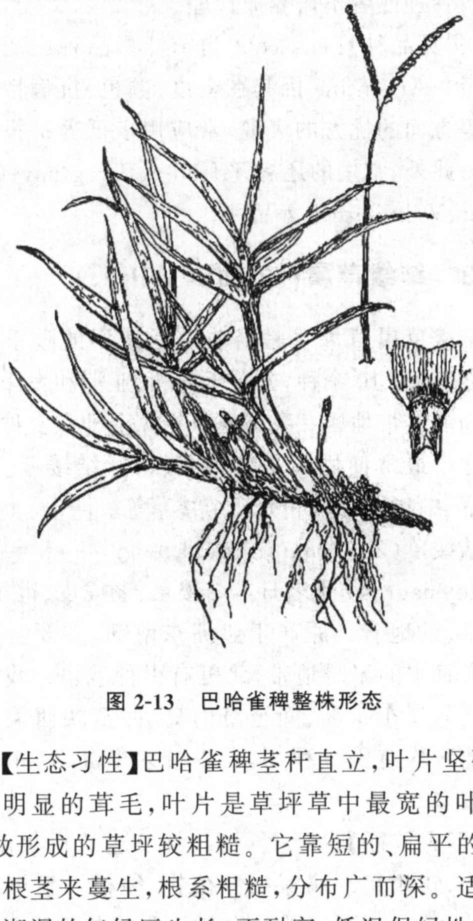

图 2-13 巴哈雀稗整株形态

【生态习性】巴哈雀稗茎秆直立,叶片坚硬,边缘有明显的茸毛,叶片是草坪草中最宽的叶片之一,故形成的草坪较粗糙。它靠短的、扁平的匍匐茎和根茎来蔓生,根系粗糙,分布广而深。适于在温暖潮湿的气候区生长,不耐寒,低温保绿性较好。耐阴性强,极耐旱,干旱过后其再生能力很强。适应的土壤范围很广,从干旱沙壤到排水差的细壤均可生长,尤其适于海滨地区的干旱、粗质、贫瘠的沙地,适于 pH 6.0～7.0 的土壤。耐盐,但耐淹性不好。

【繁殖技术和管理要点】因巴哈雀稗盛产种子,

故主要为种子繁殖，但种子通常携带许多大的种子柄。未经处理的种子发芽率很低，通过对种皮用酸或热处理可提高发芽率。种子处理后发芽率高成坪速度快。养护管理粗放，对病虫害抵抗性强，修剪高度 4～5 cm。氮肥需要量为每个生长月 0.5～2.0 g/m^2，秋季的氮肥尤其重要，可以减少芜枝层的积累。

【应用特点】巴哈雀稗形成的草坪质量较低，故适于种在低质量、贫瘠地区的土壤上，它尤其适于用在路旁、机场和类似低质量的草坪地区，能够耐受粗放管理或者不需养护管理。

【常见品种】Pensacola 为窄叶型品种广泛应用于路旁。Argentine 因其在密度、颜色、抗病性和需肥量等方面的优秀的表现，常应用于低养护投入的庭院。此外，常用的还有 Tifton-9、Paragtuay、Competitor、Wilmington 等品种。

2.3.3 结缕草属(*Zoysia* Willd.)

结缕草属草坪草是当前广泛使用的暖季型草坪草之一，有 10 个种，分布于非洲、亚洲和大洋洲的热带和亚热带地区。我国现只有 5 个种和变种。园林绿化中最常使用的是结缕草、沟叶结缕草、细叶结缕草、中华结缕草和大穗结缕草等。

结缕草(*Z. japonica* Steud.)

Zoysiagrass，别名日本结缕草、老虎皮、锥子草、崂山草、延地青。原产于亚洲东南部，主要分布于朝鲜和日本的温暖地带，北美有引种栽培。我国北起东北的辽东半岛、南至海南岛、西至陕西关中等广大地区均有野生种，其中以胶东半岛、辽东半岛分布较多。

【形态特征】多年生草本，具发达的根状茎，植株低矮，较粗糙。属深根性植物，须根一般可深入土层达 30 cm 以上。坚韧的地下根状茎及地上匍匐枝，于茎节上产生不定根。植株直立，茎高 12～15 cm，茎叶密集；叶片革质，常具柔毛，长 3 cm，宽 2～3 mm，具一定的韧度，叶舌不明显。总状花序穗状，长 2～4 cm，宽 3～5 mm；小穗卵圆形，呈紫褐色。种子细小，成熟后易脱落，外层附有蜡质保护物，不易发芽，播种前需进行处理以提高发芽率(图 2-14)。

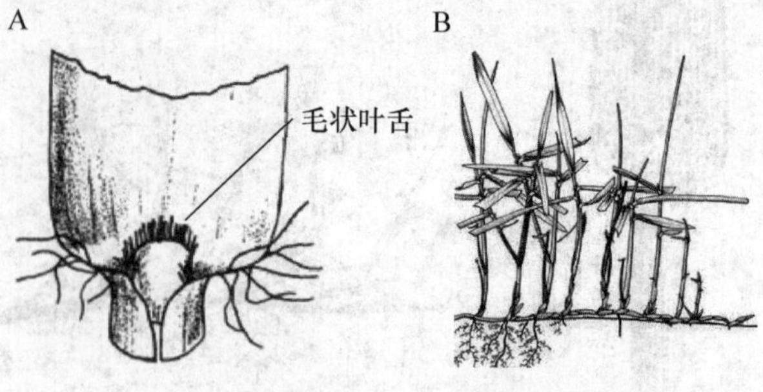

图 2-14　结缕草毛状叶舌(A)和整株形态(B)

【生态习性】适应性强，长势旺盛，喜光、抗旱、抗热和耐贫瘠。抗寒性在暖季型草坪草中表现得较突出，但不能在夏季太短或冬季太冷的地方生存。喜深厚肥沃、排水良好的沙质土壤。在微碱性土壤中亦能正常生长。入冬后草根在－20～－30℃ 能安全越冬，气温 20～25℃生长最盛，30～32℃生长速度减弱，36℃以上生长缓慢或停止，但极少出现夏枯现象。在 10～12.8℃开始褪色，整个冬季保持休眠。秋季高温而干燥可提早枯萎，使绿期缩短。

日本结缕草易于形成单一连片、平整美观的草坪，抗杂草能力强。由于根茎发达，叶片粗糙而坚硬，故耐磨、耐践踏，且抗病虫害能力强。缺点是不耐阴，匍匐茎生长较缓慢，蔓延能力较一般草坪草差，因此草坪一旦出现秃斑则恢复较慢。

【繁殖技术和管理要点】种子繁殖和营养繁殖均可。由于种子具有休眠特性并硬实，播前需进行种子处理，其方法可采用湿沙层积催芽和 5%氢氧化钠溶液浸种。层积催芽法是将日本结缕草种子装入纱布袋内，投入冷水缸浸泡 48～72 h，每隔 24 h 换一次水。浸后用 2 倍于种量的沙拌匀，沙子湿度保持在 70%。取 40 cm 口径的花盆，先在其底部铺上 8 cm 厚的河沙，再将混沙种子装入盆内摊平，然后在上面再覆上 8 cm 厚沙，随即移到室外用草帘覆盖。5 d 后将处理的种子移到室内，在日均温度 24℃、湿度 70%下，每天翻拌 3～4 次。通常经 12～30 d 均可出芽，然后用条播法播种，覆沙厚 0.3 cm。氢氧化钠溶液浸种法是用 5%氢氧化钠溶液浸种 24 h，再用清水洗净，晒干后播种，10 多天发芽，20 多天出齐。北方地区结缕草播种期在 5 月中旬前后，南方地区在 6 月梅雨初期进行。播种量 6～9 g/m^2。

营养繁殖一般采用分株繁殖，在生长季内均可进行。成行栽种，行距 5～20 cm，3～4 个月可覆盖地面。也可将长 20 cm、宽 20 cm、厚 5～6 cm 的草皮块，按 2～3 cm 的间距铺设。草皮块铺设前应按要求做好坪床准备工作。也可用短枝进行繁殖。

结缕草管理较粗放，欲保持草地经久不衰，可采取以下措施：

(1)与狗牙根、假俭草混栽，以保持草层平整、色泽优美，延长绿期，减少病虫害。

(2)生长盛期，应定期修剪，一般每月 2 次，以控制草层高度，保持平整和抑制杂草。

(3)施肥、打孔、覆土(沙)和碾压，一般在生长季进行，以提高草坪抗旱、抗病的能力，增强其耐磨性。

(4)运动场比赛前后应浇水，增强草坪耐磨性和促进因比赛而断裂的草茎的迅速复苏。

(5)比赛的球场经常滚压，保持场地平整。

(6)防治病虫害。在土壤潮湿环境下，日本结缕草易发生锈病，可喷洒波尔多液预防。在发病地段内，提前半个月喷洒 400～600 倍多菌灵稀释液。为防治蚯蚓拱地和蜗牛为害茎叶，于为害活动期内喷洒生物农药“青虫菌”或喷射 1 000～2 000 倍敌百虫稀释液防治。

【应用特点】需要中等养护水平，其植株低矮、坚韧耐磨、耐践踏、弹性好，在适宜的土壤和气候条件下，可形成致密、整齐的优质草坪。广泛应用于温暖潮湿和过渡地带，在园林、庭院、高尔夫球场、机场、运动场和水土保持地广为利用，是较理想的运动场草坪草和较好的固土护坡植物。由于实际生产采收时，很难区分结缕草和中华结缕草(*Zoysia sinica* Hance)，因此，使用时大多把这两个种混在一起。

【常见品种】辽东半岛和胶东半岛是我国野生结缕草种子的主要供应地。国内选育品种有兰引 3 号、青岛、辽东、胶东青结缕草、上海结缕草、苏植 1 号杂交结缕草等。Meyer 是美国来源于 1905 年从朝鲜引进的结缕草种子；ELToro 为美国加州改良的结缕草品种；De Anza 是 ELToro 的杂交后代，在美国加州育出；Emerald 是美国农业部农业试验场用结缕草与细叶结缕草(*Z. tenuifolia* Will et Trin)杂交育成的品种。还有 Victoria、Traveler、Belair、Empire、Empress、Palisades、Crowne、Companion 等。沟叶结缕草[*Z. matrella*(L.)Merr.]常用的品种有国内品种(华南)和美国品种(Diamond、Cavalier)。

2.3.4 地毯草属(*Axonopus* Beauv.)

地毯草属约有 70 个种，大都产于美洲热带，其中地毯草和热带地毯草广泛利用于草坪草。我国有 2 个种。

地毯草[*A. compressus*(Sw.)Beauv.]

地毯草英文名为 Carpet Grass，别名大叶油草。原产南美洲，世界各热带、亚热带地区有引种栽培，分布于巴西、阿根廷等中、南美洲诸国。我国早期从美洲引入，在台湾、广东、广西、云南等地区有分布。常生于荒野、路旁较潮湿处。因其匍匐枝蔓延迅速，每节上都生根和抽出新植株，植物平铺地面成毯状，故称地毯草。

【形态特征】多年生草本，植株低矮，具长匍匐茎。秆扁平，节上密生灰白色柔毛，高 8～30 cm。叶片柔软，翠绿色，短而钝，长 4～6 cm，宽 8 mm 左右。总状花序，长 4～6 cm，较纤细，2～3 枚近指状排列于枝顶；小穗长 2～2.5 mm，排列三角形穗轴的一侧。种子长卵形(图 2-15)。

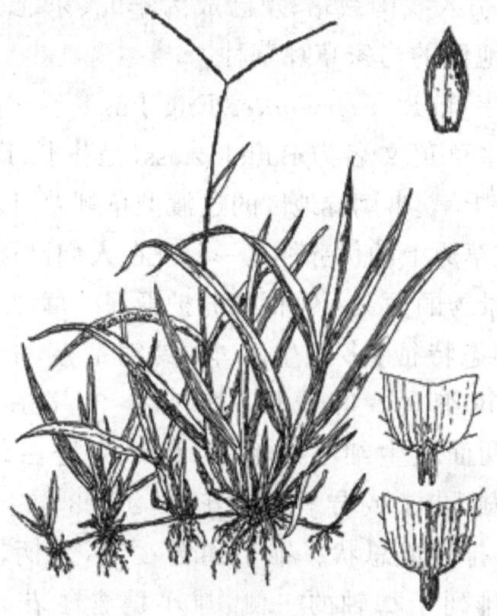

图 2-15　地毯草整株形态

【生态习性】适于热带、亚热带地区较温暖的地方生长。喜光,较耐阴,再生力强,耐践踏,但不耐寒,不耐盐,抗旱性比大多数暖季型草坪草差。对土壤要求不严,适宜在潮湿、沙质或低肥沙壤土上生长,但在水淹条件下生长不好。由于匍匐茎蔓延迅速,每节均能产生不定根和分蘖新枝,因此侵占力极强,容易形成稠密平坦的草层。耐寒性较差,易由于霜冻而使叶尖或半片叶子呈现枯黄,但春季返青早且速度快。夏季干旱无雨时,叶尖易干枯。

【繁殖技术和管理要点】结实率和萌发率均高,可行种子繁殖,亦可行营养繁殖,即在温暖湿润的春夏间,切取匍匐茎或草块埋植土中,即可生长发芽。条植行距 15 cm,经 70~75 d 盖度可达 100%。较耐粗放管理,草层低,修剪次数少,修剪高度为 5 cm 左右。

【应用特点】可形成粗糙、致密、低矮、淡绿色的草坪,可用于庭园草坪和践踏较轻的草坪,在广州常用它与其他草种混合铺设运动场草坪,在成都用它作休息活动草坪。由于能耐酸性和较贫瘠的土壤,为优良的固土护坡植物。

【常见品种】国内的品种有华南地毯草。

2.3.5 野牛草属(*Buchloe* Engelm.)

野牛草属仅有 1 个种即野牛草,原产美洲,最初用于放牧地,是草食动物的一种主要牧草。20 世纪 50 年代引入我国栽培,现已成为华北、东北、内蒙古等北部地区的当家草坪草种。

野牛草(*B. dactyloides* Engelm.)

野牛草英文名为 Buffalograss,是生长于北美大平原,半干旱、半潮湿地区的过渡型草坪草,以前作为牧草,是草原上的优势种之一。现在人们已逐渐把它用作风景秀丽而又不需精细养护管理的草坪草。

【形态特征】多年生草本,具匍匐茎,秆高 5~20 cm,较细弱。叶线形,长 10~20 cm,宽 1~2 mm,两面疏生细小柔毛,叶色绿中透白,色泽美丽。雌雄同株或异株,雄花序 2~8 枚,长 5~15 mm,排列成总状。雄小穗含 2 花,无柄,成两行覆瓦状排列于穗轴的一侧;雌小穗含 1 花,大部分 4~5 枚簇生呈头状花序,花序长 7~9 mm。通常种子成熟时,自梗上整个脱落(图 2-16)。

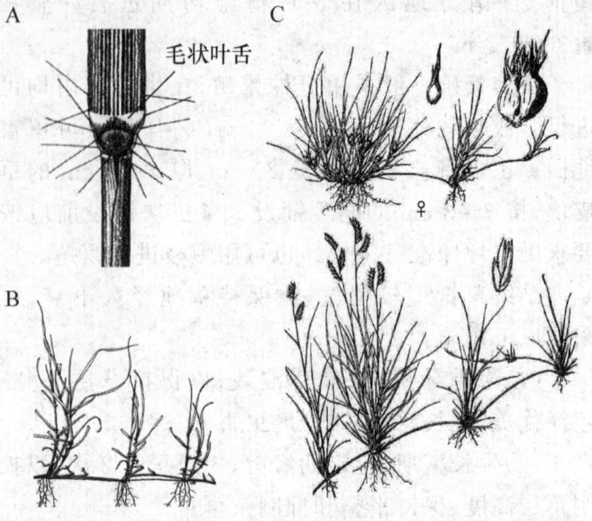

图 2-16 野牛草毛状叶舌(A)、整株形态(B)和雌雄植株(C)

【生态习性】该草适应性强,喜光,亦能耐半阴;耐土壤瘠薄;具较强的耐寒能力,在我国东北、西北有积雪覆盖下,在-34℃能安全越冬;耐热性极强;极耐旱,在 2~3 个月严重干旱情况下,仍不致死亡。该草与杂草竞争力强,具一定的耐践踏能力。在北京表现返青迟,枯黄较早,绿期 180~190 d;在新疆乌鲁木齐市种植,绿期 160 d 左右。耐碱性强,也耐水淹。适宜的土壤范围较广,但最适宜的土壤为细壤。

【繁殖技术和管理要点】种子和营养繁殖均可。由于结实率低且硬实率较高,目前各地多采用分株繁殖或匍匐茎埋压繁殖。以春、秋季繁殖栽培较好。栽后立即浇水,保证土壤湿度,促进恢复生长。由于野牛草再生快,为保持平整美观,全年可修剪 3~5 次,修剪高度 2~5 cm。施氮肥可促进野牛草密度增大,色泽变深,每次可施尿素 15~20 g/m^2。野牛草耐旱,浇水不宜过多。

【应用特点】最适宜用于温暖和过渡带的半干旱、半潮湿地区。因具有植株低矮、枝叶柔软、较耐践踏、繁殖容易、生长快、养护管理简便、抗旱、耐寒等优点,目前已为我国北方栽培面积较大的一种草坪草,广泛用于工矿企业、公园、机关、学校、部队、医院及居住地绿化覆盖材料。由于它抗二氧化硫、氟化氢等气体污染能力较强,因此也是冶炼、化工等工业区的环境保护绿化材料。同时由于耐旱性强，管理粗放，非常适宜作固土护坡材料。

野牛草的缺点是绿期较短；花期其雄花伸出叶层之上，破坏草坪绿色的均一性；耐阴性差，不耐长期水淹，枝叶不甚稠密等，在一定程度上影响了更广泛的利用。

【常见品种】种子繁殖的品种有 Sharps 和 Tex-olea；营养繁殖的品种有 Prairie、Texas、609 和 Nebraska。

2.3.6 钝叶草属（*Stenotaphrum* Trin.）

钝叶草属约 8 个种，分布于太平洋各岛屿以及美洲和非洲。我国有 2 个种：钝叶草（*Stenotaphrum secundatum*（Walt）Kuntze）和锥穗钝叶草（*Stenotaphrum subulatum* Trin.），产于云南和南部海岸沙滩、草地或林下。最常用作草坪的种是钝叶草。

钝叶草[*S. secundatum*(Walt)Kuntze]

钝叶草英文名为 St. Augustingrass，别名金丝草、金钱钝叶草。产印度，是一种使用较广泛的暖季型草坪草，近几年来在我国南方已有引种，坪用性状良好。

【形态特征】多年生草本。叶折叠式，叶片和叶鞘相交处有一个明显的缢痕及有一个扭转角度；叶鞘压缩，有突起，疏松，顶端和边缘处有纤毛；叶舌极短，顶端有白色短纤毛；无叶耳；叶片常扁平，长 5～17 cm，宽 4～10 mm，顶端微钝，具短尖头，基部截平或近圆形，两面无毛。直立茎和匍匐茎都很扁平。花序主轴扁平呈叶状，具翼，长 10～15 cm，宽 3～5 mm，边缘微粗糙，穗状花序嵌于主轴的凹穴内；穗轴三棱形，小穗互生，卵状披针形。内稃厚膜质，略短于外稃，具 2 脉；第二外稃草质，有微毛的小尖头，边缘包卷内稃（图 2-17）。

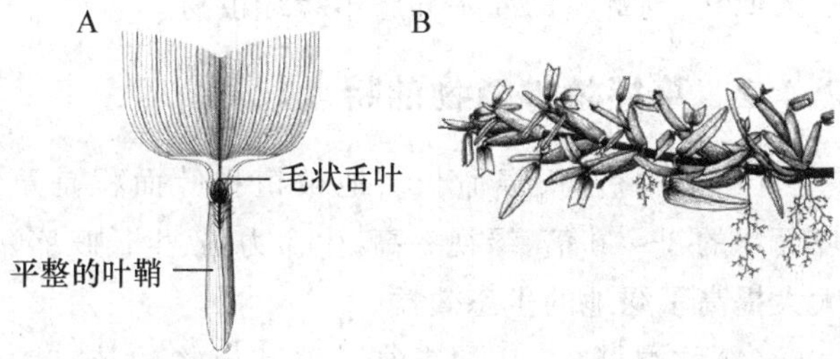

图 2-17 钝叶草毛状叶舌和平整的叶鞘（A）、整株形态（B）

【生态习性】适于在温暖潮湿、气候较热的地方生长，是常用的暖季型草坪草中最不抗旱的。在低温下褪色，变成棕黄色，休眠以度过整个冬天。其冬季保绿性能和春季返青性能不如结缕草。在温暖潮湿、气候较热的地方，可以全年保持绿色。有一定的抗旱性，但不如狗牙根、结缕草和巴哈雀稗强。就其耐阴性而言，它是很优秀的暖季型草坪草。适宜的土壤范围很广，但最适于在温暖潮湿的有机土壤上生长。适宜的土壤 pH 6.5～7.5。喜排水好、潮湿、肥沃、沙质的土壤，耐盐。

【繁殖技术和管理要点】可营养繁殖及种子繁殖，但主要是营养繁殖，因为它产生的种子量少且活力低。体细胞染色体数为 18、27 和 36。有很强的蔓生能力，建坪较快。虽然耐践踏性不如狗牙根和结缕草，但再生性很好。需要中等到中等偏下的栽培水平。作为庭园草坪，修剪高度为 3.8～6.3 cm，为保持较好的草坪质量，有必要进行频繁修剪，但低于 2.5 cm 的修剪会发生杂草入侵。氮肥需要量为每个生长月 2.5～5.0 g/m^2。钝叶草常缺铁，使叶子失绿变成黄色，可通过施用硫酸铁和铁的混合物来调整。在肥料不充足时，芜枝层会很严重，为保持草坪的质量，应经常修剪和施肥。

钝叶草较易感染褐斑病、灰叶斑病、币斑病，在某些地区钝叶草的 SAD 病毒是很严重的。在温暖潮湿地区它不耐含砷和含苯氧烃的有机除草剂，如 2,4-D，但它耐西玛通和阿特拉津。在温暖潮湿地区，钝叶草对长蝽也有很强的抗性。

【应用特点】钝叶草主要用于温暖潮湿气候下较温暖地区的庭园草坪和不要求细致的草坪，可以广泛用于阴地，也是用于商品草皮生产的最主要的暖季型草坪草之一，但不常用于运动场。

【常见品种】Bitter Blue、Floratine、Forafam 等。

2.3.7 狼尾草属（*Pennisetum* Rich.）

狼尾草属植物主要分布于热带、亚热带地区，少数种可达温带和寒带，非洲为本属分布中心。我国有 11 个种，2 个变种，但目前用作草坪的仅有铺地狼尾草。

铺地狼尾草(*P. clandestinum* Hochst.)

铺地狼尾草英文名为 Kikuyugrass,又称西非狼尾草,原产于东非,分布于东非的热带地区,但许多国家已引种,用作水土保持植物或粗糙的草坪。

【形态特征】多年生草本。根茎发达,具有长匍匐茎,茎节间短小,生根蔓延能力强。叶鞘大多重叠;叶片长 4～5 cm,宽 2～2.5 mm。花序由 2～4 个小穗构成,包藏在上部叶鞘中,仅柱头、花药伸出鞘外;小穗线状披针形,长可达 15 mm,有长短不等的刚毛与毛茸衬托。

【生态习性】铺地狼尾草生长低矮,具有侵占性,它靠多叶、深厚、匍匐的根茎蔓生,在低修剪条件下能形成稠密坚硬的草皮。抗旱性、耐热性和耐寒性比大多数暖季型草坪草差,因此仅限于热带地区。其耐阴性中等。当条件适宜时它能形成黄绿色、质地中等的草坪。

【繁殖技术和管理要点】种子产量不高,多行营养繁殖。适宜在各种土壤上生长,耐粗放管理,最适土壤 pH 6.0～7.0,抗盐碱性差。它的枝丛较坚硬,修剪较难,修剪高度一般为 2.0～3.0 cm,如果不经常修剪易形成芜枝层。易染叶斑病,而对其他病害有较强抗性。

【应用特点】使用范围较窄,仅用于温暖潮湿地带的普通草坪。由于较耐践踏,也偶尔用作公园草坪。

【常见品种】暂无。

2.3.8 画眉草属(*Eragrostis* Beauv.)

画眉草属有 300 余种,分布于全世界,主要分布于热带和温带地区。我国包括引进种共有 38 种 2 变种。目前用作草坪草的仅弯叶画眉草。

弯叶画眉草[*E. curvula* (Shrad.) Nees.]

弯叶画眉草英文名为 Lovegrass,原产于非洲好望角,1973 年由中科院首次引种。一般作为草坪草或水土保护植被,适于我国热带地区生长。

【形态特征】多年生草本。秆成密丛,高 90～120 cm,下部可分枝。叶片细长、粗糙,内卷如丝状,长达 40 cm。圆锥花序开展,分枝单生或基部近于轮生。颖披针形,先端渐尖。染色体数目变化较大,通常为 $2n=20\sim80$。花果期 4—9 月。

【生态习性】主要分布于热带及亚热带地区,多生长于沙质坡地、农田、路边荒地以及植被受到破坏的地段,有时成片生长。耐淹性、耐热性、抗旱性都较强,具有很强的再生能力,因此较耐践踏。适应的土壤 pH 5.0～7.0,耐盐碱能力一般。对土壤肥力要求较低,管理较粗放,适合于各种贫瘠土壤。

【繁殖技术和管理要点】一般为种子繁殖。雨季后生长迅速,应适当增加修剪次数,以控制草坪高度。适合偏酸性土壤,在肥力过高及 pH 过高的土壤易死亡。氮肥需要量为每个生长月 0.1～1.94 g/m^2。抗病能力很强,但有时易染褐斑病及线虫病。

【应用特点】圆锥花序长达 35 cm,粉红色,是一种极具观赏价值的观赏草,在园林上的应用越来越受到重视。可与狗牙根、巴哈雀稗等混播作护坡草坪或作高速公路草坪,或作水土保持植被用于水土流失严重的地方,也可用于管理粗放的一般草坪地带。

【常见品种】暂无。

2.4 草坪地被植物

2.4.1 草坪地被植物的概念

地被植物是指那些株丛密集、低矮,经简单管理即可用于代替草坪,覆盖在地表防止水土流失,又能吸附尘土、净化空气、减弱噪声、消除污染并具有一定观赏和经济价值的植物。它不仅包括一、二年生,多年生低矮草本植物,还包括一些适应性较强的低矮、匍匐型的灌木和藤本缘缘植物。

2.4.2 草坪地被植物的特点

(1)绿视率高、寿命长。地被植物叶面积是草坪面积的 3～10 倍,绿视率高,生命力强、生长旺盛,大大提高了绿地的生态效益。

(2)种类繁多、品种丰富。地被植物的枝、叶、花、果、株型富有变化,色彩万紫千红,季相纷繁多样，可以营造多种生态景观。

(3)具有匍匐性或良好的可塑性，可充分利用特殊的环境造型。

(4)植株相对较为低矮。在园林配置中，植株的高矮取决于环境的需要，可以通过修剪人为地控制株高，也可以进行人工造型。

(5)有较为广泛的适应性和较强的抗逆性，耐粗放管理。能够适应较为恶劣的自然环境，可以在阴、阳、干、湿等多种不同的环境条件下生长，弥补了乔木生长缓慢、下层空隙大的不足，在短时间内可以收到较好的观赏效果。

(6)有发达的根系或者具有多种变态地下器官，叶面失水量小、耐旱性强。比如卫矛属和蔷薇属的许多植物、大花金鸡菊等一般根系发达，即使周年不浇水也不致死亡，很适合干旱地区栽培。

(7)有较强或特殊净化空气的功能。如有些植物吸收二氧化硫和净化空气能力较强，有些则具有良好的隔声和降低噪声效果。

(8)有一定的经济价值。如可用作药用、食用或为香料原料，可提取芳香油等，以利于在必要或可能的情况下，将建植地被植物的生态效益与经济效益结合起来。

(9)繁殖简单，管理粗放；一次种下，多年受益。在后期养护管理上，地被植物较单一的大面积的草坪，病虫害少，不易滋生杂草，养护管理粗放，不需要经常修剪和精心护理，减少了人工养护花费的精力。

(10)具有一定的科学价值。主要包括两个方面，一是有利于植物学及其相关知识的普及和推广，二是与珍稀植物和特殊种质资源的人工保护相结合。

上述特性并非每一种地被植物都要全部具备。在园林配置中要善于利用植物具备的某些特性，要善于观察和选择，充分利用这些特性，并结合实际需要进行有机组合，从而达到理想的效果。

2.4.3　一、二年生地被植物

一般春季播种、夏秋开花结实、入冬前死亡，在一个或两个生长周期内完成其生活史的地被植物，一个生长周期内完成生活史为一年生植物，两个生长周期内完成生活史为二年生植物。常见的一、二年生地被植物有：马齿苋、翠菊、美女樱、藿香蓟、虞美人、勋章菊等。

1. 马齿苋 *Portulaca oleracea* L.

【科属】马齿苋科马齿苋属

【形态特征】一年生草本，全株无毛。茎平卧或斜倚，伏地铺散，淡绿色或带暗红色。叶互生，叶片肥厚，倒卵形，似马齿，全缘，上面暗绿色，下面淡绿色或带暗红色；叶柄粗短。花无梗；苞片叶状；萼片对生，绿色，盔形；花瓣黄色，倒卵形；花药黄色；子房无毛。蒴果卵球形，盖裂；种子细小，球形，黑褐色。花期 5—8 月，果期 6—9 月。

【生态习性】性喜高湿，耐旱、耐涝，以中性和弱酸性肥沃土壤较好。生活力强。广布全世界温带和热带地区。全草供药用，嫩茎叶可作蔬菜，也是很好的饲料。

【观赏特点】其伏地铺散，为良好的地被材料，可用于城市道路、转盘、坡地等的绿化美化。

2. 翠菊 *Callistephus chinensis*（L.）Nees.

【科属】菊科翠菊属

【形态特征】一年生或二年生草本，茎直立，单生，被白色糙毛，分枝斜升或不分枝。下部茎叶花期脱落或生存；中部茎叶卵形、菱状卵形或匙形或近圆形，边缘有不规则的粗锯齿，两面被稀疏的短硬毛，有狭翼；上部的茎叶渐小，菱状披针形，长椭圆形或倒披针形。头状花序单生于茎枝顶端。总苞片 3 层；两性花花冠，有红色、淡红色、蓝色、黄色或淡蓝紫色。瘦果长椭圆状倒披针形。花果期 5—10 月。

【生态习性】喜温暖、湿润和阳光充足环境。怕高温多湿和通风不良。耐寒性弱，也不喜酷热，通风而阳光充足时生长旺盛。生长适温为 15～25℃。喜肥沃湿润和排水良好的壤土、沙壤土，积水时易烂根死亡。夏秋开花。

【观赏特点】花色鲜艳，花型多样，开花丰盛，花期颇长，是国内外园艺界非常重视的观赏植物。矮生种用于盆栽、花坛花境观赏，高秆种用作切花观赏。还可用在阳台及屋顶花园、专类园等的绿化美化中。

3. 美女樱 *Verbena hybrida* Voss

【科属】马鞭草科马鞭草属

【形态特征】全株有细茸毛，植株丛生而铺覆地面，株高 10～50cm，茎四棱；叶对生，深绿色；穗状花序顶生，密集呈伞房状，花小而密集，有白色、粉色、红色、复色等，具芳香。

【生态习性】喜阳光、不耐阴，较耐寒、不耐旱。在阳光充足、疏松肥沃的土壤中生长，花开繁茂。

【观赏特点】茎秆矮壮匍匐，为良好的地被材料，可用于城市道路绿化带，大转盘、坡地、花坛等。混色种植或单色种植，多色混种可显其五彩缤纷，单色种植可形成色块。

4. 藿香蓟 *Ageratum conyzoides* L.

【科属】菊科藿香蓟属

【形态特征】一年生草本植物。无明显主根。茎粗壮，不分枝或自基部或中部以上分枝，或下基部平卧而节常生不定根。全部茎枝淡红色，或上部绿色，被白色尘状短柔毛或上部被稠密开展的长茸毛。

叶对生，有时上部互生。全部叶基部钝或宽楔形，基出三脉或不明显五出脉，顶端急尖，边缘圆锯齿。头状花序 4～18 个在茎顶排成通常紧密的伞房状花序；花序径 1.5～3 cm，少有排成松散伞房花序式的。花梗被尘球短柔毛。总苞钟状或半球形。总苞片 2 层，长圆形或披针状长圆形，外面无毛，边缘撕裂。花冠淡紫色。瘦果黑褐色，有白色稀疏细柔毛。花果期全年。

【生态习性】喜温暖、阳光充足的环境。对土壤要求不严。不耐寒，在酷热下生长不良。生山谷、山坡林下或林缘、河边或山坡草地、田边或荒地上。由低海拔到 2 800 m 的地区都有分布。

【观赏特点】株丛繁茂、花色淡雅，常用来配置花坛和地被，也可用于小庭院、路边、岩石旁点缀。矮生种可盆栽观赏；高秆种用于切花插瓶或制作花篮。

5. 虞美人 *Papaver rhoeas* L.

【科属】罂粟科罂粟属

【形态特征】株高 40～60 cm，分枝细弱，被短硬毛。茎叶均有毛，含乳汁，叶互生，羽状深裂，裂片披针形，具粗锯齿。花单生茎顶，花蕾始下垂有长梗，开放时直立，有单瓣或重瓣，花色有红、淡红、紫、白等，既有单色也有复色。花期 4—6 月，未开放时下垂，花色丰富。蒴果杯形，种子肾形，内含种子细小、多数。

【生态习性】耐寒，怕暑热，喜阳光充足的环境，喜排水良好、肥沃的沙壤土。不耐移栽，能自播。花期 5—8 月。

【观赏特点】花多彩多姿、颇为美观，适用于花坛栽植。在公园中成片栽植，景色非常宜人。此谢彼开，可保持相当长的观赏期。如分期播种，能从春季陆续开放到秋季。

6. 勋章菊 *Gazania rigens* Moench

【科属】菊科勋章菊属

【形态特征】为多年生宿根草本植物，具根茎。叶丛生，叶背密被白绵毛；叶披针形或倒卵状披针形，全缘或有浅羽裂。花有红、橙、黄、粉、白等颜色，花期 4—5 月。花形奇特，其花心有深色眼斑，形似勋章，故而得名。

【生态习性】性喜温暖向阳，此花性健壮，喜凉润环境，忌炎热雨涝；半耐寒性。喜排水良好、疏松肥沃土壤。勋章菊色姿秀丽，花朵迎着太阳开放，随太阳落山而闭合，地栽表现更好，植株更强健，开花更多。

【观赏特点】花色五彩缤纷，鲜艳美丽，花瓣富有光泽，日开夜闭，极有情趣。勋章花花形奇特，花色多彩，花心具深色眼斑，形似勋章，具浓厚的野趣，是园林中常见的盆栽花卉和花坛植物之一。

2.4.4 多年生草本地被植物

指寿命超过两年以上的草本地被植物。有些植物的地下部分为多年生的宿根或根茎、鳞茎、块根等变态器官；有一些植物的地上和地下部分都为多年生的经开花、结实后地上部分仍不枯死并能多次结实的植物。

多年生植物一般都是生命力顽强的植物，能抵御害虫和疾病的侵袭。它们生长在各种环境中，大小和形态也是多种多样的。花的颜色也一应俱全，很多温带地区的多年生植物从早春开花到晚秋结果，而在贫瘠的热带地区的多年生植物则从初秋开花到次年晚春结果。

常见的多年生草本地被植物有：白三叶、百脉根、马蹄金、沿阶草、报春花、蛇莓、三色堇、大金鸡菊、萱草、金鱼草、郁金香、美人蕉、鸢尾、中华石竹等。

1. 白三叶 *Trifolium repens* L.

【科属】豆科车轴草属

【形态特征】多年生草本。主根短，侧根和须根发达。茎匍匐蔓生，上部稍上升，节上生根，全株无毛。掌状三出复叶；托叶卵状披针形，膜质，基部抱茎成鞘状，离生部分锐尖；叶柄较长；小叶倒卵形至近圆形，微被柔毛。花序球形，顶生，密集；无总苞；苞片披针形，膜质，锥尖；花梗比花萼稍长或等长，开花立即下垂；萼钟形；花冠白色、乳黄色或淡红色，具香气。旗瓣椭圆形，比翼瓣和龙骨瓣长近1倍，龙骨瓣比翼瓣稍短；子房线状长圆形。荚果长圆形；种子通常3粒。种子阔卵形。

【生态习性】有一定的抗旱性、耐寒性。对土壤要求不高，尤其喜欢黏土耐酸性土壤，也可在沙质土中生长。长日照植物，不耐荫蔽，喜阳光充足的旷地，具有明显的向光性运动，即叶片能随天气和每天时间的变化以及光源入射的角度、位置而运动。

【观赏特点】白车轴草的侵占性和竞争能力较强，能够有效地抑制杂草生长，不用长期修剪，管理粗放且使用年限长，具有改善土壤及水土保湿作用，可用于园林、公园、高尔夫球场等绿化草坪的建植。

2. 百脉根 *Lotus corniculatus* L.

【科属】豆科百脉根属

【形态特征】多年生草本，全株散生稀疏白色柔毛或秃净。主根明显，侧根众多。茎枝丛生，匍匐生长，茎光滑。掌状三出复叶，小叶倒卵形，短叶柄。有大托叶，形似叶片，故名五叶草。伞形花序，小花4～8朵，位于长花梗顶端，花色淡黄至深黄。荚长圆，聚生花梗顶端，散开，状如鸟足，故有鸟足豆之称。种子细小，肾形，光滑，橄榄色，棕色或墨绿色。

【生态习性】喜温暖湿润气候，耐瘠、耐湿、耐阴、耐践踏，可在林果行间种植。最适宜温度18～25℃；耐寒力较差；喜肥沃能灌溉的黏土、沙壤土、酸性土、微碱性土壤。其植株低矮，绿色期较长，生长迅速，繁殖容易，管理粗放，适应性强。

【观赏特点】花多色艳，且在早春开放，配以绿色叶片，格外醒目靓丽，具有很高的观赏价值。同时，根系强大，不但有浅层粗侧根和密的须根，能把土层紧紧地网住，在园林中作为一种观花地被植物效果也很好。

3. 马蹄金 *Dichondra repens* Forst.

【科属】旋花科马蹄金属

【形态特征】多年生匍匐小草本，茎细长，被灰色短柔毛，节上生根。叶肾形至圆形，先端宽圆形或微缺，基部阔心形，叶面微被毛，背面被贴生短柔毛，全缘；具长的叶柄。

花单生叶腋，花柄短于叶柄，丝状；萼片倒卵状长圆形至匙形，钝，背面及边缘被毛；花冠钟状，黄色，深5裂，裂片长圆状披针形，无毛；雄蕊着生于花冠2裂片间弯缺处，花丝短，等长；子房被疏柔毛，花柱2，柱头头状。

蒴果近球形，膜质。种子黄色至褐色，无毛。

【生态习性】性喜温暖、湿润气候；具有喜光照又耐荫蔽的生长习性；抗病、抗污染能力强，不但适应性强，竞争力和侵占性强，生命力旺盛，而且具有一定的耐践踏能力。其对土壤要求不是很严格，在沙壤和黏土上均可种植。其适应能力强，多生于疏林下、林缘及山坡、路边、河岸、河滩及阴湿草地上，多集群生长，片状分布。

【观赏特点】其寿命长，绿期持久，并且形态美易繁殖，易管理，是一种优良的草坪草及地被绿化材料，堪称“绿色地毯”，马蹄金既具观赏价值，又有固土护坡、绿化、净化环境的作用。它是一种优良的地被植物，适用于公园、机关、庭院绿地等栽培观赏，也可用于沟坡、堤坡、路边等。

4. 沿阶草 *Ophiopogon bodinieri* Levl.

【科属】百合科沿阶草属

【形态特征】根纤细，近末端处有时具膨大成纺锤形的小块根；地下走茎长，节上具膜质的鞘。茎很短。叶基生成丛，禾叶状，先端渐尖，具3～5条脉，边缘具细锯齿。花葶较叶稍短或几等长，总状花序长 1～7 cm，具几朵至十几朵花；花常单生或 2 朵簇生于苞片腋内；苞片条形或披针形，少数呈针形，稍带黄色，半透明；花被片卵状披针形、披针形或近矩圆形，内轮三片宽于外轮三片，白色或稍带紫色；花丝很短；花药狭披针形，常呈绿黄色；花柱细。种子近球形或椭圆形。

【生态习性】沿阶草根系发达，叶片有蜡质保护层。其抗性强，具耐寒、耐热、耐湿、耐旱、耐阴的特性。其既能耐受－20℃的低温安全越冬，又能耐受 46℃的高温天气；既能在雨水中浸泡 7 d 仍无涝害症状，又能在干燥的环境下生存，还能忍受荫蔽环境。

【观赏特点】沿阶草长势强健，耐阴性强，植株低矮，根系发达，覆盖效果较快，是一种良好的地被植物，可成片栽于风景区的阴湿空地和水边湖畔做地被植物。叶色终年常绿，花葶直挺，花色淡雅，能作为盆栽观叶植物。

5. 报春花 *Primula malacoides* Franch.

【科属】报春花科报春花属

【形态特征】二年生草本，通常被粉，少数植株无粉。叶多数簇生，叶片卵形至椭圆形或矩圆形，先端圆形，基部心形或截形，边缘具圆齿状浅裂，具不整齐的小牙齿，上面疏被柔毛或近于无毛，下面沿中肋和侧脉被毛或近于无毛，无粉或有时被白粉；叶柄鲜时带肉质，具狭翅，被多细胞柔毛。花葶 1 至多枚自叶丛中抽出，被柔毛或变无毛，无粉或散布少量白粉；伞形花序 2～6 轮；苞片线形或线状披针形，被粉或无粉；花梗纤细；花萼钟状，通常被乳白色粉；花冠粉红色，淡蓝紫色或近白色，冠筒喉部无环状附属物，裂片阔倒卵形。蒴果球形。花期 2—5 月，果期 3—6 月。

【生态习性】典型的暖温带植物，绝大多数种类均分布于较高纬度低海拔或低纬度高海拔地区，生长于潮湿旷地、沟边和林缘，海拔 1 800～3 000 m。喜气候温凉、湿润的环境和排水良好、富含腐殖质的土壤。不耐高温和强烈的直射阳光，多数亦不耐严寒。

【观赏特点】报春花是春天的信使。花色多样，常用来美化家居环境，也可成丛、成片在林缘、溪畔、草地上栽植。生机盎然，有较好的观赏价值。

6. 蛇莓 *Duchesnea indica*（Andr.）Focke

【科属】蔷薇科蛇莓属

【形态特征】多年生草本；根茎短，粗壮；匍匐茎多数，有柔毛。小叶片倒卵形至菱状长圆形，先端圆钝，边缘有钝锯齿，两面皆有柔毛，或上面无毛，具小叶柄；叶柄有柔毛；托叶窄卵形至宽披针形。花单生于叶腋；花梗有柔毛；萼片卵形，先端锐尖，外面有散生柔毛；副萼片倒卵形；花瓣倒卵形，黄色，先端圆钝；花托海绵质，鲜红色，有光泽，外面有长柔毛。瘦果卵形。花期 6—8 月，果期 8—10 月。

【生态习性】蛇莓多生于山坡、河岸、草地、潮湿的地方，海拔 1 800 m 以下。喜阴凉、温暖湿润，耐寒、不耐旱、不耐水渍。在华北地区可露地越冬，适生温度 15～25℃。对土壤要求不严，田园土、沙壤土、中性土均能生长良好，最宜于疏松、湿润的沙壤土生长。

【观赏特点】蛇莓是优良的花卉，春季赏花、夏季观果。植株低矮，枝叶茂密，具有春季返青早、耐阴、绿色期长等特点。可作为良好的地被绿化、美化素材。

7. 三色堇 *Viola tricolor* L.

【科属】堇菜科堇菜

【形态特征】为多年生花卉，常作二年生栽培。全株光滑。地上茎较粗，直立或稍倾斜，有棱，单一或多分枝。基生叶叶片长卵形或披针形，具长柄；托叶大型，叶状，羽状深裂。花大，直径 3.5～6 cm，通常每花有紫、白、黄三色；花梗稍粗，单生叶腋，上部具 2 枚对生的小苞片；小苞片极小，卵状三角形；萼片绿色，长圆状披针形，先端尖，边缘狭膜质，基部附属物发达，上方花瓣深紫堇色；侧方及下方花瓣均为三色，有紫色条纹；子房无毛，花柱短，基部明显膝曲，柱头膨大，呈球状，前方具较大的柱头孔。蒴果椭圆形。

【生态习性】较耐寒，喜凉爽，喜阳光，在昼温 15～25℃、夜温 3～5℃的条件下发育良好。忌高温和积水，耐寒抗霜；昼温持续 25℃时，只开花不结实，即使结实，种子也发育不良。根系可耐－15℃

低温，但低于-5℃叶片受冻边缘变黄。喜肥沃、排水良好、富含有机质的中性壤土或黏壤土。

【观赏特点】三色堇在庭院布置上常地栽于花坛上，可作模纹花坛、花丛花坛，成片、成线、成圆镶边栽植都很相宜。还适宜布置花境、草坪边缘；不同的品种与其他花卉配合栽种能形成独特的早春景观；另外也可盆栽或布置阳台、窗台、台阶或点缀居室、书房、客堂，颇具新意，饶有雅趣。

8. 大金鸡菊 *Coreopsis lanceolata* L.

【科属】菊科金鸡菊属

【形态特征】多年生草本，有纺锤状根。茎直立，无毛或基部被软毛，叶片匙形或线状倒披针形；茎上部叶少数；上部叶无柄，线形或线状披针形。头状花序在茎端单生。总苞片内外层近等长。舌状花黄色，舌片倒卵形或楔形；管状花狭钟形，瘦果圆形或椭圆形。花期5—9月。

【生态习性】耐寒耐旱，对土壤要求不严，但耐半阴，适应性强，对二氧化硫有较强的抗性。喜阳光充足的环境及排水良好的沙质壤土。

【观赏特点】用作地被时有固土护坡的作用，而且成本低，是高速公路绿化的新模式。同时其花朵繁盛鲜艳，冬叶长绿，至冬不凋，花期很长。剑叶金鸡菊花色鲜艳、花期长，是花境、坡地、庭院、街心花园、缀花草坪的良好美化材料。

9. 萱草 *Hemerocallis fulva*（L.）L.

【科属】百合科萱草属

【形态特征】多年生草本，根状茎粗短，具肉质纤维根，多数膨大呈窄长纺锤形。叶基生成丛，条状披针形，背面被白粉。夏季开橘黄色大花；圆锥花序顶生；花被6片，开展，向外反卷，外轮内轮各3片，边缘稍作波状；花丝长，着生花被喉部；子房上位，花柱细长。花果期为5—7月。

【生态习性】性强健，耐寒，华北可露地越冬，适应性强，喜湿润也耐旱，喜阳光又耐半阴。对土壤选择性不强，但以富含腐殖质，排水良好的湿润土壤为宜。适应在海拔300～2 500 m生长。

【观赏特点】花色鲜艳，栽培容易，绿叶成丛极为美观。用来布置各式花坛、马路隔离带、疏林草坡等。亦可利用其矮生特性做地被植物。该花为中国的“母亲花”，有文化渊源。

10. 金鱼草 *Antirrhinum majus* L.

【科属】玄参科金鱼草属

【形态特征】多年生直立草本。茎基部无毛，中上部被腺毛。叶下部的对生，上部的常互生，具短柄；叶片无毛，披针形至矩圆状披针形，全缘。总状花序顶生，密被腺毛；花冠颜色多种，从红色、紫色至白色，基部在前面下延成兜状，似金鱼。

【生态习性】喜阳光，也能耐半阴。性较耐寒，不耐酷暑。适生于疏松肥沃、排水良好的土壤，在石灰质土壤中也能正常生长。

【观赏特点】为夏秋开放之花，在园林植物配置中广为栽种，适合群植于花坛，亦栽植在树丛、绿篱、栏杆、绿地、道路两旁及建筑物前，以带状、片状栽种；也可与百日草、矮牵牛、万寿菊、一串红等配置，展现出植物自然组合的群体美。此花亦可用做切花。

11. 郁金香 *Tulipa gesneriana* L.

【科属】百合科郁金香属

【形态特征】多年生草本；鳞茎卵形；叶长椭圆状披针形或卵状披针形；花单生茎顶，大型直立，杯状，基部常黑紫色。花形有杯形、碗形、卵形、球形、钟形、漏斗形、百合花形等，有单瓣也有重瓣。花色有白、粉红、洋红、紫、褐、黄、橙等，深浅不一，单色或复色。

【生态习性】郁金香属长日照花卉，性喜向阳、避风，冬季温暖湿润，夏季凉爽干燥的气候。耐寒性很强，但怕酷暑。要求腐殖质丰富、疏松肥沃、排水良好的微酸性沙质壤土。忌碱土和连作。

【观赏特点】其花朵似荷花，花色繁多，色彩丰润、艳丽，是重要的春季球根花卉。矮壮品种宜布置春季花坛，鲜艳夺目。高茎品种适用切花或配置花境，也可丛植于草坪边缘。中、矮品种适宜盆栽，点缀庭院、室内，切花、盆栽等，增添欢乐气氛。

12. 美人蕉 *Canna indica* L.

【科属】美人蕉科美人蕉属

【形态特征】美人蕉植株全部绿色。叶片卵状长圆形。总状花序疏花；略超出于叶片之上；花红色，单生；苞片卵形，绿色；花冠裂片披针形，绿色或红色;外轮退化,雄蕊 2～3 枚,鲜红色;蒴果绿色,长卵形,有软刺。花果期 3—12 月。

【生态习性】喜温暖湿润气候,不耐霜冻,喜阳光充足土地肥沃,在原产地无休眠性,周年生长开花;适应性强,几乎不择土壤,以湿润肥沃的疏松沙壤土为好,稍耐水湿。畏强风。

【观赏特点】花多鲜艳,宜栽植在林缘、溪畔、草地上,或成丛,或成片,生机盎然。根茎可入药,茎叶纤维可制人造棉、织麻袋、搓绳,其叶提取芳香油后的残渣还可做造纸原料。

13. 鸢尾 *Iris tectorum* Maxim.

【科属】鸢尾科鸢尾属

【形态特征】植株基部围有老叶残留的膜质叶鞘及纤维。根状茎粗壮,须根较细而短。叶基生,黄绿色,基部鞘状,有数条不明显的纵脉。花蓝紫色;花被管细长,上端膨大成喇叭形,外花被裂片圆形或宽卵形,顶端微凹,爪部狭楔形,内花被裂片椭圆形;花药鲜黄色,花丝细长,白色。蒴果长椭圆形或倒卵形;种子黑褐色,梨形。花期 4—5 月,果期 6—8 月。

【生态习性】喜阳光充足、气候凉爽,耐寒力强,亦耐半阴环境。

【观赏特点】叶片碧绿青翠,花形大而奇,宛若翩翩彩蝶,是庭园中的重要花卉之一,也是优美的盆花、切花和花坛用花;是花坛及庭院绿化的良好材料,可用作地被植物,有些种类为优良的鲜切花材料。

14. 石竹 *Dianthus chinensis* L.

【科属】石竹科石竹属

【形态特征】多年生作一、二年生栽培。茎直立,节部膨大,无分枝或顶部有分枝。单叶对生,灰绿色,线状披针形,基部抱茎,开花时基部叶常枯萎。花芳香,单生或数朵呈聚伞花序,花有白、粉红、鲜红等色。花期 5—9 月,果熟期 6—10 月。蒴果,种子扁圆,黑色。

【生态习性】石竹喜阳光,宜高燥,通风,凉爽环境,性耐寒,在土壤不太湿的条件下尤为显著。适于肥沃疏松园土,更适于偏碱性土壤,忌湿涝和黏土。

【观赏特点】石竹生长旺盛,姿态秀丽,花期长,花朵繁密,可大面积种植作为景观。宜作花坛、花境栽植,也可植于岩石园,还可供盆栽或用作切花。

2.4.5 灌木地被植物

是指那些没有明显的主干、呈丛生状态比较矮小的树木,一般可分为观花、观果、观枝干等几类,矮小而丛生的木本植物,多年生。一般为阔叶植物,也有一些针叶植物是灌木,如刺柏。

常见的灌木地被植物有:杜鹃、黄杨、南天竹、月季、薰衣草、茶梅、垂丝海棠、云南黄素馨、滇丁香、火棘、小叶女贞类、鸡爪槭、珍珠梅、凤尾兰、球花石楠、海桐、紫荆、黄刺玫、缫丝花、绣线菊等。

1. 杜鹃 *Rhododendron simsii* Planch.

【科属】杜鹃花科杜鹃花属

【形态特征】落叶灌木;分枝多而纤细,密被亮棕褐色扁平糙伏毛。叶革质,常集生枝端,卵形、椭圆状卵形或倒卵形或倒卵形至倒披针形;花 2～3 朵簇生枝顶;花梗密被亮棕褐色糙伏毛;花冠阔漏斗形,玫瑰色、鲜红色或暗红色,有单瓣及重瓣的品种;花柱伸出花冠外,无毛。蒴果卵球形,密被糙伏毛;花萼宿存。花期 4—5 月,果期 6—8 月。

【生态习性】杜鹃性喜凉爽、湿润、通风的半阴环境,既怕酷热又怕严寒,生长适温为 12～25℃。喜欢酸性土壤,在钙质土中生长得不好。因此土壤学家常常把杜鹃作为酸性土壤的指示作物。

【观赏特点】杜鹃枝繁叶茂,绮丽多姿,萌发力强,耐修剪,根桩奇特,是优良的盆景材料。园林中最宜在林缘、溪边、池畔及岩石旁成丛成片栽植,也可于疏林下散植。杜鹃也是花篱的良好材料,毛鹃还可经修剪培育成各种形态。杜鹃专类园极具特色。

2. 黄杨 *Buxus sinica* (Rehder & E. H. Wilson) M. Cheng.

【科属】黄杨科黄杨属

【形态特征】黄杨是灌木或小乔木;枝圆柱形,有纵棱,灰白色;小枝四棱形,全面被短柔毛或外方相对两侧面无毛。叶革质,阔椭圆形、阔倒卵形、卵状椭圆形或长圆形，先端圆或钝。花序腋生，头状，花密集；蒴果近球形。花期3月，果期5—6月。秋季光照充分并进入休眠状态后，叶片可转为红色。

【生态习性】黄杨对土壤要求不严，以轻松肥沃的沙质壤土为佳，盆栽亦可与蛭石、泥炭或土壤配合使用，耐碱性较强。耐阴喜光，喜湿润。耐旱、耐热、耐寒。

【观赏特点】可作绿篱、大型花坛镶边，修剪成球形或其他整形栽培，点缀山石或制作盆景。木材坚硬细密，是雕刻工艺的上等材料。

3. 南天竹 *Nandina domestica* Thunb.

【科属】小檗科南天竹属

【形态特征】常绿小灌木。茎常丛生而少分枝，光滑无毛，幼枝常为红色，老后呈灰色。叶互生，三回羽状复叶；小叶薄革质，椭圆形或椭圆状披针形，上面深绿色，冬季变红色；圆锥花序直立；花小，白色，具芳香；花瓣长圆形；浆果球形，熟时鲜红色，稀橙红色。种子扁圆形。花期3—6月，果期5—11月。

【生态习性】性喜温暖及湿润的环境，比较耐阴、也耐寒。要求肥沃、排水良好的沙质壤土。对水分要求不甚严格，既能耐湿也能耐旱。比较喜肥，可多施磷、钾肥。强光下叶色变红。适宜在湿润肥沃排水良好的沙壤土生长。

【观赏特点】南天竹树姿秀丽，翠绿扶疏，花色繁复，红果累累，圆润光洁，是常用的观叶、观花、观果植物，无论地栽、盆栽还是制作盆景，都具有很高的观赏价值。

4. 月季 *Rosa chinensis* Jacq.

【科属】蔷薇科蔷薇属

【形态特征】直立灌木；小枝粗壮，圆柱形，近无毛，有短粗的钩状皮刺。小叶片宽卵形至卵状长圆形，两面近无毛，上面暗绿色，常带光泽，下面颜色较浅；托叶大部贴生于叶柄。花几朵集生，稀单生；花瓣重瓣至半重瓣，红色、粉红色至白色；果卵球形或梨形，红色，萼片脱落。花期4—9月，果期6—11月。

【生态习性】月季花以疏松、肥沃、富含有机质、微酸性、排水良好的壤土较为适宜。性喜温暖、日照充足、空气流通的环境。最适温度白天为15～26℃，晚上为10～15℃。冬季气温低于5℃即进入休眠。夏季温度持续30℃以上时进入半休眠。

【观赏特点】月季在南北园林中是使用次数最多的一种花卉，在园林绿化中，有着不可或缺的价值。可用于布置花坛、花境、庭院花材、盆景、切花、花篮、花束等。月季因其攀缘生长的特性，主要用于垂直绿化，在美化环境中具有独特的作用。

5. 薰衣草 *Lavandula angustifolia* Mill.

【科属】唇形科薰衣草属

【形态特征】薰衣草是半灌木或矮灌木，分枝，被星状茸毛，老枝灰褐色或暗褐色。叶线形或披针状线形。轮伞花序，多数，在枝顶聚集成间断或近连续的穗状花序，蓝色。小坚果，椭圆形，光滑，有光泽。花期6月。全株略带木头甜味的清淡香气，因花、叶和茎上的茸毛均藏有油腺，轻轻碰触油腺即破裂而释出香味。

【生态习性】薰衣草具有很强的适应性。成年植株既耐低温，又耐高温。性喜干燥、需水不多；长日照植物，生长发育期要求日照充足。根系发达，性喜土层深厚、疏松、透气良好而富含硅钙质的肥沃土壤。

【观赏特点】其植株低矮，全株四季都呈灰紫色，生长力强，耐修剪，叶形花色优美，高贵典雅。可用于建薰衣草专类芳香植物园，做到绿化、美化、彩化、香化一体。既能观赏，又能净化空气、治疗疾病，起到医疗保健的作用。

6. 茶梅 *Camellia sasanqua* Thunb.

【科属】山茶科山茶属

【形态特征】常绿灌木或小乔木。嫩枝有粗毛，芽鳞表面有倒生柔毛。叶互生，椭圆形至长圆卵形，先端短尖，边缘有细锯齿，革质。花套瓣或半重瓣，花色多白色和红色，还有很多奇异的变色及红、白镶边等，略芳香，花期长。蒴果球形，稍被毛，种子褐色，无毛。

【生态习性】茶梅性喜温暖湿润气候，以半阴半阳最为适宜。适生于肥沃疏松、排水良好的酸性沙质土壤中，宜生长在富含腐殖质、湿润的微酸性土壤，pH 5.5～6为宜。较耐寒，抗性较强，病虫害少。

可用播种、扦插、嫁接法等繁殖。

【观赏特点】茶梅姿态丰盈，花朵瑰丽，着花量多，花叶茂盛的茶梅品种，可于庭院和草坪中孤植或对植；较低矮的茶梅可与其他花灌木配置花坛、花境，或作配景材料，植于林缘、角落、墙基等处作点缀装饰；适宜修剪，亦可作基础种植及常绿篱垣材料；还可在有一定庇荫的疏林中建立茶梅专类园。

7. 垂丝海棠 *Malus halliana* Koehne

【科属】蔷薇科苹果属

【形态特征】落叶小乔木，叶片卵形或椭圆形至长椭卵形，先端长渐尖，基部楔形至近圆形，锯齿细钝或近全缘。叶柄幼时被稀疏柔毛，老时近于无毛；托叶小，膜质，披针形，内面有毛，早落。伞房花序，下垂，有稀疏柔毛，紫色。萼片三角卵形先端钝，全缘。花瓣倒卵形，基部有短爪，粉红色。果实梨形或倒卵形，略带紫色。花期3—4月，果期9—10月。

【生态习性】垂丝海棠性喜阳光，不耐阴，也不甚耐寒，喜温暖湿润环境，适生于阳光充足、背风之处。土壤要求不严，微酸或微碱性土壤均可成长，但以土层深厚、疏松、肥沃、排水良好略带黏质的生长更好。此花生性强健，栽培容易，不需要特殊技术管理，唯不耐水涝，盆栽须防止水渍，以免烂根。

【观赏特点】海棠种类繁多，树形多样，叶茂花繁，丰盈娇艳，可地栽装点园林。可在门庭两侧对植，或在亭台周围、丛林边缘、水滨布置；也可在观花树丛中作主体树种；还可在草坪边缘、水边湖畔成片群植，或在公园游步道旁两侧列植或丛植。海棠果实亦可观。至秋季果实成熟，红黄相映高悬枝间。

8. 云南黄素馨 *Jasminum mesnyi* Hance

【科属】木犀科素馨属

【形态特征】常绿直立亚灌木，枝条下垂。叶对生，三出复叶或小枝基部具单叶，近革质，两面几无毛，叶缘反卷，具睫毛；小叶片长卵形或长卵状披针形；单叶为宽卵形或椭圆形，有时几近圆形。花通常单生于叶腋，花冠黄色，漏斗状；苞片叶状，倒卵形或披针形；花萼钟状。果椭圆形，两心皮基部愈合。花期11月至翌年8月，果期3—5月。

【生态习性】生峡谷、林中，海拔500～2 600 m。我国各地均有栽培。喜温暖湿润和充足阳光，怕严寒和积水，稍耐阴，较耐旱，以排水良好、肥沃的酸性沙壤土最好。

【观赏特点】枝条长而柔弱，下垂或攀缘，碧叶黄花，可于堤岸、台地和阶前边缘栽植，特别适用于宾馆、大厦顶棚布置，也可盆栽观赏。

9. 滇丁香 *Luculia pinceana* Hook.

【科属】茜草科滇丁香属

【形态特征】灌木或乔木，多分枝；小枝近圆柱形，有明显的皮孔。叶纸质，长圆形、长圆状披针形或广椭圆形，全缘，上面无毛，下面常较苍白，无毛或被柔毛；伞房状的聚伞花序顶生，多花；苞片叶状，线状披针形；花冠红色，少为白色，高脚碟状，冠管细圆柱形，花冠裂片近圆形；雄蕊着生在冠管喉部，花药线状长圆形，内藏或稍伸出。蒴果近圆筒形或倒卵状长圆形，有棱，无毛或有疏短柔毛；种子多数，近椭圆形。

【生态习性】滇丁香喜光，稍耐阴，适生于肥沃疏松、排水良好的土壤，稍耐瘠薄。喜温暖湿润的气候，幼苗耐寒力弱，一般要求5℃以上的越冬温度。对土壤要求不严，以排水良好的疏松沙质土为好，不耐积水。

【观赏特点】滇丁香株型优美，四季苍翠，伞房状的聚伞花序簇生枝顶，花期较长，花型较大且芬芳怡人。在园林中适合多种配植方式：可丛植或群植于路边、草坪边、水池边形成色彩绚丽的花带；也可孤植或丛植于庭院或花坛形成美丽的造型；或与其他树木配植于林缘营造美丽的自然景观，株型较小的还可作为盆花。

10. 火棘 *Pyracantha fortuneana*（Maxim.）Li

【科属】蔷薇科火棘属

【形态特征】常绿灌木。侧枝短，先端成刺状，嫩枝外被锈色短柔毛；老枝暗褐色，无毛。叶片倒卵形或倒卵状长圆形，先端圆钝或微凹，边缘有钝锯齿，近基部全缘，两面皆无毛。复伞房花序；萼筒钟状，无毛；萼片三角卵形，先端钝；花瓣白色，近圆形，子房上部密生白色柔毛。果实近球形，橘红色或深红色。花期3—5月，果期8—11月。

【生态习性】喜强光，耐贫瘠，抗干旱，不耐寒；

黄河以南露地种植，华北需盆栽，塑料棚或低温温室越冬，温度可低至0℃。对土壤要求不严，而以排水良好、湿润、疏松的中性或微酸性壤土为好。

【观赏特点】火棘树形优美，耐修剪，夏有繁花，秋有红果，果实存留枝头甚久，在庭院中做绿篱以及园林造景材料，在路边可以用作绿篱，美化、绿化环境。

11. 小叶女贞类 *Ligustrum quihoui* Carr.

【科属】木犀科女贞属

【形态特征】落叶灌木。小枝淡棕色，圆柱形，密被微柔毛，后脱落。叶片薄革质，披针形、长圆状椭圆形、椭圆形、倒卵状长圆形至倒披针形或倒卵形，先端锐尖、钝或微凹，基部狭楔形至楔形，叶缘反卷，上面深绿色，下面淡绿色，常具腺点，两面无毛，稀沿中脉被微柔毛；叶柄无毛或被微柔毛。圆锥花序顶生；小苞片卵形，具睫毛；花萼无毛，萼齿宽卵形或钝三角形；雄蕊伸出裂片外，花丝与花冠裂片近等长或稍长。果倒卵形、宽椭圆形或近球形，呈紫黑色。花期5—7月，果期8—11月。

【生态习性】喜光照，稍耐阴，较耐寒，华北地区可露地栽培；对二氧化硫、氯等毒气有较好的抗性。性强健，耐修剪，萌发力强。生沟边、路旁或河边灌丛中，或山坡，海拔100～2 500 m。

【观赏特点】其枝叶紧密、圆整，庭院中常栽植观赏；抗多种有毒气体，是优良的抗污染树种。为园林绿化中重要的绿篱材料。小叶女贞是制作盆景的优良树种。它叶小、常绿，且耐修剪，生长迅速，盆栽可制成大、中、小型盆景。老桩移栽，极易成活，树条柔嫩易扎定型，极富自然野趣。

12. 鸡爪槭 *Acer palmatum* Thunb.

【科属】槭树科槭属

【形态特征】落叶小乔木。树皮深灰色。叶纸质，外貌圆形，基部心脏形或近于心脏形稀截形，5～9掌状分裂，通常7裂，裂片长圆卵形或披针形，先端锐尖或长锐尖，边缘具紧贴的尖锐锯齿；叶柄无毛。伞房花序，花紫色，杂性，雄花与两性花同株；萼片卵状披针形；花瓣椭圆形或倒卵形，先端钝圆；雄蕊无毛；子房无毛。翅果嫩时紫红色，成熟时淡棕黄色；小坚果球形；翅与小坚果共张开成钝角。花期5月，果期9月。

【生态习性】弱阳性树种，耐半阴，抗寒性强，能忍受较干旱的气候条件。耐酸碱，较耐燥，不耐水涝，喜温暖湿润气候及肥沃、湿润而排水良好之土壤，耐寒性强，酸性、中性及石灰质土均能适应。

【观赏特点】鸡爪槭最引人注目的观赏特性是叶色富于季相变化，可作行道和观赏树栽植，是较好的“四季”绿化树种。在园林绿化中，常用不同品种配置于一起，形成色彩斑斓的槭树园；也可在常绿树丛中杂以槭类品种，营造“万绿丛中一点红”景观；还可植于花坛中作主景树，植于园门两侧，建筑物角隅，装点风景；以盆栽用于室内美化，也极为雅致。

13. 珍珠梅 *Sorbaria sorbifolia*（L.）A. Br.

【科属】蔷薇科珍珠梅属

【形态特征】灌木；小枝圆柱形，无毛或微被短柔毛，初时绿色，老时暗红褐色或暗黄褐色；冬芽卵形，无毛或顶端微被柔毛，紫褐色，具有数枚互生外露的鳞片。羽状复叶；小叶片对生，披针形至卵状披针形；小叶无柄或近于无柄；托叶叶质，卵状披针形至三角披针形。顶生大型密集圆锥花序，总花梗和花梗被星状毛或短柔毛，花瓣长圆形或倒卵形，白色；苞片卵状披针形至线状披针形，全缘或有浅齿；萼筒钟状，萼片三角卵形。蓇葖果长圆形，有顶生弯曲花柱，长约3 mm，果梗直立；萼片宿存，反折，稀开展。花期7—8月，果期9月。

【生态习性】珍珠梅耐寒，耐半阴，耐修剪。在排水良好的沙质壤土中生长较好。生长快，易萌蘖，是良好的夏季观花植物。

【观赏特点】珍珠梅的花、叶清丽，花期很长又值夏季少花季节，在园林应用上是十分受欢迎的观赏树种，可孤植、列植，丛植效果甚佳。

14. 凤尾兰 *Trichoglottis rosea* L.（Lindl.）Ames var. *breviracema*（Hayata）T. S. Liu et H. J. Su

【科属】龙舌兰科丝兰属

【形态特征】植株丛生。茎悬垂。叶二裂，着生于茎的全长，稍肉质，狭披针形，先端急尖，基部具抱茎的鞘。花白色，伸展；中萼片长圆形，先端急尖；侧萼片斜卵形；花瓣镰刀状倒披针形；唇瓣厚肉质。圆锥花序，每个花序着花200～400朵，从下至上逐渐开放，乳白色，杯状，下垂。凤尾兰叶浓绿，表面有蜡质层，坚硬似剑；密集丛生螺旋状排列于短茎上，呈放射状展开。

【生态习性】喜温暖湿润和阳光充足环境，性强健，耐瘠薄，耐寒，耐阴，耐旱也较耐湿，对土壤要求不严，对肥料要求不高。喜排水好的沙质壤土，瘠薄多石砾的堆土废地亦能适应。对酸碱度的适应范围较广，除盐碱地外均能生长。喜光照。抗污染，萌芽力强，适应性强。

【观赏特点】叶色常年浓绿，剑形叶射状排列整齐，可种植于花坛中心、岩石或台坡旁边。也可作围篱，或种于围墙、棚栏之下。凤尾兰对有害气体抗性强，可在工矿区作美化绿化材料。

15. 球花石楠 *Photinia glomerata* Rehder & E. H. Wilson

【科属】蔷薇科石楠属

【形态特征】常绿灌木或小乔木；幼枝密生黄色茸毛，老枝无毛，紫褐色，有多数散生皮孔；冬芽卵形，鳞片先端圆钝，外面有短柔毛。叶片革质，长圆形、披针形、倒披针形或长圆披针形。花多数，密集成顶生复伞房花序；总花梗、花梗和萼筒外面皆密生黄色茸毛；萼筒杯状；萼片卵形，外面有茸毛；花瓣白色，近圆形；子房顶端密生茸毛。果实卵形，红色。花期5月，果期9月。

【生态习性】喜温暖湿润的气候，抗寒力不强，喜光也耐阴，对土壤要求不严，以肥沃湿润的沙质土壤最为适宜，萌芽力强，耐修剪，对烟尘和有毒气体有一定的抗性。

【观赏特点】石楠枝繁叶茂，枝条能自然发展成圆形树冠，终年常绿。早春幼枝嫩叶为紫红色，老叶经过秋季后部分出现赤红色，夏季密生白色花朵，秋后鲜红果实缀满枝头，鲜艳夺目，是一个观赏价值极高的常绿阔叶乔木。在园林中孤植或基础栽植均可，丛植使其形成低矮的灌木丛，可与金叶女贞、红叶小檗、扶芳藤、俏黄栌等组成美丽的图案，获得赏心悦目的效果。

16. 海桐 *Pittosporum tobira*（Thunb.）Ait.

【科属】海桐花科海桐花属

【形态特征】常绿灌木或小乔木，嫩枝被褐色柔毛，有皮孔。叶革质，倒卵形，先端圆，簇生于枝顶呈假轮生状。伞形花序或伞房状伞形花序顶生或近顶生，密被黄褐色柔毛；苞片披针形，被褐毛。花白色，有芳香，后变黄色；萼片卵形，被柔毛；花瓣倒披针形，离生；子房长卵形，密被柔毛。蒴果圆球形，有棱或呈三角形。种子多数，多角形，红色，有黏液。花期3—5月，果熟期9—10月。分布于长江以南滨海各省，内地多为栽培供观赏；亦见于日本及朝鲜。

【生态习性】喜温暖湿润气候和肥沃润湿土壤耐轻微盐碱，能抗风防潮。能耐寒冷，亦颇耐暑热。对土壤的适应性强，在黏土、沙土及轻盐碱土中均能正常生长。对二氧化硫、氟化氢、氯气等有毒气体抗性强。对光照的适应能力亦较强，较耐荫蔽，亦颇耐烈日，但以半阴地生长最佳。

【观赏特点】株型圆整，四季常青，花味芳香，种子红艳，为著名的观叶、观果植物。抗二氧化硫等有害气体的能力强，又为环保树种。适于盆栽布置展厅、会场、主席台等处；也宜地植于花坛四周、花境两侧、建筑物基础栽植或作园林中的绿篱、绿带；尤宜于工矿区种植。

17. 紫荆 *Cercis chinensis* Bunge

【科属】豆科紫荆属

【形态特征】丛生或单生灌木；树皮和小枝灰白色。叶纸质，近圆形或三角状圆形，嫩叶绿色，仅叶柄略带紫色，叶缘膜质透明，新鲜时明显可见。花紫红色或粉红色，簇生于老枝和主干上，通常先于叶开放；龙骨瓣基部具深紫色斑纹。荚果扁狭长形；种子阔长圆形，黑褐色。花期3—4月，果期8—10月。

【生态习性】暖带树种，较耐寒。喜光，稍耐阴。喜肥沃、排水良好的土壤，不耐湿。萌芽力强，耐修剪。

【观赏特点】木材纹理直，结构细，可供家具、建筑等用。紫荆宜栽庭院、草坪、岩石及建筑物前，用于小区的园林绿化，具有较好的观赏效果。

18. 黄刺玫 *Rosa xanthina* Lindl.

【科属】蔷薇科蔷薇属

【形态特征】直立灌木；枝粗壮，密集，披散；小枝无毛，有散生皮刺，无针刺。小叶片宽卵形或近圆形，稀椭圆形，上面无毛；叶轴、叶柄有稀疏柔毛和小皮刺；托叶带状披针形。花单生于叶腋，重瓣或半重瓣，黄色，无苞片；花梗无毛，无腺；萼筒、萼片外面无毛，萼片披针形，全缘；花瓣黄色，宽倒卵形，先端微凹，基部宽楔形；花柱离生，被长柔毛。果近球形或倒卵圆形，紫褐色或黑褐色，无毛。花期 4—6 月，果期 7—8 月。

【生态习性】喜光，稍耐阴，耐寒力强。对土壤要求不严，耐干旱和瘠薄，在盐碱土中也能生长，以疏松、肥沃土地为佳。不耐水涝。为落叶灌木。少病虫害。

【观赏特点】可供观赏。可作保持水土及园林绿化树种。果实可食、制果酱。花可提取芳香油；花、果药用，能理气活血、调经健脾。

19. 缫丝花 *Rosa roxburghii* Tratt.

【科属】蔷薇科蔷薇属

【形态特征】缫丝花是开展灌木；树皮灰褐色，成片状剥落；小叶片椭圆形或长圆形，稀倒卵形，先端急尖或圆钝，基部宽楔形，边缘有细锐锯齿，两面无毛，叶轴和叶柄有散生小皮刺；托叶大部贴生于叶柄，离生部分呈钻形，边缘有腺毛。花单生或 2～3 朵，生于短枝顶端；小苞片卵形，边缘有腺毛；萼片通常宽卵形，内面密被茸毛，外面密被针刺；花瓣重瓣至半重瓣，淡红色或粉红色，微香，倒卵形，外轮花瓣大，内轮较小；雄蕊多数着生在杯状萼筒边缘。果扁球形，绿红色，外面密生针刺；萼片宿存，直立。花期 5—7 月，果期 8—10 月。

【生态习性】缫丝花又名刺梨，原产中国西南部。喜温暖湿润和阳光充足环境，适应性强，较耐寒，稍耐阴，对土壤要求不严，但以肥沃的沙壤土为好。

【观赏特点】缫丝花花朵秀美，粉红的花瓣中密生一圈金黄色花药，十分别致，黄色刺颇具野趣，适用于坡地和路边丛植绿化，也用作药蓠材料。

20. 绣线菊 *Spiraea salicifolia* L.

【科属】蔷薇科绣线菊属

【形态特征】直立灌木；枝条密集，叶片长圆披针形至披针形，先端急尖或渐尖，基部楔形，边缘密生锐锯齿，有时为重锯齿，两面无毛；叶柄无毛。长圆形或金字塔形的圆锥花序，被细短柔毛，花朵密集；苞片披针形至线状披针形，全缘或有少数锯齿，微被细短柔毛；萼筒钟状；萼片三角形，内面微被短柔毛；花瓣卵形，先端通常圆钝，粉红色；花盘圆环形，裂片呈细圆锯齿状；子房有稀疏短柔毛。蓇葖果直立。花期 6—8 月，果期 8—9 月。

【生态习性】喜光也稍耐阴，抗寒，抗旱，喜温暖湿润的气候和深厚肥沃的土壤。萌蘖力和萌芽力均强，耐修剪。生长于河流沿岸、湿草原、空旷地和山沟中，海拔 200～900 m。

【观赏特点】绣线菊在园林中应用较为广泛，因其花期为夏季，粉红色花朵十分美丽，给炎热的夏季带来些许柔情与凉爽，是庭院观赏的良好植物材料。

2.4.6　攀缘植物做地被用

一般指植物体细长，不能直立，只能依附别的植物或支持物，缠绕或攀缘向上生长的植物。可分为缠绕类、吸附类、卷须类和蔓生类。缠绕类依靠自身缠绕支持物而向上延伸生长，攀缘能力强。

攀缘植物是中国造园中常用的植物材料，无论是富丽堂皇的皇家园林，还是玲珑雅致的私家园林，都不乏攀缘植物的应用。当前，由于城市园林绿化的用地面积愈来愈少，充分利用攀缘植物进行垂直绿化是拓展绿化空间、增加城市绿量、提高整体绿化水平、改善生态环境的重要途径。

常见栽培的有薜荔、爬山虎、常春藤、络石、金银花、硬骨凌霄、紫藤、炮仗花、茑萝、香豌豆等。

1. 薜荔 *Ficus pumila* L.

【科属】桑科榕属

【形态特征】攀缘或匍匐灌木，叶两型，不结果枝节上生不定根，叶卵状心形，薄革质，叶柄很短；结果枝上无不定根，革质，卵状椭圆形；托叶披针形，被黄褐色丝状毛。榕果单生叶腋，瘿花果梨形，雌花果近球形。瘦果近球形，有黏液。花果期 5—8 月。

【生态习性】无论山区、丘陵、平原，在土壤湿润肥沃的地区都有野生分布。薜荔耐贫瘠，抗干旱，对土壤要求不严格，适应性强，幼株耐阴。

【观赏特点】薜荔的不定根发达。攀缘及生存适应能力强，在园林绿化方面可用于垂直绿化、美化山坡、护坡、护堤，可保持水土。可观果观叶，观赏价值高。

2. 爬山虎 *Parthenocissus tricuspidata* (Sieb. & Zucc.) Planch.

【科属】葡萄科爬山虎属

【形态特征】多年生大型落叶木质藤本植物。花小，成簇不显。花雌雄同株，聚伞花序；萼全缘；花瓣顶端反折。表皮有皮孔，髓白色。枝条粗壮，老枝灰褐色，幼枝紫红色。枝上有卷须，卷须顶端及尖端有黏性吸盘，遇到物体便吸附在上面。叶互生，小叶肥厚，基部楔形，边缘有粗锯齿，叶片及叶脉对称。花枝上的叶宽卵形，基部心形，背面具有白粉，叶背叶脉处有柔毛，秋季变为鲜红色。浆果小球形，熟时蓝黑色，被白粉。花期 6 月，果期 9—10 月。

【生态习性】适应性强，性喜阴湿环境，耐寒，耐旱，耐贫瘠，气候适应性广泛，在暖温带以南冬季也可以保持半常绿或常绿状态。耐修剪，怕积水，对土壤要求不严，但在阴湿、肥沃的土壤中生长最佳。它对二氧化硫和氯化氢等有害气体有较强的抗性，对空气中的灰尘有吸附能力。

【观赏特点】夏季枝叶茂密，常攀缘在墙壁或岩石上，适于配植宅院墙壁、围墙、庭园入口处、桥头石堍等处。可用于绿化房屋墙壁、公园山石，既可美化环境，又能降温，调节空气，减少噪声。爬山虎是垂直绿化的优选植物。

3. 常春藤 *Hedera nepalensis* K. Koch var. *sinensis*(Tobl.) Rehd

【科属】五加科常春藤属

【形态特征】多年生常绿攀缘灌木。茎灰棕色或黑棕色，有气生根，幼枝被鳞片状柔毛。单叶互生；叶柄有鳞片；无托叶；叶二型：不育枝上的叶为三角状卵形或戟形，全缘或三裂；花枝上的叶椭圆状披针形，条椭圆状卵形或披针形，稀卵形或圆卵形，全缘。伞形花序单个顶生，或 2～7 个总状排列或伞房状排列成圆锥花序；花瓣三角状卵形，淡黄白色或淡绿白，外面有鳞片；花药紫色；子房下位，花柱全部合生成柱状。果实圆球形，红色或黄色。花期 9—11 月，果期翌年 3—5 月。

【生态习性】阴性藤本植物，也能生长在全光照的环境中，在温暖湿润的气候条件下生长良好，不耐寒。对土壤要求不严，喜湿润、疏松、肥沃的土壤，不耐盐碱。常攀缘于林缘树木、林下路旁、岩石和房屋墙壁上，庭园也常有栽培。

【观赏特点】在庭院中可用以攀缘假山、岩石，或在建筑阴面作垂直绿化材料。在华北宜选小气候良好的稍阴环境栽植。也可盆栽供室内绿化观赏用。它不仅可达到绿化、美化效果，同时也发挥着增氧、降温、减尘、减少噪声等作用，是藤本类绿化植物中用得最多的材料之一，有净化室内空气的效果。

4. 络石 *Trachelospermum jasminoides* (Lindl.) Lem.

【科属】夹竹桃科络石属

【形态特征】常绿木质藤本，具乳汁；茎赤褐色，有皮孔。叶革质或近革质，椭圆形至卵状椭圆形或宽倒卵形，叶面无毛，叶背被疏短柔毛，老渐无毛。二歧聚伞花序腋生或顶生，花多朵组成圆锥状；花白色，芳香；总花梗被柔毛，老渐无毛；苞片狭披针形；花萼 5 深裂，裂片线状披针形，顶部反卷，外面被有长柔毛及缘毛；花蕾顶端钝，花冠筒圆筒形；子房由 2 个离生心皮组成，无毛。蓇葖双生，叉开，无毛，线状披针形，向先端渐尖；种子多颗，褐色，线形，顶端具白色绢质种毛。花期 3—7 月，果期 7—12 月。

【生态习性】对气候的适应性强，能耐寒冷，亦耐暑热，但忌严寒。河南北部以至华北地区露地不能越冬，只宜作盆栽，冬季移入室内。喜湿润环境，忌干风吹袭。喜弱光，亦耐烈日高温。攀附墙壁，阳面及阴面均可。对土壤的要求不严格，一般肥力中等的轻黏土及沙壤土均宜，酸性土及碱性土均可生长，较耐干旱，但忌水湿，盆栽不宜浇水过多，保持土壤润湿即可。

【观赏特点】络石在园林中多作地被，或盆栽观赏，为芳香花卉。络石匍匐性攀爬性较强，可搭配作色带色块绿化用。

5. 金银花 *Lonicera japonica* Thunb.

【科属】忍冬科忍冬属

【形态特征】金银花属多年生半常绿缠绕及匍匐茎的灌木。小枝细长，中空，藤为褐色至赤褐色。卵形叶子对生，枝叶花均密生柔毛和腺毛。夏季开花，苞片叶状，唇形花有淡香，雄蕊和花柱均伸出花冠，花成对生于叶腋，花冠唇形，花色初为白色，渐变为黄色，球形浆果，熟时黑色。叶纸质，卵形至矩圆状卵形，有时卵状披针形，稀圆卵形或倒卵形；总花梗通常单生于小枝上部叶腋，与叶柄等长或稍短；苞片叶状，卵形至椭圆形；小苞片顶端圆形或截形；萼齿卵状三角形或长三角形。花萼细小，黄绿色。气清香，味淡，微苦。果实圆形，熟时蓝黑色，有光泽；种子卵圆形或椭圆形，褐色。花期4—6月，果熟期10—11月。

【生态习性】金银花适应性很强，喜阳、耐阴，耐寒性强，也耐干旱和水湿，对土壤要求不严，但以湿润、肥沃的深厚沙质壤土生长最佳，每年春夏两次发梢。根系繁密发达，萌蘖性强，茎蔓着地即能生根。喜阳光和温和、湿润的环境，生活力强，适应性广，耐寒，耐旱，在荫蔽处，生长不良。

【观赏特点】金银花由于匍匐生长能力比攀缘生长能力强，故更适合于在林下、林缘、建筑物北侧等处做地被栽培；还可以做绿化矮墙；亦可以利用其缠绕能力制作花廊、花架、花栏、花柱以及缠绕假山石等。优点是蔓生长量大，管理粗放，缺点是蔓与蔓缠绕，地面覆盖高低不平，使人感觉杂乱无章。

6. 硬骨凌霄 *Tecomaria capensis*（Thunb.）Spach.

【科属】紫葳科硬骨凌霄属

【形态特征】硬骨凌霄半藤状或近直立灌木。枝带绿褐色，常有小痂状凸起。叶对生，奇数羽状复叶，卵形至阔椭圆形，先端短尖或钝，基部阔楔形，边缘有不甚规则的锯齿。总状花序顶生；萼钟状，5齿裂；花冠漏斗状，略弯曲，橙红色至鲜红色，有深红色的纵纹，上唇凹入；雄蕊突出。花期春季和秋季。蒴果扁线形，多不结实。

【生态习性】喜温暖、湿润和充足的阳光。不耐寒，不耐阴。生长适温：4—10月为20～24℃；对土壤选择不严，喜排水良好的沙壤土。切忌积水。

【观赏特点】可做攀缘植物，适于栽植在花廊、花架、花柱等处。也可作为直立灌木栽植。

7. 紫藤 *Wisteria sinensis*（Sims）Sweet

【科属】豆科紫藤属

【形态特征】落叶藤本。茎右旋，枝较粗壮，嫩枝被白色柔毛，后秃净；冬芽卵形。奇数羽状复叶；托叶线形；小叶纸质，卵状椭圆形至卵状披针形；小叶柄被柔毛；小托叶刺毛状，宿存。总状花序，花序轴被白色柔毛；苞片披针形，早落；花萼杯状，密被细绢毛，芳香；花冠紫色，旗瓣圆形，先端略凹陷，花开后反折，基部有2胼胝体，翼瓣长圆形，基部圆，龙骨瓣较翼瓣短，阔镰形，子房线形，密被茸毛，花柱无毛，上弯。荚果倒披针形，密被茸毛；种子褐色，圆形，扁平。花期4月中旬至5月上旬，果期5—8月。

【生态习性】暖带及温带植物，对气候和土壤的适应性强，较耐寒，能耐水湿及瘠薄土壤，喜光，较耐阴。以土层深厚，排水良好，向阳避风的地方栽培最适宜。主根深，侧根浅，不耐移栽。生长较快，寿命很长。缠绕能力强，它对其他植物有绞杀作用。

【观赏特点】本种在中国自古即栽培作庭园棚架植物，一般应用于园林棚架，春季紫花烂漫，别有情趣，适栽于湖畔、池边、假山、石坊等处，具独特风格，盆景也常用。

8. 炮仗花 *Pyrostegia venusta*（Ker-Gawl.）Miers

【科属】紫葳科炮仗藤属

【形态特征】炮仗花，藤本，具有3叉丝状卷须。叶对生；小叶卵形，顶端渐尖，基部近圆形，上下两面无毛，下面具有极细小分散的腺穴，全缘。圆锥花序。花萼钟状。花冠筒状，橙红色，裂片5，长椭圆形，花蕾时镊合状排列，花开放后反折，边缘被白色短柔毛。雄蕊着生于花冠筒中部。子房圆柱形，密被细柔毛，花柱细，柱头舌状扁平，花柱与花丝均伸出花冠筒外。果瓣革质，舟状，内有种子多列，种子具翅，薄膜质。花期长。

【生态习性】喜向阳环境和肥沃、湿润、酸性的土壤。生长迅速，在华南地区，能保持枝叶常青，可露地越冬。由于卷须多生于上部枝蔓茎节处，故全株得以固着在他物上生长。

【观赏特点】多种植于庭院，栅架，花门和栅栏，作垂直绿化。可置于花棚、庭院门首等处，作顶面及周围的绿化；也宜地植作花墙，覆盖土坡，或用于高层建筑的阳台作垂直或铺地绿化。矮化品种，可盘曲成图案形，作盆花栽培。

9. 茑萝 *Quamoclit pennata* (Desr.) Boj.

【科属】旋花科茑萝属

【形态特征】一年生柔弱缠绕草本，无毛。叶卵形或长圆形，单叶互生，叶的裂片细长如丝，羽状深裂至中脉；叶柄基部常具假托叶。花序腋生，聚伞花序，花直立，花柄较花萼长，在果时增厚成棒状；萼片绿色；花冠高脚碟状，深红色或者白色，无毛；雄蕊及花柱伸出；花丝基部具毛；子房无毛。蒴果卵形透明。种子卵状长圆形，黑褐色。花期从7月上旬至9月下旬，每天开放一批，晨开午后即蔫。

【生态习性】喜光，喜温暖湿润环境，不耐寒，抗逆性强，能自播(一般由人工引种栽培)，要求土壤肥沃。种子成熟后，自落于地，翌年自生。盆栽须立支架，供其缠绕，开花时极纤秀佳丽。

【观赏特点】茑萝有细长光滑的蔓生茎，柔软，极富攀缘性，是理想的绿篱植物。茑萝萝蔓叶纤细秀丽，是庭院花架、花篱的优良植物，也可盆栽陈设于室内。可用作篱垣，棚架绿化材料，还可作地被植物，不设支架，随其爬覆地面，此外，还可进行盆栽观赏，搭架攀缘，整成各种形状。

10. 香豌豆 *Lathyrus odoratus* L.

【科属】豆科香豌豆属

【形态特征】一、二年生蔓性攀缘草本植物，全株被白色毛，茎棱状有翼，羽状复叶，仅茎部两片小叶，先端小叶变态形成卷须，花大蝶形，旗瓣色深艳丽，有紫、红、蓝、粉、白等色，并具斑点、斑纹，具芳香，花形优美，瓣型较多，有重瓣、半重瓣、单瓣、波状瓣、皱瓣、平直瓣等。花萼呈钟状，荚果长圆形，种子球形、褐色。

【生态习性】性喜温暖、凉爽气候，忌酷热，稍耐寒。属于深根性花卉，要求疏松肥沃、湿润而排水良好的沙壤土，在干燥、瘠薄的土壤上生长不良，不耐积水。另外对有害气体氧化氢的抗性很强。而对二氧化硫的抗性极差，故可作为该气体的监测植物。

【观赏特点】花型独特，枝条细长柔软，既可作冬春切花材料制作花篮、花圈，也可盆栽供室内陈设欣赏，春夏还可移植户外任其攀缘作垂直绿化材料，或作为地被植物绿化美化环境。

【复习思考题】

1. 冷季型草坪草的主要特点是什么？列举其主要草种及其主要坪用特性。

2. 暖季型草坪草的主要特点是什么？列举其主要草种及其主要坪用特性。

3. 试列举3例本地常用的草坪缀花，并说明其观赏特点。

第3章 草坪与城市生态环境

草坪群落与周围环境有密切的关系，它不仅受到环境条件的制约，而且也在某种程度上影响周围的生态环境。草坪对美化环境、调节气候、维持生态平衡起了巨大的作用。要保持草坪优良的品质和持久性，就需要对草坪所处的环境进行调控，使之更加适合草坪草的生长。城市生态环境中影响草坪草生长的主要因子是光照、温度、水分和土壤，这 4 个因子是草坪草正常生长发育所不可缺少的环境条件。其次城市生态环境中的生物因子和人类活动也对草坪群落有一定的影响，本章将从这 6 个方面来阐述草坪与城市生态环境的关系。

3.1 草坪植物与光照

太阳光是植物光合作用的能量来源。通过光合作用，草坪满足了自身的生长发育对养分的需要。光照对草坪草生长发育的影响主要体现在光照强度、日照长度及光质三个方面。

3.1.1 光照强度

光照强度是指单位面积上所接受可见光的能量，简称照度，单位勒克斯(lx)。地表的光照强度有其空间变化和时间变化的规律。空间变化包括随地理纬度、海拔高度、地形坡向而改变；时间变化则随一年四季和一天的昼夜而变化。光照强度主要变化规律为：随纬度增加而减弱；随海拔高度升高而增强；一年中以夏季光照最强，冬季最弱；一天中以中午光照最强，早晚最弱。

光照强度同光合速率有密切的关系。植物对光照强度的要求通常用“光饱和点”(light saturation point)和“光补偿点”(light compensation point)来表示。在低光强区内，光合速率随光照强度的增强而成比例增快，当超过一定光强，光合速率就会转慢，当光照强度达到一定的数值后，如果光照强度继续增加，而光合速率趋于稳定，这种现象称为光饱和现象，此时的光照强度即为光饱和点(图 3-1)。在光饱和点时的光和速率，表示植物同化二氧化碳(CO_2)达到最大能力。大部分草坪草单叶的光饱和点为全日照光强。

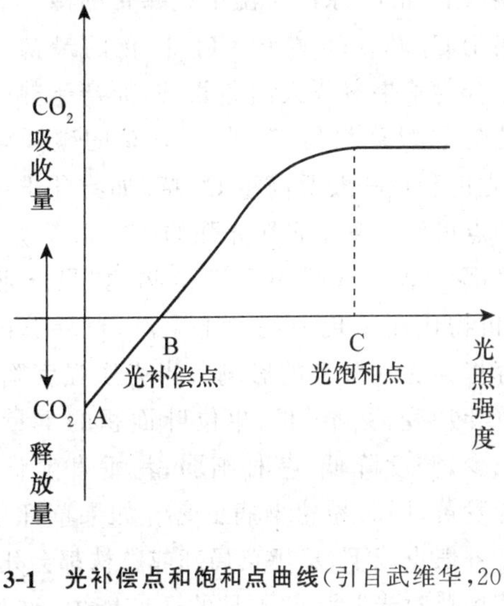

图 3-1 光补偿点和饱和点曲线(引自武维华，2012)

光补偿点：在光照强度为零即黑暗条件下，植物只进行呼吸作用，光和速率为零。而随着光照强度的增加，光和速率增加而呼吸作用强度保持不变。当到某一光照强度时，光合作用与呼吸作用强度相等，呼吸作用释放的CO_2量与光合作用吸收的CO_2量处于动态平衡，这时的光照强度即为光补偿点。在光补偿点时，光合作用形成的有机物与呼吸作用消耗的有机物相抵消，不能积累干物质，植物只能维持生命而不能进行生长发育。

光补偿点和光饱和点分别代表了植物叶片的光合作用所需要光照强度的下限及上限，从而代表了叶片对弱光和强光的利用能力，是草坪草需光特性的两个重要指标。

大部分的草坪草的光补偿点较低，就单个叶片来说，叶片的光补偿点为全日照光强的2%～5%，光饱和点为全日照光强的1/3。而在群体条件下光饱和点较单叶高。草坪草群体枝叶密度高，当上部叶片达到光饱和点时，草坪草中下部的叶片只能利用群体中的投射光和散射光进行光合作用，光照强度仍在光饱和点以下。光照强度增加时，虽然群体上层叶片已饱和，但下层叶片的光合速率仍然随着光照强度的增加而提高。

根据光合作用中碳同化的途径不同，可以把草坪草种类分成碳三(C_3)草和碳四(C_4)草。C_3草中CO_2同化的最初产物是光合碳循环中的三碳化合物3-磷酸甘油酸，原产于温带或寒带的冷季型草坪草都属于C_3草。C_4草中CO_2同化的最初产物是四碳化合物苹果酸或天门冬氨酸，原产于热带或亚热带的暖季型草都是C_4草。C_4草的碳同化能力强，其光饱和点一般要高于C_3草，如狗牙根单叶的光饱和点可以达到全日照光强的40%～50%。

大部分草坪草都为喜光植物，如果光照不充足，有机物代谢呈现消耗大于生产，草坪草的生长和发育将会受到极大的影响。当光照强度降低时，草坪草叶片变薄、窄、长，单位叶面积的重量变小，分蘖减少，密度降低，茎秆细弱，易垂直生长，中下部叶片发黄，同时易感染病虫害。如果草坪草长期处于光补偿点以下，草坪草局部或整株都会死亡。

草坪草对光照强度不足的适应能力，称为耐阴性。一般来说，暖季型草坪草的耐阴性要比冷季型草坪草差一些。冷季型草坪草中耐阴性比较强的是紫羊茅、粗茎早熟禾、小糠草、细弱翦股颖等，暖季型草坪草中耐阴性较强的是钝叶草和结缕草。因此，在高大建筑物及屏障物周边、密林或疏林下建植草坪时，要选择光补偿点比较低，耐阴性强的草坪草种或品种。

3.1.2 日照长度

日照长度是指一天中地面能够接收到太阳直射光照射的时间。由于一年中地球围绕太阳公转，地球公转的轨道面和地球的赤道面之间存在着黄赤交角，一天中白天和黑夜的长度随季节和纬度的转变是在不断变化的，一般夏季日照时间长于冬季，高纬度地区长于低纬度地区。日照长度对草坪草的影响主要表现在植物的开花结实时间上，有的草种要求在白天较长，夜晚较短的季节开花，如匍匐翦股颖在春夏之交开花。这种不同长短的昼夜交替对植物开花结实的影响，称作植物的光周期现象。

根据植物对光周期反应的不同，可以将植物分为长日照、短日照及日中性植物。长日照植物在其生长发育过程中需要每天的光照时数超过一定限度(临界日长)以上才能进行花芽分化，原产于中高纬度地区的草坪草大多数是长日照植物，如匍匐翦股颖。短日照植物在其生长发育过程中，需要每天的黑暗时间要超过一定限度(临界夜长)才能进行开花结实，原产于低纬度地区的草坪草大多数是短日照植物。日中性植物在其生长发育过程中，对光照长短没有严格的要求，只要其他生态条件合适，在不同的日照长短下都能开花。很多草坪草经过不同环境的适应和驯化，开花时间对日照长度的要求已不太严格。有些草种如高羊茅和多年生黑麦草对光周期的要求可以由低温处理来替代，有些草坪草种如草地早熟禾同时具有长日照、短日照和日中性三种类型。

在草坪养护管理中，花序的出现会影响草坪的外观均一性，尤其是一年生草坪草。冷季型草如高羊茅和狗牙根容易在长日照冷凉条件下诱导开花，而狗牙根和结缕草等暖季型草坪草在短日照和温暖条件下诱导开花。在草种生产上，光周期反应对草坪草种子的生产起到非常重要的作用，是决定能否引种的条件之一。

草坪草的生长习性也受到日照长度的影响。在短日照条件下，草坪草密度和分蘖增加，叶片开展、茎和叶片变短，节间变短，表现出平卧生长的习性。在长日照条件下，草坪草的根系，根状茎和匍匐茎生长加快。

3.1.3　光质

光质是指具有不同波长的太阳光谱成分。太阳光可分为可见光和不可见光两部分。草坪冠层所接受的光是完全光谱，但光谱中不同成分对草坪草的生长发育的影响是不一样的。可见光谱段的波长在 380～760 nm，占全部光辐射的 52%，根据波长又可分为红、橙、黄、绿、青、蓝、紫七种颜色的光，红光和橙光是被叶绿素吸收得最多的光，有利于碳水化合物的形成，促进茎叶的生长，蓝光和紫光具有矮化植物的效应，使茎叶变短变粗，利于蛋白质的合成。反射光主要是黄、绿、青光。不可见光分为紫外光和红外光，波长大于 760 nm 的光谱段为红外光、波长小于 380 nm 的光谱段叫紫外光，紫外光能显著促进草坪草的矮化和壮实。

光质对草坪草的影响没有光照强度和日照长度大。自然条件下，除非在遮阴情况时，由于季节变化引起的光质变化对草坪草的生长发育不会产生明显的影响。

3.2　草坪植物与温度

温度是影响草坪草生长发育最关键的因素之一，是决定某一地区适宜种植哪种类型的草坪草的最重要的因素。草坪草的原产地与温度的分布规律存在着密切的关系，即地球上不同的气温分布带形成了不同的草坪植物群落。温度对草坪草生长发育的影响主要体现在草坪草的温度三基点，草坪草的温周期现象以及草坪草的耐热性，草坪草的耐寒性 4 个方面。

3.2.1　草坪草的温度三基点

草坪草只能在适宜的温度范围内才能进行正常生长发育。如果温度过低，草坪草生命活动停止，生长受到抑制或处于休眠状态；如果温度过高，光合作用受到抑制，呼吸作用旺盛，植株变弱。只有在适宜的温度范围内，草坪草才能旺盛生长。所以，草坪草对温度的要求有最低温度、最适温度和最高温度之分，称为草坪草的温度三基点。在最低和最高温度下，草坪草停止生长发育，但是仍能够维持生命活动。如果温度继续降低和升高，就会对草坪草发生不同程度的伤害，甚至导致死亡，因此又可将温度分为最低致死温度和最高致死温度，统称为 5 个基本温度指标。

不同类型或原产地不同的草坪草有着不同的温度三基点。一般原产于低纬度地区的草坪草，如暖季型草坪草，生长的三基点温度较高，耐热性好而耐寒性差，能耐受 40～45℃ 的高温，最适生长温度为 25～35℃，最低生长温度为 10～15℃，0℃以下容易产生冻害。而原产于高纬度地区的草坪草如冷季型草坪草，生长的三基点温度较低，耐热性差但抗寒性好，能忍受 －25℃，适宜的生长温度为 15～25℃，35℃以上生长发育停止。

草坪草不同发育器官有不同的温度三基点。一般来说，土壤温度对草坪草根系生长的影响大于大气温度，根系生长最适温度低于地上部分茎和叶片。冷季型草坪草根系生长的最适温度范围为 10～18℃，在深秋，只要土壤温度不低于 0℃，根系仍然可以生长；而地上部的最适生长温度为 15～25℃；暖季型草坪草根系的生长最适温度为 24～29℃，而枝条的最适生长温度为 25～35℃，当土壤温度低于 10℃ 时，地上部枯死而根系仍能保持生长。

草坪草不同生育阶段温度的三基点也有差异。在分蘖旺盛时期，对温度的要求略低于枝条生长的最适温度，枝条生长最佳温度与草坪草整体性状表现最佳时并不完全一致，草坪草管理实际操作中，有时需要降低草坪草的外观和功能质量来保证草坪草的存活。

3.2.2 草坪草的温周期

温度对草坪草的生长，还表现为温周期现象。温周期现象即季节间或昼夜间温度有规律的变化。

季节性温度的变化对不同原产地的草坪草的生长发育影响也有差异。冷季型草坪草一年中有两个生长旺盛期，最适宜生长的季节为春季和秋季。夏季气温过高，容易发生越夏困难现象，常进入休眠状态以抵御高温，冬季温度低，冷季型草坪草生长缓慢或停止生长。暖季型草坪草一年中只有一个连续的生长旺盛期，夏秋季旺盛生长。而在深秋、冬季、早春，由于气温较低，草坪草地上部枯死，地下部根系休眠。

同时，昼夜间存在的温度变化，对草坪草的生长也有着很大的影响。草坪草植物白天进行光合作用积累碳水化合物，晚上进行呼吸作用而消耗能量。如果昼夜温差大，夜晚温度低，呼吸作用减缓，有利于草坪草干物质的积累，使得草坪草生长健壮，抗逆性好，草坪质量高。如果昼夜温差小，夜温高，呼吸作用旺盛，消耗能量高，导致干物质积累少，不利于草坪草的健壮生长，植株弱小容易感染病害。

3.2.3 草坪草的耐寒性和耐热性

当环境温度超过草坪草生长发育最适温度的下限或上限时，草坪草的生长发育就受到低温或高温胁迫，进而导致生长发育不良或受损，其生命过程降低到最低速度，仍然能维持生命而不死亡。根据受胁迫的温度不同，一般将低于生长发育的最低温度即0℃时的胁迫称为低温胁迫，而将大于最高生长温度(≥40℃)的胁迫称为高温胁迫。一般来说草坪草对短期内极端温度这种不利的生长条件可以通过地上部器官或地下器官休眠这些方式来度过，在温度合适时重新萌发生长。草坪草的地下茎或分蘖节的温度界限是草坪草生存的临界值。但是当极端温度持续时间过长，草坪草体内细胞结构和功能被破坏，这对草坪草的生长造成的伤害是不可以恢复的。

1. 低温对草坪草的影响及草坪草的耐寒性

0℃以下的低温或霜冻对草坪草造成的伤害主要是由于细胞的膜透性增大，细胞内溶液外渗并在细胞间隙内形成冰晶体而降低水蒸气压，这种压差会造成原生质脱水而使蛋白质变性和原生质发生不可逆凝胶化，从而伤害细胞，引起叶片萎蔫、卷曲、叶面黄化导致干枯等现象。茎基是草坪草生长叶、根、枝条、匍匐茎和根状茎的器官，是决定其再生能力的关键器官。一般来说，50%茎基存活时的最低温度称为半致死温度。在低于50%茎基伤害率下，草坪草细胞膜透性受到损伤，表现为受害器官干枯，当温度适宜时又能从繁殖器官长出新的枝条而恢复生长。当茎基伤害率超过50%时，因细胞膜透性急剧增加，导致细胞死亡，即使在适宜的温度下草坪草也不能恢复正常生长，是不可逆的伤害。

草坪草适应低温的能力称为耐寒性。草坪草的耐寒性与生态气候型相关，冷季型草坪草的耐寒性要高于暖季型草坪草。暖季型草坪草在温度低于10℃时就表现出冷害，随着温度的持续降低，地上部枝条逐渐枯死而以地下部根系越冬。0℃以下的低温或霜冻均会对暖季型草坪草造成极大的伤害，这也是暖季型草坪草不能在北方应用的主要原因。冷季型草坪草对低温有很强的抗性，在0℃以上时仍然可以正常生长，但是当气温下降到零度以下时会受到不同程度的伤害。总趋势是随温度的降低，伤害率增高。降温幅度越大、持续时间越长、气温恢复越快，对草坪草的危害越大。

有资料表明，在−9℃时，冷季型草坪草如高羊茅、多年生黑麦草、草地早熟禾和匍匐翦股颖，地上部伤害率达到50%，但是分蘖节及地下部没有受到明显伤害，当温度适宜时，又可以萌发新芽恢复生长。一般来说，降温是一个比较缓慢的过程，成熟的草坪经受低温锻炼后，其抗寒性增强，对成熟的冷季型草坪草来说，−25℃以下能安全越冬。

草坪草的耐寒性还同其遗传特性有关。同一生态气候型不同种类的草坪草的耐寒性有很大差异。在常见的冷季型草坪草中，耐寒性强的草种为匍匐翦股颖、细弱翦股颖和草地早熟禾，耐寒性中等的为高羊茅，耐寒性差的为多年生黑麦草和一年生黑麦草。在暖季型草坪草中，耐寒性强的为结缕草属、狗牙根属和野牛草，耐寒性差的为钝叶草、雀稗草、地毯草、狼尾草和画眉草。同时，同一种类不同品种的草坪草也存在着很大的差异，如草地早熟禾品种中，Merion、Adelphi 和 Nugget 的半致死温度为－25℃，而 Windsor 半致死温度可达零下30℃。在狗牙根品种中，Midway、Tifgreen 具有很强的耐寒性，而 Tiflawn，Ormond 品种耐寒性差。

2. 高温对草坪草的影响及草坪草的耐热性

高温胁迫是高于草坪草生长最适温度的上限时对草坪草造成的胁迫。高温胁迫对草坪草的危害主要会造成叶片表面蒸腾作用加强而引起细胞脱水，造成代谢失调，从而导致草坪草的根系和地上部枝条生长缓慢、分蘖速度减缓，叶面积减小，草层密度降低。另外，高温的持续时间是决定草坪草受害程度的一个关键因素。短期的高温一般很少对草坪草造成永久性的伤害，持续高温容易使草坪草同时产生热害和旱害，从而导致草坪草死亡。

草坪草适应高温的能力称为耐热性。不同原产地的草坪草具有不同的耐热性。原产于热带地区的暖季型草坪草具有极强的耐热性，而原产于温带或寒带的冷季型草坪草耐热性很差。

高温是影响冷季型草坪草在南方应用的一个主要限制因子，在高温胁迫下，冷季型草坪草通过地上部休眠来躲避高温。如在温度超过 40℃时，冷季型草坪草植株受到伤害，而暖季型草坪草仍然可以进行生长。

草坪草的耐热性还同其遗传特性有关。在暖季型草坪草中，耐热性由高到低依次为结缕草、狗牙根、野牛草、地毯草、假俭草、钝叶草、雀稗草。在冷季型草坪草中，耐热性由高到低依次为高羊茅、匍匐翦股颖、草地早熟禾、细弱翦股颖、多年生黑麦草、一年生黑麦草。

合理的栽培管理措施可以增加冷季型草坪草的耐热性，从而使其安全越夏。如夏季高温季节，降低施用氮肥数量，提高修剪高度、降低修剪频率等措施都能使草坪草最大限度地积累能量而度过胁迫时期。在早晚进行灌溉，既能提供草坪草生长所需要的水分又能通过蒸发降低草坪温度。

3.2.4 草坪草的种植区划

我国幅员辽阔、地形复杂、气候类型多样，环境条件的差异悬殊。中国气候具有大陆性季风气候显著和气候复杂多样两大特征。冬季盛行偏北风，夏季盛行偏南风，四季分明，雨热同季。每年 9 月到次年 4 月间，干寒的冬季风从西伯利亚和蒙古高原吹来，由北向南势力逐渐减弱，形成寒冷干燥、南北温差很大的状况。夏季风影响时间较短，每年的4—9 月，暖湿气流从海洋上吹来，形成普遍高温多雨、南北温差很小的状况。

草坪的生长发育同其生长的环境密切相关，不同的气候条件对草坪的外观和质量品质都会造成影响。草坪草是构成草坪的主要部分，其性质和特点决定着草坪的品质和价值。了解不同草坪草适应性及分布区域，对特定地区及特定用途草坪建植的选择具有重要依据。韩烈保(1999)根据中国的气候生态类型将中国划分为 9 个草坪气候带，各气候带情况见表 3-1。

表 3-1 中国草坪气候生态区划

气候带	年均温度/℃	年均降水量/mm	月平均温度/℃		月平均湿度/%	
			1月	7月	1月	7月
青藏高原带	－14～－9	100～1 170	－23～－8	－3～19	27～50	33～87
寒冷潮湿带	－8～10	265～1 070	－20～－6	9～21	42～77	72～81
寒冷半干旱带	－3～10	270～720	－20～－3	2～20	40～75	61～83
寒冷干旱带	－8～11	100～510	－26～－6	2～22	35～65	30～73
北过渡带	－1～15	480～1 090	－29～2	9～25	44～72	70～90
云贵高原带	3～20	610～1 770	－8～11	10～22	50～80	74～90
南过渡带	6.5～18	735～1 680	－3～7	14～29	57～84	75～90
温暖潮湿带	13～18	940～2 050	1～9	23～34	69～80	74～94
热带亚热带	13～25	900～2 370	5～21	26～35	68～85	74～96

3.2.4.1　草坪草的种植区划带

1. 青藏高原带

【分布地区】位于 27°～ 40°N，73°～ 104°E。本带包括西藏自治区全部、新疆维吾尔自治区南部部分地区、青海省大部分地区（全省除牛鼻子梁镇、大柴旦镇、刚察县、海晏县、湟源县、贵德县和同仁县等一线以北地区）、甘肃西部（夏河县、碌曲县和玛曲县）、四川西北部（若尔盖县、松潘县、黑水县、理县、康定县、稻城县、乡城县和得荣县等一线以西地区）。

【气候特点】寒冷、生长期短、雨量少、大部分地区偏旱，但是日照充足、辐射强，气温日差大。在海拔 3 000～4 000 m 有农业种植的地方，均可建植草坪。

【代表城市】西宁

【适应草种】耐寒抗旱的冷季型草坪草种，匍匐翦股颖、细弱翦股颖、高羊茅、草地早熟禾、多年生黑麦草。

2. 寒冷潮湿带

【分布地区】位于 40.0°～48.5°N，115.5°～135°E。本带包括黑龙江省大部分（西部半干旱区除外）、吉林省大部分（西部干旱地区通榆县、洮南市、白城市和镇赉县等以外）、辽宁省大部分（朝阳地区和辽东半岛南端除外，除绥中县、兴城县、锦州市和阜新市等一线以西地区）、内蒙古自治区的通辽市东部。

【代表城市】沈阳

【气候特点】冬季漫长而寒冷、春秋短、温差大；夏季凉爽多雨、空气湿度大。生长季雨热同期，非常适宜冷季型草坪草的生长。

【适应草种】匍匐翦股颖、细弱翦股颖、高羊茅、细羊茅、草地早熟禾、粗茎早熟禾、多年生黑麦草。

3. 寒冷半干旱带

【分布地区】位于 34°～49°N，100°～125°E。本带涉及 11 个省份，内蒙古自治区南部（准格尔旗、和林格尔县、卓资县、商都县、化德县、正蓝旗、多伦县、翁牛特旗、巴林左旗、乌兰浩特市、扎赉特旗和莫力达瓦达斡尔族自治旗等一线的以南地区）、陕西北部（即宝鸡市、扶风县、咸阳市、韩城市、合阳县、渭南市和临潼县等一线以北地区）、山西大部分（即吉县、大宁县、交口县、汾阳县、文水县、交城县、清徐县、榆次市、寿阳县和盂县等一线以北广大地区及盂县、阳泉市、昔阳县、和顺县、左权县、武乡县、沁县、沁源县、浮山县、翼城县、夏县和平陆县等一线的以东地区）、甘肃中部（即皋兰县、白银市和靖远县等一线以南，迭部县、岷县和天水市等一线的以北地区）、宁夏回族自治区部分地区（包括盐池县、同心县、海原县、西吉县、隆德县和固原县）、河南部分地区（渑池县、济源市、沁阳市、博爱县、焦作市、辉县市、鹤壁市、安阳市和林州市）、青海部分地区（包括湟源县、湟中县、贵德县和同仁县的东部，以及化隆县、循化县、大通县、互助县、西宁市、平安县、乐都县和民和县）、河北东南部（临漳县、邯郸市、邢台市、内丘县、高邑县、赵县、晋州市、定州市、望都县、保定市、源州市）、辽宁西部（即绥中县、兴城市、锦州市和阜新市等一线的以西地区）、吉林西北部（即科尔沁左翼中旗、通榆县、洮南市、白城市和镇莱县）、黑龙江东部小部分地区（即泰来县、齐齐哈尔市、富裕县、讷河市、甘南县和龙江县）。

【代表城市】兰州

【气候特点】降雨量少、土壤多为碱性、地下水分矿化度高，草坪生长季必须依靠水分灌溉否则难以成活。

【适应草种】匍匐翦股颖、细弱翦股颖、高羊茅、细羊茅、草地早熟禾、粗茎早熟禾、多年生黑麦草。

4. 寒冷干旱带

【分布地区】位于 36°～49°N，74°～127°E。本带包括新疆维吾尔及内蒙古自治区大部分地区、黑龙江省大部分地区、内蒙古自治区大部分地区、青海西北部少部分地区（即牛鼻子梁镇、大柴旦镇、刚察县、海晏县、湟源县、贵德县和同仁县一线以北地区）、甘肃西北部（除夏河县、碌曲县和玛曲县以南地区）、陕西榆林大部分地区。

【代表城市】乌鲁木齐

【气候特点】夏季炎热、干旱少雨、土壤偏碱性，大部分地区水分匮乏，无灌溉条件。

【适宜草种】耐寒抗旱粗放型管理的草种如高羊茅。

5. 北过渡带

【分布地区】位于 32.5°～42.5°N，104°～122.5°E。本带包括山东省全省、河北省的大部分（即临漳县、邯郸市、邢台市、内丘县、高邑县、赵县、晋州市、定州市、望都县、保定市、涿州市、兴隆县、遵化市、迁西县、迁安市和秦皇岛市等一线的东南地区）、河南省大部地区（除渑池县、济源县、沁阳市、博爱县、焦作市、辉县市、鹤壁市、安阳市及信阳市、罗山县、光山县和商城县等一线以南地区）、北京大部分地区（包括市区、通州区、顺义区、怀柔县、平谷县及房山区、密云县）、天津市、江苏北部（即泗洪县、淮阴市、阜宁县和射阳县等一线以北地区）、陕西省中部（即宝鸡市、扶风县、咸阳市、西安市、渭南市、韩城市和合阳县等一线以北地区，以及略阳县、勉县、汉中市、西乡县、安康市和平利县等一线以南地区）、山西部分地区（即吉县、大宁县、交口县、汾阳市、文水县、交城县、清徐县、榆次市、寿阳县、盂县、阳泉市、昔阳县、和顺县、左权县、武乡县、沁县、沁源县、浮山县、翼城县、南柳县、夏县和平陆县等一线的以南地区）、安徽部分地区（即霍邱县、寿县、淮南市、蚌埠市和五河县等一线的西北地区）、甘肃南部（即迭部县、岷县和天水市东南部及舟曲县、宕昌县、礼县、西和县、成县、徽县、两当县、武都县和康县等）、湖北北部小部分地区（即丹江口市、老河口市和枣阳市的北部）

【代表城市】北京

【气候特点】春旱多风、夏热多雨、秋高气爽、冬寒干燥。

【适宜草种】冷季型草和暖季型草均能种植，但都不是最适宜的。冷季型草坪草越夏困难，暖季型草坪草过冬困难。冷季型草坪草如匍匐翦股颖、细弱翦股颖、高羊茅、细羊茅、草地早熟禾、粗茎早熟禾、多年生黑麦草；暖季型草坪草如结缕草、中华结缕草、细叶结缕草。草坪需精细管理才能健康生长和度过休眠期。

6. 云贵高原带

【分布地区】位于 23.5°～34°N，98°～111°E。本带包括云南大部分地区（除贡山县、德钦县、绥江县、盐津县、彝良县和镇雄县，以及广南县、丘北县、开远市、红河县、思茅市、澜沧县和孟连县一线以南地区）、贵州省大部分地区（除道真县、桐梓县、仁怀市、毕节市、赫章县和威宁县等一线的西南地区），广西壮族自治区北部少数地区（仅包括西林县和隆林县的部分地区）、湖南省西部（即通道县、靖州县、会同县、怀化市、辰溪县、沅陵县和张家界市等一线的以西地区），湖北省西北部（即五峰县、长阳县、房县、十堰市和郧县等一线的以西地区），陕西省南部小部分地区（包括略阳县、勉县、汉中市、西乡县、安康市和平利县等一线的以南地区），甘肃省南部（即武都县和康县的南部以及文县等）、四川北部和西部部分地区（四川北部黑水县、北川县、双河口县、苍溪县、巴中市、宣汉县及康定县、泸定县、汉源县、峨边县和冰川县等一线的西南地区），重庆东南（重庆市云阳县、石柱县和南川县等一线的东南地区）。

【代表城市】昆明

【气候特点】冬暖夏凉，气候温和，种植各类草坪草最适宜的地区之一。冷季型草坪草在该地区绿期在 330 d 以上，大部分暖季型草坪草绿期也在 270 d 以上。

【适宜草种】羊茅属、早熟禾属、黑麦草属、翦股颖属、狗牙根属、结缕草属、假俭草、野牛草、百喜草。

7. 南过渡带

【分布地区】位于 27.5°～32.5°N，102.5°～108°E。本带包括四川省绝大部分地区（除四川省北部的黑水县、北川县、双河口县、苍溪县、巴中县、宣汉县以及西部康定县、泸定县、汉源县、峨边县和沐川县）、重庆市绝大部分地区（除开县和云阳县等一线以北及云阳县、石柱县和南川市等一线东南地区外）、湖北省的大部分地区（除十堰市、丹江口市、老河口市和枣阳县等一线以北地区，以及长阳县、枝江县、潜江市、仙桃市、黄石市、蕲春县和黄梅县等一线以南地区）、安徽省中部（除霍邱县、寿县、淮南市、蚌埠市和五河县等一线西北地区，以及宿松县、怀宁县、安庆市、枞阳县、无为县和马鞍山市等一线东南地区）、江苏省的中部（除泗洪县、淮阴市、阜宁县和射阳县等一线以北地区，以及溧水县、无锡市和常熟市一线以南地区）、河南省南部（即信阳市、罗山县、光山县和商城县等一线的以南地区）、贵州省的少部分地区（即道真县、桐梓县、仁怀县、毕节市、赫章县和威宁县等一线的西南地区）。

【代表城市】成都

【气候特点】四季分明、夏季高温高湿、冬季温和。该地区冷季型草坪草绿期长，可达 330 d 以上，越夏困难；暖季型草坪草绿期一般 260～280 d，冬季休眠季长。

【适宜草种】羊茅属、早熟禾属、黑麦草属、翦股颖属、狗牙根属、结缕草属。

8. 温暖潮湿带

【分布地区】位于 25.5°～32.0°N，108°～122°E。本带包括浙江省全省、湖南大部分地区（除通道县、靖州县、会同县、怀化市、辰溪县、沅陵县和张家界市等一线以西地区）、江西省的绝大部分地区（除崇义县、赣州市、仪都县和瑞金县等一线以南地区）、福建省北部（即长汀县、三明市、尤溪县、闽清县等一线的以北地区）、安徽省南部（即宿松县、怀宁县、安庆市、枞阳县、无为县和马鞍山市等一线的东南地区）、湖北少部分地区（即长阳县、枝江市、潜江市、仙桃市、黄石市、蕲春县和黄梅县等一线的以南地区）、江苏省的少部分地区（即溧水县、无锡市和常熟市等一线的以南地区）、广西壮族自治区的极少部分地区（即融安县、永福县和灌阳县等一线以北地区）、上海市。

【代表城市】上海

【气候特点】四季分明，雨水充分、气候温和，夏季降雨量大，空气湿度大；冬季温和。冷季型和暖季型草都适宜种植，但是冷季型草越夏困难。

【适宜草种】羊茅属、早熟禾属、黑麦草属、翦股颖属、狗牙根属、结缕草属、假俭草、百喜草、钝叶草。

9. 热带亚热带

【分布地区】位于 21.0°～25.5°N，98.0°～119.5°E。本带包括广东省，台湾省，海南省全省、广西壮族自治区绝大部分地区（除西林县和隆林县，以及融安县、永福县和灌阳县等一线以北地区）、云南省南部（即广南县、丘北县、开远市、红河县、思茅市、澜沧县和孟连县等一线的以南地区）、福建省部分地区（即长汀县、三明市、尤溪县、闽清县和金峰县等一线的以南地区）。

【代表城市】广州

【气候特点】四季不是很分明、雨水充足、气候温暖。

【适宜草种】适宜这一地区种植的主要是暖季型草坪草，包括狗牙根属、结缕草属、假俭草、百喜草、钝叶草、地毯草。

3.2.4.2 中国的草坪气候生态特征及其生态学意义

在草坪适宜的温度范围内，温和的气候特征以及丰富而均衡的降水，对其生长最为有利。对暖季型草坪草而言，热带、亚热带海洋性气候最为理想。对冷季型草坪草而言，温带海洋性气候最为理想。我国强烈的季风气候特征对草坪草的选择和应用有重要影响，表现出某种严酷性。

我国降水季节分配不均，雨热同季，对冷季型草坪草的生长很不利。冬半年降水很少，对草坪造成干旱胁迫，在无灌水或灌溉不当的情况下，草坪质量严重下降。而在夏季集中的降水对草坪而言，一方面造成大量的浪费，另一方面形成了高温高湿的生态条件，非常有利于草坪病害的发生和流行。我国冬季寒冷干燥，强烈的大陆季风气候限制了暖季型草坪草向北的使用范围。而强盛的夏季季风环流又限制了冷季型草坪草向南的使用范围。也就是说，我国东部季风气候区有很大地域范围不太适于暖季型草坪草，也不太适于冷季型草坪草。

我国的草坪气候适应区有着十分宽阔的过渡带。这对我国草坪应用而言，是一个独特的、也是十分重要的特征。在亚热带和温带的南北过渡地带，冷季型草坪草在晚秋或春天可以生长旺盛，但夏天往往易发生枯萎，并且需要更多的水分进行养护管理；而种植暖季型草坪草，虽然能耐夏季的高温干旱，但其绿色期很短，而且在寒冷的冬季容易发生冻害，难以越冬。

因此，培育耐寒性强的暖季型草坪草品种，延长暖季型草坪草的绿色期；培育耐热性强的冷季型草坪草，解决夏枯问题，是我国草坪育种发展的重要方向。

3.3 草坪植物与水分

水是生命之源，是维持草坪植物生长及发育的基本条件之一。草坪植物从环境中吸收水分，以满足正常的生命活动，同时，又不断地散失水分到大气中，这就形成了草坪植物的水分代谢。水分对植物的生长也有一个最高、最适、最低（量）的三基点。低于最低点，植物萎蔫、生长停止、枯萎；高于最高点，根系缺氧、窒息、烂根；只有处于最适范围内，才能维持植物的水分平衡，以保证植物有最优的水分生长条件。水通过不同形态、量和持续时间三方面的变化对植物起作用。不同形态的水是指水的三态（固态、液态、气态）；量是指降水量的多少；持续时间是指降水、干旱等的持续时间。

3.3.1 草坪植物对水分的需求

水分是草坪植物的重要组成成分，草坪植物体内的含水量同组织器官、种类及生长环境密切相关。同一株草坪植物中不同器官含水量存在着差异，根的水分含量最高，叶中等，而茎最低，一般生长活跃的部分如根尖、幼苗、幼叶含水量高，为70%～90%，休眠芽约40%，休眠种子则为5%～15%。不同类型的草坪植物含水量存在差异，冷季型草坪草含水量比暖季型草坪草含水量高，如正常生长的草地早熟禾叶片的含水量为75%～80%，而日本结缕草和野牛草叶片含水量可以低达65%。同一草坪草在不同生长环境下含水量也存在着差异，阴凉、湿润环境中的草坪草含水量要比向阳、干燥环境中的高。

水分在草坪植物体内通常呈束缚水和自由水两种状态：自由水参与各种代谢活动，其含量限制着草坪草代谢活动强度，而束缚水虽然不参与植物代谢活动，但与植物的抗性有关。水分含量的变化同草坪植物的生命活动有直接的关系，在草坪植物中的作用主要体现在以下几个方面。水分是细胞原生质的主要成分，只有原生质的含水量在70%～85%，原生质才呈现溶胶状态，才能保证旺盛的生理代谢。如果原生质含水量降低，原生质呈现凝胶状态，细胞失水过多，生命活动受到破坏。水分是代谢作用过程中的反应物质或反应介质：植物只能吸收液态的无机物和有机物营养物质。同样，只有溶解在水中的液态氧分才能随着水分的运动而被传输到植株的各个部分。同时，水也直接参与光合作用、呼吸作用、有机物合成与分解这些代谢过程。水分可以保持草坪草的固有姿态：水分充足会使草坪草叶片直立，相反水分缺乏会导致叶片下垂、皱缩而发生萎蔫。水的理化性状为草坪植物的生命活动带来各种便利，例如：水有很高的汽化热和比热容以及较高的导热性，有利于植物体内热量的散发和体温的保持。

草坪植物通过根系从土壤中吸收水分，经木质部向地上部输送，来满足生命活动的需要。草坪植物根系吸收的大部分水分，通过叶片气孔或表皮角质层散失到大气中去，这一过程称为蒸腾作用。通过蒸腾作用，草坪植物体内产生一种吸收水分的动力，使水分源源不断地被根系吸收，蒸腾过程也可以降低叶片温度，防止高温伤害。这一过程是一个被动过程。另一种草坪植物根系吸水的动力是根压，根压需消耗能量，通过主动吸收离子，水分随浓度差往上沿木质部运动。夜间根系通过根压吸水，将多余水分通过叶边缘维管束末端管胞处的排水孔渗出。表现为叶片边缘有水滴存在，这种现象称为吐水。叶尖吐水一般是在清晨或傍晚时，蒸腾强度弱、空气湿度大、根部水压增加的条件下产生的。

草坪植物吸收水分的能力取决于其根系的活力和土壤中有效含水量。草坪植物生长状况、土壤温度和土壤透气性是限制根系生长发育的主要因素。草坪植物植株健壮、土壤温度高、土壤透气性好，根系就发育良好，反之，根系发育受到抑制。

草坪植物以蒸散的形式消耗土壤中的水分。蒸散包括草坪土壤表面水分蒸发和植物体内蒸腾的总耗水量，称为蒸散量以毫米计。草坪植物对水分的需求包括生理需水和生态需水。直接用于草坪植物生命活动与保持植物体内水分平衡所需的水分称作生理需水，主要是蒸腾作用所散失的水分。由于草坪土壤表面蒸发以及因径流与渗漏等消耗的水分，具有调节生态环境中水平衡的作用，称为生态需水。

草坪植物需水量是在正常生长发育状况和最佳水肥条件下，草坪植物整个生育期的蒸散量。草坪植物需水量是指每生产 1 g 干物质所需水分的多少，一般来说，草坪植物的需水量在 500～700 g。但在草坪的实际管理中消耗的水量远远大于上述数值，其原因在于不同土壤的蒸发、渗漏对草坪的实际用水量影响较大。草坪植物的需水量主要受大气干燥程度、辐射条件及风力大小所综合决定的气象条件、土壤湿润程度和导水能力所决定的土壤供水情况、草坪植物种类及生长发育状况及养护管理水平这几个因素的影响。气温高、空气干燥、风速大草坪草需水量就大，大多数 C_3 草坪草需水量大于 C_4 草坪草。

土壤水分缺乏造成土壤干旱，导致植物体内水分的消耗大于水分的吸收，植物组织的水分过度亏缺，从而对植物造成伤害；大气相对湿度过低导致大气干旱，使得植物蒸腾作用加剧，失水速度远大于植物吸水的速度，从而破坏植物体内水分的平衡。不管哪一种情况干旱，都导致植物细胞水势下降，叶片与茎下垂，出现萎蔫。轻度和中度缺水引起暂时萎蔫，原生质仍是溶胶状态，通过灌溉或减少蒸腾即可恢复长势；重度缺水引起永久萎蔫，原生质脱水，如果持续时间过久会导致植物死亡，即使灌溉也不能恢复长势。

草坪草的耐旱性是由土壤中根系的吸水量、植物体内水分的贮藏能力、蒸腾作用、萎蔫后可能恢复的最低含水量等因素决定的。一般是以植物在无雨期间可生长时间的长短来表示耐旱性的。各类草坪草的耐旱性存在差异，见表 3-2。耐旱性强的草坪草种，长期干旱，不灌溉也不会死亡，但草坪质量会下降，如野牛草能够在年降水量 300 mm 左右的地区生长，而狗牙根则需要年降水量 600 mm 左右。不耐旱的草坪草种，则必须定期灌溉才能保证正常生长发育。

表 3-2 草坪草种的耐旱性(引自 James. B. Beard，1973)

耐旱性等级	草坪草种类
极强	野牛草　狗牙根　结缕草　雀稗
强	高羊茅　紫羊茅
中	草地早熟禾　小糠草
较弱	多年生黑麦草　钝叶草
弱	地毯草　假俭草　一年生黑麦草　匍匐翦股颖

降水是在草坪草种类选择、管理措施中一个非常重要的因素。对于缺乏灌溉条件的边坡绿化以及草坪维护要求不高的地方，降水量是决定草坪草种选择的关键因素。我国幅员辽阔，地理环境条件差异大，一年四季都可能发生干旱。

春旱发生在春季 3—5 月，常出现在黄淮流域以北地区，东北地区、西北及长江上游，其特点是温度不高，缺雨或少雨，并伴随导致土壤干燥的冷风。春旱首先影响冷季型草坪草的春季播种，使幼苗出土困难，因此要人工灌溉才能保证建坪成功，出苗后，干旱会使幼苗生长缓慢，分蘖减少，成坪速度慢，春旱还影响暖季型草坪草的返青和生长。

夏旱发生于 6—8 月，常出现在长江流域，特别是湖北、江西、安徽、江苏等省份经常发生夏旱。其特点是太阳辐射强烈，温度高、相对湿度低、蒸发蒸腾旺盛。夏旱影响暖季型和冷季型草坪草的旺盛生长，如果没有人工灌溉，冷季型草坪草越夏困难。

秋旱发生于 9—11 月，出现的地区很广，包括华中、华北和华南的许多地区。秋旱特点与夏旱类似，但是程度要弱一些。秋旱对秋季播种建坪的草坪影响最为严重，一般需要人工灌溉才能确保建坪成功，长成成熟草坪。

3.3.2 城市水分条件的特点

城市气候是城市地理环境的重要组成要素。城市下垫面的改变、人为热的释放都是特殊城市气候产生的条件与根本原因。现代城市环境和原始状态的自然环境与古代城市环境相比发生了巨大的改变，使得城市内部的风、气温、湿度等方面的特性都发生了巨大的改变。

白天湿度低，夜晚湿度高。城市中由于下垫面多为建筑物和不透水的路面，蒸发量、蒸腾量小，所以城市空气的平均绝对湿度和相对湿度都较小。但由于城市下垫面热力特性，边界层湍流交换以及人为因素均存在日变化，因此，城市绝对湿度的日振幅比郊区大，白天城区绝对湿度比郊区低，形成干岛，夜间城市绝对湿度比郊区大，形成湿岛。

降水多。城市的热岛效应增强了空气的热对流，城市的粗糙地面增强了大气湍流，它们都使城市空气的上升运动加强；城市大气中具有较多的能起冰核作用的凝结核；这些都是增加城市降水的有利条件。根据欧洲和北美洲的研究结果，许多大城市的雨量，比郊区多 5%～10%，小于 5 mm 的降水日数增加 10%。而由于城市气温较高，降雪比郊区少 5%～10%。城市雨量最多的地区，常常发生在盛行气流的下风方向。

3.4　草坪植物与土壤和栽培基质

土壤是能够生长植物的疏松表层，是草坪植物生活的基础物质，它提供植物生活所必需的矿物质、有机质、水分和空气。掌握土壤类型及物理化学性状，了解土壤在草坪植物生长发育过程中的作用，是草坪建植和养护管理的前提条件。草坪建植与管理几乎都围绕着调控与改良土壤环境，使其最大限度地满足草坪草生长发育的需要。

3.4.1　土壤物理性质

土壤是由矿物质、有机质、水分和空气四部分组成，其中矿物质是构成土壤的基本物质，其颗粒的大小，构成的比例决定着土壤性质，它直接影响土壤中的空气和水分，也影响土壤肥力和有机质的活性。

1. 土壤矿物质

土壤的基本物理性质是土壤质地、孔隙度、结构、容重等。其中质地结构与土壤水分、土壤空气、土壤热量关系密切，这些都能对植物根系的生长和植物的营养状况产生明显的影响。

土壤质地是指大小不同的矿质颗粒在土壤组成中的比例或称为土壤的机械组成。土壤基本粒级包括石砾、沙粒、粉粒、黏粒。将土壤中各种粒径的固相颗粒假定为球形，人为地按直径大小划分成若干等级，同一粒级在性质和化学成分上基本一致，这样的划分方法称土粒分级。目前常用的土粒分级有四种级别，分别为中国制、卡钦斯基制、国际制和美国制（表 3-3）。

表 3-3　常见的土粒分级标准

<table>
<tr><th>粒径
/mm</th><th>中国制
（1987）</th><th>卡钦斯基制
（1957）</th><th>美国制
（1951）</th><th>国际制
（1930）</th></tr>
<tr><td>3～2</td><td rowspan="2">石砾</td><td rowspan="2">石砾</td><td>石砾</td><td>石砾</td></tr>
<tr><td>2～1</td><td>极粗沙粒</td><td rowspan="4">粗沙粒</td></tr>
<tr><td>0</td><td rowspan="2">粗沙粒</td><td>粗沙粒</td><td>粗沙粒</td></tr>
<tr><td>0.5～0.25</td><td>中沙粒</td><td>中沙粒</td></tr>
<tr><td>0.25～0.2</td><td rowspan="3">细沙粒</td><td rowspan="3">细沙粒</td><td rowspan="2">细沙粒</td></tr>
<tr><td>0</td><td rowspan="3">细沙粒</td></tr>
<tr><td>0.1～0.5</td><td>极细沙粒</td></tr>
<tr><td>0.05～0.02</td><td rowspan="2">粗粉粒</td><td rowspan="2">粗粉粒</td><td rowspan="4">粉粒</td></tr>
<tr><td>0.02～0.01</td><td rowspan="3">粉粒</td></tr>
<tr><td>0.01～0.005</td><td>中粉粒</td><td>中粉粒</td></tr>
<tr><td>0.005～0.002</td><td>细粉粒</td><td rowspan="2">细粉粒</td></tr>
<tr><td>0.002～0.001</td><td>粗黏粒</td><td rowspan="4">黏粒</td><td rowspan="4">黏粒</td></tr>
<tr><td>0.001～0.000 5</td><td rowspan="3">细黏粒</td><td>粗黏粒</td></tr>
<tr><td>0.000 5～0.000 1</td><td>细黏粒</td></tr>
<tr><td><0.000 1</td><td>胶质黏粒</td></tr>
</table>

国际土壤质地分类标准把土壤质地分为 4 类 12 级，即沙土类、壤土类、黏壤土类、黏土类。我国土壤质地分类标准把土壤质地分为 3 类 12 级，即沙土类、壤土类、黏土类（表 3-4）。

沙土类土壤颗粒沙粒多、颗粒粗，土壤疏松，黏结性小，大孔隙多，通气透水性强，但蓄水能力差，易干旱，为保证草坪草正常生长必须经常灌溉。其次养分含量少，缺少黏粒和有机质，微生物活动旺盛，有机质分解快，保肥能力差，速效肥料易随雨水和灌溉水流失，施肥需要少量多次或施用有机肥或缓释肥。用手触摸的方法测定：能感觉到单个沙粒，干时抓在手中，稍松开后即散落；湿时可以捏成团，但一碰即散。

黏土类土壤的颗粒组成以黏粒、粉沙较多，质地黏重，结构致密，湿时黏、干时硬。保水保肥能力较强，养分含量丰富，但颗粒细小、孔隙细微，通气透水性差。在遇雨或灌溉时，往往水分在土体中难以下渗而导致排水困难，为保证雨季草坪正常生长需要注意排水措施。但由于对养分吸附能力太强，养分不易释放而难以被草坪草利用，应多施肥。用手触摸的方法测定：干时为坚硬的土块，湿时容易塑形，通常有黏着性，可以搓成可塑土条。

壤土类土壤质地较均匀，是沙粒和粉沙大致等量的混合物，兼具沙土和黏土的优点。物理性质良好，通气透水，有一定的保水保肥能力，有机质转化快，供肥性能好，宜于建植不同类型的草坪。用手触摸的方法测定：干时手握成团，用手小心拿不会散开，湿时手握成团后，一般性触动不会散开。

表 3-4　中国土壤质地分类

质地组	质地名称	颗粒组成（粒径 mm）/%		
		沙粒 （0.05～1）	粗粉粒 （0.01～5）	细黏粒 （<0.001）
沙土	极重沙土	>80		<30
	重沙土	70～80		
	中沙土	60～70		
	轻沙土	50～60		
壤土	沙粉土	≥20	≥40	
	粉土	<20		
	沙壤土	≥20	<40	
	壤土	<20		
黏土	轻黏土			30～35
	中黏土			35～40
	重黏土			40～60
	极重黏土			>60

通常认为，壤质土和沙质土是建植草坪较理想的土壤质地。但是当我们考虑建植草坪选用何种土壤质地时，最重要的还要看草坪的用途和土壤所担负的功能。对于运动场和高尔夫球场等经常强烈践踏的草坪的土壤来说，沙质土壤并结合充足的灌溉对草坪草的生长是较适宜的，而对于践踏较少的庭园草坪或观赏性草坪来讲，适宜的土壤质地则是持水性、保肥性较高的沙壤土或壤土。

土壤孔隙度指单位土壤总容积中的孔隙容积。土壤孔隙度一般不直接测定，而是通过土壤密度、土粒密度值换算出来。土粒密度是单位容积土粒的质量。土粒密度曾称土壤比重，单位是 g/cm^3。土壤密度又称“土壤容重”，指单位容积土壤的质量，单位是 g/cm^3。土壤孔隙度＝（1－土壤密度/土粒密度）×100％。适宜的土壤孔隙状况如下：耕层土壤（0～15 cm）的总孔隙度为 50％～60％，其中通气孔隙度为 15％～20％，底层土壤（15～30 cm）分别为 50％（总孔隙度）和 10％（通气孔隙度）。

土壤孔性是指能够反映土壤孔隙总容积的大小，孔隙的搭配及孔隙在各土层中的分布状况等的综合特性。土壤孔性的好坏，决定于土壤的质地、松紧度、有机质含量和结构等。土壤孔性是土壤结构性的反映，结构好则孔性好，反之亦然。土壤孔隙大有利于通气和透水，沙质土孔隙较大；而孔隙小有助于土壤保水，黏性较大的土壤孔隙较小，其保水性好。土壤结构的好坏更多的是取决于大小孔隙的比例而不是总孔隙度。对草坪草生长来说，当草坪践踏较少时最佳的总孔隙度为 40％～50％；当草坪践踏较多时最佳的总孔隙度为 35％～40％；最好的孔隙度构成是大孔隙为 14％～20％，小孔隙为 18％～24％。

土壤中不同颗粒土粒相互团聚成大小、形状和性质不同的团聚体，这种团聚体称为土壤的结构。常见类型有粒状、块状、柱状、片状结构。土壤结构不仅影响植物生长所需的土壤水分和养分的储量与供应能力，而且还左右土壤中气体交流、热量平衡、微生物活动及根系的延伸等。自然界中土壤固体颗粒完全呈单粒状况存在是很少见的，在多种土壤结构类型中，有一种结构叫团粒结构，是指颗粒黏结在一起形成的近似球形、疏松多孔的小团聚体，其直径为 0.25～10 mm。在团粒结构的形成中，有机质起了主要作用。有机质分解转化形成的腐殖质，能将黏粒颗粒凝结在一起。

结构不好的黏土类主要由小孔隙所组成，排水透气性不良。但是如果黏粒与黏粒之间互相结合在一起形成一个个团粒，团粒甚至比沙粒还大，结果增加了大孔隙度，排水透气性因而得到了改善，而团粒内部仍为小孔隙，所以团粒结构是草坪生长最好的土壤结构。土壤结构容易变化和被破坏。如果土壤太湿时进行耕作，可能使团粒结构毁于一旦。黏质土上种植的草坪，如果人流量过大，会使土壤颗粒更紧密地固结在一起，造成土壤坚实，瓦解团粒结构。

2. 土壤有机质

土壤有机质主要包括土壤中的各种动植物残体、微生物及其分解合成的物质，还有施入土壤中的有机肥料。土壤有机质是草坪草营养物质的重要来源，能够改良土壤的理化性状，特别是结构，还能提高土壤保水、保肥和保温能力。

草坪土壤中表层土壤的有机质含量通常较高。草坪草衰老的根、茎、叶以及修剪过程中留在土壤表层的草屑，经过土壤微生物的分解，在土壤表层形成的大量的植物残留积累，构成了草坪土壤的枯草层。这些植物残体的元素组成主要包括碳、氢、氧、氮、磷、钾、钙、镁、硅以及铁、硼、锰、铜、锌、钼等微量元素。待枯草层分解后不仅可以为草坪草的生长提供丰富的营养元素，而且还利于土壤形成良好的结构，改善土壤通气性和持水性以及抗板结能力。

3. 土壤空气

土壤空气大部分来源于大气，另一部分是土壤中生命活动及物质转化过程的产物。土壤空气的数量取决于土壤孔隙度、含水量和通气作用的强度。在土壤空气中 O_2 含量少于大气，而 CO_2 的含量则大于大气，这种现象是由于根系及土壤生物呼吸作用的结果。良好的草坪土壤必须具有一定的通气性。如通气不良，土壤中氧气含量可低于 10%以下，CO_2 含量可高于 10%，根系会因缺氧而使呼吸减弱。土壤过湿及灌溉后碾压、践踏草坪，均可造成土壤紧实，通气性下降。

土壤水分是土壤的液相组成，土壤水分的数量是指一定量土壤中的水分含量，通常称为土壤含水量。表示方法最常见的是重量百分率，即以土壤中所含水分的重量占绝对干土重的百分数。土壤水分的类型包括吸湿水（不能被植物吸收）、膜状水（植物可以利用外层水）、毛管水（可以完全被植物吸收）、重力水（重力水可为植物所利用，但长时间存留又不利于植物生长）。土壤含水量过低，草坪草吸水困难，甚至枯萎；土壤含水量过高会导致渍害，适宜的土壤含水量是草坪草正常生长的基本条件。

植物的良好生长要求土壤中水气协调。土壤空气和水分存在于固体颗粒间的孔隙中。孔隙的体积约占土壤整个体积的 50%～55%。土壤孔隙中的空气和水分的体积变化很大，在干旱季节水分可降至百分之几，而在淹水状态下，水分可将空气全部排出，孔隙全部为水分所占据。因此，土壤中空气和水分呈相互消长现象，水分多时空气所占的容积就相对减少。在草坪管理中，应确保土壤的水气协调，当土壤含水量在田间最大持水量的 50%～70%时，可确保土壤同时供水、供氧。

3.4.2 土壤化学性质

1. 土壤的酸碱性

土壤的酸碱性就是土壤反应，是指土壤固相处于平衡的土壤溶液中 H^+ 的浓度，通常用 pH 值来表示。我国的土壤酸碱性强度多在 pH 4～9，分为五个等级：强酸性（pH ＜5.0），酸性（pH 5.0～6.5），中性（pH 6.5～7.5），碱性（pH 7.5～8.5），强碱性（pH ＞8.5）。自然状态下，影响土壤 pH 的主要因素是降雨。雨水能将土壤中的钙离子和镁离子淋湿，从而降低土壤 pH，所以多雨地区的土壤偏酸性，少雨地区的土壤偏碱性。另一方面，土壤母质的成分也影响土壤 pH。石灰岩母质形成的土壤含有大量的钙离子，即使雨量很大，pH 也不会降低，而有机质含量高的土壤能产生草酸，能降低土壤的 pH，还有氮肥使用能导致土壤 pH 降低。

土壤酸碱性对草坪草生长会产生直接或间接的影响。过高或过低的土壤酸碱性影响土壤中磷和微量元素的有效性，此外还受土壤微生物的活性，草坪根系的生长和抗性大小，草坪群体组成等因素的影响。

大多数草坪草的适宜土壤为弱酸性到中性（6.0～7.5），常见种类的草坪草的适宜 pH 见表 3-5。

表 3-5 各种草坪草的适宜土壤 pH 范围

适宜土壤 pH	草种类型
7.5～5.5	日本结缕草、细叶结缕草
7.5～6.5	钝叶草、巴哈雀稗、野牛草
7.0～6.0	多年生黑麦草、狗牙根
6.5～5.5	草地早熟禾、高羊茅、匍匐翦股颖
6.0～5.0	地毯草
5.5～4.5	假俭草

2. 土壤的胶体特性

土壤胶体是土壤中介于 1～1 000 nm 的固相颗粒分散于土壤溶液中形成的两相体系。土壤胶体按组成分为无机胶体、有机胶体和有机-矿质复合胶体(核心部分是黏粒矿物,外面是有机胶膜,被吸附在矿质胶体表面)。无机胶体主要成分是矿物质黏粒,包括 Fe、Al、Si 等含水氧化物类黏土矿物以及层状硅酸盐类黏土矿物,数量上多于有机胶体。有机胶体主要是土壤中的多糖、蛋白质和腐殖质。土壤中有机胶体很少单独存在,绝大部分与无机胶体紧密结合在一起形成有机-无机复合胶体,主要是通过二价、三价等多价阳离子作为桥梁或者通过腐殖质表面的功能团以氢键的方式把腐殖质与黏土矿物连在一起。

土壤胶体颗粒很小,具有巨大的比表面积,所以具有相当大的反应活性和吸附性;其次,土壤胶体表面带有电荷,因此具有很强的离子交换性;最后,土壤胶体有凝聚和分散作用,能改善土壤结构,是土壤各种物质最活跃的部分,因而对土壤性状和肥力性质的影响也最大。

3. 土壤的离子交换

土壤的离子交换是由土壤胶体引起的。土壤胶体的交换作用是指土壤胶体微粒扩散层中的离子与土壤溶液中电荷符号相同的离子相互交换的过程,可分为阳离子交换和阴离子交换作用两种。

土壤阳离子交换作用是指土壤胶体表面所吸附的阳离子与土壤溶液中的阳离子相互交换的过程。土壤阳离子交换量(CEC)是指土壤胶体所能吸附和交换的各种阳离子的总量,其数值以每千克土壤中含有各种阳离子的物质的量来表示,即 mol/kg。土壤质地愈细,矿质胶体数量愈多,阳离子交换量也愈高;腐殖质胶体阳离子交换量远大于矿质胶体,含腐殖质越丰富的土壤其阳离子交换量也越大;矿质胶体中交换量大小是:蒙脱石>伊利石>高岭石;随土壤碱度增加(pH 值增高)解离度增高,带电量多,阳离子交换量增大;反之,随土壤酸度增加(pH 值降低)解离度降低,带电量减少,阳离子交换量减小。我国土壤阳离子交换量,由南向北,由西向东有逐渐增多的趋势。土壤阳离子交换量是土壤缓冲性能的主要来源,也是评价土壤保肥能力、改良土壤和合理施肥的重要依据。

4. 土壤盐基饱和度

土壤胶体吸附的阳离子分为盐基离子(金属离子如 Ca^{2+}、Mg^{2+}、K^+、Na^+、NH_4^+ 等)和致酸离子 H^+ 与 Al^{3+}。盐基饱和度是指土壤吸附的交换性盐基离子占交换性阳离子总量的百分数。盐基饱和度的大小常与雨量、母质、植被等自然条件有密切关系,一般干旱、半干旱地区的土壤盐基饱和度大,土壤 pH 也高,为中性或碱性土壤;而南方多雨地区,土壤盐基饱和度小,土壤 pH 低,为酸性土壤。

由于灌溉水质和施肥的影响,目前国内尤其是北方土壤盐渍化问题比较严重。盐渍土含有大量的可溶性盐(如钙、镁、钠、氯离子等),从而影响草坪草的生长发育。一般草坪土壤含盐量宜在 0.2% 左右,临界值为 0.5%,极限值为 0.7%。高浓度的盐离子抑制种子的萌发,阻碍草坪草根系对水分的吸收,恶化土壤的物理化学性质。

通常用水洗法或加入土壤改良剂如石膏可减少土壤中可溶性盐类浓度,是改良盐碱土的常用方法,但在水源不足或水质不良的条件下,选择耐盐碱的草坪草种是在盐碱地建坪的有效方法。耐盐性强的暖季型草坪草是狗牙根、结缕草、钝叶草、海滨雀稗等,耐盐性强的冷季型草坪草是高羊茅和多年生黑麦草等。

3.4.3 城市草坪土壤的特点

由于很多复杂的原因,城市草坪土壤一般表现为杂、乱、瘦、板的特点。杂主要是指土壤质地杂,由于施工翻动、转移土壤、使用客土、使不同质地类型的土壤混杂在一起。乱是指土体构造乱，由于人为的影响使土层结构发生了变化，形成无层次。瘦是指土壤养分缺乏，主要是由下列因素导致的：第一个因素是人为活动和机械作用破坏土壤的表层土——腐殖质层，造成土壤质地杂乱、土壤肥力不均匀；第二个因素是人为活动产生的各种酸、碱、盐类进入土壤，使土壤中一些养分的形态发生变化，不能为植物所利用；第三个因素是土壤中微生物区系遭到破坏，使土壤养分的分解、转化出现障碍，人为活动使得枯枝落叶被消除，养分不能正常归还土壤。板是指土壤板结，当土壤有机质减少后，在人为践踏下土壤会发生紧实板结，土壤的透气透水性变差。

3.5 草坪植物与营养

在草坪草的生长发育过程中，需要不断地从土壤中吸收大量的营养元素，有16种元素被认为是完成生命周期所必需的，这些元素分别是碳、氢、氧、氮、磷、钾、钙、镁、硫、锌、铁、镁、铜、硼、钼、氯。除了碳主要来自空气中的二氧化碳，氧和氢来自水外，其他元素都来自土壤，所以土壤养分状况与草坪植物根系营养有着十分密切的关系。根据植物对元素需要的程度可分为大量元素（氮、磷、钾、钙、镁、硫、铁）和微量元素（锰、锌、铜、钴、硼、钼、氯等）。其中草坪草对氮需求量最大，其次是钾和磷，这三种元素也称为“肥料三要素”。

氮是植物生活细胞原生质体的组成部分，适宜的氮肥是草坪草生长茂盛、叶色浓绿的根本保证。缺乏氮素将造成草坪草叶色发黄，影响草坪草的品质。但当氮素过剩时，草坪草生长过快，感病力增强，耐践踏性及对极端温度的抵抗力变弱，直立茎密度降低，地下部分的生长相对小于地上部分。

土壤中的氮素主要以有机氮为主，一般占全氮的95%以上，但草坪草有效的氮素是无机氮（包括氨态氮和硝态氮），所以这些有机氮必须经过矿化后才能被草坪草所利用。土壤给草坪草提供氮源的是土壤有机物，因此，土壤有机物的含量决定土壤的供氮能力。根据草坪草土壤的调查，一般含氮量约0.2%，远远不能满足草坪草的需要，因此，氮肥是保证草坪草健康生长的主要因素。

磷是细胞中蛋白质和核酸的组成要素，也是细胞膜的重要组成成分。磷可促进根的生长，在草坪草的生育初期特别重要。当磷肥不足时，草坪草根系生长缓慢，分蘖减少，株体瘦小，叶片也变小，对干旱、潮湿、极端温度等逆境的抵抗力减弱。低温时，草坪草还会因吸收磷素能力减弱而容易出现病害。但磷素过多，水溶性的磷酸盐可与锌结合，使草坪草产生缺锌症。此外，植物对磷素的吸收，与土壤溶液的酸碱性有很大关系。

草坪草对磷的需要量比氮素少。土壤中磷素的形态也分为有机磷和无机磷。磷在土壤中是以磷灰石的形态存在，磷也常与铁和铝相结合，以盐的形式存在；动植物与微生物的残体也可产生有机态磷，但这些形态的磷都难于溶解。植物对磷素的吸收是以无机磷 $H_2PO_4^-$ 和 HPO_4^{2-} 形式。磷特别容易被土壤固定，植物对土壤中的磷利用率并不高。施入土壤中的磷肥，植物的吸收利用率一般为10%～20%，其余部分被土壤固定。

钾是植物体内含量最高的金属元素，主要集中于植物生长最活跃的部位，主要功能是调节细胞的渗透压、维持离子平衡，保证细胞内物质代谢的正常进行，提高草坪草的抗逆性。施用钾肥后，草坪草生长更加强健，耐践踏性和对极端温度的抗性增强。钾肥还可促进草坪草根、匍匐茎和地下茎的生长，草坪草不易枯萎和感染病害。钾肥缺乏时，草坪草生长缓慢，抗寒性和耐践踏性下降，而且草坪草细胞壁变薄，抗旱力减弱。

钾在土壤中以无机态离子的形式存在，也以离子的形式被草坪草吸收，并以离子的形态存在于植物体内。草坪草对钾的需要量也很大，尤其是在运动场草坪中，一般钾肥的施用量为氮肥的50%～75%。

草坪草对钙、镁、硫的需求要低于上述三种大量元素，而其他元素为微量元素，除铁元素外，土壤中的微量元素能满足草坪草的正常生长，一般不需要施用，只有当土壤测试或草坪草表现出微量元素缺乏症时才会施用。

土壤养分是草坪草营养元素的主要来源，其含量的高低同草坪草的生长密切相关。土壤养分一个主要来源是土壤矿物质和有机质,另一个是人工施肥。

3.6 草坪植物与生物

草坪是一个小型复杂的微生态系统,草坪植物的生长发育除了受气候及土壤等生态因素影响外,还同其生态系统内的生物因子如动物、植物、微生物和人类活动有着密切的关系。

3.6.1 草坪与动物

与草坪植物密切相关的动物主要是昆虫、线虫、鸟类和地下生活的鼹鼠等。草坪中从地上到地下都有大量的昆虫栖息和活动,草坪附近林地的昆虫也常出现在草坪中。这些昆虫中,有些是危害草坪根系的如蝼蛄和地老虎等昆虫的成虫和幼虫,有些采食地上部茎叶如蝗虫和粘虫,还有的昆虫吸食草坪汁液如蚜虫和螨虫。对草坪有益的动物如蚯蚓可以增加草坪土壤的透气性,增加土壤有机质,改善土壤结构,从而促进草坪植物的健壮生长。草坪土壤内的线虫分布非常广泛,多数有益少数有害。草坪草受线虫危害后,草坪植物叶片上出现轻微褪色,根系生长受到抑制,一般在草坪上呈现不规则斑块。

3.6.2 草坪与微生物

微生物如真菌、细菌、放线菌等广泛地分布于草坪土壤中,是草坪生态系统中的重要组成部分,直接或间接参与几乎所有的土壤化学过程,在推动草坪土壤物质转换、能量平衡过程中起主要作用。

真菌以其不同的营养过程可以分为寄生性、腐生性和共生性三类。一般寄生性真菌会引起草坪病害,而腐生性真菌能分解草坪土壤中的有机物,尤其对其他生物不易分解的纤维素、木质素有独特的分解能力。共生性真菌能在植物体内形成菌根,能提高植物的抗逆性。

放线菌能分泌抗生素,能分解土壤中的有机物、纤维素及木质素等。

细菌是微生物中种类最多的一个生物类群,可分为自养细菌、异养细菌和共生细菌。自养细菌能同化二氧化碳,获得碳素营养的同时还能将一些金属离子如铁或锰氧化成可给态化合物供草坪植物吸收利用。异养细菌主要分解草坪土壤中的有机物。共生细菌与草坪植物形成互惠互利关系,能为寄主植物提供氮素营养。

3.6.3 草坪与植物

在草坪与植物的关系中,一方面是乔木和草坪草之间的共存和竞争,另一方面是草坪草与杂草的竞争。草坪草与草坪上的稀疏乔木相互共存,只要乔木密度不大,草坪草选择耐阴性强的草种,两者之间的竞争关系并不大。但是如果草坪上乔木密度大,同草坪就存在光照的竞争。

草坪草内的杂草与草坪草无论是地上和地下都存在激烈的竞争关系,同草坪草竞争光照、水分、空气和养分。低密度草坪容易导致大量杂草入侵,从而破坏草坪外观,同时降低了使用价值。侵占性强的杂草如果没有适度控制,草坪的建坪草种会逐渐退化,导致草坪变为荒草地。

3.6.4 草坪与人类活动

草坪作为一种使用地被,其生长发育受到人类活动多方面的影响。人类通过修剪、灌溉、施肥、病虫害防治等措施来满足人们对草坪的观赏和使用功能。另外,过多的践踏导致草坪草磨损和土壤紧实。

不同用途的草坪承受人类践踏而不遭受伤害的能力存在差异,如观赏性草坪耐践踏力要低于运动场草坪。草坪所能承受的这个外力的大小就是耐践踏的临界水平,草坪养护管理任务之一就是通过合理的草坪使用,将人类践踏程度控制在临界水平内,从而避免草坪受到伤害。

人类践踏草坪还会导致草坪土壤紧实,减少土壤的孔隙度,土壤透气和透水性变差,从而影响根系的正常发育,使得草坪草密度降低,杂草更易侵入。由于过度的人类活动而导致的土壤紧实和板结的草坪,需要频繁地施肥和灌溉以弥补降低的根系活性，同时需进行草坪土壤耕作来增强土壤的透气性。

【复习思考题】

1. 光照对草坪草的作用主要体现在哪些方面？

2. 温度如何影响草坪草的生长发育？

3. 我国草坪草气候带是如何划分的？

4. 水分如何影响草坪草的生长发育？

5. 土壤的理化性质如何影响草坪草的生长发育？

6. 人为因素如何影响草坪草的质量？

第4章

草坪建植

草坪建植是利用人工的方法建立起草坪地被的综合技术总称，简称“建坪”，也就是在新的起点上建造新的草坪地被。草坪地被的建植施工是以草坪草为植物素材，根据建植目的，使其在具体的环境中健全地生长发育的栽植工作。建坪包含草坪工程的规划设计以及坪床的准备、草坪草种的选择、建植技术和方法等施工内容。在施工中，除了掌握规划设计中所要求建植草坪的目的、功能外，还应充分掌握建植景观的要求。

草坪建植与园林工程及其他生物工程一样：运用工程的、系统的观点和方法来实施和管理。本章将讲述草坪建植工程的主要内容及流程。

4.1 草坪建植工程规划设计

草坪建植工程规划设计是草坪建植工程施工的前期准备工作，规划设计工作是否充分决定了施工工作能否顺利进行，以及施工完成后能否呈现出完美的草坪景观效果、能否有利于后期的养护管理。

4.1.1 草坪建植工程规划设计的构成

4.1.1.1 建植规划设计的基础

建植的目的是用植物创造美好空间，在草坪建植工程规划中，要在明确发展趋势的同时，关注适应将来环境的变化。在进行草坪工程建植规划时，应注意以下基本事项：

(1)要考虑建植地的土壤、气候特点和地域特性进行规划。

(2)考虑长期的视野景观进行规划。

(3)建植的主要材料是植物，要根据植物的特性进行规划。

(4)土壤是植物的生育基础，因此建植地的土壤条件是非常重要的。尤其是在都市，土壤构成不适合植物生长发育的地域很多，要特别注意植物的生育基础——土壤的性质规划。

4.1.1.2 建植规划的构成

1. 建植规划的构成

建植规划的流程可区分为：基本规划、基本设计、实施设计三个阶段。建植规划的构成和作业顺序如图 4-1 所示。

2. 建植规划设计的作业顺序

(1)规划阶段　草坪工程的建植规划，要根据它在上位规划中的位置、规划目标，去调查分析它与各规划的关系，建植地及建植地周围自然社会环境条件，以此明确建植目的的必要性，确定所希望建植地具有的特性等，并以此为规划的主题。在审查作为植物生育基础的建植地的同时，还要从景观、功能或管理等侧面对建植的主体进行审核，即制定配植规划，决定建植的整体框架。

(2)设计阶段　在草坪工程的建植设计阶段，公共绿地规划和道路规划的土地利用等大体固定。道路中的道路剖面构成和公共绿地中的设施配置等已经决定，在这种情况下进行建植设计，重要的是要在对前一阶段作业的内容确认无疑后才能进行作业。

在基本设计中，要从与现场相对应的建植基础进行景观设计、功能设计、管理设计。在实施设计阶段要

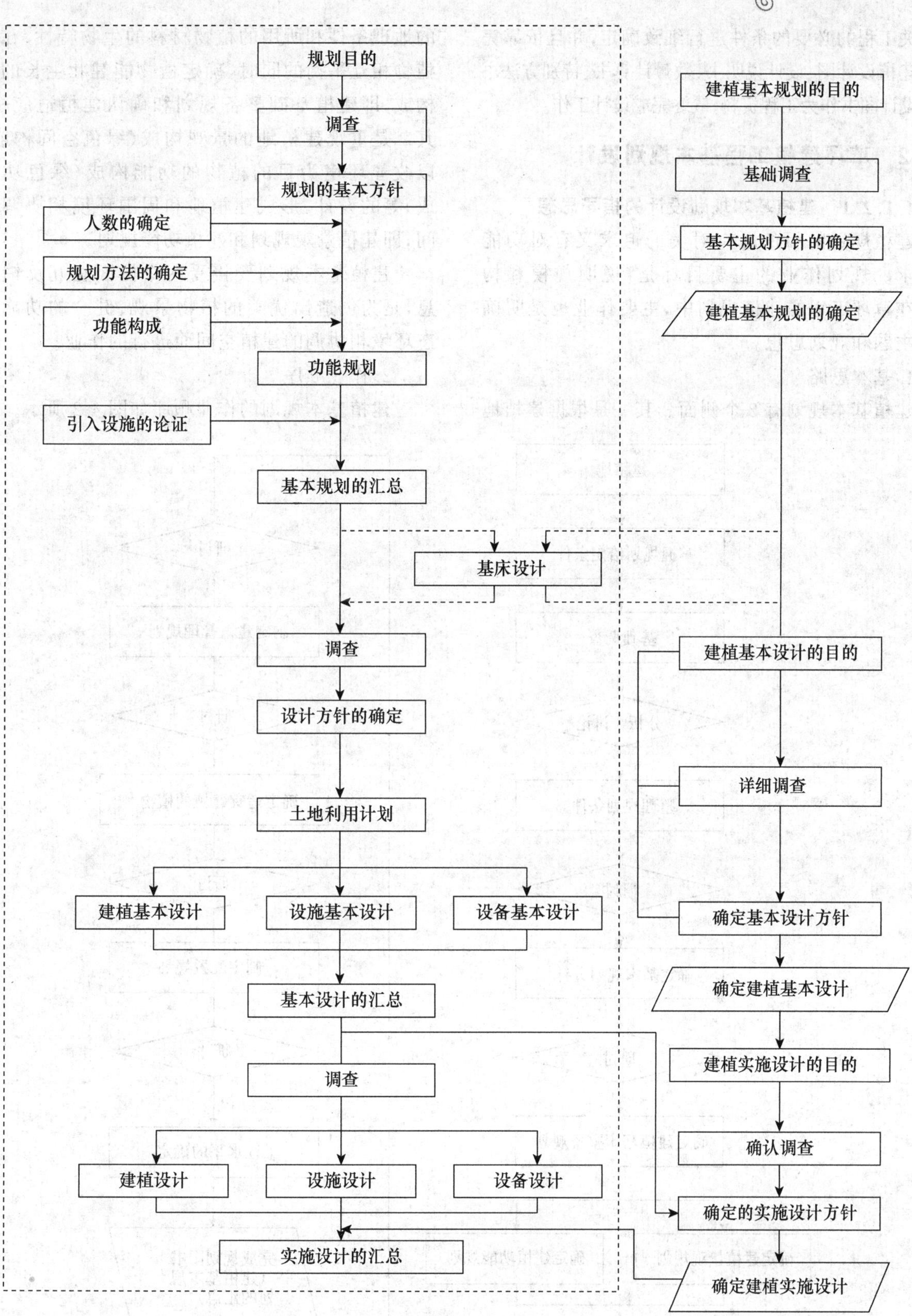

图 4-1　建植规划设计的构成

对有关工程的必要的条件进行细致确定，并且依靠完成的建植设计图、设计说明书、数量计算书、特别方法书等的设计图书作为工程资料，最终完成设计工作。

4.1.2 草坪建植工程基本规划设计

4.1.2.1 建植基本规划设计的指导思想

建植规划的目的既有对美的追求又有对功能的追求。规划作业的主要目标是：说明规模和构造。在草坪工程的建植规划中，主要作业也是明确规划主题和规划思想。

1. 基本思路

建植基本规划有 2 个侧面。其一是根据建植地的地理条件和所用的植物材料的生物特性，在保持植物相互平衡的同时，确定植物能健壮生长的建植构成，即建植基础整备规划和确认建植适应植物。其二是重视建植地的景观构成（绿色空间构成）和以改善环境为目的植物的功能构成（绿色功能构成）等的设计，形成建植地和周围环境相协调的空间，即建植景观规划和建植功能规划。

建植基本规划要接受两个侧面相互反馈的信息，是为创造出优美的植物景观、健全的功能与生态环境相协调的建植空间而进行的作业。

2. 作业顺序

建植基本规划的作业顺序如图 4-2 所示。

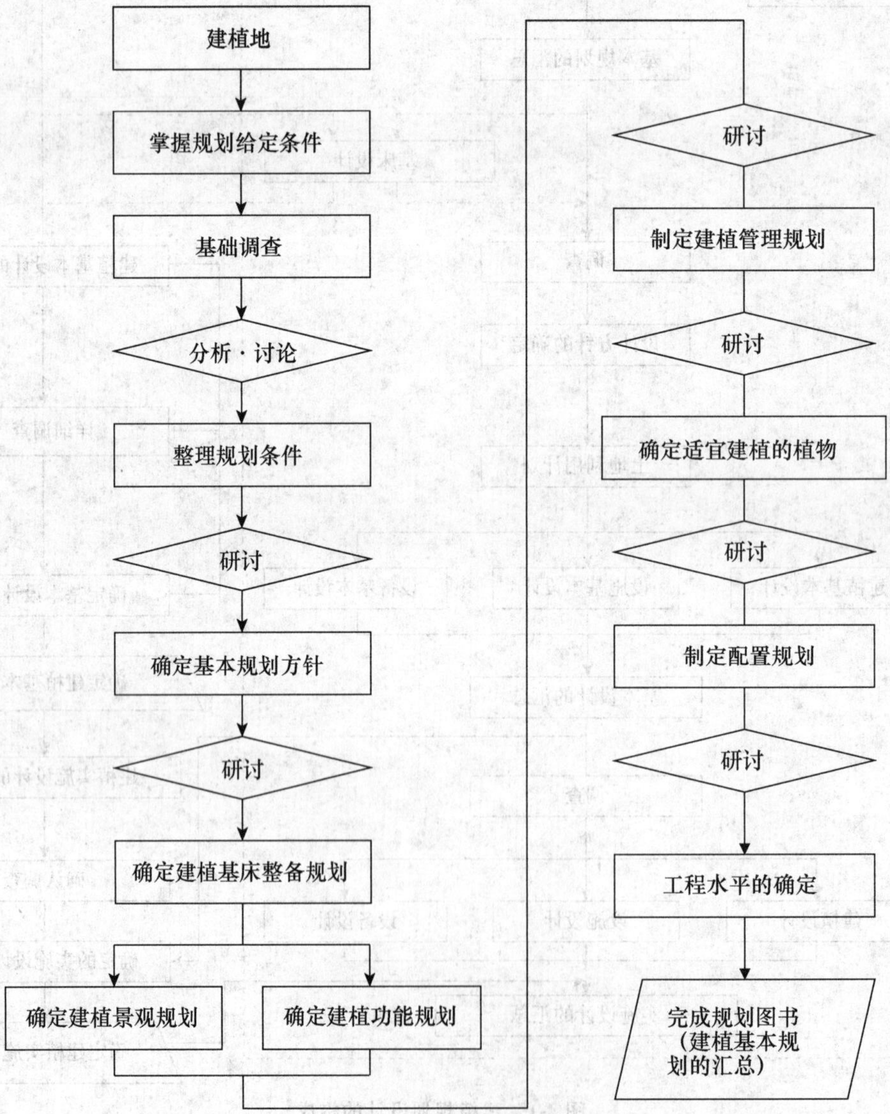

图 4-2 建植基本规划作业顺序

4.1.2.2　基础调查

基础调查是掌握规划地内外的社会环境条件与自然环境的特色，依此使规划内容符合建植目的，充分发挥该地特色而进行的作业。

1. 确认规划条件

必须掌握规划的目的、道路和设施、绿地规划相关的事宜、地理环境特性等与规划相关的给定的条件。

(1)与道路和绿地规划相关的事项　道路规划：道路的规格、构造、交通特性、功能分类、道路地域划分等。

绿地规划：绿地的种类、设施内容等。

(2)对象地的地理环境特性　确认与草坪植物生育特性有关的规划地气候带的类型，掌握对象地的气候、地形、土壤、植物带等特性。

2. 收集资料

收集已有资料是起草建植规划时获得基础资料的一种最简便且有效的方法。这些调查资料在制定道路和公共设施等的整体规划时也是很有益的(表 4-1)。

表 4-1　收集的主要资料

条件	项　目
自然环境	气象：气温、降水、积雪、地区的小气候
	地形：地形类型、标高、坡高、起伏度、坡向
	地质：表层结构、崩塌的难易程度，支承力
	土壤：土壤分类
	水：水系分布，地下水位，水质
	生物：植物、动物分布
	景观：眺望点、自然及人文景观
社会环境	城市规划：规划地周边土地的利用计划，其他规划地周边社区的特性，城市规模、人口、产业
	历史：文化特色的分布、风俗、习惯

3. 概查

以现状图为基础，在规划地内踏查(将已有资料与现场踏查所得资料相对照)，以掌握规划草案中存在的问题、规划草案中的制约因素、灵活应用规划的可能性以及在规划地中分布着什么。调查项目主要是土地条件、植物特性、景观和表土调查。

(1)土地条件　掌握调查地内和周围地区的土地条件的现状，调查掌握周围地区和附近居民对该规划的意见。

(2)植物　掌握规划地内和周围地区植物分布的概况，地域内主要的植物种类。

(3)景观　通过从规划地内向周围地区眺望及从周围地区到规划地的照片、写生画等来掌握景观。

(4)表土　掌握规划地内的地形和土壤状况，并在规划设计中反映，以利于施工。

4. 调查结果(规划条件)的整理

在掌握整体情况的基础上进行，对收集的资料、概查等调查结果进行归纳解析后，才可着手制定规划。此时要以前面的分析结果为基础，将制定规划时需留意的全部事项整理出来，作为规划的条件，并依靠这些条件，按顺序进行调查到规划的程序。

4.1.2.3　制定建植规划的基本方针

根据草坪等的建植目的，掌握建植地的环境条件，预测将来建植地及其周围地区的整体形象，并添上所确定规划的各种条件，构想建植地所应具有的状态，制定出规划的年度目标、所希望的风格等，明确规划的主题(图 4-3)。

1. 制定年度规划目标

由于建植规划的主要材料是植物，因而有必要预测该规划的长期性。通常建植规划要制定对象空间的目标和全部的环境标准，并对完成目标的资金、建植地所要求的内容和程度、对应着每个年度的规划和管理逐步实施。在制定年度目标时，要十分留意规划地整体的年度规划，周围地区的规划及某种场合的年度规划，以及这些规划所要求的完成时间。

2. 规划空间类型的讨论

建植规划的目的是依靠建植物形成新的空间景观，因而必须明确作为建植目的的空间类型。空间类型根据主要目的划分如表 4-2 所示。

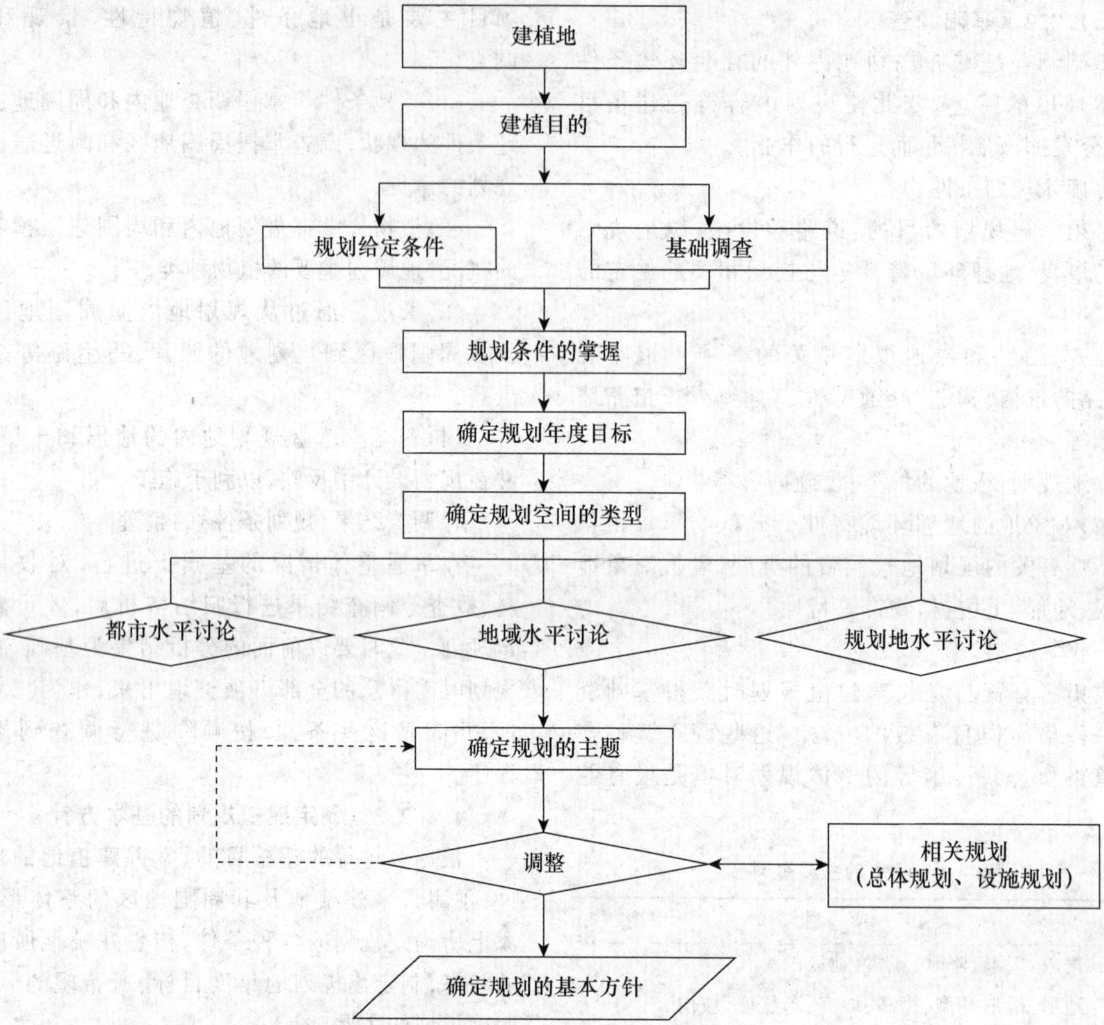

图 4-3 确定建植规划基本方针的程序

表 4-2 建植空间的类型

名称	概要	主要建植地
活动型	主要以人为主体,为人类活动提供场地的建植空间范围及特性。	娱乐绿地 休息绿地
环保型	为植物保存或环境保护而提供的建植空间。 主要关注该空间中产生环境压力的因素及压力水平。	环境保护绿地、缓冲绿地 防风、防海潮绿地
修景型	为供人观赏的建植空间。 主要关注该空间中的透视特性、视觉对象、视野构成等内容。	造路绿地 修景绿地

3. 讨论规划主题

公共空间的建植规划,不仅是一个建植地的问题,与都市及其周围地域的环境保护和景观协调也是它的重要构成要素,因此希望能从各个角度来确定规划主题。

(1)从都市标准进行确定　从都市标准出发讨论建植地,主要焦点是景观问题。此时,要充分考虑在都市的地理、历史背景基础上形成的都市的基本特性,同时,要根据都市的整体景观构成来确定位置,争取形成有秩序的都市景观。此外,还应考虑气候、风土条件,努力创造出富有个性的建植空间。

(2)依地区标准进行确定　依地区标准确定建植地,是要根据建植地地区的立地条件、土地利用的特性考虑使建植地与周围环境融为一体,同时要创造出该地区的个性。当所在地区有远景规划时,要对该规划进行充分的调整。

(3)依规划地标准进行确定　建植的主要材料是草坪和树木等，由于它们同化了立地环境，使该地的空间个性长年累月地持续存在，因而在充分注意建植地的形态和环境特性的同时，留意建植地的微观气候和人们的利用形态等，以创造出富有个性的空间。

将以上结果综合起来，作为建植地整体的统一思路，来制定规划的主题。最后将制定的基本规划方针，规划的年度目标和规划主题，整理为建植地的整体规划。

4.1.2.4 建植基础整备规划

建植基础整备规划是为了使植物能够良好生长发育，形成人们所希望的形态和性质而制定的规划。同时，还要根据规划对象地在整体地区或地域中景观的协调，从景观的观点进行定位后才能制定规划。

整备建植基础是要尽量保护表土，不破坏既存水系等，使植物能正常生长发育，也就是基础整备规划应从保护和整备两方面进行讨论。在制定规划时，主要讨论以下内容。

1. 植物的生育基础

整备建植基础是为了确保草坪等植物的良好生长发育，因而必须充分考虑到植物的构成、有效土层、紧实度等(表 4-3)。为防止施工机械的辗压而造成土壤紧实，在建植作业时还要考虑坡度等。在讨论建植规划中坡面坡度问题时，最好是既能保持坡面的稳定性，同时在景观上又能形成与环境融为一体的形态和功能。

表 4-3　建植所需的土层厚度　cm

种类	生存最小厚度	生育最小厚度
草本(草坪草)	10～15	30
小低灌木	30	45
大低灌木	45	60
浅根性乔木	60	90～100
深根性乔木	90～100	150

关于坡面的稳定性，其要求与土木工程一样，要检查坡度、高度、宽度、土质、排水等。在考虑安全性时，要制止坡面的滑动、崩塌，同时亦要符合绿化原则。

关于景观与周围环境的协调，应选择坡面与周围景观的顺利连接的工程手法，最好能用坡面的绿化等手段使周围的景观互相协调，润饰表面。

2. 适于地域自然特性的基础整备

道路和绿地等处包括丘陵、台地、平地、填筑地等，这些场所的土地都有各自的自然特性，因此在整备建植基础时灵活应用这些特性是非常重要的。就自然资源而言，构成地形的地质和土壤与地下水相关，而地表又是植物生长发育的地方，它们之间相互关联，或受都市活动的影响形成了具有地域特色的某种环境。在制定建植基础整备规划时，要综合掌握这些关系，选择最适合规划对象地的挖方和堆土方法是很重要的。在都市，多数的土壤环境都是由建筑工程等人为形成的，作为植物的生育基础，可想而知会造成很多的环境压力。在这种情况下，改善这些环境就成为基础整备的主题(表 4-4)。

表 4-4　依据不同的立地条件确定的土壤环境压力及对策

立地条件	原因及表现	土壤环境压力	对策
填海造田地、水田弃地	地上水位高、透水性差、盐浓度高	土中滞留水分，过湿、由盐产生危害	设立排水设施、改良土壤、水洗
围湖造田、丘间低地、水田弃地	土壤板结、透水性差	因表面积水而过湿，土壤结构不良	提高透水性
都市土壤、水田弃地	通气性差，土壤板结	O_2 不足	提高透气性
黏土露出地、人工建造的土地、沙地	砾石露出、硬度差，过软，换土层厚	支承力差	确保有效土层
沙地、沙质黏层露出地、腐殖质少的地点	植物养分不足	有效养分量不足	促进有机物分解，增大保肥力
泥炭土	测定 pH	强酸性	用石灰改良酸度
都市土壤、填海造田地	土壤含水量减少	碱性	(硫黄粉、N 肥)
都市土壤、填埋的垃圾地、工厂遗弃地	含不易分解的物质	对都市产生危害	换土

4.1.2.5 建植景观规划

建植景观规划是从景观形成的角度来考虑植物构成，以构筑成优美、舒适、与周围环境相协调的空间。在制定规划时，要根据周边环境和建植地所具有的土地特性，明确建植地整体和各部分适于哪种景观，再来确定景观的图像。在考虑构筑规划体整体图像时，应立足于建植地周围的地域景观。在议定建植地整体景观的优美性时，可参照各种植物所具有的景观特性和其他的建植范例等，这对丰富景观图像，创造出优美的建植景观是很重要的。建植景观规划的程序如图 4-4 所示。

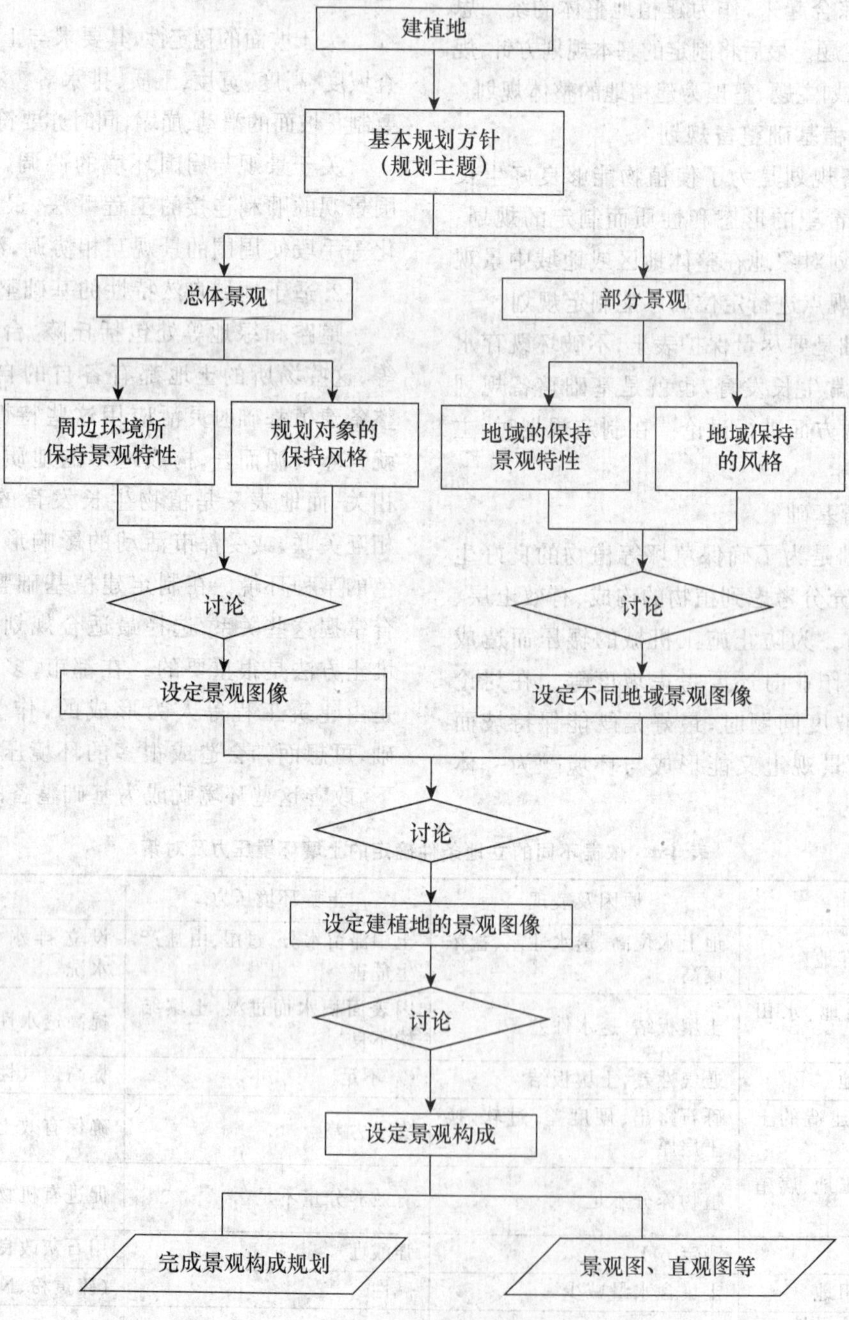

图 4-4 建植景观规划程序

1. 景观图像的确定

景观图像首先是依靠对规划的目的和主题、建植地的特点以及周边地区和建植地的景观特性的掌握，用草图勾画出整体和各部分的图像并逐步确定。在确认了整体和各部分的景观图像以后，再进行调整和完善。在进行建植地景观图像的综合化时，最需留意是各部分的“一致”即统一感，以及有一定变化的统一感。

2. 确定景观构成

建植地的景观构成是以建植景观图像为基础，在平面图上确定图像位置的作业。进行这种作业，既要确定建植空间景观的骨架，还要灵活应用空间构成手法尤其是空间强调手法等以确定建植地整体景观构成的位置。

4.1.2.6　建植功能规划

建植功能规划就是建植功能效果的确定，以求能构筑成与规划地的目的、功能相对应的建植空间。所谓建植功能，就是依靠草坪和树木等植物单独或群体存在所造成的效果。建植功能规划就是根据建植目的，制定建植功能效果，进而为了达到这一功能确定哪种建植构成最适宜的作业。建植功能规划的作业程序如图 4-5 所示。

建植功能规划，首先要根据规划地内的条件和

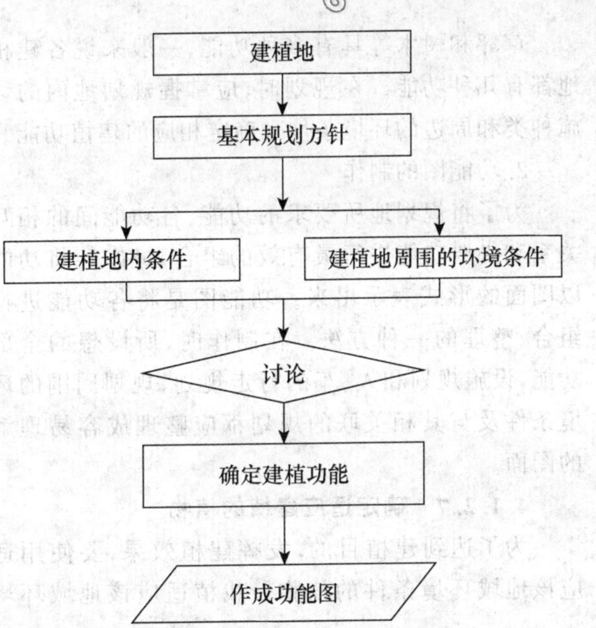

图 4-5　建植功能规划程序

规划地周边环境条件，制定出公共绿地和道路所要求的建植功能，在制定了规划地所要求的功能以后，整理并做成功能图等。

1. 建植功能的设想

建植功能的设想与规划设施、规划对象地的关系有很多种，其分类如表 4-5 所示。

表 4-5　建植功能

道路建植功能		公共绿地建植功能	
提高景观功能	装饰功能 遮阳功能 调和景观功能 统一景观功能	休养功能	绿荫功能 观赏功能
		形成景观功能	景观标志功能 景观协调功能
保护生活环境功能	减弱交通噪声功能，净化大气功能	保护领域功能	境界功能 遮蔽功能
形成绿荫功能			
交通安全功能	遮光功能 视线诱导功能 交通分割功能 指标功能 缓和冲击功能	保护环境功能	生态系统、植物保护功能，净化大气功能，缓和微气候功能，防风、防尘功能，防灾功能，防噪声、减光功能
保护自然环境功能			
防灾功能			

草坪和树木等具有多种功能，一般来说各建植地都有几种功能。在规划时，应掌握规划地内的设施种类和周边的环境条件来确定相应的建植功能。

2. 功能图的制作

为了将规划地所要求的功能、各功能间的相互关系和必要功能进行最有效的组合，最好能将功能以图面的形式表示出来。功能图是将各功能进行组合、整理的一种方法。在制作时，所设想的全部功能，设施规划和人、车的行走规划，规划周围的环境条件及与其相关联的规划都应整理成容易理解的图面。

4.1.2.7 确定适应建植的植物

为了达到建植目的，发挥建植效果，要使用适应该地域环境条件的植物。栽植适应该地域环境的植物，它们有合适的生长发育条件，栽植后，即使进行最基本的管理也能形成持续稳定的建植景观。

1. 环境条件与植物选择

草坪和树木等因种类不同，对生育环境的要求也不一样。植物生育中所要求的环境因子有气候、地形、土壤等。气候是最重要的因子，尤其温度是植物分布的主要决定因子。直接影响温度的因子有海岸地区的海流、海拔、风、积雪等，它们都影响植物的分布。地形、土壤与气候，对植物分布起到制约作用，所以基本设计水平应与植物特性相对应一致。因而，根据建植地的土地和气候选择适合的植物群落，是基本规划阶段的主要问题。与中国的环境条件相对应的草坪草分布区划如表 4-6 所示。

表 4-6 在中国不同地区适宜种植的草坪草种

区域性气候特点	推荐选用的草种及品种
1 区——沈阳	
年降水量 700 mm，60％集中于夏季；1 月份平均气温 −12℃，7 月份为 24℃。总体而论，土壤 pH 值较高。	高羊茅：织女星、马比松、天霸、爱密达；草地早熟禾：男爵、巴润；多年生黑麦草：百瑰、草坪之星、顶峰；细羊茅：桥港；紫羊茅：皇冠、百琪二代。
2 区——北京	
年降水量 600 mm，70％集中于夏季。1 月份平均气温 −5.6℃，7 月份平均气温 29.5℃。	草地早熟禾：巴塞罗那、百蒂娅、巴润；多年生黑麦草：顶峰、首相Ⅱ；细羊茅：百舵、桥港；匍茎翦股颖：摄政王；细弱翦股颖：百都；洽草：百克星；狗牙根：百幕大。
3 区——上海	
年降水量 1 200 mm，55％集中于夏季。1 月份、7 月份平均温度为 3℃和 30℃。相对湿度较大，夏季高温高湿，草坪易感病。	高羊茅：凌志、百丽；草地早熟禾：巴塞罗那、男爵；多年生黑麦草：百乐；匍茎翦股颖：摄政王；狗牙根：百幕大。
4 区——昆明	
年降水量 1 000 mm，60％集中于夏季。1 月份和 7 月份平均温度分别为 8℃和 23℃。	高羊茅：巴比伦、凌志、百喜、织女星、百丽；草地早熟禾：巴润、百蒂娅、巴塞罗那；多年生黑麦草：首相Ⅱ、百瑰、百乐；细羊茅：百绿、百舵、百琪；硬羊茅：妃娜；翦股颖：摄政王、继承；细弱翦股颖：百都。
5 区——成都	
年降水量 976 mm，1 月份、7 月份平均温度为 7.2℃和 28.6℃。土壤中性偏酸。	高羊茅：凤凰、百幸、巴比伦、百丽；草地早熟禾：巴润、巴塞罗那；多年生黑麦草：首相、草坪之星；匍茎翦股颖：摄政王。
6 区——兰州	
年降水量 300 mm，土壤含盐量大，pH 值高，具灌溉条件。	草地早熟禾：巴塞罗那、百蒂娅、男爵；多年生黑麦草：首相Ⅱ、顶峰；匍茎翦股颖：摄政王、百瑞发；细弱翦股颖：百绿、皇冠；狗牙根：百幕大。

续表 4-6

区域性气候特点	推荐选用的草种及品种
7区——呼和浩特	
干旱、半干旱气候区，夏季酷热，pH值较高。年降水量426 mm。1月份平均气温−13.2℃，7月份26℃。	高羊茅：凤凰；草地早熟禾：巴赞、巴润；多年生黑麦草：百乐、百瑰；硬羊茅：百妃娜。
8区——乌鲁木齐	
年降水量572 mm，5—8月份为降水集中期。1月份均温−15.6℃，7月份30.6℃。	高羊茅：凌志、百丽；草地早熟禾：巴塞罗那、男爵、巴润；多年生黑麦草：百宝、百瑰、顶峰、首相Ⅱ；匍匐紫羊茅：百琪；细羊茅：百绿；翦股颖：继承、百都。
9区——西宁	
年降水量371.7 mm。1月份和7月份平均温度为−7.6℃和21.8℃，昼夜温差大。	高羊茅：巴比松；草地早熟禾：巴润；多年生黑麦草：百瑰、百乐；硬羊茅：百妃娜。
10区——广州	
年降水量1 680 mm。1月份、7月份平均温度分别为15.2℃和30.9℃。土壤偏酸性。	草地早熟禾：男爵；多年生黑麦草：过渡星；狗牙根：百幕大。

* 均为百绿集团在中国推广的种与品种。

2. 确认适应环境植物

在确认并区分规划对象地属于哪种环境的同时，掌握该地域适应的主要草坪草。

4.1.2.8 建植管理规划

建植管理规划是根据规划的目的、功能和立地条件，确定相对应的管理方法，并将其作为规划给定条件整理出来。

1. 管理条件的确定

在确定将来对建植地的管理方法时，只有将以下基本要素确定后，才能确定将来的管理方法。

(1)经营条件　应根据建植地的管理主体的组织、性质来确定与管理相关的基本要素。通常管理体制区分为以下2种：

直接管理：即建设的主体直接管理全部建植地。

委托管理：即将全部或部分建植地设施委托给外面的组织进行管理，表4-7列出了直接管理方式和委托管理方式的优缺点。

表 4-7 建植地经营管理的方式

方式	内容	优点	缺点
直接经营	全部的管理业务由直属的职员进行	管理职责明确 应变与处理业务的能力强 管理成本较低 管理具有个性与独创性	含劳务、资材等的管理，管理工作较繁杂。直接进行用工、材料采购等，因此经费常会有所增加。
部分委托经营	限定部分地区，委托某一专业单位进行经营管理	能够统一管理 在其中能够进行次一等级管理	次于直接经营管理

(2)环境条件　建植地的自然条件和社会条件在确定管理内容和质量标准的指标中起重要作用。自然条件，是指根据建植地的自然环境特性掌握环境条件。社会条件，是指根据建植地周边的街市化程度和相邻地带土地利用特性，确定必要的管理标准。另外，设想出建植地利用主体的特性(利用者的阶层、年龄构成、利用者活动的部位和利用频度等)，也是在确定管理内容时的有效指标。

(3)设施条件　建植地的种类、都市的位置以及主要植物材料的特性等，在确定管理标准和管理内容时也是关键指标。例如,建植地位于都市中心,则利用性高,以草坪和形态整齐的高大树木等为主体的建植地,一般要求高水平的管理,而郊外型建植地以周末利用为主,形成以利用现有林地为主的建植地,一般管理水平较低。

2.管理方针的确定

一边参考建植景观规划和建植功能规划等,一边根据前述所制定的管理条件确定管理方针。具体来说,确定出建植地整体的管理水平,同时注意建植地所具有的管理上的注意事项,将它们归纳起来,制定管理方针。

4.1.2.9 配植规划

配植规划是根据建植目的,配植一些优美且功能好的植物材料为形成未来建植空间而进行的确定植物构成的作业。配植规划的一般作业程序如图 4-6 所示。

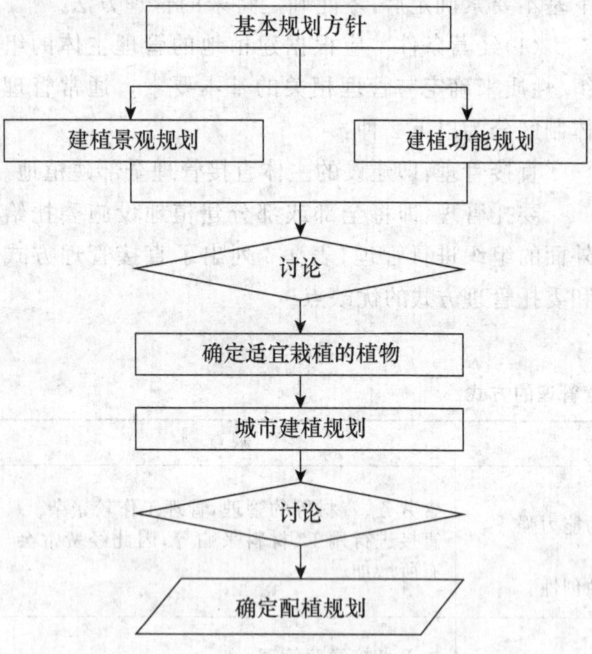

图 4-6 配植规划作业程序

4.1.2.10 工程水平的设想

就是根据建植目的和作用、规划的内容、完成时期等,计算大概的花费,预定花费的界限,以经济的可能性为基础,确定调查规划目标,预定工程费标准。

4.1.2.11 制作建植规划书

建植基本规划图书是建植基本规划的汇总,是相关者之间进行充分协商得出满意的结果,并将该结果作为最终成果整理出来。所谓成果,就是以图面和报告书的形式进行汇总。在汇总时,不仅要有最终成果,也应对确定过程的草稿等进行相应的图表化,并能汇总在报告书中。

4.2 坪床的准备

建坪前坪床准备工作大体包括地面的清理、翻耕、平整、土壤改良、排灌系统的设置及施肥工作等。

4.2.1 坪床的清理

清理是指建坪场地内有计划地消除和减少障碍物、成功建立草坪的作业。如在长满树木的场所,应选择性地伐去树木或灌木;清除不利于操作和影响草坪草生长的石头、瓦砾;消除和杀灭杂草;进行必要的挖方和填方等。

1.树木清理

树木包括乔木和灌木以及树桩和树根等。对于树木的地上部分,清除前应准备适当地收获及运输机械。树桩及树根则应用推土机或其他的方法挖除,以避免残体腐烂后形成洼地,破坏草坪的一致性,也可防止菌类的发生。

2.岩石和巨砾的清理

除去岩石露头是清理坪床的主要工作,通常应在坪床面以下不少于 60 cm 处将岩石除去并用土填平,否则将形成水分供给能力不均匀现象。

3.建植前杂草的防治

在建坪的场地,某些蔓延性多年生草类,特别是禾草和莎草,能引起新草坪的严重杂草污染。即使在翻耕后用耙或草皮铲进行表面去杂处理的地方,残留的营养繁殖体(根状茎、匍匐枝、块茎)也将再度萌生形成新的杂草侵染。杂草防除工作应在坪床准备时进行,方法有物理方法与化学方法两种。具体防除方法随建坪场地,作业规模和存在的杂草种类不同而异。

(1)物理防除　是指用化学以外的手段杀灭杂草的方法。常以手工或土壤翻耕机具,如拖拉机牵引的圆盘耙、手耙、锄头等,在翻挖土壤的同时清除杂草。

像匍茎冰草这类具有地下蔓生根茎的杂草，单纯用拣拾，很难一次把其清除，通常可采用土壤休闲法防除。此法宜在秋播建坪时施行。休闲是指夏季在坪床不种植任何植物，且定期进行耙、锄作业，以杀死杂草可能生长出来的杂草营养繁殖器官。草坪地休闲期应尽量长，这样有利于杂草的彻底防除。如用草皮铺植草坪，休闲期可相应缩短，因为厚实的草皮覆盖，可抑制一年生和两年生杂草的再生。

(2)化学防除　是指使用化学药剂杀灭杂草的方法。化学防除杂草最有效的方法是使用熏杀剂和非选择性的内吸除莠剂。

常用有效的除莠剂有茅草枯，磷酸甘氨酸，草甘膦(0.2～0.4 mL/m^2)等。除莠剂应在杂草高度大于10 cm，并在坪床开始翻耕前一周施用，以便杂草除莠剂吸收并转移到地下器官。

熏蒸法是进行土壤消毒的有效方法。该法是将高挥发性的农药施入土壤，以杀伤和抑制杂草种子、营养繁殖体、致病有机体、线虫和其他可能引起麻烦的有机体的正常生活过程。床土熏蒸前应深耕，以利熏杀剂的化学蒸汽向防治目标的侵入。土壤应保持一定的温度，以利熏杀剂在土中的运动。土温不应低于32℃，以保持熏杀剂的活性。

用于草坪的熏杀剂有溴甲烷、氯化苦、棉隆和威百亩等。溴甲烷是在聚乙烯薄膜覆盖下处理床土的高毒性、无味的气体，使用时应加入少量氯化苦(催泪气体)作警示。具体的操作是用具自动铺膜装置的土壤熏蒸专用设备或人工在离地面30 cm处支起薄膜，用土密封薄膜边缘，用塑料管将桶中的熏杀剂引入薄膜内的蒸发皿中，并把它注入覆盖地段，熏杀24～48 h后方可播种。

棉隆和威百亩可用喷雾的方式施入，使用后对土壤灌水。施药3周后方能播种。

4.2.2　翻耕

耕地包括为建坪、种植而准备土壤的一系列操作。在大面积的坪床上包括犁地，圆盘耙耕作和耙地等连续操作。耕地的目的在于改善土壤的通透性，提高持水能力，减少根系刺入土壤的阻力，增强抗侵蚀和践踏的表面稳定性，沙土除外。土壤对于耕作的反应在适宜的土壤湿度下进行，即用手可把土捏成团，抛到地下则可散开来时进行。

犁地是用犁将土壤翻转，由于它具有不均一的表面，因而有将植物残体向土壤深部转移的作用。

在犁过的或疏松的地段应进行耙地，破碎土块、草垡及表壳，以改善土壤的颗粒和表土的一致性。耙地可在犁地后立即进行，为了有利于有机质的分解也可过一段时间进行。为了防止杂草而进行夏季休闲的地段，通常进行圆盘耙耕作。

耙地是使表土形成颗粒和平滑床面为种植作准备的作业。耙地作业的质量高低，将影响草坪的质量与管理。

旋耕是一种粗放的耕地方式。它主要用于小面积坪床，如高尔夫球的发球台及住宅区庭院草坪的坪床准备。旋耕操作可达到清除表土杂物和把肥料及土壤改良剂混入土壤的作用。

翻耕作业最好是在秋季和冬季较干燥时期进行，因为这样可使翻转的土壤在较长的冷冻作用下碎裂，也有利于有机质的分解。耕作时必须小心破除紧实的土层，在小面积坪床上可进行多次翻耕以松土，大面积则可使用特殊的松土机松土。

4.2.3　平整

在建坪之初，应按草坪对地形要求进行整理，如为自然式草坪则应有适当的自然起伏，为规则式草坪则要求平整。平整是平滑地表，提供理想苗床的作业。平整有的地方要挖方，有的地方要填方，因此在作业前应对平整的地块进行必要的测量和筹划，确保熟土布于床面。坪床的平整通常分粗平整和细平整两类。

1.粗平整

粗平整是床面的等高处理，通常是挖掉突起和填平低洼部分。作业时应把标桩钉在固定的坡度水平之间；整个坪床应设一个理想的水平面，填方应考虑填土的沉陷问题，细质土通常下沉15%(每米下沉12～15 cm)，填方较深的地方除加大填量外，尚需镇压，以加速沉降(图4-7)。

图 4-7 粗平整(车伟光摄)

表面排水适宜的坡度约为 2%,在建筑物附近,坡度应是离开房屋的方向。运动场则应是隆起的,以便从场地中心向四周排水。高尔夫球场草坪,发球台和球道则应在一个或多个方向上向障碍区倾斜。

在坡度较大而无法改变的地段,应在适当的部位建造挡水墙,以限制草坪的倾斜角度。

2. 细平整

细平整是用于平滑地表为种植准备的操作。在小面积上人工平整是理想的方法。用一条绳拉一个钢垫也是细平整的方法之一,大面积平整则需借助专用设备,包括土壤犁刀、耙、重钢垫(耱)、板条大耙和钉齿耙等。

细平整应推迟到播种前进行,以防止表土的板结,同时应注意土壤的湿度。

4.2.4 土壤改良

理想的草坪土壤应是土层深厚,排水性良好,pH 6.0~7.5,结构适中的土壤。然而,建坪的土壤并非完全具有这些特性,因此,对土壤必须进行改良。

土壤改良的程度将随建造草坪坪床的基础条件不同而异,但是,总目标是使土壤形成良好结构,并在长期恶劣环境中仍然保持其良好性能。

土壤改良主要是在土壤中加入改良剂,以调节土壤的通透性及保水、保肥的能力。土壤改良剂一般不宜采用像沙那样的“单质”,在生产中通常使用的是大量合成的改良剂,如泥炭,其施量约为覆盖草坪床面 5 cm。泥炭在细质土壤中可降低土壤的黏性,并能分散土粒。在粗质土壤中,可提高土壤保水、保肥的能力,在已定植的草坪上则能改良土壤的回弹力。

其他一些有机改良剂,如锯屑等也能起到泥炭的作用,但各有特殊之处,应视具体情况而使用。

在人工建造和某些特殊(运动)用途的草坪,为了提供足够耐强烈践踏的能力,在许多情况下是将原有的土铲除,重新铺上认真配制好的客土,这些客土是真正的土壤,而不是改良剂。

4.2.5 排灌系统

1. 排灌系统的配置及作用

当新的场地基础平整好后,就可以配置排灌系统。灌溉设施主要是供给不足的水分,排水系统则是排走多余的水分,只有二者相互配合,才能给草坪提供一个良好的气、水环境。排水对大部分土壤均有良好作用。其主要表现在:排干水分;改善土壤通气性;充分供给草坪草养料;有益于草坪草根系向深层扩展;在夏季深层根系能获得更多的水分;可以扩大运动场草坪的使用范围;早春使土壤升温快(图 4-8)。

图 4-8 排水系统的安装(车伟光摄)

2. 排水类型

排水可分为两类,地表排水和非地表排水。两者的区别在于：非地表排水的目的是排除土壤深层过多的水分；而地表排水则是从草坪草根部附近迅速排除多余水分。

地表排水主要是使土壤具良好的结构性，因此，由沙、粉沙和黏土组成的土壤是理想的。在像足球场那样践踏极强的草坪地，可设置沙槽地面排水系统。沙槽排水不仅可促进水的下渗，还能减轻土壤的紧实度，改良土壤结构，延长草坪寿命。

沙槽的设置方法是：挖宽 6 cm，深 25～37.5 cm 的沟，沟间距 60 cm，并与地下排水沟垂直。将细沙或中沙填满沟后，用拖拉机轮或碾磙压实。

地下排水系统是在地表下挖一些底沟，以排掉过多的水分。排水管式排水系统是最常采用的方式，排水管一般应铺设在草皮表面以下 40～90 cm 处，间距 5～20 m。在半干旱地带，因地下水可能造成表土盐渍地，排水管可深达 2 m。

排水管也可人字形或网格状铺设或简单地放置于水在地表的汇集处。

常用的排水管有塑料管、陶管和水泥管。在排水管的周围应放置一定厚度砾石，以防止细土粒堵塞管道。在特殊的地点，砾石可一直堆到地表，以利于排低地的地表径流。

4.2.6 施基肥

草坪草从土壤中获得最主要的三种营养物是以硝酸盐存在的氮，磷酸盐存在的磷和钾盐存在的钾。这些元素是草坪草茁壮成长的基本物质保证，其中任何一种元素缺乏，草坪草的正常生长就会受阻。通过土壤的营养诊断，就可确定它们的余缺。

在肥料中，磷肥有助于草坪草根系的生长发育，钾肥有助草坪草越冬；土壤中若富含氮素，将产生多汁、色绿、叶茂的草坪草。

这三种元素可做成混合肥或复合肥，高磷、高钾、低氮的复合肥可做基肥使用。如每平方米草坪，在建坪前可施含 5～10 g 硫酸铵，30 g 过磷酸钙，15 g 硫酸钾的混合肥做基肥。若草坪是在春季建植时，氮素施量可适当增大。

4.3 草坪草种的选择

选择适宜当地气候、土壤、环境条件的草坪草进行草坪建植，是建坪成败的关键。草坪草种或品种的选择直接关系到草坪的品质、使用的年限、建植后管理精细化程度、草坪对草害病虫害抗性强弱等一系列的问题。

自然界中的绿色植物种类繁多，选择建植草坪的绿色植物必须具有很好的坪用特性。草坪的颜色质地要求均一性较高，具有观赏价值；草坪草对环境的适应能力强，抗旱、抗寒、耐热、耐阴、耐瘠、抗病虫、抗盐碱；草坪对外力具有抵抗性，耐践踏、耐磨、耐修剪和耐受低矮修剪；除此之外还要求草坪具有再生性、持久性、无毒无害、无不良气味等特性。

我国幅员辽阔，地形复杂多变，不同的地区、不同的环境条件要求选择具有不同生长特点的草种，建植优质草坪。城市园林绿化建设中普遍使用的草坪按其对气候和环境的适应可分两个大类，一类是暖季型草坪草，一类是冷季型草坪草。我国北方地区冬季严寒，通常选择冷季型草坪草建植草坪；而南方地区夏季酷热，通常选择暖季型草坪草建植草坪；气候过渡带区域夏季酷热冬季严寒，可选择冷季型草坪草中较耐热的草种及品种，或者选择暖季型草坪草中较耐寒的草种及品种进行草坪的建植。

想要建植高质量草坪，降低养护管理成本，延长草坪的使用寿命，必须严格按照适地种草的生态学原则，恰如其分地选择草坪的种类。

4.3.1 草坪草选择要点

根据建坪条件和要求，草坪草种类、品种的选择可参考下述几点标准：

(1)对当地气候、土壤条件等自然条件的适应能力(水分、pH、土性等)；

(2)灌溉设备的有无及水平；

(3)建坪成本及后期管理费用；

(4)种子或种苗获取的难易程度；

(5)对草坪的品质、美观的要求,以及实际利用的品质(机能);

(6)草坪草的品质特性;

(7)抗逆性(抗旱性、抗寒性、耐热性);

(8)抗病虫的能力;

(9)寿命(一年生、越年生或多年生);

(10)对外力的抵抗性(耐修剪性、耐践踏与耐磨性、对剪切的抗性);

(11)持续性;

(12)再生能力;

(13)有机质层的积累及形成。

4.3.2 草坪草选择标准

城市绿地草坪的建植主要根据建坪要求和草坪草自身的特性确定其选择标准。建坪的主要目的在于美化环境及供人类使用,因此草坪草选择与牧草不同,不要求产量高和营养价值高,而着重于它的株丛形态、颜色、质地、绿期、再生性、覆盖性、对环境的适应性和对外力的抵抗能力等。其选择标准具体包括以下内容:

1. 草坪草的质地、密度与盖度

草坪草的质地、密度与盖度是草坪草非常重要的特性。

(1)质地(texture) 指草坪草叶片的宽度、触感、光滑度和硬度等,它与草坪的观赏价值、耐践踏能力有关。光滑柔软的草坪草不仅美观,而且耐践踏能力也强。质地较硬的草类,枝叶易折断,不耐践踏,因此不宜作运动草坪,触感也较差。绿地草坪多选择质地柔软、光滑的细叶草坪草来建植。

(2)密度(density) 指单位面积内草坪植物地上部分茎叶的数量。草坪密度与草坪强度、耐践踏性、弹性等使用特性密切相关。草坪的密度随草坪草的品种不同而异,不同的草坪草分枝类型不同,而导致草坪密度有很大差异,如匍茎翦股颖和杂交狗牙根的密度比其他草坪都高。另外,草坪密度与栽培方法、环境条件和季节也有关系,如初始播量大,水肥充足,生长季节适宜,草坪的密度就高;播量小,水肥条件差,草坪密度就低。高尔夫球场草坪出于运动需要和景观要求,通常草坪密度较高。

(3)盖度(coverage) 指一定面积上草坪植物的垂直投影面积与草坪所占土地面积的比例。草坪的盖度表示草坪茎叶覆盖地面的能力,直接影响草坪的观赏价值。草坪盖度还与草坪的种类和管理技术密切相关。具有根茎、匍匐茎的草类覆盖性好,密丛与疏丛型草类则较差。

2. 草坪草的颜色及绿期

颜色和绿期的长短是选择草坪草的基本指标。颜色美、绿期持续时间长,是观赏草坪的必备条件。颜色及绿期依草坪草种(品种)不同而异,同一种草坪草在不同地区、不同的环境和养护条件下颜色及绿期会不一致,其中主要决定条件是草种或品种。草坪草以何种颜色为好,与人们的兴趣和爱好也有关。

3. 对环境的适应性

主要指草坪草对不良环境的忍耐性,不良环境包括寒冷、干旱、盐碱、土壤的瘠薄、遮阴等环境条件。

耐寒和抗旱性是我国北方寒冷少雨地区选择草坪草首要指标。冷季型和暖季型草坪草一般分别分布于我国北方和南方各自适宜的气候带中,但各个草坪草种及品种忍耐极端低温和水分条件的能力仍有很大差异。如同为冷季型草坪草的匍茎翦股颖与多年生黑麦草,在同一地区的相同条件下,匍茎翦股颖比多年生黑麦草的抗寒性强。而紫羊茅则又较匍茎翦股颖和多年生黑麦草更加耐受干旱环境。

遮阴是引起绿地草坪退化的主要原因之一,草坪草耐阴性依草种而异。紫羊茅和早熟禾能在树木和建筑物遮阴下良好生长,而狗牙根则不耐阴,喜欢光照充裕的环境。在用草地早熟禾与细叶羊茅混播建植的草坪中,在阳光充足的条件下,草地早熟禾的比重将逐渐降低,最终形成以细叶羊茅为优势种的草坪。

对于土壤盐碱的含量、pH 值、肥力高低的忍耐性,不同草坪草也差异较大。如匍茎翦股颖和苇状羊茅是耐盐碱的冷季型草坪草,狗牙根、结缕草、钝叶草则是耐盐碱的暖季型草坪草;冷季型草坪草中的羊茅和翦股颖比早熟禾和黑麦草更耐酸性土壤,地毯草和假俭草则是适应酸性土壤生长的暖季型草坪草;为获得令人满意的草坪密度,匍茎翦股颖和狗牙根都必须供给充足的养分,而细叶羊茅和斑点雀稗则更加适应低肥力的土壤。

在河漫滩和接近水体坡地建植草坪时,考虑到这些地方常常会积水,应选择耐淹性强的草种,如匍茎翦股颖、苇状羊茅、狗牙根、斑点雀稗等作为建坪草种。

4. 对外力的抵抗性

对外力的抵抗性主要指草坪草耐受低矮修剪、耐磨和耐践踏的能力。不同草坪草耐受低修剪与外力磨压的能力不同,苇状羊茅当留茬 5 cm 以上时将形成一个完美的草坪,但修剪高度低于 2 cm 时,将导致苇状羊茅草坪退化。匍茎翦股颖是北方地区很好的高尔夫球场草坪选择,它能忍受 0.5 cm 的低修剪和频繁的践踏及磨损,但留茬高度大于 2.5 cm 时则变得蓬松而不美观。

运动场草坪要求草坪草耐磨和耐践踏能力强,并具较强的再生能力,如草地早熟禾、狗牙根就具有这些优点,因此人们常用它们作运动草坪建植的首选。

5. 感病性

感病性的强弱也是选择草坪草时应注意的问题。易感病的草坪草在养护管理中必须经常用杀菌剂进行处理,以预防草坪病害的发生。否则,轻者使草坪出现枯黄和病斑,影响草坪均一性和美观程度;重者,将导致建坪的失败,甚至成年草坪大面积死亡。

6. 芜枝层产生的能力

芜枝层的产生,将使草坪积累过多的有机物质,使得草坪草生长发育受到限制,成为导致草坪退化的重要原因,如匍茎翦股颖和狗牙根等草坪草,必须降低留茬高度,经常梳耙、除土芯、垂直刈割,加快草坪枯草层(有机物)的分解,促进草坪草的生长发育。

7. 建植速度

建植速度主要由草坪草的生长发育速度决定(包括苗期和成株期),草坪草的生长发育速度又是由草坪草的生物学特性决定的,建植速度通常还与草坪草的寿命有关。一般寿命越长的植物苗期生长发育越慢,寿命短的植物,苗期短的植物,苗期生长发育则快。冷季型草坪草中的草地早熟禾和多年生黑麦草正常的萌发速度分别是 18 d 和 7 d。因此,多年生黑麦草常作为草地早熟禾的保护草种(先锋草种),其作用是促进草坪迅速覆盖地面,防止杂草过多滋生,为后期草地早熟禾的生长创造良好条件。草坪的迅速建成可以减少种植后养护管理工作,尤其是杂草的防治。

4.4　草坪建植技术和方法

随着现代化技术的发展,草坪的建植方法越来越多,包括种子播种、营养体建植、植生带铺植及喷播等,园林绿化最常用的是种子播种繁殖和营养体繁殖两种方法。具体选用何种方法建坪则要综合考虑成本控制、时间要求、种植材料、草坪草生长特性等因素再决定,通常种子播种繁殖成本最低,劳动力耗费最少,但是建成草坪所需的时间较长。营养体繁殖包括铺草皮块、塞植、蔓植和匍匐枝植等,其中铺草皮块成本最高,但建坪速度最快。有些草种如匍匐翦股颖,容易获得大量优质种子,同时无性繁殖速度快再生能力强,用上述两种方法均可获得优良草坪。而一些草坪草如杂交狗牙根常因不易获得种子而不能进行种子播种建坪,只能选择营养体繁殖。

4.4.1　种子建植技术

大多数冷季型草坪草种可行种子繁殖,容易获得大量优质种子(草地早熟禾和匍匐翦股颖的个别种除外)。暖季型草坪草中的假俭草、雀稗、地毯草、结缕草和普通的狗牙根也可以利用种子播种建坪。

4.4.1.1　播种时间

从理论上讲,草坪草在一年的任何时候均可播种,甚至在冬天土壤结冻时亦可进行。但是在实践中,不利于草坪草种子迅速发芽和幼苗旺盛生长的条件下播种往往导致建坪的失败,故建坪时需要避开不利于种子迅速发芽和幼苗快速生长发育的时期。根据播种时当地的温度和播后 2～3 个月的可能的温度变化，通常情况下冷季型禾草最适宜的播种时间是夏末，暖季型草坪草最适宜的播种时间则是春末至初夏。

对于冷季型草坪草而言，最适生长温度范围是 15～25℃，夏末是最适宜的播种时期，土壤温度和空气温度高，极利于草坪草种子的发芽，此时，冷季型草坪草发芽迅速，播种之后只要水、肥和光照不受限制，发芽速度快，幼苗就能旺盛生长，建坪时间短，此后秋季温度逐渐降低，和冬季的冰冻条件也可能限制部分杂草（夏季一年生植物）的生长和成活。但是如果选择夏初播种冷季型草坪草，随着夏季气温逐渐增加，幼苗在炎热、干旱压力下死亡的可能性也随之增加，同时部分耐高温的一年生杂草快速生长，迅速侵占草坪，反而导致建坪失败。另外如播种时间推迟到秋天，可能因土壤温度低而不利于草坪的发芽和生长及幼苗的越冬，冬季的冻拔和严重脱水甚至引起部分草坪草植株的死亡，来年草坪返青推迟，情况严重时同样造成建坪失败。如果选择早春到中春播种冷季型草坪草建植草坪，能在仲夏到来之前产生生长良好的草坪，但因春季空气温度和土壤温度低，新坪的早期生长发育速度通常很慢，需要较长时间的生长才能度过幼苗期，而春季又是一年中杂草危害严重的时期，故春季播种冷季型草坪草增加苗期养护管理的难度。但在林下建坪春播是可取的，因为落叶树此时稠密树冠尚未形成，可为新生草坪幼苗提供较好的光照条件。因而对于冷季型草坪最理想的播种时间是夏末，播种后至草坪进入冬季休眠有较长时间，给新生草坪草幼苗在冬季来临之前提供充分的生长发育时间，体内积蓄更多的营养物质。

我国北方地区播种建坪必须在秋末才完成的草坪，冷季型草坪草可采用休眠播种，使种子在坪床中度过冬季低温的休眠期，来春温度、湿度适宜时再萌发生长。在这种情况下，种子可能因风和水的作用而产生流失现象，因而需要在坪床上使用覆盖物避免种子的损失。

暖季型草坪草最适生长温度范围是 26～32℃，高于冷季型草坪草，因此春末至夏初较长时间播种都较为适宜，这样可为初生的幼苗提供一个较高的环境温度以及足够的时期生长发育。夏季型一年生杂草在新坪上可能萌发生长，但是暖季型草坪草具高的竞争能力，侵占能力强，再生速度快，故暖季型草坪草只要苗期管理得当避免杂草过多滋生，成坪后很少发生大范围的杂草暴发。

4.4.1.2 播种方式

草坪建植的播种方式主要有三种：单播、混合和混播。

(1)单播　选用一个草坪草种的某一个品种来建植草坪。单播常见于热带和亚热带地区的草坪建植。这是因为目前园林绿化中使用的大部分品质良好的暖季型草坪草均以营养繁殖为主，即使如狗牙根、结缕草、地毯草等可用种子繁殖的草坪草种，如果进行混播，则因草种之间竞争激烈，形成的草坪外观均一性差，甚至引起草坪退化导致杂草大量入侵。而单播形成的草坪外观均一，颜色均一，质地均一，不存在种间或品种间的竞争问题。然而单一品种对环境条件的要求也较为单一和严格，因而其综合适应能力较差。一旦有病害发生，会造成草坪的大面积死亡甚至全军覆没，这也是单播的不足之处。高尔夫球场中的发球台、球道、果岭等区域要求高质量草坪，只能进行单播，而单播草坪必须维持较高的养护管理水平。

(2)混合　指用同一草坪草种内的不同品种来建植草坪的方法。由于是同种草坪草，在总体特性上有其一致性，容易获得较为均一的外观。然而不同的品种在对环境的适应性上又有差异，因此又能弥补上述单播的缺点。生产实践中通常要求建坪时混合 3 个以上的品种。

(3)混播　指包括两种以上草坪草种进行混合来建植草坪。混播常见于温带地区，一般选择匍匐茎或根茎不发达的草坪草种。草坪草混播可以优势互补，提高草坪建植成功率。在技术上，合理混播可以提高草坪的总体抗性，也可以达到提高草坪耐阴、耐踏、耐磨、耐低矮修剪的性能，延长其绿期，提高受伤草坪的恢复能力等目的。混播的缺点是不同的草坪草种，遗传背景不同，生长习性各异，不易获得颜色和质地均一的草坪，故混播时草坪草种应在颜色、质地、生长习性等方面尽量相似。

混播组合一般包括建群草种、伴生草种和保护草种。

建群草种是体现草坪功能和适应能力的草种，通常成坪后在草坪草群落中占 50%以上。伴生草种，是草坪群体中作用仅次于建群草种的草种，当建群草种生长受到环境障碍时，由它们来维持和体现草坪的功能以及对不良环境的适应，伴生草种通常在成坪草坪中占 30%左右。保护草种，也称为先锋草种，一般是发芽迅速、成坪快的草种，在群落组合中充分发挥先期生长优势，对草坪组合中的其他草种起到保护作用。

草坪草的混播已有数十年的历史了。在温带庭园草坪传统的混播组合是草地早熟禾＋紫羊茅＋多年生黑麦草。这种混播在光照充足的场地是草地早熟禾占优势，而在遮阴条件下则紫羊茅更为适应。在混播组成中，多年生黑麦草主要是起迅速覆盖的保护作用，草坪形成几年后即减少或完全消失，形成孤立的斑块。此外，小糠草和一年生黑麦草也常当作保护草种。

在南方温暖地区混播时，宜以狗牙根、地毯草或结缕草为主要草种，可混入多年生黑麦草种子 10%为保护草种。在酸性大的土壤上，不宜混入早熟禾类及三叶草类。而以翦股颖类或紫羊茅为主要草种最适宜，并以小糠草或多年生黑麦草为保护草种。在碱性及中性土壤上，草地早熟禾常用于混播，也用于单播，如混播时则仍以小糠草和黑麦草为保护草种。

混播组合举例：草地早熟禾（占 80%）与匍茎翦股颖（20%）混播。前者为主要草种，单播时生长慢，易为杂草所侵占；后者为保护草种，生长快，在混播草坪中会逐渐被前者挤出，但在早期可防止杂草发生。草地早熟禾亦可在秋季单播，此时杂草较少。

草地早熟禾 50%（喜肥沃及排水良好土壤）＋紫羊茅 30%（耐干燥瘠薄，高修剪时生长繁茂）＋普通早熟禾 5%（喜湿润，在庇荫处能忍耐低修剪）＋细弱翦股颖 5%（宜低修剪，需常灌溉）＋匍茎翦股颖 10%（宜湿润土壤，耐酸性土及瘠薄地）。

滚木球草坪是高质量草坪，其要求叶质好，耐修剪，而且在修剪后能保持均一的颜色和理想的坪面。建植这种高质量草坪，一般需要两种或两种以上的草坪草，较合适的比例有：细羊茅（70%）＋小糠草（30%）；细羊茅（50%）＋紫羊茅（20%）＋小糠草（30%）。在保水力强，潮湿的土壤上，可适当减少小糠草的用量以及增加细羊茅的量。这样可使草坪更均一，也可防止小糠草占优势，配方为细羊茅（80%）＋小糠草（20%）。

观赏用草坪不一定要选用像滚木球场那样好叶质的草坪草以降低成本，通常可选用羊茅、多年生黑麦草和普通早熟禾建坪。常采用的组合有：细羊茅（45%）＋紫羊茅（35%）＋早熟禾（10%）＋小糠草（10%）；羊茅（40%）＋紫羊茅（30%）＋细羊茅（20%）＋小糠草（10%）；多年生黑麦草（30%）＋紫羊茅（30%）＋细羊茅（25%）＋小糠草（15%）。

运动场草坪必须具有强的生命力和高的生长速度、耐践踏、有发达的根系，耐修剪的特点，各类运动场草坪组合也不尽一致。板球场的草坪要求叶质良好，耐频繁修剪，对球的反弹力无影响，适用的混合比例有：细羊茅（75%）＋小糠草（10%）＋沙生狗尾草（15%）；细羊茅（45%）＋多年生黑麦草（40%）＋小糠草（15%）；细羊茅（60%）＋小糠草（20%）＋沙生狗尾草（20%）。冬季运动场要求草坪草能在潮湿寒冷的季节生长，耐践踏、根系发达，草皮稠密、再生力强。该类草坪的混合比例有：多年生黑麦草（50%）＋紫羊茅（25%）＋细羊茅（15%）＋猫尾草（10%）；多年生黑麦草（30%）＋紫羊茅（30%）＋细羊茅（20%）＋小糠草（10%）＋沙生狗尾草（5%）＋早熟禾（5%）。

以上混播组合只是某一局部地区的组合列举，在使用时根据当地条件等因素而调整。同时也应注意到新草坪草品种不断涌现，亦应根据各品种特性而加以选用及组合。

当前草坪混播已明显地表现出减少混播中草种数量的趋势，以避免多元混播而造成草坪杂色的外观，更多采用的是单播。在温带单播似乎是一件新事物，然而在热带和亚热带则已是惯例。这是因为在暖季混播的草坪草种易分划而形成分裂的孤立的斑块，产生不一致的草坪。因此草坪草种的选择，必须根据建坪场地的环境条件的范围来选择。如在充分管理和不遮阴的情况下，狗牙根能形成良好的草坪，而大黍草则能更广泛地适应遮阴和不遮阴的条件。此外，单一种的草坪发病率较低。然而单一品种对环境条件的要求较为单一，因而其适应能力较差，或者说对环境条件的要求较严格，这是单播的不足之点。

克服上述缺点的办法是单个种内不同品种的混合播种。由于是同种，在总体特性上有其一致性，但品种间的发病率，对环境的适应性上又有差异，因而又能弥补上述单播的缺点。实践证明，草地早熟禾和多年生黑麦草的混合播种，均能形成抗病性强，品质高的草坪。

4.4.1.3 播种量

草坪草种子的播种量大小取决于种子质量、混合组成及土壤状况。播种量过小会降低成坪速度，滋生杂草，增大管理难度；播种量过大，会因种子耗费过多而增加建坪成本，造成不必要的浪费，且下种过厚，反而会促使真菌病害的发生，导致建坪难度增加。从理论上讲，每 1 cm^2有一株成活苗就可保证建坪成功；在混合播种中，较大粒种子的混播量可达 40 g/m^2，在土壤水分条件良好，种子质量高时，播种量 20～30 g/m^2。

播种量确定的最终标准，是以足够数量的活种子确保单位面积上幼苗的额定株数，即 1 万～2 万株/m^2。以草地早熟禾为例，每克 4 405 粒种子，种子纯度为 90%，发芽率为 80%，活种子占 72.7%，每 1 m^2的理论播量应为 3.13～6.26 g，然而自然条件下幼苗的死亡率可达 50%以上，因此其实际播量应为 10 g/m^2 以上。

此外，影响播量的因素还与草坪草幼苗的活力和生长习性、希望定植的植株量、种子的成本、预期杂草的竞争力及病虫害的可能性、定植草坪的培育强度等因素有关。

草坪草的单播种量见有关种子说明，因此，草坪建植时的实际播量远远高出理论量（表 4-8）。在混播中，每一草种的含量应控制在有利于混播中主要草种发育的程度，如在建筑物及不同程度的遮阴条件下，草地早熟禾：紫羊茅＝1：1，该混播中草地早熟禾是主要的建坪种，播量应以其为根据（5.0～10 g/m^2）。如混播中以多年生黑麦草作保护草种，其比例通常不超过 15%～20%。

表 4-8 几种重要草坪草种单播种量 g/m^2

草种	单播种量	
	正常	密度加大*
小糠草	4～6	8
匍匐翦股颖	3～5	7
细弱翦股颖	3～5	7
欧翦股颖	3～5	7
草地早熟禾	6～8	10
林地早熟禾	6～8	10
加拿大早熟禾	6～8	10
普通早熟禾	6～8	10
紫羊茅（匍匐型）	14～17	20
羊茅	14～17	20
高羊茅	25～35	40
多年生黑麦草	25～35	40
一年生黑麦草	25～35	40
猫尾草	6～8	10
冰草	15～17	25
野牛草（头状花序）	20～25	30
狗牙根	5～7	9
结缕草	8～12	20
假俭草	16～18	25
地毯草	6～10	12
格兰马草	6～10	12

* 指特殊目的、应急需要（如飞机场、运动场、军事工程、突击绿化）的情况下，为加大草坪密度所用的播种量。

4.4.1.4 播种方法

草坪播种要求种子均匀地覆盖在坪床上，并且使种子掺和到 1～1.5 cm 的土层中去。覆土过厚，常常会因种子储藏养分的枯竭致使小苗还未出土就已死亡，覆土过浅或不覆土也会有种子流失的问题。

播种时应控制适宜的深度，因此需要一个疏松易于掺和种子的土壤表面。下种后，对苗床应进行镇压，以保证种子与土壤的良好接触。播种大体可按下列步骤进行。

(1)把欲建坪地划分为若干等面积的块(1 m^2、10 m^2或者100 m^2)或长条(每条2～3 m宽);

(2)把种子按划分的块数分开,仔细称量好每块或者每条的播种量;

(3)在平行和垂直方向上交叉播种,把称量好的种子播在对应的地块;

(4)轻轻耙平,使种子与表土均匀混合,掺和到1～1.5 cm的土层中去;

(5)碾压,使种子与土壤接触良好,有条件可加盖覆盖物。

在土壤条件良好的情况下,播下草籽7～14 d发芽。发芽的快慢主要决定于草种、土壤温度和水分含量。种子发芽按一定的次序进行,主要过程是:吸收水分;膨胀种皮;酶的活化;从所储藏的营养物质中释放能量;种皮开裂;胚根的出现和伸长;胚芽的出现和伸长;长出子叶和真叶,幼苗开始进行光合作用。

建坪时面积小可用人工播种或者小型播种机,面积大则需要专用机械进行播种,有时也可进行水播(喷播)。水播是将种子撒到流水中,借水的力量将种子播到坪床上的一种方法。水播机是一大容量的具单喷嘴的输送喷雾系统的喷雾器。水播的优点是可将播种、施肥和其他物质一次施入土壤,并可以较远距离播种。水播也是在坡地实行强制绿化唯一有效的方法。

4.4.1.5 种子的质量鉴定

种子品质的好坏直接影响建坪的成败。影响种子质量的主要因素一是纯净度,二是生活力。

纯净度(P):是指被鉴定种或品种纯种占总量的比例。在一定水平上也表示了种子中的杂质、杂草及其他作物种子的含量多少。

生活力(V):是在标准实验室条件下活的以及将萌发种子占总种子的比例。

纯净度与生活力的积是纯活种子的比率($PLS=P\times V$)。如某种子的纯净度为90%,生活力为75%。其纯活种子率为67.5%。用每千克种子的成本除以PLS则为纯活种子的成本。

不同草坪草种子的可接受最低纯净度与发芽率及每克种子的种子数可查阅有关资料。表4-9是部分草坪草种子的标准。

表4-9 部分草坪草种子标准 %

草种	最小纯度(重度百分比)	最低发芽率(数量百分比)
草地早熟禾	92	75
紫羊茅	97	85
细弱翦股颖	97	85
普通早熟禾	90	80
小糠草	92	90
高羊茅	95	85
一年生黑麦草	97	85
白三叶	95	85
多年生黑麦草	97	85

种子的纯净度和生活力(发芽率)两项指标是在实验室条件下测得,在大田中,种子的发芽,幼苗的出土成活率常因储存时间内种子活力的丧失而降低,不适宜的覆土深度、温度和水分等原因而降低,因而草坪建植时的实际发芽率远低于实验室发芽率,为保证成功建坪,需要适当增加播种量。此外,即使幼苗顺利出土、成活,也会因疾病、昆虫、侵蚀、践踏、竞争、突发环境胁迫等原因而死亡,因而确定种量时也要充分考虑这些因素。

提高种子品质的方法有多个方面,首先是加强种源地的管理,清除污染,尽量提高种子的纯度;其次是播种前对种子进行必要的精选和除杂处理,如选择性除莠剂的使用等。另一方面是提高活种子的比例,活种子是指能够萌发和产生正常幼苗的种子,即生活力与萌发能力(发芽率)是同义语。种子的活力通常在生理成熟期最高(种收获几个月后),并随老化而降低,因此收种后在干燥低温条件下储藏是保证种子发芽率的必要条件。

4.4.2 营养体建植技术

草坪建植营养体包括具繁殖能力的草皮部分、单个植株及植株的某个部分(种子除外),它们能代替种子来传递该草种子的基因型,用它们来产生种子或生产新的草坪。

用营养器官繁殖草坪的方法包括铺草皮块、塞植、蔓植和匍匐枝植等。最常用的营养繁殖的方法是铺草皮块,它适用于所有的草坪。此外还有塞植、幼枝和匍匐茎植,如匍茎翦股颖、杂交狗牙根和结缕草等就是用该种方式繁殖。其中除铺草皮块外,其余的几种方法只适用于具强烈匍匐茎和根茎生长的草坪草种。能迅速建成草坪是营养繁殖法的优点,然而要使草皮旺盛生长则需要建植之后保证充足的水分和养分,以及通气良好的土壤环境。

铺草皮块是成本较高的建坪方法,但它能在一年的任何有效时间内,形成瞬时草坪,因此,这种方法通常用来补救其他方法未能完成的草坪地块及局部的修整。

4.4.2.1 草皮块

高质量的草皮块是均一,无病虫害的,操作时能牢固地结在一起,管理得当铺植后 1～2 周就能生根。在草地切起草皮时应尽可能地切薄,为保留其地下器官,通常带 2 cm 厚的土层,但应尽量减少草皮携带芜枝层。有些草皮生产者,干脆就洗干净草皮块以减轻重量,促使新根的生长。

理想的铺草皮的床土,应是湿润而不是潮湿的。如果过分干旱及高温,尽管后来也进行灌溉,但草皮块的根系将受到损害。草皮应尽量薄,以利于迅速生根。在施行铺草作业时,应尽量避免过分的伸展和撕裂。

草皮块可用人工或用机器水平自动铺展。草皮块间的缝隙,相邻块间应尽量错开,以使收缩而产生的裂缝为最小。草皮铺装后,应进行轻度的磙压,以与土壤均匀接触。当在坡地铺装时,每块草皮应用桩钉加以固定。

草皮块的尺寸通常长 50～150 cm,宽 30～150 cm,平展、折叠或卷成卷状以方便运输。草皮块收获后应该尽快铺装(24～48 h 以内),这样可避免发热、脱水等造成草坪死亡。

铺植草皮块的方法和步骤:

(1)整地　土地的准备与播种相似,草皮要铺在精心准备好的苗床上,准备好的苗床应该提前翻耕、平整、清除杂草、植物残体、石块儿和其他杂物。

如果土壤过于紧实,应该把土犁耙或挖松,具体取决于种植区域的大小。然后用耙子把地整平,土也不能太松。压平土壤是非常重要的,因为当草皮铺好以后,土地的不平整一致将显现出来。草皮与道路的连接处,要确保道路高于床土 2～3 cm(草皮的厚度)。

(2)铺草皮前灌溉　在铺草皮 24 h 前,必须通透灌水一次,因为铺上草皮后就很难灌溉到深层土壤。如果铺草皮前灌溉量不足,那么接触草皮的土层反而会从草皮中吸走全部水分,导致草皮失水。

(3)在阴凉处存放草皮　草皮不耐存贮,在高温下草皮块会加速呼吸作用,因此当收到草皮卷后应尽快把它铺上。临时存放草皮卷应该存放在有遮棚的阴凉处以防止干枯和变热。如果草皮卷看起来很干,应该给它们稍微淋些水。

(4)草皮铺植　草坪块常用的铺植方法有:密铺法、间铺法、条铺法和点铺法。

密铺法:即用草皮将地面全部铺满。首先切取宽 25～30 cm,厚 4～5 cm 的长草皮条,切取时先放一定宽度的木板在草皮上,然后沿木板边缘用草铲切取。该工作需二人合作进行,一人切取并将草皮自下面铲起,另一人将草皮卷起。草皮长不宜超过 2 m,否则过重不易用手握持,因此,有时切成方块状,以便于工作。在有条件的地方,草皮应用专门的起草皮机切取。

当草皮铺于地面时,应使草皮接缝处留有 1～2 cm 的间距,然后用 0.5～1.0 t 重的滚筒或木夯压紧或压平。压紧后应使草面与四周面平,使草皮与土壤紧接、无空隙,这样可免受干旱,草皮易成活、生长。在铺草皮以前或以后应充分浇水。如坪面有较低处,可覆以松土使之平整,日后草可穿出土上。凡匍匐枝发达的草种,如狗牙根、细叶结缕草等,在铺装时先可将草皮拉松成网状,然后覆土紧压,亦可在短期内形成草坪。

间铺法:为节约草皮材料可用间铺法,该法有两种形式,且均用长方形草皮块。一为铺块式,各块间距 3～6 m,铺设面积为总面积的 1/3;另为梅花式,各块相间排列,所呈图案亦颇美观,铺设面积占总面积的 1/2。用此法铺设草坪时,应按草皮厚度将铺草皮之处挖低一些,以使草皮与四周面相平。

草皮铺设后，应予碾压和灌水。春季铺设者应在雨季后，匍匐枝向四周蔓延可互相密接。

条铺法：将草皮切成 6～12 cm 宽的长条，以行距 20～30 cm 距离铺植。这样条铺的草皮经半年后可全部密接。铺植后的管理与间铺法相同。

点铺法：将草皮切成长宽均为 6～12 cm 的方块，以 20～30 cm 距离铺植。点铺法最节约草皮材料，建坪成本最低，但是需要较长时间的生长才能完成草坪坪面的覆盖。

(5)碾压　铺植后用 500～1 000 kg 重的滚筒压紧、压平，使草皮与四周土面相平，这样草皮根系与土壤紧密接触，免受干旱影响，且草皮易生长。在铺设草皮之前和铺植之后均应充分浇水。如草面有较低处，可覆盖松土使其平整，日后草种仍可穿出土面。新铺草坪在两到三周内应避免过度践踏，草皮需要足够的恢复生长时间才能适应新的环境。

(6)覆沙　草皮铺设完毕，中间会留有空隙，可在这些空隙中填上细沙，最好是70%的粗沙或用铺植区表层土与沙混合。覆沙后建议用拖网拉平，使沙进入到接缝里。覆沙应采用轻型设备并在铺草皮卷后马上进行。

(7)灌溉　草皮铺植工作完成之后的灌溉是获得良好铺植效果的保证，必须在铺植和碾压后马上浇水。在草皮块新长出的根系完全接触土壤前必须持续保持草皮以及苗床土壤的湿润。用水量要由天气情况来决定，当天气干热多风时，草皮会很快变干，需要少量多次的灌水，然后视草坪根系建植的情况逐步扩大灌溉的时间间隔，逐步增加每一次的灌水量。

(8)修剪高度　按草坪草常规修剪原则进行修剪。一般园林绿地草坪 3～5 cm 的修剪高度是比较合适的，修剪应遵循 1/3 原则，即剪掉的草不应超过修剪前草坪草总高度的 1/3。

(9)施肥　如新建草坪土壤肥力低，可在铺植前施用大量有机肥，还可以增加少量以磷为主的复合肥作底肥，以促进草皮生根。铺草皮 3 周后，可以按 2～3 kg/100 m^2 的量施用 N、P、K 比例为 16∶4∶12 的复合肥，6～8 周后再次施肥。

4.4.2.2　塞植材料

塞植材料是从草坪中抽取或由草皮切条切得圆柱状或块状的部分。其带土量从 2 cm 到几厘米不等，这与草皮块一样，也存在严重的发热和脱水问题。塞植适于根茎或者匍匐茎发达的草坪草种，具旺盛扩展性和很强的侵占能力。近几年典型的具根茎的草坪草类，如草地早熟禾也可用塞植法建植优质的草坪。

塞植包括种植从心土耕作取得的小柱状草皮柱和利用杯形环刀或相似器械取出的大塞。通常小柱状草皮柱的直径为 5 cm，高 5 cm 的柱及 5 cm^3 的立方塞块。将它们以 30～40 cm 的间距插入坪床，顶部与土表平行，该法最适用于结缕草，以及匍匐茎和根茎性较强的草坪草种。塞植法除可用来建立新草坪外，还可用来将新种引入已形成的草坪之中。

第二种塞植法是采用由草皮条上切下的部分，切割可用人工，也可用机械进行。机械塞植机采用具有从草皮块切塞的正方形小刀的旋转滚筒。草皮块条喂入圆柱滚筒的斜槽里，切下的塞放到用一个垂直小刀挖开的土表沟里，通过位于两个相邻沟间的 V 形钢部件的作用填满沟槽。最后通过位于机械后面的镇压器，把移植床整平和压实。

直径 10～20 cm 的大塞，主要用于修补受危害的草坪，它们必须用杯形刀人工挖取，深度 3～4 cm。

第三种塞植法是用心土耕作时挖出的草皮柱(狗牙根、匍茎剪股颖)进行。将柱状草皮撒播于坪床上，进行碾压达表面平滑的水平，其后应注意保持湿润，直到充分生根为止。该法通常用来建造与运动场草坪相似的保护草坪。

4.4.2.3　蔓植

蔓植的小枝基本上是不带土的，因而在高温干燥的条件下极易脱水。蔓植主要用于繁殖匍匐茎的暖季型草坪草，也适于匍茎剪股颖。小枝通常种在间距为 15～30 cm 的沟内，深度为 5～8 cm。根据行内幼枝间的空隙，1 m^2 需要 0.04～0.8 L 幼枝。每一幼枝应具 2～4 节，并且应该单个种植，以便沟植满后，部分的幼枝露出地表。种植后应尽可能立即填压坪床和灌溉，蔓植也可用前述的塞植机来进行，只是把幼枝喂入机器的斜槽中即可。

4.4.2.4 幼枝和匍匐枝

幼枝和匍匐枝是指单个植株或沿着匍匐枝包括几个节的株体部分。这两种方法所采用的均为裸露的匍匐枝，其区别在于种植方法不一。适于此法的草坪草种有匍茎翦股颖、茸毛翦股颖、狗牙根、结缕草等。

通常用于幼枝或匍匐枝繁殖的草坪草，应以正常的高度修剪，以防止种子的产生，尔后停止修剪几个月以促进匍匐枝的发育。当生长足够时间后，收获草皮块，尽可能去掉或少带土，切碎或剁碎制成植物材料。

操作时将切好的幼枝和匍匐枝材料均一地撒播在湿润(但不潮湿)的土表。每 1 m^2 通常需要 0.2～0.4 L。然后在坪床上表施土壤，部分地覆盖匍匐枝，或轻耙使部分插入土壤，此后尽快地进行磙压和灌溉。

为了减少种植材料的脱水，匍匐枝以 90～120 cm的条枝种植，种植后应立即表施土壤和轻度灌溉。

4.4.3 植生带建植技术

植生带是采用专用机械设备，依据特定的生产工艺，把草种、肥料、保水剂等按一定的密度定植在可自然降解的无纺布或其他材料上，并经过机器的磙压和针刺的复合定位工序，形成的一定规模的草产品。

植生带的立体网状纤维结构吸收了雨水冲击所产生的能量，能起到防止土壤侵蚀之功效，并且有效阻止土壤颗粒的移动；雨水在纤维层内的流动，减小了雨水形成径流对土壤地表的冲刷力；植生带使植物种子分布更加均匀，且不受人为因素和水流冲刷的扰动，保持稳定状态，改善了绿化效果。同时节约了种子的播种量，省时省工，增强作业面及种子抗雨水冲刷能力；抗风、保温、保湿，种子出苗整齐，美观；种子配比灵活多变，可适时适地的选用不同种子的组合。

大型绿地建植、开发区生活区、厂矿、公园、运动场高尔夫、机场、高速公路、护坡等建植草坪时，植生带是新兴的选择。在坡地或者其他直播草坪种不便的情况下，如 60°以上的土质边坡，风化岩石、沙质边坡无法直接播种草种或者铺植草皮，以及光秃岩石边坡、堤坝、水库、河道等的植被景观恢复，植生带是理想的选择。缺点是建植成本较高，植生带的加工、规格、销售及运输没有标准，生产商水平参差不齐，导致植生带建植草坪质量不一。

植生带建植方法步骤：

(1)坪床准备　按园林绿化工程要求，坪床准备包括：清理场内的石块瓦砾、渣土、杂草杂物等；翻松土壤，深度为 30～70 cm。土质较差时要过筛，极差时应当换土。如有条件应当在松土中加入泥炭、腐殖土或有机肥料来改善土质，提高地力；最后把翻松的地块耙平，有条件还可以用滚筒压实，即达坪床要求。

(2)铺植植生带　把植生带铺在床面上，边缘交接处要重叠 1～2 cm，如建植在坡面区域，需要对植生带进行固定。有条件可在植生带上均匀覆土，厚度以不露出种子带为宜，一般在 2～5 mm，覆土后碾压一下更有利于植生带建植成功。

(3)铺植后养护　植生带铺种完毕后即可浇水，最好用喷灌方式，喷头要细，避免水柱直冲，水量以保持地表湿润为宜。出苗后可逐渐减少喷水次数，加大浇水量，一次浇透为宜。苗出齐后，可以适当追肥以促幼苗的生长。40 d 左右便可形成郁闭的植生带草坪。

成坪后的养护与常规草坪相同，注意及时浇水、施肥、杂草除防和病虫害防治。

4.4.4 草坪喷播建植技术

草坪喷播是国际上近年来研究成功的一种建植草坪的高新技术。它是利用流体原理把优选出的草坪草种子、黏合剂、肥料、保水剂、纤维覆盖物、着色剂等与水按一定比例混合成喷浆，通过喷播机直接喷射到待播的坪床土壤上。水是作为主要溶剂，把植物生长素、草籽、肥料、黏合剂等均匀混合在一起。纤维在水和动力作用下形成均匀的悬浮液体，喷后能均匀地覆盖地表，具有包裹和覆盖种子、吸水保湿、提高种子发芽率及防止冲刷的作用。黏合剂是以高质量的自然胶、高分子聚合物等配方组成，水溶性好，并能形成胶状水混浆液，具有较强的黏合力、持水性和通透性，平地少用或不用，坡地多用，黏土少用，沙地多用。染色剂使喷播素材着色，用以指示界限。染色剂一般采用绿色，使覆盖物染成绿色，喷播后很容易检查是否漏播。肥料最好为复合肥。活性钙有利于草种发芽生长的前期土壤 pH 值平衡。保水剂为无毒、无害、无污染的水溶性高分子聚合物，具有强烈的保水性能。草坪草种一般根据地域、气候、用途和草坪草本身的特性进行选择草种或品种，选择适当的播种方式如单播、混播或混合播种。

与传统建植草坪的方法相比，喷播具有很多优点，第一，播种均匀，效率高，将施肥、混种、播种、覆盖等工序一次完成，受风力影响较小，提高草坪的建植速度和质量；第二，克服不利自然条件的影响，可以在种子直接播种难以成功的陡坡上进行喷播，同时可抗风、抗雨、抗水冲，满足不同立地条件下建坪的需要；第三，比铺草皮卷的费用低，且不占用农田，不必进行起挖、装运、铺栽及长途运输，减轻了劳动强度；第四，科技含量高，将草种、肥料和包裹材料（纤维）融为一体，是将化学能、生物能融和起来，通过机械能将之施于地表，体现了生物种植的科学性、先进性，是草坪种植技术的一次革命。

喷播的缺点是建坪成本高，喷播机属大型机械，价格昂贵，操作有专业技术要求。

喷播机也叫喷植机，主要由车架、搅拌箱、机动泵和喷枪组成。喷播机是以水为载体，将经过处理的植物种子、纤维覆盖物、黏合剂、保水剂及植物所需要的营养物质，经过混合、搅拌，再喷撒到需要种植的地方。喷播方法和步骤：

（1）整地　在杂草猖獗的地方，要进行化学除草，一般在播前一周采用灭生性的除草剂灭除。喷播地段不陡的地方，可以进行耕作，但旋耕方向要与坡垂直，即沿等高线耕。要填平较大的冲蚀沟，沙土多的地段还需填土，以保证草坪生长的必要条件。天气干旱时，最好在播前喷一次透水。

（2）喷头的选择　根据不同的地形，可以选用不同的喷头。大型护坡工程或对草坪要求不高的草坪，可以选用远程喷射喷嘴，其效率高，但均匀性差；小块面积或对草坪要求高的草坪则采用扇形喷嘴或可调喷嘴，近距离实施喷植，其效率相对低，但均匀性好。

（3）喷播方向　为了保证喷播建植效果，应从左右或者上下两个方向往复喷植，不漏喷不重喷。喷播后 5～10 min 水分下渗，此时容易检查效果，不足应补喷，喷播过的地方严禁踩踏。

（4）操作　喷播时，水与纤维覆盖物的重量比一般为 30∶1。根据喷播机的容器容量，计算材料的每次用量，不同的机型每次用量也不同，一般先加水至罐的 1/4 处，开动水泵，使之旋转，再加水，然后依次加料（种子肥料、活性钙、纤维覆盖物和黏合剂等）、加满水，搅拌 5～10 min 使浆液均匀混合后，方可喷播。喷播时离心泵将浆液压入软管，从管头喷出，由操作人员掌握均匀连续喷到播种地面，每罐喷完，应及时加进 1/4 罐的水，并循环空转，防止罐内的物料依附沉积在管道和泵中。但要注意，无水时泵不能空转，以免损坏机械。喷完一罐再重新如上法操作。

（5）喷播后养护管理　喷播种后根据土壤墒情、降水等情况，适时灌溉，根据草坪草的生长情况和草坪的用途，适量追施肥料或叶面喷施叶肥，及时除杂草、修剪。

4.4.5 覆盖材料及其使用

覆盖是用外部的材料覆盖坪床的作业，用以减少侵蚀和为幼苗萌发和发育提供一个更适宜的小环境。尤其是在坡地或水分条件差，以及仅依靠天然降水的场地，覆盖是保证草坪建植成功的必要条件。

有效的覆盖作用主要表现在以下几个方面：

稳定土壤和种子，抗风和地表径流的侵蚀；调节地表温度的波动，保护已萌发的种子和幼苗免遭温度波动所引起的危害；减少土壤水分的蒸发，提供一个较湿润的小生境；减缓来自降雨和喷灌水滴的冲击能量，减少地面板结的形成，使土壤保持较高的渗透速度。

覆盖材料的选择应根据具体场地的需要，材料的成本和材料的局部有效性。

1. 覆盖材料

部分的覆盖材料是由专门的部门生产并用于苗床，而另外一部分是由商业加工过的产品。生产中被广泛使用的是秸秆，用量为 0.4～0.5 kg/m^2。秸秆最好是不含杂草，以减少坪床中杂草的竞争。当覆盖不重时（覆盖表土面积不超过 50 %），幼苗出土后，秸秆可不必撤去。

禾草的干草与秸秆有相似的作用，但因为其含有杂草种子，所以早期刈割的干草更可取。

疏松的木质覆盖物包括木质纤维丝、木片、木刨花（细）、锯木屑和切碎的树皮。但锯木屑能从土壤吸取氮，木片要充分地小，才能有效地起作用，但它们毕竟不存在杂草污染的问题。

用大田作物某些有机物的残渣作覆盖材料，在草坪实践中已获得一定程度的成功。如菜豆秧，压碎的玉米棒芯、蔗渣、甜菜渣、花生壳等，但它们只在减少侵蚀上起作用。

合成的覆盖物有玻璃纤维，干净的聚乙烯覆盖物和弹性多聚乳胶。玻璃纤维丝是用压缩空气枪施用，能形成持久的覆盖，但它不利于以后的修剪操作。在气温较低的天气，用聚乙烯覆盖物可加速种子的萌发，具温室效应。弹性多聚乳胶是可喷雾的物质，仅能提供和稳定坪床的抗侵蚀性。

黄麻网覆盖物可放在陡坡和排水沟等特殊场地以稳定苗床，用粗布条覆盖更为有效，但在种子萌发后应拿掉，以免遮阴。

草坪专用无纺布是一种新型的草坪覆盖材料，无纺布生产原料是生物专用丙纶，对植物无毒副作用。无纺布为不需要纺织而形成的织物，只是将纺织短纤维或者长丝进行定向或随机撑列，形成纤网结构，然后采用机械、热粘或化学等方法加固而成。具有工艺流程短、生产速度快，产量高、成本低、用途广、原料来源多，不夹杂杂草种子和有害微生物等特点。草坪专用无纺布主要应用于草坪建植上，具有保护作物、灌溉、保温等作用。草坪生产，城市绿地，高速公路、铁路两侧护坡绿化，山体岩石喷播植草等工程均需使用。

2. 使用方法

在小面积场地秸秆和干草均可人工铺盖，在多风场地应用桩和绳十字交叉固定。在大面积场地上则用机械（吹风机）来完成。该机是先铡碎覆盖材料，然后喷到坪床上。有时也可把沥青黏剂喷到覆盖物上，以稳定坪床，尤其是用疏松木质覆盖时更是这样。

木质纤维和弹性多聚乳胶应先放于水中，使之在喷雾器中形成淤浆后，与种子和肥料拌和后一起使用。其覆盖物的用量为 0.4～0.5 kg/m^2，弹性乳胶用 9∶1的水稀释，用喷雾器均匀喷雾。

草坪专用无纺布实际操作时可根据坪床面积，将无纺布剪到所需长度，铺设到草坪坪床表面，四角及中部用 U 形铁丝插进土中固定。

4.4.6 新坪的养护

草坪建植后，应立即灌溉以完全湿润土壤。在灌水前最好表施土壤，以防止播种材料脱水，还应经常灌溉保持水分充足。在草坪尚未形成结实的株丛前，草坪不宜践踏。

新建的草坪，当幼苗开始发育生长之时，就应开始草坪的养护管理。其内容主要包括取覆盖物、修剪、施肥、灌溉、表施土壤和病虫害防治。

1. 取覆盖物

在种子萌发出苗后应拿掉覆盖物，以防止遮阴。如果将稻草直接覆盖在草坪上，当草坪草出苗50%时，要开始逐渐取走覆盖物，至全苗后草高达 4～6 cm 时即可将覆盖物全部取走，否则，覆盖物将阻挡草坪草幼苗充分吸收和利用阳光，从而影响其正常的生长发育。如果用无纺布或草帘覆盖，当幼苗长至 3～5 cm 高时，需揭开覆盖物，时间以傍晚为宜，绝不能选在阳光暴晒的中午，以免幼苗因突然的强光照射而死亡。

2. 修剪

新建草坪应及时进行修剪管理，草坪的修剪通常依草坪草的种类和培育的强度不同而异。通常新枝条高达 5 cm 时就可以开始修剪。新建未完全成熟的草坪应遵循 1/3 规则，直至完全覆盖为止，新建的公共草坪修剪高度为 3～4 cm。

草坪的修剪通常应在土壤含水量较低土壤较硬时进行，修剪草机具的刀刃应锋利，调整应适当，否则易将幼苗连根拔起和撕破擦伤纤细的植物组织。为了避免修剪对幼苗的过度伤害，应该在草坪草上无露水时，最好是在叶子不发生膨胀的下午进行修剪。新建草坪，应尽量避免使用过重的修剪机械。

3. 施肥

新建草坪在种植前如施入大量有机肥和复合肥，就不存在新坪施肥的问题，只要肥分充足，即使不追施肥料，已有的肥料也能满足草坪几个月内对肥分的需要。但是如果草坪出现肥力明显不足现象，则必须施以追肥。当幼苗呈淡绿色，接着老叶呈褐色，这是缺肥的征兆。此时可追施复合肥或者缓效肥。复合肥施肥量为5～7 g/m^2。为了防止颗粒附于叶面上灼伤小苗叶片，肥料的撒施应在叶子完全干燥时进行。如条件允许，最好将肥料溶于水中，然后使用轻型喷灌机进行喷施，喷施后可在草坪叶片上再次喷施少量清水，防止肥料灼伤幼苗叶片。

播种新建的草坪，因根系的营养体尚很弱小，应该少量多次的施肥。此时施肥主要是氮及其他养分，施量也不宜多，否则过高的养分浓度将直接危害植株和抑制地下部分和地上部分的生长。由草皮铺装的草坪，草坪草本身是成年植株，施肥量可适当增加。另外草坪建植后在第一次修剪作业完成后应立即施肥。

此后草坪的施肥，其频率依土壤质地和草坪草的生长状况而定。通常粗质土壤可溶性氮易淋失，因而施肥次数应较多，应以长效载体氮肥类为主。草坪施肥应以基肥为主，除沙质土壤外，应以包括微量元素在内的养分追肥为辅。

4. 灌溉

草坪建植之后，不及时灌溉是失败的主要原因之一。干旱对种子的萌发是相当有害的，干旱同样也会导致草皮块、草茎等营养繁殖材料失水死亡。严重的土壤板结还会阻止新芽钻出地面而使幼苗窒息死亡。营养繁殖枝和草皮块对干旱不如幼苗那样敏感，但是它们也将因干旱而受到危害。新建的草坪，无自然降水或者自然降水无法满足草坪需要时，就应该进行人工灌溉。新坪灌水应做到：

(1)适合使用喷灌强度较小的喷灌系统，以雾状喷灌最佳。

(2)灌水时灌水速度不应超过土壤有效的吸水速度，灌水应持续到土壤2.5～5 cm深完全浸润为止。

(3)避免土壤过涝，一旦在床面产生积水小坑，要及时缓慢地排除积水。

随着新草坪草的发育，灌水的次数逐渐减少，但每次的灌水量则增大。伴随灌溉的次数减少，土壤水分不断蒸发和排出，不断地吸入空气，因此减少灌溉次数可以改善土壤的通气性。

5. 表施土壤

表施土壤是由匍匐茎型草坪草组成的新建草坪维持在低修剪条件下时的一种特殊养护措施。表施土壤可促进匍匐枝节间的生长和地上枝条发育，这对产生平滑或不平滑草坪表面是很重要的，因此它常能造就出运动性适宜的高尔夫球场草坪来。

表施的土壤应与原草坪土壤质地相一致，否则将可能影响草坪根系土壤的通透性。又由于土壤不均匀沉陷，有时在草坪地上会产生不利于操作的凸凹表面。连续而有效地表覆土，还能填平洼地，形成平整的草坪地面，但是也要避免过厚的覆盖，以防止光照不足草皮生长发育不良而导致的后果。

6. 草坪保护

新建草坪的保护主要内容是杂草、病虫害的防治。

杂草通常是新建草坪最大的敌人，因此在播种前等许多操作中，如种子纯度的选择，植物性覆盖材料的选用，以及秋季严霜的处理（可除去草坪群落中大多数的一年生杂草）措施，甚至将种植土和表施土壤的熏蒸处理，夏季休闲等，均与防止杂草侵入新草坪有关。然而，尽管这样，新建草坪仍然不可避免会出现杂草滋生的情况。清除杂草较有效的方法是使用除草剂。

当杂草萌生后，可使用非选择内吸性除草剂（主要是磷酸和钼氨酸），能够有效地抑制杂草的竞争力。在冷季型草坪草播种后，可立即使用萌前除草剂环草隆，可有效地防治大部分夏季一年生禾草和某些阔叶性杂草。当草坪定植后，可使用萌后除草剂，可有效地减少杂草与幼小草坪草的竞争力。

大多数除草剂对幼小的草坪草均有较强的毒害作用，因此，除草剂的使用通常都推迟到新草坪植被发育到足够健壮的时候进行。在第一次修剪前，通常不使用萌后除草剂(2,4-D,2 甲 4 氯丙酸和麦草畏)或者减至正常施量的一半使用(0.046 g/m^2，2,4-D+0.012 g/m^2 麦草畏)。为消灭马唐及夏季一年生禾草，可采用有机砷除草剂，施用时间应推迟到第二次修剪后，用量也要减少一半。从邻接草皮块缝中长出的杂草，可用萌前除草剂，时间应推迟在播种后 3～4 周。

在新建的草坪上，一般昆虫的危害不甚显著，但是蝼蛄常通过打洞活动，连根拔起幼苗和干燥土壤，并造成严重危害，此时可利用毒死蜱或二嗪农等进行防治。

幼坪的病害主要是防治苗期猝倒病，发现草坪感病后及时喷施杀菌剂，但要注意此时草坪草的耐药性亦较弱，药量不宜过高。

7.新坪的管理

裸斑：新建草坪裸斑，一般是没有种子或种子未发芽，原因有以下几种：①整地不良。通常为底土位于表层所致。②天气不好。如质地轻的土壤上长期干旱或质地重黏土壤的长期阴雨天气。③鸟类和其他动物的侵害。④采用了发芽力低下的种子。⑤种子萌发不均匀。种子霉烂、土壤积水和潮湿及冷寒的天气，都会导致种子老化而失去发芽力。

播种前筛选种子或者用杀菌剂进行种子丸衣化处理是有效的预防措施。

新坪苗弱苗稀：种子正常萌发，但苗间裸地太多，原因是：①播种量偏低。应按成坪的实际状况确定播种量，要考虑床土条件和管理水平，要将成坪所需的安全系数考虑在内。②鸟类的侵袭。这也常常导致分散的斑块裸地。③整地不良。常见的问题有排水不良、表土缺少团粒结构、表层有底土。

出现裸斑和苗弱苗稀需要及时进行补播，在裸斑和苗弱苗稀的区域轻耙，用相同的草坪草种品种和相同的床土配方，草种和床土按 1∶10 的比例混合均匀，均匀地撒播在裸斑和苗弱苗稀的区域，补播后轻耙，轻压，及时浇水。

8.幼苗斑块状枯黄

通常具有猝倒现象，为病害所致。造成的原因可能是密度过大、湿度太高、感病草种比重过高等。防治方法是及时将病株拔出，并喷施杀菌剂进行预防。

枯黄但未产生猝倒症状，通常为传染病所致，是床土准备不良所引起的。带病菌土壤的进入和埋入土中的建筑垃圾是使草坪黄化的常见原因。

9.幼苗生长缓慢、黄化

新建草坪的幼苗有时变黄，甚至停止生长，如果这种现象发生在春季，则需施入氮肥来增强草坪草生长活力。此时施肥量不宜过量，以液肥为佳。浇水时要注意强度，防止冲沟产生。

10.铺设草坪上的裂缝

铺植草皮有时会收缩，留下难看的裂缝。原因是在干旱的天气条件下，灌水量和灌水次数不够，或者是建坪时草皮未能密接，也未用沙土灌缝。修复的方法是先给草坪浇水，使草皮膨胀到原大为止。然后将沙土灌入裂缝，切不可灌土再浇水。

重黏土壤播种后缺水，也会使播种草坪出现坪面裂缝。全面灌水，对裂缝进行表面处理后在稀疏地撒上种子，以后充分保持水分的供给。

11.坑洼

床土的不均匀沉降、床土过松、鸟类的侵袭、大雨或灌水产生的冲沟是产生坑洼的原因，此时应多次进行表施土壤，逐渐消除坑洼。

【复习思考题】

1.草坪种植材料包括哪些？

2.草坪草种的选择标准和依据是什么？

3.衡量草坪草种子质量的标准有哪些？

4.坪床准备包括哪些步骤？

5.当前草坪建植都有哪些技术？各有哪些优缺点？

6.简述各种草坪建植技术措施及要点。

第5章 草坪养护管理

草坪建植完成后，随之而来的就是草坪的日常养护管理工作，它是草坪坪用价值得以可持续利用的重要保证，俗话说“草坪三分种，七分管”，表明草坪建植即“种”是草坪的基础，而草坪养护即“管”是草坪建成后长期的需要，对草坪功效发挥起着至关重要的作用，要想保证草坪的可持续利用，使之保持良好的景观效果，除了需要投入一定的人力、物力、财力之外，科学合理的养护管理极其重要，草坪使用者任何时候均不能忽视草坪养护管理工作。

尽管草坪类型、草坪质量等级要求、草坪利用目的、草坪机械设备、养护管理投入，以及人力的有效性等不同，可能造成草坪养护管理采用的方法与强度有所不同，但草坪养护管理的主要内容与措施基本相似，而且草坪养护管理的各种措施都需相互配合使用、因势利导、灵活运用。一般而言，运动场草坪的养护较为精细，而果岭区的养护则是一流养护的体现，本章将多次引用果岭养护的实例。

5.1 草坪修剪

成坪后的草坪，即需修剪。草坪修剪（mowing）也叫刈剪、剪草、轧草，是指定期去除草坪草枝叶的顶端部分。它是草坪管护工作中一项十分重要的技术手段。修剪对于维持高质草坪、延长草坪寿命至关重要。草坪修剪的历史很悠久，最早采用放牧绵羊啃食来修剪草坪，使用机械修剪草坪的历史还不到200年。

5.1.1 草坪修剪的作用

5.1.1.1 有利作用

1.保持平整美观的坪面

草坪修剪有利于光照进入草坪基层，使草坪顶层与基层均衡健康生长，改善草坪根系活力，促进其对水分和养分的吸收，提高草坪的弹性和平整性，定期修剪使草坪更均一，且质地更细。在一定条件下，草坪修剪可维持草坪草在一定高度下生长，可形成叶片小、质地细的优美的草坪坪面，保持草坪的平整美观，创造运动场草坪良好的供球滚动及运动员体能发挥的表面，维持草坪的观赏性和运动性，达到美观和实用的效果。

2.控制草坪杂草，减少病虫害

定期高频度修剪能抑制草坪杂草的发生和发展，防止草坪内斑秃的形成，有利于草坪的定植。多年生人工草坪群落不进行合理的强制管理和养护极易衰老，而容易染病虫害以及滋生杂草。对草坪进行一定的修剪，可以增强草坪的生命力和抗病虫能力。由于双子叶杂草的生长点都位于植株的顶部，通过修剪可将生长点去除，进而控制其生长。此外，高尔夫草坪草一般具有耐低修剪的习性，降低修剪高度，可清除一些不耐低修剪的单子叶杂草。

3.促进草坪草分蘖(分枝),增加草坪密度

草坪草是最能耐修剪的植物,草坪草可通过低于修剪高度的茎基部分生组织的活动补偿修剪造成的茎叶损失,经过分生组织的细胞分裂和伸长而使叶片伸长,使草坪草再生。因此,草坪适度修剪可给草坪草以适当的刺激,控制草坪草向上生长的高度,防止茎叶徒长,促进草坪草基部生长点萌发新枝和分蘖,促进匍匐枝和枝条密度的提高,促进横向生长和扩繁,增加草坪密度,从而形成致密而富有弹性的草坪。研究表明,第1年不修剪的草坪,第2年返青后有8片叶每100 cm^2,盖度仅为10%;而第1年经5次修剪的草坪则有46片叶每100 cm^2,盖度则为70%。此外,草地早熟禾2年不修剪,其根茎自然死亡率大于40%;而每年修剪2次,根茎自然死亡率小于20%,根茎萌生芽比不剪的多2倍以上,且植株密生,颜色鲜绿,盖度达100%。

4.延缓草坪退化,延长草坪绿期

草坪草生长到一定阶段就会进入老化阶段,表现为旁枝增多、茎根木质化、绿度降低,以至枯黄进入生长低潮期或老化期。合理的修剪是防止草坪衰退、延长坪用年限的有效措施。草坪修剪可减少草坪地内的枯枝落叶,减缓草坪枯草层的退化;还可以防止草坪草因开花结实而老化,使草坪草始终保持旺盛的生长活力,延长草坪寿命。同时,草坪修剪可增强草坪通风透光效应,早春可促进暖季草坪草提早返青;秋末的合理修剪并配合施肥与灌溉等措施,还可延长草坪的绿期。

5.1.1.2 不利作用

草坪修剪需要一定的人力与机械、动力等成本的消耗,除此之外,草坪的修剪还具有如下两个缺点:

1.抑制草坪生长

草坪修剪可使草坪草降低光合作用面积,减少了光合产物,会影响其根系生长;草坪草茎基部贮藏的碳水化合物等要用于地上部分的新茎叶生长,增加草坪的密度,而根组织生长所需养分必然减少。这必然导致植物贮存的养分减少,不利于草坪进一步生长,使草坪地上和地下生长受到抑制。草坪草因过度而频繁的修剪死亡的事例时有发生,高尔夫草坪若每周连续错误剪草1~2次,草坪草将严重受到伤害。

2.可能引发草坪病害和降低抗逆性

修剪可引起草坪草根系暂停生长,降低碳水化合物的生产和贮存,为病原微生物创造了入侵机会,短时间内增加叶片上部的水分损失,影响根系对水分和营养的吸收,任何形式的修剪对草坪草都是一种逆境。草坪修剪可使草坪叶片变窄,增加叶片的多汁性;修剪也不可避免地对草坪草造成损伤,还会留下草坪草伤口,使病害的发生与传播更容易、更迅速,易造成草坪病害。实践证明,许多高尔夫草坪质量下降的主要原因就是由于修剪不当引起的,如剪草太低、齐根剪、太频繁、刀片不锋利等。同时,由于修剪,草坪草根系也会呈现浅层化,导致其抗逆性的下降。

草坪修剪可能给草坪带来一定的不利作用,但不剪草确实会严重降低整个草坪的质量。掌握正确的修剪方法,掌握好修剪的量和度,可将草坪修剪损失减至最小,使草坪时刻呈现怡人的外观。

5.1.2 草坪修剪的原则

不论何种用途的草坪,如果修剪高度过低,不仅会伤害草坪草的生长点,影响草坪草的再生,还会由于叶面积的大量损失而导致草坪草光合、蒸腾、气体交换等功能急剧下降,进而因仅存的有效碳水化合物全部被用于新的枝、芽、叶生长,而使根系没有足够养分维持而停止生长或大量死亡,草坪质量逐步下降;如果修剪过高,不仅影响草坪草质地和美观,也会因枯草层过密而给草坪养护管理工作带来很多麻烦。草坪类型、草坪质量等级要求、草坪利用目的、草坪机具与养护管理投入及劳力的有效性等不同,草坪修剪高度、频率及方式方法也有所不同。草坪修剪一般应遵循如下基本原则。

5.1.2.1 草坪修剪高度1/3原则

1/3剪草理论的基本内容是:每次剪草时,当草

坪草高度高于适宜修剪高度的50%时就可进行剪草,而且被剪去的部分一定是草坪草生长总量的1/3(占总组织量的30%～40%)。例如,若草坪的需要修剪高度为2 cm(剪草机的刀片置于2 cm的修剪高度),那么当草坪草长至3 cm高时就应进行修剪,剪掉1 cm。对于新建草坪的首次修剪,可以在草坪草高度达到需保留高度的2倍时进行修剪。50%的草坪草生长量在生长季节很易达到,冷季型草坪和暖季型草坪在其最佳生长季节12 h之内就可达到此量,24 h远远超出此量。

不仅每次草坪修剪高度应遵循草坪修剪1/3原则,而且草坪修剪频率包括修剪时期及修剪次数等均需要根据草坪修剪高度1/3原则确定。由于高尔夫球场竞技功能的要求和规定,各功能区域留茬高度不同,留茬高度越高,需修剪次数越少。因此马宗仁提出生长季节,果岭、发球台和球道每周的修剪次数分别为7次、2～3次和2次。有些高尔夫球场对障碍区等地方的草坪草,仅在生长季节修剪几次或甚至不修剪,以节省管护费用。

如果修剪超出每次剪去的高度,将会造成叶面积的大量损失而导致高尔夫草坪草光合能力的急剧下降,贮存的养分全部用于地上部组织重建而使大量根系无足够养分维持而死亡。无数试验都证明:违背1/3修剪理论,特别是多次违背1/3修剪理论,高尔夫草坪草会逐渐稀疏,质量将显著下降,最终发生裸地无草现象,例如果岭边缘经常缺草裸露。马宗仁认为其问题出在果岭边缘每天修剪两遍,测量发现果岭边缘草坪留茬高度低于果岭其他区域0.03～0.07 cm。两次修剪的结果造成叶片锐减,光合面积减少,草坪草利用储藏的营养物质来维持生长。长此以往,储藏营养和合成营养难以维系,就会出现草坪死亡和裸露。因而提出果岭边缘隔天修剪或只在周末修剪,其余时间修剪1次的改进措施,此修剪方法行之有效,可兼顾果岭边缘缺草和竞技两个方面。

5.1.2.2 草坪修剪不能伤害根颈原则

高尔夫草坪草修剪后的组织再生主要靠3种方式来实现:根颈、匍匐茎和根茎。3个再生部位都以其不同的生长方式维护着草坪草的再生。密集的茎及着生于其上的叶片的多少是组织再生的主要特征。3个再生部位生长发育不仅与草种有关,而且与营养制造、运输和消耗具有非常密切的关系。草坪之所以能频繁地被修剪,是因为草坪草的生长点很低,再生能力极强。而草坪修剪后能否再生取决于再生物质的供给,而在再生所需营养物质供给中,草坪草修剪后的留茬起着重大作用。留茬是指未被修剪去的叶和尚未伸展形成叶的分蘖芽(或生长点、叶原基)。

通常将植物地上部与地下部的交界处称为根颈,是根与茎的交接处。但是,如果栽苗时埋土过深,根颈则未能露出地表。如果修剪伤害草坪草根颈,会造成草坪草地上茎叶生长与地下根系生长不平衡从而影响草坪草的正常生长;同时,修剪伤害根颈,不仅剪去了草坪草的所有幼叶和老叶,使草坪草的光合能力受到严重限制,草坪草处于亏供状态,结果导致大部分贮存养分被耗尽,造成草坪草衰败,俗称草坪脱皮或刮草。而且,修剪伤害根颈也伤害了基部的分蘖节或生长点,大量生长点被剪除,使草坪草完全丧失了再生能力,因此,修剪后草坪草不能恢复生长,最终逐渐消亡。

根据草坪修剪不能伤害根颈原则,如果草坪草生长很高时,不能通过一次修剪就将草坪草剪至要求的高度,而应增加修剪频率,逐渐修剪至所需的高度,否则会使草坪草根系在很长一段时间内停止生长,修剪量超过40%的草坪根系会停止生长6～14 d,对草坪草地上部生长极为不利。

5.1.3 草坪修剪高度

草坪修剪高度(cutting height)也称留茬高度,是指草坪修剪后立即测得的地上枝条的垂直高度。它在理论上等于剪草机设置的剪草高度,由于剪草机行走于草坪茎叶上,实际修剪高度应略高于设定高度。

5.1.3.1 影响修剪高度的因素

1.草坪草种及其品种

草坪修剪高度依草坪草种不同而异。冷季型

草坪草中，匍匐翦股颖的修剪高度为 0.5～1.3 cm，其品种 Putter 的修剪高度为 0.3～1.5 cm，广泛应用于果岭。高羊茅的生长点较高，修剪高度为 4～5 cm，但修剪后外貌很差，其耐低修剪的品种，修剪高度也应控制在 2.0 cm 以上。一般而言，在草坪能忍受的范围内修剪得越低，草坪质量就越好。但是必须遵循每次草坪修剪不能伤害草坪草根颈原则和修剪的 1/3 原则，否则不能获得高质量的草坪，甚至还可能造成草坪退化。草坪修剪高度也依品种不同而异，剪草高度也受草坪草形态习性的影响，水平方向生长的草坪草一般留茬高度比垂直向上生长的草坪草要低。暖季型草坪草中，杂交狗牙根品种 Tifeagle 的水平生长量大于 70%，Tifdwarf 和 Tifgreen 的水平生长量仅 50%，因此 Tifeagle 可低剪至 0.3 cm 以下也不会出现质量问题，但 Tifdwarf 和 Tifgreen 则不可以。

2.草坪用途与利用强度

草坪用途与利用强度是决定修剪高度的另一重要因素。既要考虑草坪承受的创伤破坏力，又要考虑草坪高频率利用时的美观和使用要求。运动场草坪必须修剪到需要的高度才能进行正常的体育运动；而普通绿地草坪就没有必要修剪到与高尔夫球场果岭草坪一样低的高度。水土保持草坪主要作用是固土护坡，防止水土流失，修剪高度可达 10 cm 以上。

草坪用途不同，其草坪质量要求也不相同。草坪质量要求则是影响修剪高度的最重要因素，草坪质量要求越高、修剪高度越低。高尔夫球场的不同功能区域，修剪高度各异。果岭草坪草(狗牙根、翦股颖)为 0.3～0.6 cm；发球台为 1.2～1.6 cm；球道短草区为 1.6～2.5 cm；高草区为 4 cm 以上；而粗放管理的区域可允许 7.6～12.7 cm。护坡和水土保持草坪有时一年只修剪 1～2 次，甚至不修剪。在实践中常发现，为使用的需要而极低修剪，这将引起一系列问题，如杂草和病害侵入等。因此针对超低修剪，应加强修剪后养护管理措施，避免草坪过度伤害。

3.草坪逆境

当禾草类草坪遭受不良环境影响时，最好的保护措施是调节剪草高度，以增加草坪草的抗性和适应性。如潮湿多雨季节或地下水位较高的地方，提高修剪高度以便加强蒸腾耗水；为增加草坪草对夏季炎热和干旱的耐性，冷季型草坪草的修剪高度应较高，且绝不能在高温胁迫下进行低修剪；在草坪草生长季早期和晚期，也应适当提高暖季型草坪草的修剪高度；草坪由于遭受病害、虫害或严重践踏而需重新恢复时，也可提高修剪高度；林下生长的草坪，因光照不足而徒长，提高修剪高度则可使其耐阴性增加。干旱少雨季节应低修剪，以节约用水和提高草坪草的抗旱性。一般休眠期修剪得比其可忍耐的最低留茬高度略低一些，在生长季节开始以前，草坪可以修剪得很低并运走枯枝落叶以改善照光条件，并促使土温回升，促进春季返青。在生长季节前，当草处于休眠状态时，齐根剪不会影响坪用年限。

4.草坪管养水平

高水平养护可补偿低修剪所带来的不良影响，这在高尔夫球场的果岭尤为突出。在高水平管养下，可将草坪修剪到草种能忍受的最低限度，以提高果岭速度、增加竞技的挑战性。但低修剪必然带来根系浅表化，浅根化则使草坪草不耐旱、不能有效吸收土壤深层的养分，进而需增加灌溉和施肥加以弥补。大水大肥则将导致枯草层增加、感染病虫的概率增加。调查表明，由于果岭肥效短、淋洗快，果岭上 90% 的根系处于 2～3 cm沙质土层中，因此需定期打孔和合理施肥灌溉，改善沙质土的透水性和透气性，促进根系向下生长。

5.1.3.2 修剪高度的确定

确定草坪适宜的修剪高度极其重要，它是进行草坪修剪作业的直观依据。草坪草的适宜修剪高度或适宜留茬高度应依据草坪草的生理、形态学特征和使用目的等因素确定，以不影响草坪草正常生长发育和功能发挥为原则。表 5-1 为常见草坪草参考修剪高度，也可以登录网站查阅草品种说明书。在适宜的草坪修剪高度范围内进行修剪，草坪草生长良好，并对土壤有遮阴和降温作用，从而有效防止杂草种子萌发。

表5-1　常见草坪草参考修剪高度(引自徐国庆,2014)　cm

	草坪草种	凉爽季节	高温季节
冷季型草坪草	匍匐翦股颖	0.3～1.3	0.5～2.0
	细弱翦股颖	0.76～2.0	1.3～2.0
	茸毛翦股颖	0.5～2.0	1.3～2.0
	草地早熟禾	3.8～5.7	5.7～7.6
	普通早熟禾	3.8～5.5	5.7～7.6
	多年生黑麦草	3.8～5.1	5.1～7.6
	一年生黑麦草	3.8～5.1	5.1～7.6
	苇状羊茅	4.4～7.6	6.4～8.9
	羊茅	1.3～5.1	3.8～7.6
	紫羊茅	3.5～6.5	3.8～7.6
	硬羊茅	2.5～6.4	3.8～7.6
	无芒雀麦	7.6～15.2	6.4～8.9
	冰草	3.8～6.4	6.4～8.9
暖季型草坪草	普通狗牙根	1.3～3.8	
	杂交狗牙根	0.6～2.5	
	结缕草	1.3～5.1	
	沟叶结缕草	1.5～3.5	
	野牛草	2.5～不修剪	
	假俭草	2.5～7.6	
	地毯草	2.5～7.6	
	巴哈雀草	3.8～7.6	
	格兰马草	3.8～7.6	

5.1.4　草坪修剪频率

草坪修剪频率(mowing frequency)是指一定时间内草坪修剪的次数。草坪修剪周期则指连续两次修剪之间的间隔时间。草坪修剪次数主要受生长速度的影响,而生长速度则主要取决于气候条件、养护水平和草坪种类,因此草坪修剪次数并非固定不变。影响草坪修剪频率的因素如下:

1.环境因子

在众多的环境因子中,温度对草坪草生长的影响最大。暖季型草坪草和冷季型草坪草对同一时期的气候具有不同的生长反应。冷季型草坪草最适生长期是春季和秋季,暖季型草坪草则是夏季。最适生长期也是产草量最大的时期、剪草频率最高的时期。在其他月份由于生长逆境加强,产草量也相应降低,剪草频率也随着产草量的下降而减少。表5-2中,冷季型草坪草在冬季的修剪次数视地区而定,如昆明等地区,因为此时草坪草仍缓慢生长,故需修剪。

2.草坪草种与品种

不同草坪草种或相同草坪草种的不同品种,其生长速率不相同,因此,其草坪修剪频率也不同。如假俭草和细羊茅等生长缓慢的草种修剪频率相对较少;多年生黑麦草、紫羊茅、匍匐翦股颖等草坪草种的生长速度较快,特别是其播种成坪早期生长速度较快,因而其修剪频率相对较多。

3.施肥

每次施肥特别是施氮肥之后草坪草的生长速度明显加快,一般而言对于精细管理的草坪草修剪频率稍有变化,特别是施肥后第6天,肥效达到极限,此后维持数天相同生长,10 d后生长速度减慢,15～20 d后逐渐显示出缺肥症状。施肥明显加快生长进度,在生长季施肥与不施肥的修剪次数虽无变化,但产草量显然不同,在果岭上两者相差3倍左右。但是在冬季,施肥引起的暖季型草坪修剪变化很明显,修剪频率相差2～3次/周。

4.草坪用途和功能

草坪用途和功能分区不同,其管理养护水平与草坪质量要求也不同。因此,不同用途草坪,其草坪修剪频率也不相同。运动场草坪由于特定的运动功能需要,其修剪频率通常比绿化观赏草坪、生态环境保护草坪要高得多。高尔夫球场的球道、梯台、果岭区、半长草区和长草区的草坪也需不同的修剪频率。果岭区高尔夫球场最高水平养护区,其修剪次数见表5-2。球道的养护属于三级水平,其修剪频率跟一个球场的定位和投入都有非常大的关系。南沙高尔夫球会属于低投入的球会,一般生长季节修剪2～3次/周,并且适当降低高度、打生长抑制剂,控制生长。非生长季节一般修剪1次/周,或者3次/2周。海南的某些球场则是每周修剪6次球道。

表 5-2 草坪草在不同季节的修剪次数(引自马宗仁,2004)

次/周

类型	春	夏	秋	冬
冷季型果岭草	3	1	7	0~0.25
暖季型果岭草	7	7	7	1~3

草坪修剪频率的确定应根据草坪修剪高度 1/3 原则、修剪高度、草坪生育状况与质量要求多个因素综合考虑才能确定,表 5-3 列出了不同功能区的细叶结缕草和翦股颖草坪的参考修剪频率。

表 5-3 细叶结缕草和翦股颖草坪的参考修剪频率(引自徐国庆,2014)

草坪类型	草坪草种类	修剪频率/(次/月)			修剪次数/(次/年)
		4—6 月	7—8 月	9—11 月	
庭院	细叶结缕草	1	2~3	1	5~6
	翦股颖	2~3	3~4	2~3	15~20
公园	细叶结缕草	1	2~3	1	10~15
	翦股颖	2~3	3~4	2~3	20~30
竞技场、校园	细叶结缕草	2~3	3~4	2~3	20~30
	翦股颖	—	—	—	—
高尔夫球场草坪	细叶结缕草	10~12	16~20	12	70~90
	翦股颖	16~20	12	16~20	100~150

5.1.5 草坪修剪方式

草坪修剪方式(mower type)可分为机械修剪、化学修剪和生物修剪等。机械修剪是利用剪草机具完成草坪修剪的作业方式,是目前草坪修剪的主要方法。化学修剪指利用某些植物生长调节剂的延缓剂处理草坪,延缓草坪地上部生长,减少机械修剪的量或替代机械修剪的草坪修剪方法。生物修剪指利用牛羊等食草牲畜的放牧,达到修剪目的的草坪修剪方法。

5.1.5.1 机械修剪

目前市场草坪剪草机种类和品牌较多,其中手剪和镰刀可用于剪草,但修剪速度慢,修剪者也容易疲劳,只限于修剪 10 m^2以内的草坪。大面积的草坪修剪一般采用剪草机,随着工业制造技术的发展,剪草机的功效已有很大提高。根据其工作原理和形式通常把剪草机分为滚刀式(图 5-1)、旋刀式(图 5-2)、甩刀(连枷)式、往复移动刀齿式、甩绳式等 5 种类型,不同类型剪草机的特性不同。

图 5-1 滚刀式剪草机

A. 滚刀组合 B. 手推式 C. 乘驾式三联 D. 乘驾式五联

(图片由 TORO 公司提供)

1. 修剪方式(mowing pattern)

修剪方式是指同一块草坪每次修剪行进路线、修剪行进方向、轮廓剪草和草坪边缘的修剪。

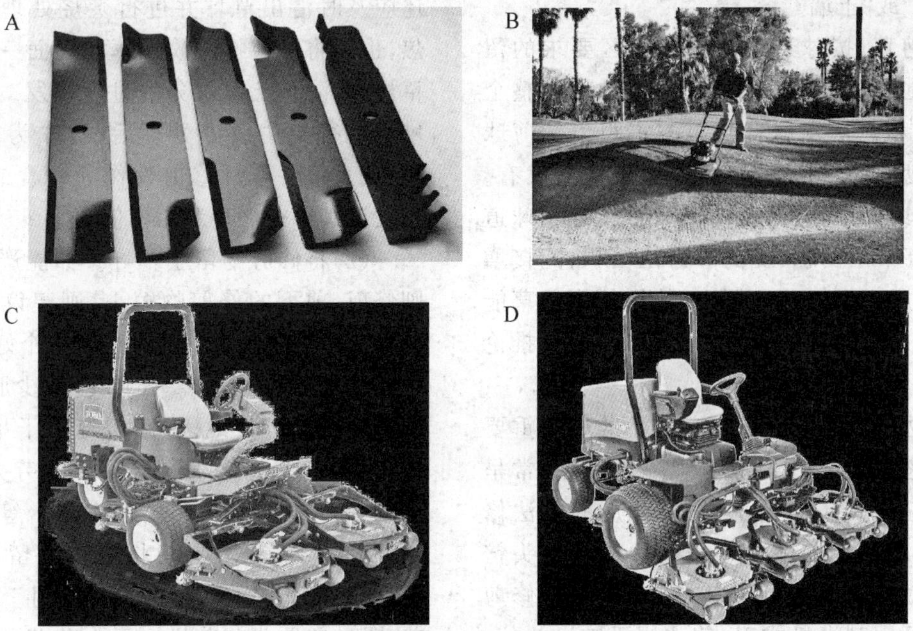

图 5-2 旋刀式剪草机

A. 旋刀刀片 B. 手推式 C. 乘驾式三联 D. 乘驾式五联

（图片由 TORO 公司提供）

(1)草坪修剪行进路线，重点强调剪草的式样，与美有关，如足球场、高尔夫球场草坪有多种花纹图案。通过太阳光反射可呈现出明暗相交的草色花纹，给球员和观众带来强烈的视觉冲击，赏心悦目。草坪的花纹和图案装饰也可以应用于其他建植形状较规则的草坪，在节庆时增加节日气氛。花纹的形状有条线、网格状、圆形、菱形格或各种图案、缩写字母等，可根据实际情况加以选择，但以简洁鲜明、容易识别为佳。草坪的花纹图案分为临时性花纹和永久性花纹两种。临时性花纹是用宽幅剪草机和磙压器在草坪上压出的花纹。在修剪草坪时，用滚筒按不同的方向进行磙压，使草坪草茎叶倒伏方向不同，由于草坪草蘖枝叶片的取向和反射光线的差异而使草坪在视觉上产生明暗相间的条带花纹（阴阳线条）或其他花纹。花纹有一定的宽度，要整齐不能混乱。有的滚刀式剪草机本身就带有滚筒，因此剪草时可同时完成花纹的装饰工作。临时性花纹图案通常在前一天晚上或当天作业完成，随后经过一段时间的生长，草坪草恢复垂直状后，花纹便会消失。另外，使用草坪染色剂也可形成临时花纹。

(2)草坪修剪行进方向，着重强调高尔夫草坪质量。如果草坪每次总是向着一个方向修剪，尽管剪草机前面的梳子能起到扶起茎叶的作用，但也容易使草坪草地上部分向剪草方向倾斜生长，从而影响高尔夫运动的公平。长期沿一个方向进行修剪，将造成茎叶横向生长形成纹理，尤其是狗牙根、海滨雀稗和翦股颖等具有横向生长特性的草种，质地柔软，很易受外力影响而发生变向，纹理现象很明显。纹理（turf grain）现象的出现久而久之会使冷季型草坪草产生大量的生殖枝，诱发抽穗结实，进而降低草坪质量和寿命。另外还会出现层痕，降低草坪质量。纹理和层痕都将导致草坪竞技质量下降，影响球员推球。行进方向总是采用"米"字形交替向进行剪草，不断地变化方向。而通过"米"字的轮转变化，防止草坪朝一个固定方向生长，修剪就能够保持草坪垂直向上生长，从而保证草坪表面的击球和推杆质量。此外，经常改变草坪修剪行进方向既可避免在同一高度连续修剪导致的齐根剪，又可防止剪草机轮子在同一地方反复碾压，压实土壤，形成“土沟”或“土墙”。

(3)轮廓剪草，按球道高草和短草区要求的留茬高度，简单地修剪一个较小的面积，以减少整个球道短草区面积。从发球台起至一定距离低剪球道，离果岭越近球道越宽、越远则越窄甚至没有。轮廓剪草是球场设计学的一种补充，重新定义球道的范围，扩大高草区面积、提高障碍区面积，间接增加了击球困难度。根据1/3原则，使用轮廓剪草能降低剪草次数从而降低剪草费用的投入，这一推论在实践上也得到验证。

(4)草坪边缘的修剪，是维持草坪景观的重要环节，绝不可忽视。草坪边缘由于环境特殊，常呈现复杂状态，应根据不同情况，采用相应的方法修剪。对越出草坪边界的茎叶可用切边机或平头铲等切割整齐；对毗邻路边或栅栏，剪草机难以修剪的边际草坪，可用割灌机或刀、剪整修平整。此外，草坪边际的杂草，必须随时加以清除，以免其向草坪内发展蔓延。

2. 修剪物的处理(grass clippings removal)

剪草机修剪下的草坪草组织总称为草坪修剪物或草屑，有的剪草机附带草斗或草屑收集袋，如用于果岭的剪草机；有的剪草机则不附带收草器，把草屑留在草坪表面，任其自行进行分解腐烂。风干的高尔夫草坪修剪物中富含N、P、K，其中氮素含量为3%～5%，施肥后的草屑含肥量更高。马宗仁的研究表明，施肥后的二次修剪物中有60%～70%的营养能被植物很快吸收利用。目前对草屑的处理主要有如下2种方案：

(1)将修剪物移出草坪。多数情况下修剪物留置草坪对草坪弊大于利，一是修剪物可使草坪变得松软并易造成病虫害的感染和流行，同时也易使草坪通气性和透水性受阻而使草坪过早退化，严重时甚至造成草坪草死亡。二是草坪地表的修剪物难以腐烂或腐烂所需的时间较长，影响草坪的景观和草坪草的生长。三是足球场、高尔夫球场果岭等特殊草坪由于运动的需要，必须清除草坪修剪物，以免影响绿色景观和踢球或击球质量。因此，每次草坪修剪后对修剪物处理的原则是应将修剪物及时移出草坪，如果是发生病害的草坪，剪下的修剪物还应及时清出草坪并进行焚烧处理。但若天气干热，也可将修剪物留放在草坪表面一段时期再移出草坪，以防止土壤水分的过度蒸发。修剪物也可做堆肥进行集中腐熟处理后，再作为有机肥返回草坪；或直接将草坪修剪物作为鱼食或禽畜饲料，充分发挥其综合循环利用价值。

(2)将修剪物留于草坪。如能严格按照1/3原则修剪，剪下的修剪物短小，则建议不收集修剪物而将其留在草坪上。此方法有三个好处：一是将N、P、K等元素归还于草坪土壤，减少肥料投入；二是修剪物覆盖草坪地表，减缓草坪干旱、抑制苔藓生长；三是省去清除草屑所需要的劳力。因此，除足球场、高尔夫球场的果岭和发球台等特殊用途的草坪外，其余草坪可考虑将修剪物留在草坪而不收走。TORO等公司推出的一款用于球道的旋刀式剪草机(覆盖式剪草机)，可在剪草的过程中将修剪物切成小段，落入草坪草冠层，既不影响草坪美观还可加速修剪物分解。施肥后前两次剪下的草头含养分较多，且易在夏季分解，特别是暖季型高尔夫球场应考虑留修剪物，并借助铺沙覆盖以减少副作用。马宗仁提出“123不论，456分明”的处理原则，周1～3球员少，可留下修剪物并进行铺沙作业，不影响击球；周4～6球员增多则收走修剪物。对于病害重的果岭不允许留修剪物，应及时运出场地进行处理。

5.1.5.2 化学修剪

化学修剪指利用某些植物生长调节剂的延缓剂处理草坪，延缓草坪地上部生长，减少机械修剪的量或替代机械修剪的草坪修剪方法。现代科学技术的发展为人类认识自然科学提供了极为便利的条件，使用植物生长调节剂来延缓草坪新茎叶的生长已发挥了一定的作用。

1. 化学修剪的特点

化学修剪采用的生长延缓剂能延缓草坪草地上部生长，不仅减少修剪次数，还可使草坪草叶色变浓绿，节省肥料投入，降低养护成本；另外可使细胞内含糖量增加，加大水分利用系数，使叶片气孔关闭，减少蒸腾，提高草坪草的抗旱性。研究表明，使用一次生长抑制剂一般可使其生长减慢5～10周，剪草频率降低50%。但遗憾的是也带来了诸如病毒、颜色、再生性都有不同程度的改变等新问题，如果将这些化合物使用于高质量草坪上如果岭区问题将更加严重，例如某些生长调节剂连续使用能引起草坪根系变浅，草叶变黄稀疏；被生长抑制剂抑制的草坪对病虫害和杂草等逆境的抗性差，缺乏恢复力；混播草坪由于不同草坪草种或品种对药物耐受性不一样从而降低草坪的均一性。另外，目前生产的大多数生长抑制剂为专一性抑制，对杂草生长影响不大，还需要定期使用除莠剂，除莠剂和生长延缓剂都有可能对生态环境产生不利影响。草坪生长调节剂的这些缺点限制了化学修剪的广泛使用。目前，化学修剪仅应用于低养护管理草坪及机械难以修剪的草坪，例如沙坑周围。同时，应积极寻找既能限制草坪纵向生长，又能不影响叶片、分蘖、根茎和根系的正常生长和对生态环境影响小或无害，价格低的草坪生长延缓剂，并正确掌握科学的使用方法。

2. 草坪生长延缓剂的类型

目前人工合成和提取的生长调节剂大约有几十种之多，这些化合物的作用主要是通过抑制细胞分裂来阻止植物生长。根、根状茎、匍匐茎和分蘖节以及茎叶都是其作用的主要部位。可依据不同的分类方法把草坪生长延缓剂分为不同类型。

依据生长延缓剂抑制的分生组织的部位划分为顶芽抑制型（Ⅰ型）和节间伸长抑制型（Ⅱ型）两大类。顶芽抑制型生长延缓剂能阻止分生区细胞分裂和分化，可去除顶芽或在某种程度上抑制顶端分生组织活动；可有效抑制草坪草花芽形成，减少生殖枝的出现，如抑长灵（mefluidide，商品名 embark）、青鲜素（MH，马来酰肼，商品名 Royalslo-Gro）和乙烯利。这类调节剂通常改变草坪草生长的向地性，造成副芽休眠，并延缓茎的伸长。2,4-D 丁酯等除草剂在低浓度时也有类似作用。该类生长延缓剂使用后较易出现叶片褪色等不良反应，因此多被用于中、低养护水平或不易进行修剪操作的草坪。

节间伸长生长抑制剂能阻止分生区细胞的伸长和膨胀。它是通过抑制节间细胞伸长控制草坪生长高度，它对顶端分生组织没有影响，不影响生殖枝的形成，这类调节剂一般通过抑制赤霉素的合成起作用，属于赤霉素抑制剂，如多效唑（PP_{333}）、矮壮素（CCC）、flurprimidol（商品名 Cutless）、paelobutrazzol（商品名 TGR 或 Tuff-Enhanser）和 trinexapac-ethyl（商品名 Primo，普绿）等。通过叶面喷施普绿可有效控制高尔夫球场草坪的生长并减少一年生早熟禾的数量，该类生长延缓剂一般不易产生负面效应，可用于中、高养护水平的草坪。

此外还可根据生长延缓剂的作用是否能被赤霉素所逆转，分为可被赤霉素逆转的生长延缓剂和不能被赤霉素所逆转的生长抑制剂两类。也可将草坪生长延缓剂分类分为 ABCD 四类：A 类抑制赤霉素生物合成的后期，如 trinexapac-ethyl；B 类抑制赤霉素生物合成的早期，如 nurprimidol 和 paclobutrazzol；C 类抑制有丝分裂，如 MH、抑长灵和 amidochlor（商品名 Limit）等；D 类在低浓度时是生长调节剂，高浓度时是除草剂，如正型素（chlorflurenol，商品名 Maintain CF125）和 2,4-D 丁酯等。

3. 草坪生长延缓剂的使用

表 5-4 列出了部分草坪生长延缓剂的适用范围和使用方法。草坪生长延缓剂的使用一般应注意如下事项：正确选择施用方法；严格掌握延缓剂类型、使用浓度与次数；不要在草坪苗期使用，应选择草坪草旺盛生长季节施用；不要连续重复施用，以防过度抑制而造成草坪退化；施用前修剪草坪，以保证草坪外观质量；草坪生长延缓剂应配合施用，弥补一种延缓剂效果的不足，或者克服单一延缓剂的副作用，或者利用延缓剂的增效作用，可考虑适宜的药剂混用；注意施用安全和环保。

表 5-4　几种草坪生长延缓剂的使用范围和使用方法

草坪生长延缓剂	施用方法	适用草种
嘧啶醇	喷施或土施	狗牙根等
矮壮素(CCC)	喷施	广泛
抑长灵(embark)	喷施	狗牙根，草地早熟禾，高羊茅，钝叶草
乙烯利	喷施	狗牙根，草地早熟禾
青鲜素(MH)	喷施或土施	
比久(B_9)	喷施	
多效唑(PP_{333})	土施	
2,4-D 丁酯	喷施	狗牙根

5.1.5.3 生物修剪

生物修剪指利用牛羊等食草牲畜的放牧,达到修剪目的草坪的修剪方法,环保的修剪方式,适合应用于森林公园、林地草坪、水土保持草坪中。生物修剪是一种古老的传统方法,但在剪草机发明后一般很少采用,但随着生态文明社会建设的需要,生物修剪又被人们重新认识其特有价值,生物修剪特别适宜面积巨大和修剪质量要求不高的草坪采用。一些高尔夫球场则采用定时、由专人看管的方法,在粗放管理区放牧羊群和马匹,以营造怀古的氛围、提高打球的乐趣、增加球场的景观。

5.2 草坪灌溉与排水

5.2.1 草坪灌溉的意义及作用

水分的及时供给对维持草坪功能、草坪草正常生长的意义不言而喻,草坪灌溉是草坪养护管理的重要工作。灌溉(irrigation)为草坪草生长提供物质基础,保证草坪草鲜绿,延长绿期;灌溉是调节小气候、改变温度的重要环节之一;灌溉还可以增强草坪竞争力、延长利用年限;草坪适时灌溉可以预防病虫、鼠害。灌溉的具体作用表现在以下几个方面:

(1)弥补大气降水在数量上的不足和时空分布上的不均匀,及时解除草坪草因缺水出现的旱象,促进草坪草正常生长发育。

(2)在草坪施肥施药后及时浇水,一方面可以促进养分的分解和草坪草的吸收;另一方面可以冲洗草坪草叶面上附着的化肥、农药及灰尘,减少化肥、农药的危害,增加草坪的观赏价值。

(3)在北方冬季干旱少雪,春季又缺少雨水的地区,入冬前浇1次冻水,能使草坪草根部吸收充足的水分、养分,增强抗旱越冬能力,有利于安全越冬。南方草坪进行春季浇水,能促进草坪草提早返青。

(4)在我国南方地区,傍晚浇水降温,可使匍匐翦股颖、草地早熟禾和多年生黑麦草等冷季型草坪草安全越夏、四季常绿。

(5)白天被踩踏后的运动场草坪草,傍晚及时浇水,数小时后可使新损坏的茎叶得到复苏,并可避免遭受次日阳光暴晒而干枯,对草坪草的复苏效果十分明显。

5.2.2 草坪蒸散量总强度的主要影响因素

草坪的耗水途径为草坪土壤的水分蒸发与草坪草的水分蒸腾,两者合称为草坪蒸散(evapotranspiration,ET)作用。影响草坪草需水量的主要因素包括草坪环境气候条件、土壤条件、草坪草种和品种以及草坪养护管理水平等。一般养护管理条件下,草坪通常每周需水2.5～4 cm,可通过降雨、灌溉或两者共同来满足。不同气候条件地区的草坪所需灌溉的用水量存在差异。草坪草一般只利用所吸收水分的1%用于生长和发育,其余吸收水分则用于蒸腾作用等以调节生命代谢。

草坪蒸散量总强度是决定草坪需水量的关键因素,在一块盖度较大的草坪上,草坪草蒸腾是水分损失的主要部分。草坪草种和品种、土壤类型、风、气温、湿度和草坪冠盖阻力等是影响草坪蒸散量总强度的主要因素。

1.草坪草种和品种

一般而言,暖季型草坪草的蒸散量比冷季型草坪草的低,因为暖季型草坪草为C_4植物,其光合效率更高,合成1 g干物质的需水量相当于冷季型草坪草(C_3植物)的1/3。在气孔关闭的逆境下,这一特性显得更为重要。不同草种叶表或体表是否覆盖蜡质层或厚薄不同以及根系的发达程度,均会影响其蒸散量总强度。叶表或体表覆盖的蜡质层可有效地防止水分丧失,而且蜡质层厚的防止水分丧失效果更好。此外草坪草根系分布越深越广,其在土壤中吸收水分和养分的范围就越大、越深,就可以更高效地利用灌溉和降雨。不同草坪草种和品种间的根系差异较大。暖季型草坪草一般有比冷季型草坪草更发达的根系,在盛夏的逆境中表现出更大的优势。冷季型草坪草中,高羊茅的根系分布更深更广,比其他冷季型草坪草更能适应干旱的条件。同种草坪草的品种间也表现出较明显的根系差异,草地早熟禾的一些改进品种的根系不如普通品种发达,适应干旱的能力较差。另外,同一草坪草种在不同土壤和养护条件下的根系发育状况也存在差异,修剪高度低的草坪草,其根系也会相应变浅。大多数多年生草坪草种的根系深且强壮，耐旱性较强；而一年生草坪草种则根系浅而弱，耐旱性较差。某些草坪草种依靠一些特殊生理过程或结构特点提高抗干性，例如在水分短缺时用根系储水和更迅速地关闭气孔；还有一些草坪草种通过减少气孔数量、加厚表层、叶面被毛和细胞变小等结构变化来抵御干旱；细羊茅的叶片细而卷曲，减小暴露在空气中的叶片面积而有效地降低蒸腾水分损失。

2. 土壤类型

质地粗糙和沙质土壤的持水能力差，土壤接受的水分很快渗透到植株根系不能达到的土壤深处或流走；黏土的渗透率极差，导致灌溉水在地表淤积，以至在植株利用前就蒸发掉；而壤土和黏壤土则是最佳持水能力的生根介质。土壤条件还影响草坪草根系的发育，紧实的土壤限制根系的扩展，使草坪草不能形成更深、更广泛的根系；此外，钠、硼和铝等元素与其他有毒元素的积累也限制草坪草根系的发展。

3. 其他因素

草坪草叶片表面具一层由相对静止的空气分子构成的界面层，它起到减少水分损失屏障的作用。风则起到扰乱界面层，加快水分损失的作用，特别是在干燥温暖的条件下，尤其如此。高温和干燥的空气可加快草坪水分的蒸发，一定范围内的高温和干燥可促使草坪草加快蒸腾作用，消耗更多的水分，这是草坪草一种自我保护性措施。通过植株表面水分的蒸发吸热而降低高温和强烈阳光对其组织的伤害，但在极端高温和干燥条件下，植株反而会丧失这种保护功能而受害。高尔夫球场果岭区等特殊区域的草坪，常在炎热的中午通过人工喷水给草坪降温。草坪冠盖阻力是一种复合阻力，指水分穿过草坪地上覆盖的组织散失过程中遇到的各种阻力之和。草坪枝条密度、叶片的朝向、宽度及生长速率等都是影响草坪冠盖水分损失的重要因素。

5.2.3 土壤质地和土壤结构对草坪水分利用的影响

5.2.3.1 土壤质地和土壤结构

1. 土壤质地(soil texture)

是在土壤颗粒组成的基础上提出的，概括了土壤内在的肥力特征，在说明和鉴定土壤肥力状况时，土壤质地往往是首先考虑的项目之一。美国农业部(USDA)制是三元制的土壤质地分类法，根据沙粒(2～0.05 mm)、粉粒(0.05～0.002 mm)和黏粒(< 0.002 mm)三个粒级的比例，划定 12 个质地名称(图 5-3)。按 3 个粒级含量分别于三角形的三条底边划三根垂线，三线相交点即为所查质地区。

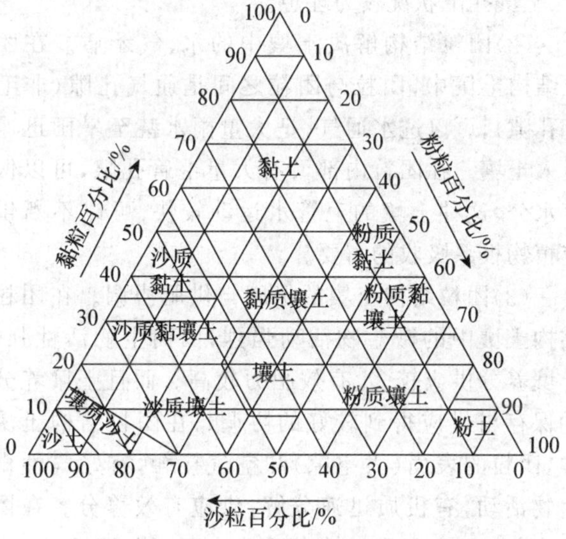

图 5-3　美国农业部制土壤质地三角图

2. 土壤结构(soil structure)

是研究土壤肥力不容忽视的土壤基本物理性质，土壤固相颗粒与土壤结构性、孔隙性和力学性质密切有关。土壤结构是土粒(单粒和复粒)的排列、组合形式，包含两重含义：结构体和结构性。通常所说的土壤结构多指结构性。土壤结构体或称结构单位，它是土粒(单粒和复粒)互相排列和团聚成为一定形状和大小的土块或土团。土壤结构性是由土壤结构体的种类、数量(尤其是团粒结构的数量)及结构体内外的空隙状况等产生的综合性质。良好的土壤结构性，实质上是具有良好的空隙性，即空隙的数量(总孔隙度)大，而且大、小空隙的分配和分布适当，有利于土壤水、肥、气、热状况调节和植物根系活动。团粒是结构体的一种，由土粒胶结成粒状和小团块状(自小米粒至蚕豆粒般大小)，大体成球形。这种结构体在表土中出现，具有良好的物理性能，是肥沃土壤的结构形态，具有水

稳性(泡水后结构体不易分散)、力稳性(不易被机械力破坏)和多孔性。团粒结构在土壤保肥保水上具有重要意义:

(1)团粒具有多级孔性,总的孔度大,即水、气总容量大,又在各级(复粒、微团粒、团粒)结构体之间发生了不同大小的孔隙通道,大小孔隙兼备,蓄水(毛管孔隙)与透水、通气(非毛管孔隙)同时进行,土壤孔隙状况较为理想。

(2)团粒结构解决土壤中的水、气矛盾。在团粒结构土壤中,团粒与团粒之间是通气孔隙(非毛管孔隙),可以透水通气,把大量雨水甚至暴雨迅速吸入土壤。在团粒内部又有大量毛管孔隙,可以保存水分,这种土壤的毛管水运动较快,可以不断供应植物根系吸收的需要。

(3)团粒结构土壤的保肥与供肥协调。在团粒结构土壤中的微生物活动强烈,因而生物活性强,土壤养分供应较多,有效肥力较高。而且土壤养分的保存与供应得到较好的协调。在团粒结构土壤中,团粒的表面(大空隙)和空气接触,有好气性微生物活动,有机质迅速分解,供应有效养分。在团粒内部(毛管孔隙),储存毛管水而通气不良,只有嫌气微生物活动,有利于养分的储藏。

5.2.3.2 土壤质地和结构对土壤液态水运动的影响

土壤液态水的运动有两种情况:一种是饱和流,即土壤孔隙全部充满水时的水流,这主要是重力水的运动;另一种是非饱和流,即土壤只有部分孔隙中有水时的水流。

饱和流(saturated flow)的推动力主要是重力势梯度和压力势梯度,即单位时间内通过单位面积土壤的水量或水通量与土水势梯度成正比。饱和流的计算中,一个重要的因子是土壤饱和导水率,对特定的土壤为一常数,它反映了土壤的饱和渗透性能,任何影响土壤孔隙大小和形状的因素都会影响饱和导水率,因为在土壤孔隙中总的流量与孔隙半径的 4 次方成正比,所以通过半径为 1 mm 的孔隙的流量相当于通过 10 000 个半径 0.1 mm 的孔隙的流量,显然大孔隙对饱和流的影响较大。土壤质地和结构与导水率有直接关系,沙质土壤通常比粉、黏质土壤具有更高的饱和导水率;同样,具有稳定团粒结构的土壤,比具有不稳定团粒结构的土壤,传导水分要快,后者在水分含量较大时结构就被破坏,细的黏粒和粉沙粒能够阻塞较大孔隙的连接通道。天气干燥时龟裂的粉、黏质土壤起初能让水分迅速移动,但之后,由于这些裂缝膨胀而闭塞起来,可使水的移动减少到最低限度。不同质地土壤的饱和导水率见表 5-5。土壤中的饱和水流也受有机质含量和无机胶体性质的影响,有机质有助于维持大孔隙的高比例。而有些类型的黏粒特别有助于小孔隙的增加,而降低土壤导水率。

表 5-5 不同质地土壤饱和导水率的范围 cm/h

质地类型	饱和导水率
沙土	$10^{2}\sim1$
沙壤土	$1\sim10^{-3}$
壤土	$10^{-1}\sim10^{-4}$
黏土	$10^{-2}\sim10^{-6}$

非饱和流(unsaturated flow)的推动力主要是基质势梯度和重力势梯度。非饱和流的计算中,一个重要的因子是土壤非饱和导水率,为土壤含水量或基质势的函数。在低吸力水平时,沙质土中的导水率要比黏土中的导水率高些;在高吸力水平时,则与此相反。这是因为在质地粗的土壤里促进饱和水流的大孔隙占优势,相反,黏土中很细的孔隙(毛管)比沙土中突出,因而助长更多的非饱和水流。自然状况下,大部分土壤水的运动都呈现为非饱和运动。

土壤水分入渗(infiltration)是指地面供水期间,水进入土壤的运动和分布过程。入渗过程一般是指水自土表垂直向下进入土壤的过程,但也不排除如沟灌中水分沿侧向甚至向上进入土壤的过程。在地面平整、上下层质地均一的土壤上,水进入土壤的情况由两个方面因素决定:供水速率和土壤的入渗能力。在供水速率小于入渗能力时(如低强度的灌溉或降雨),土壤对水的入渗主要是由供水速率决定的。当供水速率超过入渗能力时,则水的入渗主要取决于土壤的入渗能力。土壤的入渗能力是由土壤的干湿程度和孔隙状况(质地、结构、松紧)决定的。例如干燥的土壤、质地粗的土壤以及有良好结构的土壤,入渗能力强;反之,土壤湿润、质地细腻和紧实的土壤,入渗能力弱。但是,不论入渗能力强弱,入渗速率都会随入渗时间的延长而减慢,最后达到一个比较稳定的数值。对于某一特定的土壤,一般只有最后入渗速率是比较稳定的参数,常用来表示土壤渗水强弱,又称透水率(或渗透系数)。几种不同质地土壤的最后稳定入渗速率参考范围见表 5-6。

表 5-6　几种不同质地土壤的最后稳定入渗速率 cm/h

土壤	沙	沙质和粉质土壤	壤土	黏质土壤	碱化黏质土壤
最后入渗速率	>2	1～2	0.55～1	0.1～0.5	<0.1

沙土的渗透率高(紧实除外),排水迅速,而贮水能力低;黏土的渗透率低,排水缓慢,而持水能力高。水在土壤中的移动取决于土壤中大孔隙与小孔隙的比例。这种比例主要受土壤质地的影响。有机质能改善土壤结构,并增加土壤中大孔隙的数量和持水能力。大雨或灌溉期间,如土壤质地细或紧密,其渗透和渗滤作用不佳,水可流失或出现积水。如果有斜坡,水不能浸入土壤,可沿斜坡流下,从而浪费水并侵蚀土壤;如地势平坦或较低,积水可妨碍草坪行人和管理人员,并导致土壤紧实,在炎热的夏天,积水还会灼伤草坪草。

5.2.3.3　土壤质地和结构对土壤水分有效性的影响

植物从土壤中吸收水后又经叶面蒸腾到大气中去,可以看作是一个统一物理过程的连续体系,这个系统称为土壤-植物-大气连续体(soil-plant-atmosphere continuum,SPAC)。在 SPAC 连续体中水流总是由水势高处流向水势低处,其通量与水势差成正比,与相应的阻力成反比。其阻力的大小是在植物体中最小,土壤其次,叶与大气之间最大。当土壤供水充足,能满足植物蒸腾的需要时,蒸腾强度是由大气蒸发力决定的。但是在土壤供水不足或土壤水势降低,不能满足植物蒸腾消耗时,叶水势降低,膨压下降,叶片气孔关闭,蒸腾减弱。这时蒸腾强度就不单纯决定于大气蒸发力了,而是与土壤导水率,土水势有密切关系。当土水势>根水势>叶水势,植物能顺利地从土壤中吸水,并满足蒸腾耗水时,植物就不会萎蔫。否则,土水势低,蒸发率高,土水势<根水势<叶水势,水通过植物的阻力加大,植物吸不到水,或入不敷出时,植物就会发生萎蔫。可见植物从土壤中吸水,经过本身的传导又蒸腾到大气中去,与气象因素和土壤水的有效性关系极其密切。

土壤水的有效性(availability of soil water)是指土壤水能否被植物吸收利用及其难易程度。不能被植物吸收利用的水称为无效水,能被利用的则为有效水(plant available water)。其中因其吸收难易程度不同又可分为速效水(或易效水)和迟效水(或难效水)。通常把土壤萎蔫系数看作土壤有效水的下限。低于萎蔫系数的水分,作物无法吸收利用,属于无效水。这时的土壤基质势(或土壤水吸力)相当于根的吸水力(平均为 1.5 MPa)或根水势(平均为 −1.5 MPa)。一般把田间持水量视为土壤有效水的上限,此时的土壤基质势约为 −0.1 MPa,田间持水量(θ_f)与萎蔫系数(θ_p)之间的差值,即为土壤有效水最大含量(θ_{emax})。土壤有效水最大含量因不同土壤和不同作物而异(表 5-7)。一般情况下,土壤含水量往往低于田间持水量。所以有效水含量难以达到最大值,而仅为当时土壤含水量与该土壤萎蔫系数之差。

表 5-7　土壤质地与有效水最大含量(质量计)的关系 %

土壤质地	沙土	沙壤土	轻壤土	中壤土	重壤土	黏土
田间持水量 θ_f	12	18	22	24	26	30
萎蔫系数 θ_p	3	5	6	9	11	15
有效水最大含量 θ_{emax}	9	13	16	15	15	15

在田间持水量至毛管水刚开始出现断裂时的土壤含水量之间,由于含水多,土水势高,土壤水吸力低,水分运动迅速,容易被草坪草吸收利用,所以称为速效水(或易效水)。当土壤含水量出现毛管水断裂时,粗毛管中的水分已不连续,土壤吸水力逐渐加大,土水势进一步降低,毛管水移动变

慢,呈现“根就水”状态,根吸水难度增加,这部分水属于迟效水(或难效水)。因此土壤水是否有效以及有效程度,主要取决于土壤水吸力和根吸力之比。一般土壤水吸力>根吸力时为无效水,反之为有效水。在同一含水量或土壤水势时,大气蒸发力弱,根系分布密而深,根伸展速度也大时,草坪草可能得到一定水分而不发生永久萎蔫;反之,大气蒸发力强,根系分布浅而稀,根伸展的速度慢,植物虽然能吸到一部分水,但因入不敷出,最终会发生萎蔫。所以养草先养根,促进根系发育,是提高土壤水有效性,增强抗旱能力的一个重要途径。

5.2.4 草坪灌溉的质量要求

草坪灌溉的质量要求主要包括灌溉强度、均匀度、雾化度三个方面。

(1)草坪浇水及喷灌强度　指单位时间内喷洒在草坪地面上的水深或喷洒在单位面积草坪上的水量。一般要求水落在地面上能立即渗入土壤而不出现地面径流和积水。不同质地的土壤,允许喷灌强度有差别。如沙土的喷灌强度为 200 mm/h,壤沙土为 15 mm/h,沙壤土为 12 mm/h,壤土为 10 mm/h,黏土为 8 mm/h。

(2)喷灌均匀度　喷灌均匀度影响草坪植物生长的好坏。实践中发现,喷头射程之内,草坪植物生长整齐美观;经常浇水少或浇不到水的地方,草坪草会出现黄褐色,有的甚至会枯萎死亡,影响草坪的整体外观。影响均匀度的因素除设计方面的原因外,还与喷头旋转的均匀性、工作压力的稳定性、地面坡度、风速风向等因素有关。为提高喷灌均匀度,不仅需要优质设计和平整地面,而且喷灌时间最好选择在无风的清晨或傍晚进行。

(3)喷灌雾化度　雾化度是指喷灌水舌在空中雾化粉碎的程度。在草坪养护管理中,一般要求喷灌雾化度为 2 000~3 000,可参考喷灌设施的相关使用说明。在利用种子直播法建坪初期,如喷洒水滴太大,则易损伤幼苗,所以高标准的草坪在建植时的幼苗期进行喷灌浇水时,最好加盖一层无纺布等。

5.2.5 草坪浇水的次数

在确定草坪浇水次数(irrigation frequency)时,对影响草坪浇水质量的各因素要认真加以分析研究,以确定合理的浇水次数。浇水次数太多,则草坪发病率高,抗践踏性差,生长不健壮;浇水次数太少,草坪会因缺水而限制正常生长,影响草坪质量。当土壤水分降到草坪植物允许的最低限量时,要进行浇水,当浇到草坪植物允许的土壤水分含量时,要停止浇水。在正常情况下,无雨季节,每周可浇 1~2 次水,久旱无雨时,可连续浇 2~3 次水,否则难以解除旱情。在我国北方地区或南方高海拔地区,对已建成的草坪,通常在春季草坪草萌芽前、秋季草坪草即将停止生长时,各进行 1 次浇水,即所谓的“返青水”、“封冻水”。一般返青水与封冻水浇灌应在日平均气温稳定在 3℃、土壤表现“夜冻日化”时进行。

5.2.6 草坪浇水的时间和浇水量

不同功能的草坪浇水时间(irrigation timing)不同。一般园林里的草坪都应在早晨进行灌溉,夏季炎热的中午灌溉易灼伤叶片,而傍晚浇水会使草坪植物叶片在整夜处于潮湿状态中,非常容易诱发病害。在病害易发生季节应该选择在上午浇水。但是在华南等地的高尔夫球场中,本着减少蒸发、节约用水的原则,常选择在夜里进行灌溉。草坪浇水要坚持见干见湿的基本原则,要避免只浇表土,要一次浇足浇透。单位时间的浇水量,不应超过土壤的渗透能力,总浇水量不应超过土壤的持水量。当单位时间的浇水量超过土壤渗透能力时,会产生积水或径流,看上去好像浇过了,实际上还没有浇足浇透;总浇水量超过土壤的持水量时,会造成水分和养分的深层渗漏流失。一般说来,草坪浇水至少应使土壤湿透到根系层,如草坪过于干旱,土层湿润深度应适当增加,否则就很难解除旱象。

在确定草坪浇水量时,还要考虑土壤质地。质地粗的沙质土壤粒间空隙大,总孔隙度小,透水性强,保水性差,浇水后水分渗透快,水分损失多,在草坪生长季节需水总量多,因此,在浇水时,应减少每次的浇水量,增加浇水次数,尽量浇得快一些,以减少水分损失。质地细的壤土或粉沙土,土壤粒间的空隙小,总空隙度大,透水性差,保水力较强,每次浇水量可以大一些。浇水次数也可以少一些。黏质的土壤同样可以每次浇水量大一些,浇水次数也要少一些。

5.2.7 草坪的叶面喷水

在某些情况下,即使土壤水分充足,在中午特别是在修剪低矮的草坪上,也会出现萎蔫,这可能与草坪植物的根系分布浅、枯草层太厚及病害有关,或与土壤积水、板结造成的通气不良有关。当草坪植物的蒸发、蒸腾超过根系吸收能力时,植物体内水分产生亏缺,因而出现萎蔫。叶面喷水是草坪建植养护过程中的重要环节。草坪植物叶面喷水后,可以降低草坪坪床表面和草坪植物组织的温度,减少蒸发,补充草坪植物体内水分的亏缺。同时还可以从叶片上洗掉有害物质。对新建植的草坪包括草皮、种子等喷水,可以避免脱水,保持湿润,促进根系下扎。对病虫危害的草坪喷水,可促进新根系的生长,增强其吸水能力,迅速恢复其活力。对植物刚出现萎蔫的草坪喷水,一般在中午进行,喷水1次即可,在萎蔫严重时,可喷2次或2次以上。早上喷水可去掉修剪低矮草坪的露水或叶尖吐水,以减少发病率。

5.2.8 节约用水措施

水资源匮乏是全球性的问题,中国是一个水资源紧缺的国家,而且水的地域时空分配极不均匀。随着城市水资源的日益紧缺,节约用水是草坪管理的必然要求。

1.提高修剪高度

修剪较低的草坪草根系较浅,反而需要经常浇水,浪费水资源,而提高草坪修剪高度不会因为增加蒸腾面积而增加需水量。提高修剪高度后,更厚的冠盖层可通过空气流动和减少蒸发而降低蒸腾值,同时还能促进根系发育并保护草坪草基部分生组织不受高温伤害。

2.减少修剪次数

修剪次数越多,伤口张开的时间越长;钝刀片剪草的伤口粗糙,愈合的时间较长,都会增加草坪草的水分损失。

3.干旱时期少施肥

高肥促进草坪生长,需水量增加。

4.减少枯草层、打孔

草坪枯草层能降低水分利用效率,是水分渗入土壤的障碍,常引起水分在地表流动,因蒸发而损失,还会导致植株根系分布变浅。通过打孔通气可破坏枯草层并加快其分解,改善土壤的渗透性,降低土壤紧实度并促进根系向更深的土层分布。用垂直修剪机处理枯草层过厚的草坪也可改善土壤渗水并促进草坪根系向深层发展。但在草坪面临逆境时应避免打孔通气操作,因为这将增加蒸发而使草坪面临更严重的逆境。夏末秋初是冷季型草坪草的最适打孔通气时间;暖季型草坪草在盛夏逆境到来之前打孔通气最有利。

5.选择耐旱品种

选择适应当地气候条件的草坪草种和品种是草坪节约用水的一项重要措施。一些干旱地区倾向于用暖季型的野牛草代替冷季型草坪草,野牛草可在极端干旱条件下不进行灌溉,而冷季型草坪草无灌溉则不能生存。高尔夫球场草坪高草区也可使用节水的野牛草;南方高尔夫球场果岭用杂交狗牙根比匍匐翦股颖节水。

6.改良土壤提高土壤的保水性能

可通过在种植前加入有机质改良土壤。也可以加入土壤渗透剂,有助于水分在土壤中的停留和渗透,并能减少水分蒸发散失,有助于草坪草根部生长,根系发达。斥水性土壤也要引起重视。

5.2.9 灌溉水源和水质

5.2.9.1 水源

河流、湖泊、水库、池塘、地下水、经过净化的污水等都可作为草坪喷灌系统的水源。

(1)地下水　地下水水量、水温相对比较稳定,水质清洁,是喷灌最理想的水源,但有些地区地下水埋深,机井深,提水费用高。在我国一些地区,由于农业、工业和城市生活大量抽取地下水使地下水位下降，利用地下水要受限制。

(2)湖泊、池塘和水库　这些水源存在的主要问题是一些颗粒性杂质，如藻、水草、沙、有机物沉渣、鱼、青蛙和蜗牛等会进入喷灌系统。

(3)河水　长年流动的河流也可以作为球场喷灌水源。应调查不同水文年份的河流水量和水位变化情况，并了解洪水时期的水位变幅。河水水质要受到上游地区的影响，另外水中的有机物和固体物质也会对喷灌系统带来问题，如堵塞水泵进口、引起水泵磨损、增加管道水头损失等。要清除这些物质以保证其不进入喷灌系统。如果河流水位变幅小，河水可直接抽取进入喷灌系统，也可以先抽取河水进入球场内的池塘，然后再从池塘抽取进入喷灌系统。

(4)再生水　城市污水经过二级处理以后的水称为再生水。草坪可以用再生水灌溉。土壤具有很强的处理有机废物的能力，通过灌溉使再生水进一步得到净化。再生水不仅供给可靠，而且成本较清洁水低。但是有些存在于污水中的化学成分，如重金属、盐类等，可能对环境及草坪草生长有害。因此，应根据环保部门的规定长期进行监测。

5.2.9.2　水质

从草坪喷灌系统的角度，水质问题主要包括两个方面：一是固体颗粒物，它的存在将严重影响喷灌系统自身的正常运行；二是可溶性盐、重金属和有机类化合物，它们对土壤、地下水带来不良影响，直接或间接危害草坪草的生长发育。

1. 固体颗粒物

固体颗粒物进入供水管道会导致喷灌系统工作性能降低和增加发生故障的概率。固体颗粒物的种类主要是：有机物(植物叶、茎、根和藻类)、泥沙、引入性固体颗粒(安装和修复管道时误入)。

2. 可溶性盐、重金属和有机类化合物

一般灌溉水都含有可溶性盐。许多可溶性盐对草坪草生长是有利的，但有些会引起植物中毒。水源和土壤中可溶性盐浓度用电导率(EC)表示，EC值低于 250 μS/cm 为低盐度危险，排水良好时可用于草坪灌溉；EC 值介于 250～750 μS/cm，如有较好的淋洗条件也可用于草坪灌溉；EC 值介于 750～2 250 μS/cm，土壤排水不良时已不能用于草坪灌溉；EC 值大于 2 250 μS/cm，一般不能用于草坪灌溉。土壤溶液的盐浓度常比灌溉水的高得多，这是因为植物吸收水分速度快于离子吸收的缘故，饱和土壤溶液的 EC 值一般高于灌溉水的 2～3 倍。在灌溉用水中，氯化物和硫化物的浓度过高可引起草尖焦灼。当水中氯化物和硫化物的浓度为 230～400 μg/g 时，对盐敏感的草坪草不适宜灌溉。硼是植物生长必需的营养成分，但需要量极少。硼是水溶性的，在许多灌溉水源中都发现有硼。如果灌溉水中硼浓度超过 1～2 μg/g，就会对草坪草产生毒害。草坪灌溉用水中钠盐的存在也是值得注意的问题，钠吸收率(sodium absorption ratio，SAR)是用于估测灌溉用水中钠等阳离子危害程度的指标，土壤中的 Ca^{2+} 和 Mg^{2+} 起到抵消钠离子危害的积极作用，Ca^{2+} 和 Mg^{2+} 含量越低，SAR 越大，钠离子的危害越大。一般土壤中 SAR 含量在 5～15 可造成草坪危害，具体造成危害的 SAR 含量还与土壤结构等因素有关。水源中可能引起草坪毒害的还包括高浓度的其他各种微量元素及其离子，如生产废水中的铬、镍、汞、硒等。此外，悬浮在草坪水源中的各种颗粒使用前必须过滤掉，以避免危害草坪灌溉系统部件，如堵塞喷头、引起喷头不转等；粉沙和黏粒随水灌入土壤会封闭土壤孔隙，降低水分入渗速度；采用池塘、湖泊、河流地表水或地下水经沟渠引水灌溉草坪时，水中往往会携带大量的杂草种子，若不加以处理和控制，常常会导致杂草的入侵。

5.2.10　案例分析

高尔夫球场的果岭有着特殊的土壤层次结构，根据美国高尔夫球协会(United States Golf Association，USGA)的建造方法，30 cm 深的沙是构成果岭草生长的主要介质。果岭是高尔夫球场养护的重点，其品质的好坏直接影响整个球场或俱乐部的收益。果岭的养护必须满足 trueness(精确度)、firmness(均一性)、smoothness(平滑性)和 speed(速度)以达到举办赛事的要求。因此果岭具有持水差、易干旱、作业频繁、根系浅等特点。这个部分着重讨论果岭草坪的灌溉技术。

1. 高尔夫果岭灌溉时间

灌溉时间非常敏感，实践中灌溉的具体时间传统上一般安排在夜晚 9 时以后，根据最小病害原则，马宗仁提出可安排在凌晨 5 时左右浇水。由于各种原因(天气、病害)有些球场一般安排在下午 4 时左右浇水。

2. 高尔夫果岭灌溉频率

果岭灌溉次数遵循少量多次灌溉原则。春季、夏季至 12 月初，暖季型草坪灌溉次数 1 次/日，12 月初至翌年 3 月初 2～3 次/周。冷季型草坪在春季后期、夏季、秋季期间灌溉次数 1 次/日。冬季休眠枯死。

3. 高尔夫果岭灌溉量

由于高尔夫果岭的属性和特殊的土层结构，灌溉量并不服从灌溉量大、灌溉次数少的补水原则。也就说，灌溉量大，不一定能满足草坪生长需要。因为沙质土壤持水很差，大部分水因渗漏，而成为无效水。因此，果岭灌溉量服从少量多次的灌溉特征。每次灌溉时应检查土壤墒情或干土层厚度而定补水量，应以实际需要而定，并非一成不变。而 James B. Beard 认为，果岭每次浇水应充分湿润到根系生长层，即有明显湿润痕迹时停止浇水，这也不利于节水。现在大多数球场还使用传统的浇水方法，即每个果岭通常用时间来代替浇水量，一般浇水 15～20 min 即可。采用这种计时浇水技术主要是现代球场普遍安装了电子自动浇水系统。采用计时法最为方便。一般而言，这种浇水方法在水源充足的条件下也是合理的。

5.2.11　草坪排水系统

1. 草坪排水系统的作用

草坪排水(drainage)系统是草坪建植中最重要、技术含量最高、投资比重最大的基础工程，它具有如下作用：排除多余水分，保证草坪场地内无积水；阻隔草坪地下水上升和盐碱危害；有利于草坪土壤通气透水；便于草坪灌溉管理。

2. 草坪排水系统的组成和类型

草坪排水系统包括排水砾石或砾石层、排水管道和蓄水池。排水砾石或砾石层是草坪草根系分布层的亚土层，通常厚度为 15～20 cm，一般由直径为 2～10 cm 的砾石构成，也是暂时存水的保水层。排水层下面是排水管道，包括排水支管和排水主管。排水支管可用埋碎石盲沟、多孔陶瓷管和有孔塑料管建造。因为塑料排水管都不承压，排水主管和暗渠多用砖、石块与混凝土管或铸铁管。蓄水池是为了再利用草坪排泄的废水灌溉草坪设置的储水构筑物。草坪排水系统按排水形式可分为 2 种类型：地表排水和地下排水。

地表排水是利用表面的坡度自然排水，可以分为造型排水、水沟排水、汇集排水和渗透排水四种方式。地下排水多采用地下盲沟的方式，疏导分流因降雨、喷灌而汇集起来的径流水；排除土壤中过多的渗透水。高尔夫球场的地下排水一般由雨水排水系统和渗排水系统组成(图 5-4)。

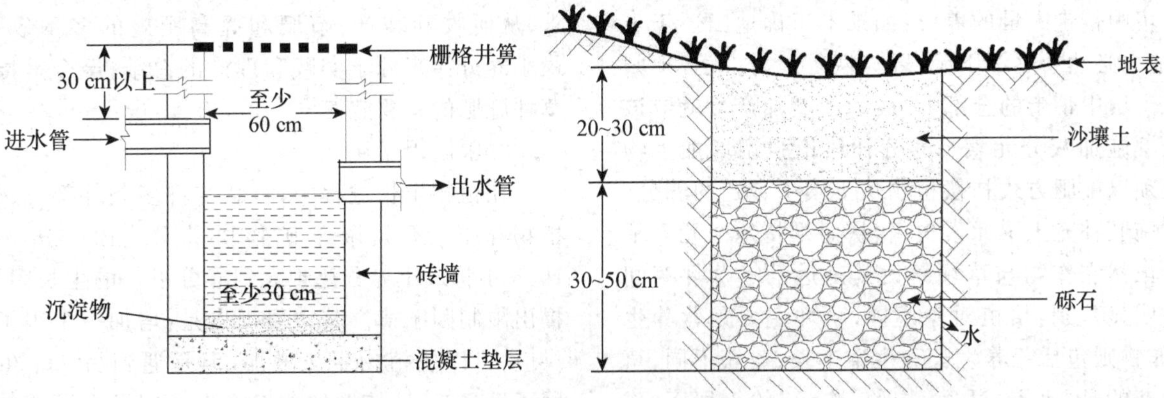

图 5-4　排水井构造示意图(引自韩烈保，2004)

(左为雨水井，右为渗水井)

5.3 施肥

施肥(fertilization)是草坪养护管理的一项重要措施,草坪合理施肥与修剪、灌溉是草坪质量维持的三大决定因素。草坪施肥具有以下5个方面的作用:增加土壤肥沃性,为草坪草的生长发育提供所需的营养物质,维持草坪的景观、休闲运动和生态等坪用功能;改善土壤理化性质,促进土壤团粒结构的形成,为草坪草生长提供良好的生长基质环境;调节土壤酸碱性,为草坪草与土壤有益微生物的旺盛活动创造有利条件;增加草坪密度、绿度和活力,延长草坪绿期,增强园林绿化效果;提高草坪草的抗逆性,维持草坪的功效。

5.3.1 草坪科学施肥的一般原理

草坪系统和农田、草地、林地一样,要维持优质的生长发育状态,需要充足的肥料供应。仅有种类齐全、数量充足的肥料是远远不够的,还需要科学的施肥技术和方法。科学的施肥技术和方法来源于施肥的基本理论,如养分补偿论、最小养分律、报酬递减律、因子综合作用律和四因子匹配律等。这些理论客观地反映了施肥实践中存在的问题,至今仍然是指导草坪施肥的重要依据,尤其在高尔夫球场。

1. 养分补偿论

18世纪初德国化学家 Lieberthet 提出养分补偿论,其主要观点是:随着植物的每次刈割,必然要从土壤中带走大量的养分;如果不正确地归还于土地,地力必然会逐渐下降;要想恢复地力,就必须归还从土壤中带走的全部养分;为了增加产量就应该向土壤施加灰分元素。养分补偿论强调增加生物量必须以施肥方式补偿植物从土壤中带走的养分。通过施肥补充土壤元素失衡,从而维持地力元素平衡。虽然农作物与草坪草尤其是运动场草坪草间存在明显差别:培植对象不同,草坪主要是营养生长,作物则包括营养生长和生殖生长;收获不同,草坪收获的是“平滑、适密、均匀、浓绿”的等坪面,作物则是籽实;土壤不同,草坪建植的土壤是经过改良的,尤其是果岭中的草坪草种植在70%(甚至95%以上)的沙质土壤上,农作物的土壤种类则很多。因此,二者生长期内吸收和带走的养分不同,补充归还的养分及数量也不同,但重点元素基本相同,养分归还的重点是N,适量照顾P、K的补充。与农作物土壤相比,高尔夫沙质土壤淋洗严重,肥料储存时间短、量少,因此两者在施肥时间、频率和数量上差别明显。

2. 最小养分律

1843年,Lieberthet 提出最小养分律,其主要观点是:决定植物产量的是土壤中某种对植物需要来说相对含量最少而非绝对含量最小的养分;最小养分不是固定不变的,而是随着条件的变化而变化;继续增加最小养分以外的其他养分,不但难以增产,而且还会降低施肥的效率。最小养分律限于讨论矿物质养分。施肥是补充土壤养分欠缺、提供植物适当的营养物质,从而获得正常生长发育的一种手段。根据最小养分律,最小养分对于植物来说是土壤供应最差的基本养分,而不是土壤中绝对含量最少的养分。如果影响草坪生长的最小养分是大量元素,如高尔夫草坪N素消耗最多、最容易缺,也就是最小养分,对某些草种来说,补施N肥效果非常显著。如果是其他元素成为最小养分,如高尔夫球场果岭区沙质土壤容易发生缺铁,此时铁元素则是最小养分。当土壤中最小养分经补充满足草坪需求之后,草坪草生长就会迅速加快,原来的最小养分就会被其他养分替代。正确分析最小养分律,就可因地制宜选择肥料种类,满足草坪对养分的需求,从而收到增产、节肥和提高肥效的多重效果。最小养分律来源于实践和理论的总结,至今是指导草坪施肥的重要定律。

3. 限制因子律

在植物生长过程中,自然界许多条件都可影响植物生长,不只限于矿物质养分。Blackman 于1905年将最小养分律扩大到养分以外的生长因子,提出限制因子律。其主要观点是:增加一个因子的供应,可以使植物生长增加,但是遇到另一个生长因子不足时,即使增加前一个生长因子也不能使植物生长增加,直到缺少的因子得到补充,植物才能继续生长。限制因子律是最小养分律的引申,它综合考虑了除养分以外的诸多因素，如土壤物理特性（质地、结构、含水量、有害物质情况）和气象因子（温度、光照、降雨、风力）。施肥不能只注意养分种类和数量，还需注意其他影响生长和肥效的因子，因为上述因素都能影响植物的生长。

4. 最适因子律

由德国学者 Lieberthet 提出，其主要内容是：植物生活条件变化的范围很大，生长受许多因素的影响，植物适应的能力有限，只有影响生长的因子处于中间地位，最适于植物生长，生物量才能达到最高。因子处于最高或最低的时候，不适于植物生长，生物量可能为零。科学施肥上，有很多例证可证明最适因子律的正确性。如，尽管作物对微量元素的需要量很少，仅相当于作物需氮量的 1%～10%，缺乏则出现缺素症状，影响产量，而过量又极易形成毒害。再如，任何单一或复合肥料用量过大时，土壤溶液浓度提高，也会造成盐害。

5. 报酬递减律与米采利希学说

报酬递减律和米采利希学说并不是一回事，但都反映了投入与产出过程中客观存在的报酬递减问题。欧洲经济学家杜尔哥和安德森在 18 世纪后期作为经济法则提出，后来在农业上具体应用，取得了明显的实践性。其含义是：在其技术及环境条件不变的前提下，随着投入的增加，连续投资所增加的效益逐渐减少。米采利希通过对燕麦沙培实验的分析发现，肥料施用量与产量之间的关系同样符合报酬递减律。即某种养分的效果，以土壤中该种养分愈不足时效果愈佳，若逐渐增加该养分的施用量增产的效果却会越来越小。米采利希的实验告诉我们，在一定生产条件下，随着施肥量的增加，单位肥料所产生的效益逐渐减少，要想获得肥料投资的最大效益，有限的肥料应分散施用到较大面积的耕地上。许多草坪施肥试验说明：草坪生长随施肥量的增加而增加，达到一定阶段生长反而会减少，植物生长呈反"U"形曲线。

6. 因子综合作用律

草坪生长不仅需要解决生长限制因子，其中也包括最小养分，而且只有在外界环境条件足以保证草坪正常生长和继续发育的前提下，才能充分发挥施肥的最大效益。因此，肥料的增长效应必然受因子综合作用的影响。因子综合作用律的主要内容是：植物增长是影响植物生长发育的各种因子如水分、养分、光照、温度、空气、植物种类以及养护条件等综合作用的结果。其中必然有一个起主导作用的限制因子，这一限制因子在一定程度上制约着植物的生长和发育。为了充分发挥肥料的增长作用和提高肥料效价，一方面施肥措施必须与草坪养护技术密切配合，另一方面应该因地制宜地综合应用各种肥料。

7. 草坪施肥四因子匹配律

正如限制因子律和综合作用律所指出的那样，在植物生长过程中，自然界许多条件都可影响植物生长，草坪生长不仅需要解决生长限制因子，而且只有在外界环境条件足以保证草坪正常生长和继续发育的前提下，才能充分发挥施肥的最大效益，肥效的增长必然受因子综合作用的影响。马宗仁提出四因子匹配律，其主要内容为：草坪、肥料、病害、气候四因子需要互相匹配，只有在相互匹配的情况下，所施肥料才能促进草坪健康生长。对大多数草种而言，高尔夫草坪施肥的科学匹配为：春季高氮、低磷钾肥（5∶3∶2），夏季氮磷钾平衡肥（1∶1∶1），秋季高磷钾、低氮肥（1∶3∶5）。

8. 草坪生长与各因子的关系

水分与施肥：水分是草坪正常生长发育所必需的生活条件之一。土壤水分状况决定着草坪生长的需肥量和土壤中吸收养分的能力。一般来说，施肥效果是随土壤含水量的提高而增加的。土壤水分不足直接影响肥料的溶化、吸附和吸收，间接影响草坪光合作用等，因而干旱土壤肥料利用效率低，增长效果差。在高尔夫草坪施肥实践中，施肥与灌溉相结合是发挥肥效的有效措施之一。

草种与施肥：草种的遗传决定了其对肥料的反应为耐瘠或耐肥，这是草种对肥料的最大/最小耐受量，是施肥的重要理论之一。狗牙根耐肥性很高，可忍受最高肥限，需纯氮每生长季为 0.34～0.69 kg/100 m^2，而细叶结缕草每生长季则仅需 0.05～0.10 kg/100 m^2。超过最高耐肥极限会引起高尔夫草坪体内发生明显的生理变化，例如细胞壁变薄、组织柔软多汁、养分贮存减少、耐热、耐旱、抗病、耐寒和耐践踏能力降低。施氮过多还会促进茎叶迅速生长，增加剪草次数；反之，少于最低耐瘠极限，耐肥种类生长发育不充分，影响草坪的美观。

养分间的互作：最小养分律的实质是植物生长往往受土壤中 1 种最小养分所制约。如果土壤中同时存在 2 种养分限制植物生长时，仅仅补充其中的 1 种养分，对植物生长则无效，如同时补充 2 种养分，将产生明显的效果，这就是养分之间的相互作用效应，统计学称为交互作用或连应。养分间交互作用有 3 种情况：肥料正效应，草坪同时施用 2 种养分的增长效应大于每种养分单独使用的增长效应之和。肥料零效应，草坪对 2 种养分同时施用的增长效应等于每种养分单独使用时的增长效应之和。肥料负效应，草坪对两种养分同时施用的增长效应小于每种养分单独施用时的增长效应之和。一般来说，氮肥的最高肥效是建立在充足的磷肥和钾肥基础上；而在氮肥充足的基础上，钾肥最高肥效才得以表现。在施肥实践中，利用养分之间的相互作用效应是经济合理施肥的重要原理之一。

5.3.2 草坪草的必需营养元素的功能、缺素症和施肥管理

5.3.2.1 草坪草的必需营养元素

草坪草正常生长的必需营养元素有 16 种，除 C、H、O 主要来自空气和水外，其余包括 N、P、K、Ca、Mg、S、Fe、Mn、B、Zn、Cu、Mo、Cl 等 13 种营养元素都主要依靠草坪土壤供给。草坪草生长所必需的营养元素同等重要，任何一种必需营养元素均不能为其他营养元素取代，如果缺乏其中的任何一种，草坪草均不能正常生长发育。

5.3.2.2 草坪草必需营养元素的功能与缺素症

1. 氮

除 C、H、O 外，草坪对氮(nitrogen，N)的需要量比其他任何必需元素都多。正常草坪草的氮含量为 20.0～60.0 g/kg 干物质，氮的有效态是 NH_4^+ 和 NO_3^-。氮在草坪草的生长中有很多重要功能，N 是构成酶、蛋白质和氨基酸的重要成分，参与草坪草体内许多重要的生物化学反应；它是生长素、细胞分裂素、维生素 B_1、维生素 B_2、维生素 B_6 和 CoA 的重要构成部分，在草坪细胞伸长、分裂及代谢中起重要的作用。N 素充足时，细胞迅速分裂和伸长，分蘖、分枝陡增，枝叶繁茂；反之，N 素缺乏时，分裂伸长受抑，生长发育停滞，分枝和分蘖受阻，叶少而小，植物瘦弱，草坪呈现稀疏、枯黄的现象。不过 N 素过量时易引起徒长，叶大而薄，茎秆柔嫩，抗病虫能力减弱；N 素也是叶绿素组成成分之一。

N 易在体内转移，常从老叶向幼叶移动。草坪草缺氮的关键症状是较老叶子浅黄、叶茎生长锐减。缺氮植株矮小，瘦弱，直立；叶片绿色转淡呈浅黄或红绿；失绿叶片色泽均一，一般不出现斑点或花斑，叶细而直；缺氮症状通常以老叶开始，逐渐扩散到上部，下部叶片黄化后提早脱落；根系色白而细长，根量少。

通常土壤中氮含量较低；施用氮肥后由于淋溶和挥发作用损失较大；硝酸根离子是植物利用最普通的化学态，因其带负电，不能贮存于土壤胶体的阳离子置换位上，很易被淋溶流失；铵态氮易挥发进入大气被损失；草坪修剪的草屑可带走大量氮素，因此土壤缺氮现象较普遍。孙吉雄提出较为准确的施氮量估测方法，利用试验的方法由公式计算：

$$N_1(\%)=D_1-D_2/N \quad N_2(\%)=N_3\times G/N_1(\%)$$

式中：N_1 为氮肥利用率；D_1 为施氮草坪的干物质量；D_2 为不施氮草坪干物质量；N 为实验施氮量；N_2 为计算施氮量；N_3 为草坪含氮量；G 为生长量。

试验结果虽然准确，但沙质土壤中的养分含量具有动态变化的特点，肥料的利用率也依肥料种类、气候和养护条件变化而变化，应用性受到很大的限制。实践证明，低水平养护的草坪草，其每年补充的氮素为 0.48 kg/100 m²，高水平的则为 5～7 kg/100 m²。不同草种在中等养护水平下的需氮量见表 5-8，不同季节冷季型草坪草的氮肥使用量见表 5-9。

表 5-8 中等养护水平下草坪需氮量(引自马宗仁，2004)

草种	一个生长季所需氮肥量/(kg/100 m²)
细弱翦股颖	0.25～0.48
匍匐翦股颖	0.25～0.63
改良狗牙根	0.34～0.69
早熟禾	0.25～0.48
草地早熟禾	0.19～0.48
细羊茅	0.05～0.19
多花黑麦草	0.19～0.48
多年生黑麦草	0.19～0.48

表 5-9 冷季型草坪草的氮肥使用计划(引自徐国庆,2014)

施肥时间	施肥量/(kg/100 m²)
3—4 月	0.244～0.367
5—6 月	0.244～0.367
6—7 月	防止缺绿即可
8 月	0.489
9 月	0.489
深秋	0.489～0.733

2. 磷

正常草坪草的磷(phosphorus,P)含量为 2.0～5.0 g/kg 干物质,磷的有效态是 HPO_4^{2-} 和 $H_2PO_4^-$。磷对草坪草主要有以下生理功能:磷是构成草坪草体内许多重要有机化合物的组成成分;磷脂是植株体内的一类含磷有机化合物,包括磷脂肽肌醇、二磷脂肽肌醇和磷脂肽乙醇胺等,它们与糖脂和胆固醇等膜脂物质与蛋白质一起构成生物膜,影响着草坪草的生命活动。同时,由于磷脂分子既有酸性基团又有碱性基团,可增强细胞原生质的缓冲性,因此磷能提高草坪草对环境变化的适应能力;磷是植素的重要组成成分,植素的形成和积累有利于淀粉的合成;磷在草坪草能量转化中起着重要作用,三磷酸腺苷(ATP)在植物体内起重要的能量调节作用。磷还存在于各种脱氢酶、黄素酶和氨基转移酶等重要酶类中,磷积极参与草坪草体内的各种代谢活动;磷能提高草坪草的抗逆性和对外界酸碱反应变化的适应能力。磷充足时有利于幼芽生长,根系发育,增加草坪草的持续分蘖。磷能促进可溶性糖类的贮存,如在冬季前使用,能增强草坪草的抗寒能力。磷刺激草坪根系分裂生长,在植草前施磷,可提早萌发。缺磷时草坪代谢过程受抑制,茎叶转为紫褐,分蘖减少,新根少,草坪草形成"僵苗"。磷过剩则妨碍硅、锌元素吸收,使草坪变粗糙,失去使用和观赏价值。

磷在植物体内易于再利用,缺乏时常从下部老叶开始向幼叶转移。缺磷草坪关键症状:较老叶先深绿,然后呈紫褐,新根少。缺磷植株生长缓慢,矮小瘦弱、直立、分枝少、叶小易脱落;色泽呈暗绿色或灰绿色,缺乏光泽。

酸性土壤普遍缺磷,在施用磷肥时应注意防止施入的磷肥被土壤固定,施肥原则是在适合的土壤pH 条件下少量多次。当土壤的 pH<6.0 或高于 7.0 时,磷便结合成无效不溶态。此外还应注意及时施用磷肥,多数草坪草处于潜在缺磷阶段时,在外貌上很难诊断,当表现出明显缺磷症状时,则早已病入膏肓。一般认为土壤中有效磷含量低于 34 kg/hm²、全磷低于 0.08%、草坪草体内的磷含量低于 0.5%～1% 时需要施用磷肥。草坪草对磷的需要量为氮的 1/5～1/10。综合考虑磷施入土壤后易被铝、铁和钙固定的问题,一般施磷量为施氮量的 1/3 较为恰当。

3. 钾

正常草坪草的钾(potassium,K)含量为 10.0～25.0 g/kg 干物质,钾的有效态是 K^+。钾虽不是细胞的组成成分,但几乎直接和间接参与草坪草的所有重要生命活动。钾是很多酶的活化剂,在蛋白质、碳水化合物代谢和吸收作用中发挥作用;影响光合作用和光合作用产物的运转;参与细胞的渗透调节、调节气孔的开闭,钾充足时才能使蛋白质胶体膨胀,增加植物的耐旱性;钾能提高细胞的浓度,降低冰点,强化草坪机械组织,增强草坪草的抗寒性等逆境胁迫的抗性。

钾在植物体内以离子状态存在,流动性强,常随植物生长转移到生命活动最旺盛的部位,属可再利用元素。缺钾草坪关键症状:叶脉间变黄色,特别是较老叶子,叶尖和边缘枯焦。禾本科草坪草缺钾初期,全部叶片呈蓝绿色,叶质柔弱并卷曲,老叶的尖端及边缘变黄,叶脉间变黄色,再变成棕色以至枯死,叶片呈枯焦状。由于钾在植株体内再利用能力强,所以缺素症一般在生长后期才表现出来。症状往往先出现于下部叶片,逐渐向上发展,中部叶片发展最快,症状还会因过多的氮,特别是铵态氮而加重,同时草坪易发生倒伏现象。

在氮、磷等肥料供应较低的情况下,钾素营养问题并不突出,但氮、磷肥用量增加,则草坪草对钾肥的需求变大,特别是南方低钾土壤更为突出。理想状态下植物体内的 N∶K 比例是 2∶1,钾过剩则将影响植物对 Ca 和 Mg 的吸收。钾易淋失,尤其是与氮一起施用时,所以钾肥的施用也应少量多次,通常草坪施肥时 N 与 K_2O 的比例以 2∶1 为佳。

4.钙

正常草坪草的钙(calcium,Ca)含量为5.0～12.5 g/kg干物质,钙的有效态是Ca^{2+}。钙在植物中起着不可估量的作用。钙的生理功能与细胞壁组分有关。钙是植物结构组成元素,主要构成有果胶酸钙、钙调素蛋白、肌醇六磷酸钙镁等,在液泡中有大量的有机酸钙,如草酸钙、柠檬酸钙、苹果酸钙等。钙能稳定细胞膜、细胞壁,还参与第二信使传递,调节渗透作用,具有酶促作用等。

钙充足时能增加草坪抗病虫害能力;缺钙时幼嫩叶片边缘变为红棕色,并逐渐延伸到中脉。在较老的植株上,首先是脉间部分变为红棕色,接着变为淡红色,再变为玫瑰红色,最后叶尖枯萎。Ca^{2+}与H^+、NH_4^+、Mo^{2+}和Na^+有拮抗作用,施肥时应加以注意。

5.镁

正常草坪草的镁(magnesium,Mg)含量为2.0～6.0 g/kg干物质,镁的有效态是Mg^{2+}。镁是叶绿素的重要组成成分之一,是植物合成叶绿素必不可少的元素。另外,镁还是植物体内酶的重要活化剂,对植物体内多种代谢活动有促进作用。镁是核糖体的组成成分。镁还能影响线粒体的发育,影响能量的产生。

缺镁时,最先出现在低位衰老叶片上,共同症状是下位叶叶肉为黄色、青铜色或红色,但叶脉仍为绿色,进一步发展成整个叶片组织全部淡黄然后变褐,直至最终坏死。

6.硫

正常草坪草的硫(sulfur,S)含量为2.0～4.5 g/kg干物质,硫的有效态是SO_4^{2-}。硫在植物体内参与胱氨酸和蛋氨酸等含硫氨基酸的形成。由于绝大多数的蛋白质都是含硫的氨基酸,所以硫也是原生质的组成成分。同时硫还是代谢活动的参与者,参与调节细胞中的氧化还原过程、呼吸作用,以及某些物质的合成和转化。因此,硫在草坪植物体内起着广泛的生理作用。

缺硫时,含硫氨基酸合成减少,蛋白质含量降低,叶绿素的形成也会相应地受到影响。植株缺硫的症状是幼叶呈黄绿色。

7.微量元素

微量元素是草坪草正常生长发育需求量较少的元素,共7种(Fe、Mn、B、Zn、Cu、Mo和Cl)。草坪草对微量元素的需求量中等或较少,土壤中一般不缺乏,同时还可通过氮、磷、钾肥的施用补充部分微量营养元素,因此草坪草一般不表现出缺这些元素的症状。例如,必需营养元素之一的氯元素,草坪草对其需求量较低,且草坪草体内的氯含量很丰富,因此很难发生草坪草缺氯的情况。但是特殊的草坪土壤或者长期种植某种特定的草坪草,同时进行长期的草坪修剪并从草坪中移去草屑,也可能造成草坪草对某种微量元素的缺乏病症,必须及时对草坪补充相应的微量元素肥料。草坪草的微量必需营养元素的主要生理功能和缺素症如表5-10所示。

表5-10 草坪草的微量必须营养元素的主要生理功能和缺素症

元素	生理功能	缺素症
Fe	多种酶和蛋白的组分,促进叶绿素合成,参与呼吸氧化还原作用,促进根瘤固氮作用。	上部嫩叶叶脉间变黄失绿。
Mn	多种酶的组分和活化剂,影响叶绿素、维生素C、核黄素和胡萝卜素合成,参与呼吸氧化还原,促进光合作用和硝酸还原。	新叶发黄,叶脉绿色,组织易坏死。
B	促进碳水化合物运转及生殖器官形成,影响生长激素形成及细胞分裂,提高豆科草坪草根瘤菌固氮活性。	生长点易坏死,花器官发育不正常,出现"花而不实";茎秆易开,生长缓慢。
Zn	多种酶的组分和活化剂,影响叶绿素合成、氧化还原作用和碳水化合物运转,促进生长素蛋白合成。	生长迟缓,叶薄而皱缩,失绿,状如脱水,出现褐斑,组织坏死。
Cu	多种氧化酶的组分和活化剂,促进叶绿素合成并增加其稳定性,促进蛋白质和碳水化合物代谢,参与呼吸氧化还原作用。	新叶失绿,叶尖发白卷曲,出现坏死斑。
Mo	硝酸还原酶组分,参与氧化还原过程,影响叶绿素稳定;影响豆科草坪草根瘤形成。	老叶灰绿色,脉间失绿,出现斑点,边缘焦枯,豆科草坪草根瘤小而少。

5.3.3　草坪肥料类型与特点

草坪肥料按肥料性质可分为有机肥料、无机肥料和生物肥料(菌肥)。按所含营养元素成分可分为氮肥、磷肥、钾肥、镁肥、硼肥、锌肥、钼肥等。按营养成分种类多少可分为单质肥料、复合肥料或混合肥料。按肥料的状态可分为固体肥料(包括粒状和粉状肥料)、液体肥料等。按肥料中养分的有效性可分为速效肥料、缓效肥料、长效肥料等。

5.3.3.1　草坪常用肥料与特点

草坪草对氮、磷、钾的需要量大,当土壤中有效态氮、磷、钾养分不足以维持草坪草正常生长发育时,则通过施肥解决氮、磷、钾养分供需矛盾。因此,氮肥、磷肥、钾肥称为草坪草的三要素肥料,为草坪常用肥料,有时也把镁肥和钙肥等列为常用肥料,这些肥料还可分为各种不同的肥料类型,各具不同特点(表 5-11)。

表 5-11　草坪常用肥料与特点(引自孙吉雄,2004)

种类	性质	名称	分子式	有效成分含量(100%)	特点
氮肥(N)	无机	硝酸铵	NH_4NO_3	35	含 N 量高
		硫酸铵	$(NH_4)_2SO_4$	20	降低床土 pH
		氨水	NH_4OH	20～29	注入床土
		带壳硝酸铵	$NH_4NO_3+CaCO_3$	25	使用方便、安全
		硝酸钾	KNO_3	13.8	可供给 N、K 两种营养
		硝酸钠	$NaNO_3$	16	含一定量钠
		尿素	$CO(NH_2)_2$	46	易挥发淋失
	有机	干血		12	价格高、效果好
		鱼肥		8～10	渔副产品
		海鸟粪		10～14	来源于鸟粪
		蹄角		12～14	畜产品加工副产品
		煤灰		1～6	用时要考虑溶解条件
磷肥(P_2O_5)	无机	托马斯磷肥	不定	8～18.5	不溶,含少量石灰质
		磷灰石矿粉肥	不定	25～39	不溶,适用潮湿酸性土壤
		磷酸氢二铵	$(NH_4)_2HPO_4$	53	可溶,集中混合使用
		磷酸铵	$(NH_4)_3PO_4$	53	可溶,集中混合使用
		过磷酸钙	$Ca(H_2PO_4)_2$	18	可溶,宜作基肥
	有机	骨粉		15～32	肥效慢,酸性土壤效果好
		鱼肥		4～9	渔业副产品
		海鸟粪		9～11	来源于海鸟
		强化骨粉		27～28	表施,肥效快,安全
钾肥(K_2O)	无机	钾盐镁钒	$MgSO_4+KCl$	7～9	含多种其他营养
		氯化钾	KCl	16	含氯和其他盐分
		硝酸钾	KNO_3	27	含 N 素
		硫酸钾	K_2SO_4	3～12	用于不适合施 KCl 的地方
		硫酸钾镁	$K_2SO_4+MgSO_4$	6.5	能平衡钾镁比例
	有机	鱼粉		1.8～3.0	—
		海鸟粪		1.8～3.6	
		海藻		1.2	
镁肥(Mg)	无机	泻盐	$MgSO_4 \cdot 7H_2O$	7～9	可溶,喷洒
		硫镁钒	$MgSO_4 \cdot H_2O$	16	溶解酸性土壤
		菱镁矿	$MgCO_3$	27	宜用于酸性土壤
		镁质灰岩	$CaCO_3+MgCO_3$	3～12	宜用于酸性土壤
		硫酸钾、硫酸镁	$K_2SO_4+MgSO_4$	6.5	宜用于酸性土壤
	有机	生石灰	CaO	—	易灼伤,不常用
		熟石灰	$Ca(OH)_2$		生石灰溶于水
		石膏	$CaSO_4$		宜用于盐渍地

5.3.3.2 肥料类型

草坪肥料的类型有速效肥、控释与缓释肥、复合肥、四合一复合肥、天然有机肥等几种类型。

1.速效肥

速效肥又叫无机肥料或化学肥料。其特点是盐分含量高、易溶于水，易被植物吸收，不含有机质。由于成分含量高，容易造成肥害或灼伤，使用时必须按照说明配制溶液浓度或单位用量。常见的速效肥有尿素、氨水、磷酸氢二铵、硫酸钾、磷酸二氢钾、硝酸铵等。

2.控释肥与缓释肥

释放是指养分由化学物质转变成植物可直接吸收利用的有效形态的过程(如溶解、水解、降解等)；缓释是指化学物质养分释放速率远小于速溶性肥料施入土壤后转变为植物有效态养分的释放速率，生物或化学作用下可分解的有机氮化合物(如脲甲醛 UFs)肥料通常被称为缓释肥(SRFs)；控释是指以各种调控机制使养分释放按照设定的释放模式(释放率和释放时间)与作物吸收养分的规律相一致，对生物和化学作用等因素不敏感的包膜肥料通常被称为控释肥(CRFs)。通常所用的控释与缓释肥概念是指在肥料养分释放过程中，以缓慢或可控制的方式满足 Trenkel 标准的一类肥料。Trenkel 综合了有关控释与缓释肥养分缓慢或控制释放的释放率和释放时间的研究，提出了作为控释与缓释肥应具备的几个具体标准，即在 25℃条件下满足：肥料中的养分在 24 h 内的释放率(即肥料的化学物质形态转变为植物可利用的有效形态)不超过 15%；在 28 d 内的养分释放率不超过 75%；在规定时间内，养分释放率不低于 75%；专用控释肥的养分释放曲线与相应植物的养分吸收曲线相吻合。草坪有专用的控释与缓释肥，具备如下特点：肥料用量减少，利用率提高。缓释肥肥效比普通速效肥的肥效长 30 d 以上，淋溶挥发损失减少，肥料用量比常规施肥减少 10%～20%，节约成本；施用方便，省工安全。可以与速效肥料配合作基肥一次性施用，施肥用量减少 1/3 左右，并且施用安全，防肥害；为草坪植物生长提供长期、稳定的养分，施用后表现肥效稳长，后期还继续能够提供足够的养分，并增加植物抗逆性。

3.复合肥

是复混肥料的一种，是指氮、磷、钾三种养分中，至少含有两种养分并标明含量的仅由化学方法制成的肥料。复合肥具有养分含量高、副成分少且物理性状好等优点，对于平衡施肥，提高肥料利用率，促进植物正常生长发育有着十分重要的作用。由于不同土壤、不同草坪植物种类所需的营养元素种类、数量和比例是多样的，因此使用前最好进行床土的养分检测，了解土壤的质地和营养状况，另外也要注意和速效肥料配合施用，才能得到更好的效果。目前在市场上有许多农业上开发的专用肥，在草坪养护管理中一般只是拿来作为追肥使用，草坪专用的还不多。

4.微肥

一般来说，土壤反应不是太剧烈的情况下，高尔夫草坪不出现微量元素缺乏症，因为它的需要量很容易从土壤中获得。目前市场见到的微量元素肥料有：铁肥、锰肥、钼肥、锌肥、铜肥、硼肥等。由于微量元素施入土壤后易被土壤固定，为提高肥效，常使用螯合态或玻璃肥料，常用的螯合剂有乙二胺四乙酸(EDTA)、羟乙基乙二胺三乙酸(HEDTA)、乙二胺邻位苯乙酸(EDDHA)等；玻璃微肥是玻璃与微量元素熔融后粉碎制成，减少了微量元素与土壤接触面积，草坪草可缓慢吸收。这类肥料的显著特点是用量少，一般常作追肥使用。

(1)铁肥　土壤中铁含量较高，但碱性土壤中的有效性较低，而且铁肥易被固定，草坪生长旺盛时常会暂时缺铁。常用的铁肥有 $FeSO_4 \cdot 7H_2O$(含铁 19%～20%)和螯合态铁(如 FeEDTA，含铁 5%～14%)，施用量 0.5 g/m^2，并且为增加肥效，常与有机肥一起使用。

(2)硼肥　草坪草缺硼多发生在 pH>7 的土壤，土壤的水溶性硼(沸水萃取法)低于 0.5 $\mu g/g$ 时，草坪草可能缺硼。硼砂追肥量 0.5～0.6 g/m^2，硼泥可按 0.6～0.7 g/m^2 的量作基肥。成坪后的草坪草缺硼肥时，可进行叶面喷肥。

(3)钼肥　钼在酸性土壤中的有效性很低，采用草酸-草酸铵(pH=3.3)提取的土壤有效钼低于

0.15 μg/g 时,草坪草可能缺钼。钼肥施用量很小,钼酸铵一般用量 0.1～0.2 g/m^2,常与磷肥混施效果较好。

(4)锌肥 缺锌多发生在 pH > 6 的土壤,此外土温低或大量施用磷肥及含磷高的土壤也易缺锌。碱性土中的有效锌含量(0.1 mol/L 盐酸提取)低于 1 μg/g 时,草坪草可能缺锌。草坪喷施硫酸锌的浓度一般可用 0.05%～0.10%,某些植物可用 0.4%～0.5%,加入 0.25%的熟石灰可消除高浓度锌可能产生的药害。

(5)铜肥 一般土壤不缺铜,但高有机质和高 pH 值土壤可能降低铜的有效性。酸性和中性土壤的有效铜含量(0.1 mol/L 盐酸提取)≤1.9 μg/g、碱性及高有机质土壤的有效锌含量(0.02 mol/L 螯合态 EDTA+0.5 mol/L 氯化铵提取)≤1 μg/g 时,草坪草可能缺铜。硫酸铜基肥用量 0.5～0.8 g/m^2,1～2 年施用一次。硫酸铜可进行叶面喷肥。

(6)锰肥 锰在土壤中以多种价态存在,各价态随环境条件变化而转变,有效态为 Mn^{2+},当土壤 pH > 6.5 时会降低其有效态含量,因此碱性土壤会出现缺锰。硫酸锰与有机肥或生理酸性肥料混合施用肥效较好,用量 0.2～0.5 g/m^2;硫酸锰喷施浓度介于 0.05%～0.1%。

5. 菌肥

菌肥又称生物肥、细菌肥或接种剂,是一种辅助性肥料,它本身并不含有植物生长发育需要的营养元素,而含有大量的微生物,在土壤中通过微生物的生命活动,改善草坪草的营养条件。例如,通过微生物活动,固定空气中的氮素,参与养分转化;促进草坪草对养分的吸收;分泌各种激素刺激植物根系发育,抑制有害微生物活动等。菌肥一般与化肥或有机肥料混合施用不单独施用。菌肥的作用越来越受到重视,应用于许多作物上,如烟草中的"多肽保"、豆科草坪草的根瘤菌肥和特别适合禾本科草坪草的固氮菌肥。菌肥的肥效一般受土壤等环境条件的严格限制,在不适宜的条件下,菌肥中的微生物被抑制甚至死亡而不能发挥增产的作用。

6. 四合一复合肥

这类肥料是指将肥料、杀虫剂、除草剂、杀菌剂四类物质集合为一体,施用于草坪建植和养护管理中。一次作业就可将多种草坪植物需要的技术措施到位,节省人工,降低成本。

7. 天然有机肥

天然有机肥是天然有机质经微生物分解或发酵而成的一类肥料,也称农家肥,具有原料来源广,数量大;养分全,含量低;肥效迟而长,须经微生物分解转制后才能为植物所吸收;改良土壤增加土壤肥力效果好等特点。草坪上应腐熟后再施用,多用于草坪建植阶段的基肥使用。常见的品种有绿肥、厩肥、堆肥沤肥、沼气肥和废弃物肥料等。

5.3.4 草坪合理施肥的依据

(1)养分的供求状况 主要是指草坪草对养分的需求和土壤可供给养分的状况,这是判断草坪草是否需要肥料和施用何种肥料的基础,可以根据土壤养分和草坪草组织中营养元素的分析来判断。

(2)草种对养分的需求 不同草种对养分的需求不同,尤其是对氮素的需求。比如紫羊茅对氮需求较低,高氮时密度和质量下降;假俭草、地毯草等生长量较低,肥力要求较低;高羊茅根系较深,对土壤养分的吸收能力较强,能耐低肥力。而匍匐翦股颖高肥下生长较好;结缕草在高肥力下表现更好,也能够耐低肥力;狗牙根尤其是一些改良品种,对氮量需求较高。

(3)具体的环境条件 当环境条件适宜草坪草快速生长时,要有充足的养分供应满足其生长需要。充足的氮肥有利于促进草坪草的生长和颜色,币斑病是低氮情况下容易发生的病害,但是高氮也会引起植物的徒长,细胞壁变薄容易发生病虫害,例如海滨雀稗的褐斑病。充足的磷、钾供应有利于增强植株的抗逆性,在环境胁迫到来之前或胁迫期间,要控制肥料的施用或谨慎施用。当环境胁迫除去之后,应该保证一定的养分供应。以利于伤害后的草坪迅速恢复。夏季高温来临前冷季型草坪的氮肥施用要相当小心,夏季氮肥用量过高常伴随严重的草坪病害发生。

(4)对草坪质量的要求　草坪养护管理的质量不同,修剪的频度也不同,因此需肥量也不同。如观赏型草坪就比实用型草坪施肥水平高,而运动草坪的质量要求最高。

(5)对草坪生长速度的要求　对于一块仅需维持生长现状的草坪,一般选择较低的供氮水平。但是若草坪密度较低、长势较弱或由于环境胁迫、病虫侵害,需尽快得到改善的草坪,则需要较高的供氮水平,以促进草坪草的生长;新建草坪所需要的氮较成坪的草坪往往要高。

(6)土壤的物理特性　颗粒粗的沙质土壤持肥能力差,养分易通过渗漏流失。尤其在高尔夫球场的果岭上,施肥时应该采用少量多次的方式或施用缓释肥料,以提高肥料的利用效率。

5.3.5　施肥方法

施肥方法(method of application)会影响施肥效果,应该依据草坪植物生长状况、季节等情况确定合理的肥料品种和类型。原则是施肥必须均匀一致,用量准确。否则会造成草坪色泽不一,生长速度快慢不同,草坪的观赏性下降。常用的施肥方法如下。

(1)喷施　一般有人工喷施或机器喷施两种方法。由于操作时,手的摆动和行走速度不易掌握,人工喷施不易均匀,因此作业时宜将总用肥量分成两份,以互相垂直方向分两次撒匀。机械喷施有三种工具:一是手摇式弹播器;二是离心式手推施播机,通过下面的旋转飞盘将肥料撒施;三是手推车式施肥机,在装肥料的箱子下面有可调节的施肥孔。施肥机械主要有两种类型:施用液体化肥的施肥机(图 5-5)与施用颗粒状化肥的施肥机。不论哪种方法施肥,颗粒型的肥料施后必须及时灌水,以免造成肥害。另外,当草坪植物叶面潮湿时不能撒施。撒播之前,最好对草坪进行修剪,以保证撒播的均匀一致。

(2)根外追肥　在整个草坪植物全生长季内都可用此法施肥,这种方法一般适合溶液型的肥料进行喷洒。溶液的浓度应控制在 0.5%以内,不要任意加大浓度。在安全的浓度下,可以定期施肥。

图 5-5　施肥机(图片由 TORO 公司提供)

5.3.6　施肥时间

施肥时间(time of fertilization)一般是根据每年的养护月历,按照不同季节提前计划好需要的肥料类型和用量、次数及间隔周期。一般冷季型草坪早春施以氮肥为主的肥料,促进返青生长;夏季则不施或少量巧施氮肥,要增施磷肥或钾肥;秋季是冷季型草坪植物生长旺季,肥料要均衡施用,其用量要足。但是在具体操作时还应该根据草坪植物的生长状况、其他养护措施的安排情况再行确定具体时间。

施肥量和次数可以根据坪床土壤肥力、植物种类和生长状况等因素确定。草坪常用肥料:复合肥生长季节可以施 2～4 次,每次的用量应控制在 20～25 g/m^2范围内;市场上销售的膨化鸡粪属于有机肥,可以作为生长季的肥料使用,用量每次不超过 250 g/m^2即可。

最后要说明的是,草坪的施肥量一定要控制适当,既不能缺也不能过量。草坪所施肥料,只有部分被植物所吸收利用,还有相当部分肥料挥发、流失,对环境会造成诸如水体污染等消极影响。在现代草坪的科研课题中,其中一个研究热点就是尽可能减少农药、化肥等方面的投入，让草坪植物按照草坪建设的不同阶段使其生长做到可控可调，减少浪费，保护环境，让草坪发挥出最大的生态效益。

5.3.7 草坪施肥技术应注意的问题

(1)根据草坪的需肥特点，强调以氮肥为主，配合磷、钾，兼顾其他的全价肥料施肥策略。低养护管理的草坪，每年至少补施氮素 5 g/m^2，高者可达 50～75 g/m^2。草坪对磷、钾的需要量分别为氮的 1/10～1/5、1/3～1/2，考虑到营养元素间的淋溶、固定等差异，一般 N : P : K 比例为 2 : 1 : (1～1.5)(其中 N 的 1/2 为缓效 N)。为了确保草坪养分平衡，不论是冷季型草坪草还是暖季型草坪草，在草坪生长季内至少要施 1～2 次复合肥。

(2)草坪施肥可根据草坪草的长势长相和季节适当加以调整。草坪叶色浓绿而软柔表明氮肥充足，挺直而具有弹性表明富含钾、磷。返青追肥可加大氮肥用量；为了提高草坪越冬、越夏的抗逆性可加大磷、钾用量。

(3)冷季型草坪草最佳的施肥时期在春、秋两季，暖季型草坪草春末为宜。冷季型草坪草要避免在盛夏季节施肥；暖季型草坪草在温暖的春、夏生长发育旺盛，需很好供肥。

(4)草坪施肥最好采用肥效缓释肥料，这种肥料对草坪草的刺激既长久又均一。天然的有机质肥料或复合肥，其氮含量低于 50%，不应视为缓效肥；无机速效化肥的施肥应少量多次，一次施肥量不应超过 5 g/m^2 纯氮。

(5)注意草坪施肥操作技术。草坪施肥应在草坪草干燥状态下进行，施量均匀，施肥后及时灌水。当出现不利于草坪草生长的环境条件和病害时不宜施肥；施肥计划的制订应以土壤养分测定的结果和经验为根据。对于易烧伤叶片的肥料，撒施或喷施时力求做到适量和均匀，避免数量过多或浓度过大。

(6)大多数草坪床土酸碱度应保持 pH 为 6.5 左右。地毯草和假俭草的草坪床土 pH 可保持 5 左右。草坪床土的 pH 应每隔一定时间测定一次(一般草坪可以每 3～5 年检测一次，高尔夫球场的则每年 2 次)，当低于正常值时则需在春、秋季末或冬季采用石灰等改良酸性土，采用石膏等改良碱性土。

5.4 通气

通气(areation)是指对草坪进行穿洞划破等技术处理，以利于土壤呼吸和水分、养分渗入床土中的作业，是改善草坪根系浅表化、释放土壤有害气体、增加土壤渗透性，以及改良运动草坪竞技表面的方式，以加快草坪有机质层分解，促进草坪地上部生长发育的一种培育措施。

5.4.1 打孔

打孔(coring)是草坪通气的一种形式，指利用机械或人工方法在草坪上打出许多的小孔，属于已建植成坪草坪养护过程中的一种中耕措施，目的是松土、通气和透水。分为空心孔和实心打孔两种类型(图 5-6 和图 5-7)。

图 5-6 不同型号的打孔针(图片由 TORO 公司提供)

图 5-7 打孔机(图片由 TORO 公司提供)

5.4.1.1 空心打孔(芯土作业)

空心打孔(hollow coring)即用打孔机在草坪中打孔并挖出土芯的作业，可快速有效地改善坪床土壤的紧实度，但对草坪表面的破坏性较大(图 5-8)。

图 5-8 空心打孔作业(车伟光摄)

(1)空心打孔机械 打孔机是利用打孔刀具按一定的间距和深度从草坪表面向根系层进行打孔的专用机械。按机械的结构形式可分为手扶自走式、拖拉机牵引式和驾驶式打孔机。按打孔刀具的运动方式可分为垂直式打孔和滚动式打孔。垂直式打孔机的打孔刀垂直于地面上下运动,同时具有向前和垂直两种动作,工作速度较慢。当刀具为空心打孔管时,空心打孔管的前端有环形刃口,以便于入土,管的中部侧面开有长方形孔,打孔时空心管进入土中,同时泥土也进入管内,当空心管从土壤中提出再次进入土层时,新进入空心管内的泥土将前一次进入的泥土从侧面长方形孔中挤出,并散落到草坪表面上。目前垂直式打孔机穴洞间距一般是 2～15 cm,直径 0.5～19.1 mm,深 7.6～10.2 cm,作业时对草坪表面造成的破坏小,且不挤压孔周围土壤。滚动式打孔机常常采用锥形打孔板,在动力机的驱动下装有锥形打孔板的滚轮转动,打孔时,利用升降机构将机器的重量转移到打孔滚轮上,以增加锥形板入土的压力。工作速度较快,但对草坪表面的破坏较大,且作业深度较浅,一般只有 5～7.5 cm。一般地,穴洞越深芯土作业的效果越好保持的时间也越长。

(2)空心打孔时间 在干旱条件下进行空心打孔作业,往往导致草坪严重脱水,因此空心打孔作业宜在草坪草生长茂盛、气候条件有利于草坪草损伤后恢复的时期施行,一般冷型草坪在 4—5 月和夏末秋初进行,暖型草坪通常在晚春和早夏进行。

空心打孔后需根据土壤情况进行处理。如土壤理化性质较好,则可在土芯稍干燥后,通过机械将土芯碾碎后拖回到孔中。如土壤理化性质较差,则需通过专用清扫机械将土芯清理干净,而后进行覆沙或表施细土作业并拖平。但也有的高尔夫球场空心打孔作业完成后,收集所有土芯但不覆沙。

5.4.1.2 实心打孔

实心打孔(solid tines)即在打孔机上安装的打孔刀具是实心打孔棒。打孔时,实心打孔棒插入草皮,靠挤压周围土壤形成孔,打孔深度常在 6 cm 左右,其作用是促进床土的气体交换,促使水分、养分进入床土深层。根据打孔刀具的运动方式,实心打孔属于垂直式打孔。实心打孔通常在草坪明显致密、絮结的地段进行,降雨后有积水处;在干旱时,草不正常地迅速变灰暗处;藻类滋生处;因重压而出现秃斑处;杂草繁茂处。实心打孔可在一定程度上增强草坪土壤的通气透水性,且对草坪表面的破坏性较小,因此在整个生长季均可实行。但对坪床土壤的通气效果远远低于空心打孔,打 1 次空心孔的效果相当于 4 次实心孔。空心打孔和实心打孔可交替进行,实心打孔可在不利于空心打孔的时间作业。

5.4.1.3 高压注水打孔

高压注水打孔(water injection)是一种比较新的果岭草坪的中耕作业方式,利用特殊大高压注水机械将非常细的高压水柱注入草坪的根际层,从而缓解土壤紧实。打孔间距为 3～15 cm,一般 550 L 的水可以完成 650 m^2 大小的草坪打孔,不会出现打孔机的断棒和损耗等问题。高压注水打孔作业深度可达 10～20 cm,可有效减少草坪表面的紧实度,改善土壤水的渗透性,而且可以促进草坪草根系和枝条生长,降低土壤容重,增加土壤饱和含水量,但要求草坪基层排水功能要好。夏季实施高压注水打孔,有利于草坪草正常越夏。由于高压注水打孔作业不破坏地面结构,对草坪表面不产生明显影响,因此可在生长季的任何时候进行,例如比赛繁忙而土壤紧实度较高的高尔夫球场果岭草坪。

5.4.2　穿刺与划破草皮

穿刺与划破(spiking and slicing)草皮即借助安装在圆盘上的一系列锥形或 V 形刀刺入草坪，以改良草坪的通气透水性的作业。该作业与实心打孔相似，没有土芯打出，对草坪表面的破坏性小，因此，在仲夏或其他不便于进行空心打孔作业的时间亦可进行。在匍匐型草坪上穿刺或划破草皮时还能切断匍匐枝和根茎，有助于新枝的产生和发育。穿刺与划破草皮作业过程相似，只是穿刺作业的深度较浅，切开是不连续的短切口，一般深 1.3～2.5 cm、长 5～12 cm。而划破草皮的深度一般为 7～10 cm，切口较长近乎连续。

5.4.3　梳草

梳草(grooming)是通过高速旋转的水平轴上的刀片梳出枯草层的枯草，是针对草坪表面枯草层太厚和苔藓、杂草生长旺盛而实施的一系列清除护养综合技术。梳草可通过专用的切根机和梳草机进行，也有将切根、梳草两种功能联合成为一体的机械。其中草坪梳草机有自行式、拖挂式等多种，主要部件是带有弹性钢齿的耙，加上一定的重量在草坪上行走，就可以将枯草清除。自行式和拖挂式梳草机适合于面积较大的草坪，对于庭院等小面积草坪，最简单的梳草工具就是钉齿耙。草坪切根机的工作部件是按一定间隔和规律安装在一根滚轴上的刀片，刀片有 S 形刀、直刀和甩刀等多种。工作时动力机驱动滚轴高速旋转，使刀片切入土中，拉去枯草，切断地下根茎。在使用切根梳草机时，应注意调整梳草刀头与草坪的距离，刀头划入土壤的深度为 2～3 cm，以保证刀头能梳掉枯草，同时又能刚好划到土壤。刀头太高时，不能把枯草梳净；刀头太低时，甩刀在梳草时陷入土壤中不能甩起来，影响效果，同时对设备也不利。另外，在工作刀头的动力连接前，应将把手向下压一下，待刀头正常旋转起来后，提起把手并稍稍用力向前推机械即可，以防止启动处的草坪受到伤害。

梳草是防治枯草层最有效的措施，梳草的次数和方式取决于枯草层形成的速度以及管理草坪的思路。杂交狗牙根果岭，在每年春秋季每 3～5 周可以进行轻或中度梳草；夏季进行重度梳草；冬季低温是不能实施梳草作业的，否则草坪草难以恢复，极易造成草坪斑秃。有些高尔夫球场每次剪草时顺带就进行轻度梳草。庭院等草坪每年用钉齿耙人工对草坪进行清理 1～2 次，一般在春季草坪返青前或返青初期清理草坪中过多的枯草，促使草坪尽快返青(图 5-9)。

A

B

图 5-9　梳草设备

A. 通用梳草刀　B. 带合成草坪调节刷，可将沙子刷到草坪里面
(图片由 TORO 公司提供)

5.5　铺沙(表施细土)

铺沙(topdressing)或表施细土又称垫土、覆土，指将肥土、有机质和沙适当混合，均匀施入草坪床土表面的作业。

5.5.1　铺沙的作用

铺沙对凹凸不平的草坪坪床，可起填低拉平坪面的作用；能促进草坪草直立茎基部不定芽和匍匐茎的再生和生长；能防止草坪草的徒长，并有利于草坪的更新。铺沙还可用于草坪建植中覆盖种子、草茎等繁殖材料；也可用于建成草坪的地面平整、促进受伤或生病草坪的恢复、细弱草坪越冬保护及作为改变不良草坪生长的介质等。铺沙是控制枯草层的一种方法。覆土后用金属拖网或其他机具将土/沙混入枯草层，可改善枯草层的保水和其他条件，并加强微生物活动达到加速枯草层分解的目的。铺沙比垂直修剪可更有效地控制枯草层，但花费较高。对大量产生匍匐枝的草坪，先用机具进行划破后再铺沙，有利于清除严重的表面絮结。

5.5.2 铺沙的时间与数量

铺沙时间一般在草坪草分蘖期和生长期进行最好。冷季型草坪宜在春季3—6月和秋季10—11月进行；暖季型草坪宜在春末至夏初4—7月和初秋9月进行。铺沙数量与次数应根据草坪利用目的和草坪草生育特点不同而异。一般草坪通常一年1次；运动场草坪则每年2～3次。普通草坪一年1次重铺沙即可；运动场草坪则需要少量多次铺沙。对于具有大量匍匐枝的匍匐剪股颖等高档草坪铺沙是经常性的作业，原则是少量多次。铺沙厚度取决于频率和枯草层厚度，每立方米沙土可在1 000 m^2的草坪覆土约1 mm厚，若希望通过覆土平整草坪凹凸不平，则用量可大些。但过厚覆土会阻碍草坪草叶片接受阳光，影响生长。控制枯草层发展的典型覆土厚度为0.15 cm。

5.5.3 铺沙的材料

铺沙的材料可以是沙、有机质、沃土、土壤等材料的混合物，也可以单一沙子进行专门的覆沙作业。铺沙的材料多用含沙80%的沙土或纯沙。铺沙的有机质应是腐熟的有机质或良好的泥炭土；所采用的沙子应是质地均一、颗粒细小、不含碱的河沙或山沙；沃土应是经腐熟过筛（Φ=0.6 cm）的土壤。铺沙材料要求不含杂草种子、病菌、害虫等有害物质，其所含肥料成分较低，水分较少。应注意的是果岭在后期养护中，铺沙材料的沙子粒径大小和分布应与果岭建造时的保持一致（图5-10）。

图 5-10　铺沙机

A. ProPass200双甩盘铺沙机　B. 轻度铺沙　C. 中度铺沙　D. 重度铺沙

（图片由TORO公司提供）

5.5.4　铺沙的技术要点

在未施肥的心土、页岩、沙地等非常贫瘠的土壤建植草坪时，在表层覆盖一层沃土极其有效。表施细土一次覆土厚度不宜超过 0.5 cm。表施细土后，就用金属刷将地拖平，以使土壤均匀落到草坪表层。当草坪表层由于不规则定植，使新建植草坪极不均一时，一次或多次表施细土可填补新建植草坪的下陷部分。由能产生大量匍匐茎的草坪草种建植的草坪，定期表施细土有利于消除严重的表面絮结。果岭铺沙频率很高，在打孔、梳草、划破、切割等工作后都要辅助铺沙。在冬季无法做更新草坪的特殊工作时，通过少量铺沙能促进草坪草的生长。平时每 3～4 周进行一次轻铺沙，每年铺沙至少 12 次。打孔铺沙时应加大铺沙量，至少要填满空洞；浇水后，沙子下沉，还要再铺沙 1～2 次，沙层比较厚；梳草铺沙，沙薄而少。铺沙完成后要用草坪刷刷梳草坪，但是这种重载铺沙，最终会使根部土壤形成分层现象，从而导致渗水透气能力的下降。

目前在果岭草坪的管养中，比较提倡的是微量铺沙（尘式铺沙，dusting and frequent topdressing），即在整个草坪的生长季节，每隔 10～14 d（甚至 21 d），以 0.06～0.1 $m^3/100m^2$ 的量铺沙一次。在草坪上薄薄地铺上一层沙子，这层沙子刚好可以和新产生的有机质（死亡的草茎、草叶和草屑）相混合，确保空气的流通及微生物的活跃度，从而快速降解有机质，减缓枯草层的形成（图 5-11），增进草坪健康并提升球速。一般而言，匍匐翦股颖果岭的最大铺沙量是 0.2 $m^3/100\ m^2$。微量铺沙需要经常性地进行，以匹配草坪的生长率。频繁地微量铺沙，可以使沙子均匀地和有机质混合并使其降解，最终这些沙子会均匀地成为根系沙子，提升根部土壤整体的湿度状况，以及更一致的渗水和排水能力，并有助于形成紧致和均匀的推杆表面。此外，坚持在生长季节进行微量且频繁铺沙的果岭，其球速会比每年春秋两季打孔重铺沙的果岭更快，例如内布拉斯加州立大学在本特草果岭进行实验，发现以 0.08 $m^3/100\ m^2$ 的量进行 8 次微量铺沙的果岭，和春、秋两季各进行一次 0.33 $m^3/100m^2$ 铺沙的果岭，其球速分别是 8.1 英尺和 6.9 英尺。

微量铺沙（尘式）	切根＋铺沙	空心孔＋铺沙＋微量铺沙
切根＋铺沙＋微量铺沙	微型打孔针打孔	对照
切根收草	空心打孔＋铺沙	空心打孔＋切根＋铺沙＋微量铺沙

图 5-11　微量铺沙控制枯草层的效果（引自 Neylan，2004）

5.6　草坪的枯草层管理

枯草层（thatch）或芜枝层是位于草坪表层、呈淡棕色、含少量沙土或不含，下为垫层，其内为有机质的土壤层。草坪功能不一样，对枯草层厚度的要求也不一样，庭院草坪、果岭和球道的枯草层厚度临界值分别是：1.0 cm、0.76 cm 和 1.3 cm，小于临界值的枯草层对草坪是有益的，大于则对草坪草生长发育不利。

5.6.1　枯草层的利与弊

枯草层厚度小于临界值时，对庭院草坪和运动（高尔夫、足球等）草坪来说是有益的。具有覆盖和保护土壤，避免土壤干燥；缓解温度的剧变防止草坪草根茎受损；减轻践踏引起的土壤紧实；减少运动伤害；防止杂草种子萌发的作用。

草坪枯草层不是引起草坪死亡的主要因素，但是与草坪质量下降、草坪秃斑的产生、草坪病虫害加重、冻害加重以及补播草种生存力下降等有重要的间接关系。当枯草层厚度大于临界值时，会对草坪草的生长带来消极影响。总的来说是减缓栽培基质层中水分、养分、农药的流动性，而引起其他的连带问题，最终形成草坪生态系统的恶性循环。如使草坪的通气与渗水能力减弱，草坪根系与外界的物质交换受阻，引起浅根化；过厚的枯草层不利于草坪草的出苗、返青和分蘖；过厚的枯草层有利草坪病虫发生、增加草坪养护成本、影响草坪修剪，造成齐根剪。

5.6.2 枯草层积累的原因

枯草层的主要成分是含碳的有机物质，如木质素、纤维素、半纤维素等。当这些有机物质增加的速度超过草坪土壤微生物对其降解的速度时，就会形成枯草层的积累。因此，枯草层积累的原因取决于草坪有机物质产生速率与分解速率两者的影响。影响草坪枯草层积累的因素很多，如肥料、水分、土壤 pH、农药、植物组织成分、草坪草类型以及修剪物的去留等。枯草层的降解是依靠土壤微生物代谢活动来完成的，微生物的存活状况或代谢活动的强弱受土壤温度、水分、通气状况和 pH 等因素的影响。然而，由于受到农药、化肥、机器碾压、人员踩踏等因素的影响，草坪草根区种植层土壤常常板结、缺氧，有益微生物群落变小，不利于有机质的分解，造成枯草层积累。枯草层最厚的区域为果岭，接下来依次是球道、半高草区和高草区，天然草地几乎没有枯草层，因此在某种程度上，可以认为枯草层的积累是由于过度养护造成的。

5.6.3 高尔夫草坪枯草层管理

枯草层管理是高尔夫球场尤其是果岭草坪养护的重点，一般采取系列移除枯草层的技术弥补微生物分解不力的问题，包括机械疏草、铺沙、打孔等作业。

1. 疏草作业

疏草是解决枯草层最有效的方法之一，疏草机是靠一系列安装在高速旋转的水平轴上“V”形刀片来切进枯草层，然后再靠旋转惯性拉扯出土壤中的枯草。水平轴可根据枯草层厚度上下转动用以控制切深。疏草机有各种大小不同的型号。疏草次数决定于枯草层积累的速度。当枯草层超过临界厚度的 50%时就应考虑梳草。疏草时间与高尔夫草坪种类、土壤状况有关，考虑到草坪疏后需要有利条件恢复，冷季型草坪草在夏末或早秋梳草；暖季型则在晚春或初夏。

2. 铺沙作业

与疏草作业相比，铺沙对清除枯草层则更为彻底。但花费较高，使其使用范畴和频度有所降低。使用铺沙来控制球道枯草层可用大型铺沙机来完成，果岭有专用自带拖平刷的果岭铺沙机。需要注意的是，切忌加沙的次数超过实际需要的次数。如果枯草层已完全分解，果岭和球道表面就会变得太硬，致使高尔夫球跳动太多，从而影响竞技行为。

3. 打孔作业

打孔作业同加沙的作用类似。打孔后使用疏草机可直接破碎草屑，作业链中金属拖网能将破碎的土壤拖进枯草层内，打孔后沙土氧气升高，微生物活动增加，进而加速枯草层的分解。

5.7 草坪病害及其防治

5.7.1 草坪病害发生的原因、症状和分类

伴随我国社会经济的发展，以及体育、文化、娱乐等活动场所设施的建设，草坪业已经成为人们现代生活中不可缺少的组成部分，并且扮演着极为重要的角色，被人们称为“文明生活的象征，游览休息的乐园，生态环境的卫士，运动健儿的摇篮”。近年来，我国草坪业的发展极为迅速，从城市公园绿地到广场草坪，从道路绿化带到居民小区的环境美化，从足球场的绿茵到高尔夫球场的场地建设，草坪使用面积不断增加，质量要求也逐渐提高，然而我国草坪业相对起步较晚，主要依靠国外引种，且栽培措施不够完善，日常管理粗放，使得许多由真菌、细菌、病毒、线虫、植原体等病原物引起的草坪

病虫害广泛发生。草坪病害的发生常常会造成草坪植株的叶片、茎秆出现病斑；匍匐茎、根状茎及根系同样也会染病，严重时草坪植株会整株枯萎死亡。特别是引起多数病害的病原菌，如真菌引起的锈病、白粉病、叶斑病和萎蔫病等病害已经严重威胁着我国草坪业的发展。

1914 年 USGA 主席 C. D. Piper 在翦股颖上鉴定出立枯丝核菌(*Rhizoctonia solani* Kühn)，Fard W. Taylor 将其引起的病害命名为 brown patch(褐斑病)，标志着现代草坪病理学的开端。

5.7.2　草坪病害的病原

草坪病害一般可分为侵染性(传染性)病害和非侵染性(非传染性)病害两大类。

侵染性病害的病原主要包括真菌、细菌、病毒和线虫等。这类病害既是为害草坪最为严重的病害，也是草坪的主要防治对象。侵染性病害的病原种类多，且传染蔓延性大。

1. 真菌

草坪草真菌病害是草坪的主要病害，占病害总数的 80%以上，真菌有明显的营养器官和繁殖器官，且具有营养生长阶段和生殖生长阶段。真菌病害会引起各种叶斑、叶枯，会使植株腐烂、坏死或萎蔫死亡，严重影响草坪的质量和景观。

2. 细菌

细菌没有营养体和繁殖体的分化，主要靠分裂来繁殖，当环境温度在 18～28℃时，大多数细菌仅需 20 min 就可裂殖一次。环境条件恶劣时，细菌能形成内生孢子，抵抗不利环境条件。在草坪中，部分细菌病害发病的后期会在病部溢出脓状黏液，称作“菌脓”，是细菌病害的特有症状。

3. 病毒和类病毒

病毒由核酸蛋白质构成，具一般微生物的共同性质，类病毒有核酸无蛋白质。病毒的寄生性严格，但多数病毒的寄主范围都很广。这类病害的病状较为复杂，常不表现病症，且易与某些非侵染性病害混淆。常见症状有花叶、卷叶、黄化、红化、畸形、丛矮等。

非侵染性病害的病原通常又可以分为两类，一类为有生命原体的非侵染性致病病原，如藻类、苔藓、害虫及有害动物等；另一类为非生物原体的非侵染性致病病原，比如化学物质致病，包括杀虫剂和除草剂、化学溢漏物等；物理致病包括，绝对最高温度、绝对最低温度，冰冻，土壤板结，枯草层，乔木遮阴等；机械致病包括剪草机伤害，异物覆盖伤害，践踏伤害等。

5.7.3　草坪病害防治概述

1. 选用抗病草种混播

选用不同的抗病草种混合播种建植草坪，可以有效防治多种草坪病害。自 20 世纪 60 年代中期以来，许多学者通过研究发现，不同草种、不同品种的混播建植，可有效抑制草坪病害的扩展，混播程度较高的草坪，其病害的发病率较低。目前，在我国有报道将草地早熟禾、黑麦草及高羊茅以 4∶3∶3 的比例混播，可减轻黑麦草叶斑病、早熟禾溶失病和高羊茅叶斑病的发生；匍匐翦股颖、细弱翦股颖、意大利黑麦草和多年生黑麦草与具有较强腐霉病抗病性的改良狗牙根品种混播，可以减轻草坪腐霉病的发生。

2. 加强科学管理及养护

科学施肥，根据草坪草习性合理施用 N、P、K 肥，重点控制 N 肥的用量，增加有机肥的施用比例，重施秋肥，轻施春肥，不下重肥，平衡施肥；合理灌溉，避免大水漫灌，控制灌水量，减少灌溉次数，保持地面良好的排水功能，在合理的时间灌溉，如清晨或午后；合理修剪，应当严格按照 1/3 原则对草坪进行修剪，草高不超过 10 cm 或枯草层厚度超过 2 cm 就要修剪，一般留草高度 5～6 cm，要及时清除枯草层和修剪后的残留草，并且保持草坪清洁卫生。

3. 化学防治

对草坪病害进行化学防治，作用迅速，效果显著，使用方便，是防治草坪病害的重要手段，但是化学防治易造成环境的污染，破坏生态环境，甚至可能对草坪产生不同程度的药害。因此，化学防治应该采取科学合理的方法，选用高效、低毒、低残留的药物。化学防治时期通常在草坪播种期或病害发生初期，主要处理方法包括药剂拌种或种子包衣处理，播前土壤处理等。常用的一般药剂有必菌杀、70％代森锰锌可湿性粉剂、50％福美双可湿性粉剂、25％敌力脱乳油、25％速保利可湿性粉剂、25％三唑酮可湿性粉剂等。

4. 生物防治

草坪病害生物防治一般是利用自然界存在的有益微生物，凭借其各种活性及行为，使病原微生物的数量和活性受到一定的抑制，从而减少草坪病害的发生或减缓速率，以降低病害发生的危害程度。

5.7.4 常见草坪病害

1. 褐斑病（brown spot）

【概述】褐斑病广泛分布于世界各地的草坪中，是草坪病害中分布最广的病害之一。该病几乎可以侵染所有已知的草坪草，如草地早熟禾、多年生黑麦草、匍匐翦股颖、细弱翦股颖、高羊茅、紫羊茅、细叶羊茅、结缕草、野牛草、狗牙根等250余种禾本科草坪草，其中以冷季型禾本科草坪草感病最为严重。

【症状】病害发生从单株开始，病原菌侵染后，叶片和叶鞘上出现大小1～4 cm的梭形、长条形病斑，不规则。开始发病时，病斑内部呈青灰色水浸状，边缘红褐色，后期变褐色，严重时造成叶片水渍状腐烂。病原菌也可侵入茎秆，病斑环绕茎秆蔓延，可造成茎及颈基部变褐色或枯黄至腐烂。褐斑病的症状受草种类型、不同环境和养护管理水平及病原菌的不同株系等多重影响，不一定表现出典型的症状，确诊病害时，常需要结合病原物的检查（图5-12）。

图 5-12　褐斑病（图片来源：http://www.010golf.net/news/）

【病原】褐斑病通常是由立枯丝核菌（*Rhizoctonia solani*）引起的真菌性病害。该病原菌的菌丝初期无色，后变淡褐色至黑褐色，近直角分枝，分枝处缢缩，附近形成隔膜。初生菌丝较细，而后易形成粗壮的念珠状菌丝。可形成直径0.1～5 mm大小的菌核，初期白色，后红褐色至黑色，紧密，粗糙，形状不规则。不产孢。

【发生规律】褐斑病的流行前兆是草坪上出现枯草斑块。随后，在降雨、湿热等适宜条件下，病害发展极为迅速。通常在几天之内，枯草圈就可迅速扩展到几十厘米，甚至1～2 m。由于草坪感染褐斑病后，枯草圈内部中心区域的病株可以恢复，从而形成中央绿色，边缘环状“蛙眼”。在清晨有露水时，在枯草圈外缘，萎蔫的新病株又会形成暗绿色至黑褐色的浸润圈，即“烟圈”，叶片干枯时“烟圈”又会消失。

2. 腐霉枯萎病（pythium blight）

【概述】腐霉枯萎病是由腐霉菌侵染形成的病害，又称油斑病、絮状疫病。病害侵染范围广泛，包括冷季型草坪草，如高羊茅、细叶羊茅、草地早熟禾、细弱翦股颖、匍匐翦股颖、粗茎早熟禾、多年生黑麦草等；暖季型草坪草，如狗牙根、红顶草等。其中又以冷季型草坪草受害最为严重。

【症状】腐霉枯萎病可为害草坪草的各个部位，

包括芽、苗以及成株后的根、茎、叶，通常会造成苗腐，倒伏，芽、根、茎、叶腐烂。受害病株多呈暗绿色、水渍状腐烂，倒伏后紧贴地面枯死。清晨有露水时，腐烂病株成簇趴在地上，可观察到一层白色絮状菌丝层。在成坪的草坪中，发病初期出现小枯草圈，随后快速扩展成大片形状不规则的枯草区，且常出现在低洼潮湿地段、水流方向或沿剪草机剪草方向（图5-13）。

图5-13　腐霉枯萎病（图片来源：http://www.010golf.net/news/）

【病原】腐霉枯萎病的病原菌为腐霉菌（*Pythium* spp.），是一种土壤习居菌，具有很强的腐生性。通常存在于病残枯草、土壤中，且只有在适宜的环境条件下才具有致病力。喜水，在淹水条件下和池塘中的残体上可以快速生长。土壤和病残体中的卵孢子是最重要的初侵染菌源。菌丝体也可以在存活的病株中和病残体中越冬。在适宜条件下，卵孢子萌发可直接生成芽管和侵染菌丝，或先产生游动孢子囊和游动孢子，游动孢子形成休止孢子后萌发产生芽管和侵染菌丝，便可以侵入禾草的各个部位。植株染病后，产生大量菌丝体以及无性繁殖器官孢囊梗和孢子囊，造成多次再侵染。游动孢子可在植株和土壤表面自由水中游动传播，灌溉和雨水也能短距离传播，菌丝体、带菌植物残片、带菌土壤可随工具、人和动物进行远距离的传播。

【发生规律】腐霉枯萎病主要有两个发病高峰。一个是在苗期，尤其是秋播的苗期（8月20日至9月上旬）；一个是在高温高湿的夏季。其中高温高湿是腐霉菌侵染的最适条件，故而夏季是该病的主要发病高峰。当白天最高气温在30℃以上，夜间最低气温20℃以上，大气相对湿度高于90%，且持续14 h以上时，腐霉枯萎病就可大面积发生。在高氮肥下生长茂盛稠密的草坪最敏感，受害尤重；碱性土壤比酸性土壤发病重。

3. 夏季斑枯病（summer spot blight）

【概述】夏季斑枯病又名夏季斑，是冷季型草坪草中在夏季高温高湿时发生的一种严重病害，可以侵染多种冷季型禾本科草坪草，尤其在生长较密的草地早熟禾草坪上发病最为严重，会造成整株死亡，使草坪出现大小不等的秃斑，严重影响草坪的景观效果。

【症状】夏季斑枯病从夏初即会开始表现症状，发病初期草坪会出现环形小斑块，此后草株褪绿变成枯黄色，或出现3～8 cm直径的圆形枯萎斑块，且斑块范围会逐渐扩大。典型的夏季斑为圆形的枯草圈，直径大多在40 cm左右，最大时也可达80 cm。病情在持续高温天气下发展迅速，草坪会形成大面积的不规则形枯草区。草坪染病后，根部、根冠部和根状茎黑褐色，后期维管束也变成褐色，外皮层腐烂，直至整株死亡。病原菌显微镜下检查，可见平行于根部生长的暗褐色匍匐状外生菌丝（图5-14）。

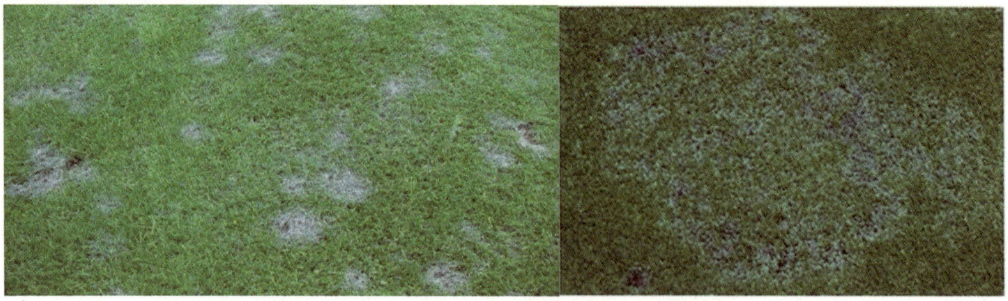

图 5-14　夏季斑枯病(图片来源:http://www.010golf.net/news/)

【病原】夏季斑枯病是由真菌夏季斑枯病菌(*Magnaporthe poae*)所致的病害,属子囊菌亚门。它有性繁殖形成子囊壳,黑色,球形,有圆柱形的颈,无性繁殖形成分生孢子。

【发生规律】夏季斑枯病在高温的夏季常发生危害。病菌以菌丝体在植株病残体以及多年生的寄主组织中越冬;在土壤温度 18～20℃的春末,开始侵染根外部皮层细胞,随后病菌会沿植株根部和匍匐茎的生长在植物间移动。高温高湿的条件下、炎热多雨天气时,病害会明显扩展蔓延,造成草坪出现大小不均的秃斑。病害造成的斑秃会一直持续到初秋,且枯草难以恢复。夏季斑枯病还可通过草坪养护刈割机器以及草皮的移植而传播。此外,夏季斑枯病在管理养护水平低的地区发病严重,如排水不良、土壤紧实、低修剪、频繁的浅层灌溉等;使用速效氮肥、砷酸盐除草剂和某些接触传导型杀菌剂也会造成病害的加重。

4. 镰刀枯萎病 (fusarium wilt)

【概述】镰刀枯萎病分布较广,在全国各地的草坪草上均有该病害的发生,它可侵染多种禾本科草坪草,如早熟禾、羊茅、翦股颖等。该病通常会造成草坪草根腐、颈基腐、根状茎和匍匐茎腐烂、叶斑和叶腐、苗枯等症状。

【症状】草坪草幼苗出土前后,就会开始受到镰刀枯萎病的侵染,造成种子、根腐烂变褐色,甚至烂芽和苗枯。发病较轻时,受到病害侵染的幼苗黄瘦,发育不良。成株后,病叶上出现水渍状暗绿色枯萎斑,随后变红褐色到褐色,病斑多从叶尖向下或从叶鞘基部向上变褐枯黄。受到病害的植株基部有红褐色长形病斑,根、根颈、根状茎和匍匐茎等部位干腐,变褐色或红褐色,变色部分会从根颈向茎秆基部发展,形成基腐。在潮湿的条件下,根颈和茎基部叶鞘与茎秆间会出现白色菌丝体和粉红色分生孢子团。成坪的草坪,在病害发生初期出现小的淡绿色斑块,随后迅速变成黄枯色,在高温干旱条件下,草坪枯死,根部、根状茎和匍匐茎变成黑褐色的干腐状,最终形成直径 2～30 cm 圆形或不规则形的枯草斑。在夏季湿度过高或过低时,受到病害的草坪草枯草斑中央为正常植株,整个枯草斑呈"蛙眼状",通常被称作"镰刀菌枯萎综合征"(图 5-15)。

图 5-15　镰刀枯萎病(图片来源:http://www.010golf.net/news/)

【病原】镰刀枯萎病的病原物为镰刀菌（*Fusarium* spp.），是一类世界性分布的真菌，该菌可以在土壤中越冬越夏，侵染100余种植物，破坏植物的输导组织维管束，在菌落生长发育代谢过程中产生毒素危害植物，引起植物的根腐、茎腐、茎基腐、花腐和穗腐等，甚至造成植物萎蔫死亡，是最难以防治的严重病害之一。

【发生规律】病土、病残体和病种子是镰刀菌的主要侵染来源。由于种子带菌率高，种子萌发出苗会猝倒。病菌通常以菌丝体在病草和病残体上越冬或以厚壁的厚垣孢子在土壤中或土壤顶层枯草层中越冬。且具有很强的抗逆性，可随病残体在土壤中存活2年以上，在9℃条件下的干燥土壤中，孢子甚至可存活8年。越冬后，在湿度和营养条件适宜时，病菌可以迅速生长，孢子快速萌发产生新的菌丝体，并大量产孢。分生孢子可随气流传播，不断进行侵染，造成叶斑、冠部和根部腐烂，直至植株死亡腐烂。腐烂组织破碎后，厚垣孢子散入土壤，又可随土壤扩散传播。镰刀菌侵染植株发病的因素包括大气和土壤的温湿度、pH、肥料和枯草层的厚度等。高温和干旱有利于根部和冠部腐烂病的发生，如夏季高温期间南向的斜坡上；土壤含水量过低或过高也都有利于病害的严重发生，干旱后长期高温或枯草层温度过高时发病尤重；此外，不平衡使用氮肥，草坪修剪高度过低；土壤表层枯草层太厚等均会造成病害的发生。

5. 币斑病（dollar spot）

【概述】币斑病又称钱斑病或圆斑病。主要发生在北美、欧洲、亚洲和澳洲等绝大多数草坪草上，是一种常见的病害。主要侵染巴哈雀稗、细弱翦股颖、匍匐翦股颖、狗牙根、假俭草、细叶羊茅、多年生黑麦草、草地早熟禾、结缕草等多种草坪草，尤其是对高尔夫球场草坪的危害最严重。

【症状】币斑病常常会形成明显凹陷、圆形、黄色或漂白色斑块，斑块大小从5分硬币到1元硬币，因而得名。币斑病发病初期，单株草坪草受害叶片产生水浸状褪绿斑，最后变成白色病斑，病斑边缘棕褐色至红褐色，病斑可逐渐扩大延伸至整个叶片，病斑常呈漏斗状，从叶尖开始枯萎。清晨在有露水时，在发病的草坪上，可以观察到白色、絮状或蜘蛛网状的菌丝，干燥时菌丝消失（图5-16）。

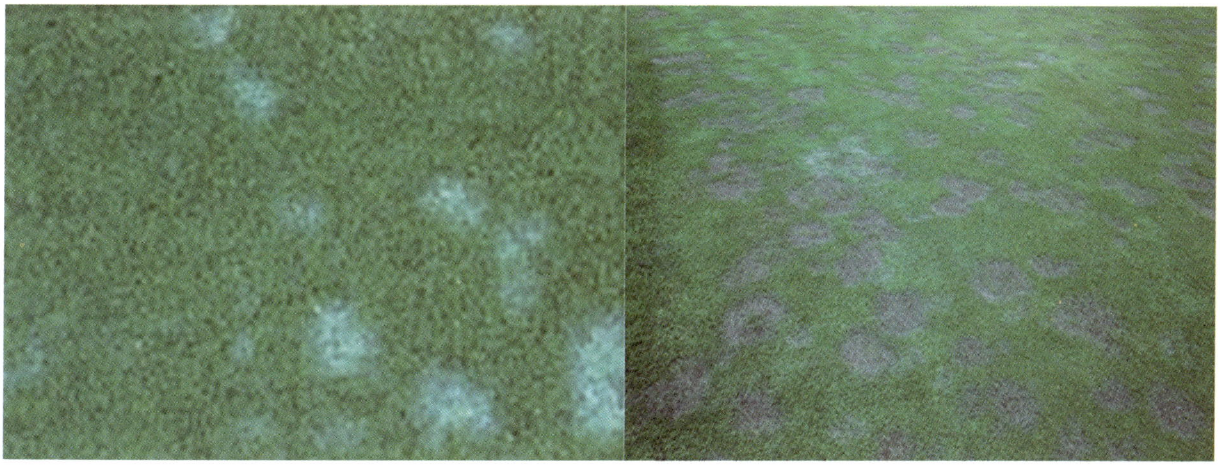

图 5-16　币斑病（图片来源：http://www.010golf.net/news/）

【病原】币斑病是核盘菌纲柔膜菌目下的 *Lanzia* 和 *Moellerodiscus* 属中的若干种复合侵染引起该病的发生。

【发生规律】币斑病一般从春末开始发生，一直到秋季。币斑病以菌丝体和子座组织在病叶表面和病株上度过不良环境；随着风、雨、流水、工具、人畜活动等方式传播，扩展蔓延。在成坪的草坪上，也会因为日常维护活动传播病害，如割草机和其他维护设备等，甚至在高尔夫球场可以通过高尔夫球鞋和手推车携带传播。因此，币斑病很容易复发。

6. 全蚀病(take-all patch)

【概述】全蚀病多发生在世界各地的各种禾本科草坪草上，以翦股颖受害最重，可造成根系腐烂，植株矮小、瘦弱，直至干枯死亡。该病是典型的土传病害，病情逐年加重。全蚀病病原菌主要侵染燕麦属、小麦属、大麦属、雀麦属、山羊草属、冰草属、翦股颖属等。

【症状】草坪感染全蚀病时，通常会产生枯黄至淡褐色小型枯草斑，蔓延扩大后病株变暗褐色至红褐色。病株的根、根状茎、匍匐茎腐烂，呈暗褐色至黑色，病害严重时会导致植株死亡。翦股颖感染全蚀病受害最为严重，播种单一翦股颖的草坪上，枯草斑常为环状或圆形，每年可扩大 15 cm，直径可达 1 m 以上。多种禾草的混种草坪中，翦股颖植株变稀薄，呈黄褐色、褐色，早熟禾、羊茅等其他草种占优势，病株的根、根状茎、匍匐茎和根颈腐烂，变成暗褐色至黑色，病株茎基部和根颈 1～2 节叶鞘内侧和茎秆表面形成黑色菌丝层，密生黑色匍匐菌丝束和成串连生的菌丝节，秋季还可见黑色点状突起的子囊壳，茎表面生黑褐色条状病斑，根部表面有黑色菌丝束和菌丝节(图 5-17)。

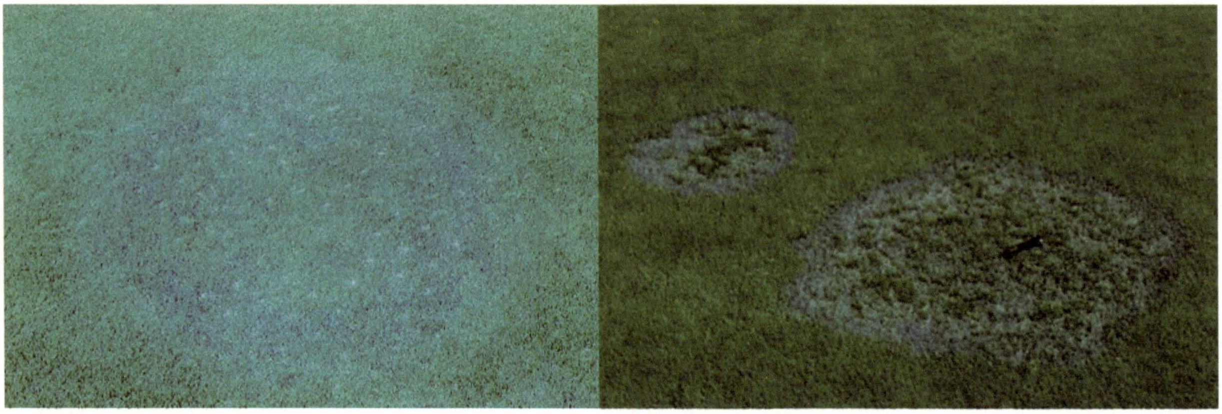

图 5-17　全蚀病(图片来源：http://www.010golf.net/news/)

【病原】全蚀病病害是由真菌病原物 *Gaemannomydes graminis* var. *avenae* (E. M. Turner) Dennis.感染引发，属子囊菌亚门真菌，在自然条件下不产孢子。

【发生规律】全蚀病的病害发生复杂，多种因素都会引起该病的发生。土壤贫瘠，有机质含量低，肥力不足，严重缺磷，氮、磷比例失调，都会导致病情的加重；根围的 pH 与该病的发病率也密切相关，土壤 pH 升高时，病害较重，土壤呈酸性时发病较轻；保肥、保水能力差的土地也利于发病。全蚀病常常随带病种子和混杂在种子间的病残体进行远距离传播；带病草皮、病土、粪肥等也可传播病原菌。病菌以菌丝体在病株组织、病残体和土壤中越冬或越夏。在凉爽、潮湿的天气条件下，病菌侵入地下组织，并通过根部、匍匐茎生长或植物间的接触扩展蔓延。当气温变暖，空气干燥时，开始显症。

7. 德氏霉叶枯病 (Drechslera leaf spot)

【概述】德氏霉叶枯病在世界各地均有分布，主要发生在禾本科草坪草上，如早熟禾、紫羊茅、狗牙根及黑麦草等。该病常常导致草坪草根腐、茎基腐、叶斑、叶枯，它是引起草坪根腐的重要病害，常被称作“根腐病”。在适宜的环境条件下，德氏霉叶枯病发展迅速，会造成草坪早衰、秃斑，严重危害草坪景观效果。

【症状】德氏霉叶枯病主要引起叶斑和叶枯，也为害芽、苗、根、茎等部位，产生种腐、芽腐、根腐、茎基腐和苗枯等复杂症状。由于病原菌与寄主之间存在专化性，症状表现并不相同。在草地早熟禾上主要表现为在病叶和病鞘上出现椭圆形、红褐色至紫黑色小病斑，周围有黄色晕圈，而后病斑沿叶轴方向伸长，病斑中央坏死，叶片或叶鞘维管束系统被环割，整个叶子或分蘖死亡，使草坪稀疏；在细叶羊茅上引起病害表现为红褐色、不规则形的小斑点，病斑很快环割叶片，引起黄化并从顶尖开始枯死，严重发病时，草坪上普遍出现直径 2～10 cm 的褐色枯斑，还会出现根部和冠部腐烂，造成整株枯死；在高羊茅和多年生黑麦草上，病害会引起褐色条纹，呈网纹状，并随着病情发展汇合形成深褐色的病斑，病叶枯死，草坪早衰，变为黄褐色或褐色；在翦股颖上，病害常发生在高温湿润的天气下，出现细褐色至红褐色小病斑，环形至卵圆形，扩大后中心黄褐色至枯黄色，多个病斑愈合使草坪呈现红色；在狗牙根上，开始时叶片出现褐色斑点，扩大伸长成长圆形或长椭圆形，病斑中央漂白成浅黄褐色，病斑扩大后，病组织上有时会形成漂白色的和褐色的同心环斑(图 5-18)。

图 5-18　德氏霉叶枯病(图片来源：http://www.010golf.net/news/)

【病原】德氏霉叶枯病的病原物是德斯霉属(*Drechslera*)真菌。

【发生规律】德氏霉叶枯病的病原菌来自于种子和土壤，主要以菌丝体潜伏在种皮内或以分生孢子附着在种子表面。在草坪种子的萌发、出苗过程中，由于病原菌的侵染会造成烂芽、烂根、苗腐等。病菌会产生大量分生孢子，可通过风、雨、灌溉水、机械或人和动物的活动传播流行。病害主要发生在春秋两季。病原菌以菌丝体在病株体内或枯草层的病残体内越冬或越夏，在适宜的条件下重新产孢，发生新的侵染。影响德氏霉叶枯病的主要因素是温度和湿度条件。病菌分生孢子在 3～27℃范围内均可萌发；15～20℃最适于病菌的侵染。阴雨、多雾或在午后、晚上灌水是导致病害流行程度的主要因子之一。草坪立地条件不良、地势低洼、排水不良、周围遮阴、土壤瘠薄等均有利于病害的发生；光照不足，氮肥过多，缺乏磷、钾肥时，病害加重；此外，草坪管理粗放、修剪不及时、剪草过低、枯草层厚等，都会加重病害的发生。

8. 离蠕孢叶枯病 (bipolaris leaf spot)

【概述】离蠕孢叶枯病在世界各地均有分布。该病主要侵染画眉草亚科和黍亚科草，而狗牙根离蠕孢寄主广泛，可以侵染大多数的草坪草。病害发生主要危害草坪叶、叶鞘、根、根颈等部位，造成叶枯、根腐、颈腐，直至植株死亡，使草坪形成枯草斑或枯草区。

【症状】草坪草感染离蠕孢叶枯病会在叶片上出现不同形状的病斑，病斑外缘黄色，中心浅棕褐色。潮湿条件下可见黑色霉状物。当温度超过 30℃时，病斑消失，叶片变干呈稻草色。在高温高湿的天气下，叶鞘、茎、颈部和根部都会遭受侵染，形成大面积的枯草区。不同种的离蠕孢菌所致叶枯病的症状并不相同。狗牙根离蠕孢，会使草坪草叶部、冠部和根部腐烂，叶斑暗褐色至黑色，形状不规则，严重时叶片死亡，呈枯黄色；禾草离蠕孢，可侵染各种禾本科草坪草，引起叶部、冠部和根部病害，造成根腐、芽腐、苗腐、茎基腐、鞘腐和叶斑，叶片和叶鞘上形成中部褐色、外缘黄色椭圆形或梭形病斑，潮湿时病斑表面生有黑色霉层(图 5-19)。

图 5-19 离蠕孢叶枯病(图片来源:http://www.010golf.net/news/)

【病原】离蠕孢叶枯病的病原为离蠕孢属真菌禾草离蠕孢(*Bipolaris sorokiniana*),该病原菌在10~40℃下能够生长,最适生长温度为25℃;病原菌分生孢子以水平萌发且需要空气条件,但对营养要求不严格;在20~35℃下分生孢子均可萌发,28℃条件下萌发最好;该菌对酸碱度的适应能力较强,中性偏酸性的条件对菌丝的生长有利,pH为8.0时最易产孢子。

【发生规律】离蠕孢叶枯病在春秋季节,雨露多而气温适宜的条件下,主要造成叶斑和叶枯;夏季高温高湿的时期,会使草坪草叶枯和根、茎、茎基部等腐烂。其中,禾草离蠕孢多在夏季湿热条件下侵染冷季型草坪草,20℃左右时,发生叶斑,气温升至29℃以上且高湿时,茎腐、茎基腐和根腐;其他离蠕孢菌适温在15~18℃,超过27℃病害受到抑制,春、秋季发病重。草坪水肥管理不良,病残体和杂草多,都有利于病害的发生。

9. 弯孢霉叶枯病 (curvalaria leaf spot)

【概述】弯孢霉叶枯病在世界各地均有分布,主要侵染画眉草亚科以及草地早熟禾、匍匐翦股颖、细叶羊茅、黑麦草等,其中管理不良、生长较弱的草坪发病尤为严重。

【症状】弯孢霉叶枯病发病的草坪衰弱、稀薄、有不规则形枯草斑,枯草斑呈灰白色、植株矮小。不同草种染病后症状不同,草地早熟禾、细叶羊茅发病时,从叶尖向叶基由黄变棕色最后变灰,直至皱缩凋萎枯死,有时可观察到中心棕褐色,边缘红色至棕色的叶斑;匍匐翦股颖发病时,病叶从黄色变到棕褐色,直至枯死凋落。病菌的不同种会使病害产生不同的症状,如新月弯孢侵染草坪草,形成0.3~0.7 cm椭圆形、梭形病斑,病斑中部灰白色,周边褐色,外缘具黄色晕圈;不等弯孢侵染草坪草,会使病株根颈部叶片变褐、腐烂,病叶出现褐色病斑,中部青灰色,外缘具黄色晕圈(图5-20)。

图 5-20 弯孢霉叶枯病

(图片来源:http://www.010golf.net/news/)

【病原】弯孢霉叶枯病的病原物为弯孢霉属(*Curvularia*)的几个种,主要包括新月弯孢(*C. lunata*)和不等弯孢(*C. inaequalis*),寄主范围广泛。

【发生规律】弯孢霉叶枯病多发生在30℃左右的高温、高湿的条件下。主要侵染正在经历高温逆境或高温生长停止的草坪草。病原菌可以随风、雨传播。除侵染禾本科草坪草外,还可侵染多种禾谷类作物和禾本科杂草,但以发生在遭受高温和干旱逆境的一年生早熟禾上最为常见。同时在生长不良,管理不善,长势弱的草坪上发病严重;潮湿的环境，过量施用氮肥也有利于病害的发生。

10. 锈病（rust）

【概述】草坪锈病是一种草坪草常见病害。分布广泛，危害严重，且种类多，几乎每种禾本科草坪草上都存在一种或几种锈菌的危害，其中以冷季型中多年生黑麦草、高羊茅和草地早熟禾，以及暖季型中的狗牙根、结缕草受害最重。草坪锈病常见的主要包括条锈病、叶锈病、秆锈病和冠锈病等。

【症状】草坪锈病主要危害草坪草的叶片、叶鞘或茎秆，在感病部位生成黄色至铁锈色的夏孢子堆和黑色的冬孢子堆。病害发生初期，植株叶、茎上出现浅黄色斑点，随着病斑数目的增多，叶、茎表皮破裂，散发孢子堆。用手触摸病叶，手上会有一层锈色的粉状物。草坪草受锈病为害后，叶、茎颜色变化明显，植株生长矮小，光合作用下降，直至死亡（图 5-21）。

图 5-21　锈病（图片来源：http://www.010golf.net/news/）

【病原】锈病病原为真菌锈菌属（*Puccinia*）。病菌适宜生长的条件为温度 17～22℃，相对湿度在 80%以上。当温度在 20～30℃时，有利于孢子的形成，尤其是叶片湿润时，有利于孢子的萌发和侵入。

【发生规律】锈菌是一种寄生菌，离开寄主难以存活。病菌可以在病草的发病部位越冬、越夏。条锈菌不耐高温，当夏季温度超过 22℃时就不能越夏。病菌在适宜温度和叶面有水膜的条件下才能萌发，随后由气孔或直接穿透表皮侵入，一般 6～10 d 就会发病，10～14 d 后产生夏孢子，随风传播，不断造成新的侵染，病害迅速蔓延扩展。在发病地区，锈病可以随风、雨、人畜机械携带等途径在草坪内和草坪间传播。影响锈病发生的因素很多，主要有品种抗性、密度、温度、湿度、光照、水肥、留茬高度等。其中以秆锈病对温度的要求最高，叶锈病、冠锈病居中，条锈病最低。遭受逆境而生长缓慢的草上锈病发病最为严重。

11. 黑粉病（smut）

【概述】黑粉病在世界各地均有分布，其病害包括有条形黑粉病、冰草秆黑粉病、鸭茅叶黑粉病（疱黑粉病）等，其中以条形黑粉病的分布最广，危害性最大，可侵染 26 属 48 种禾本科植物，尤其以翦股颖、黑麦草、早熟禾最易感病；秆黑粉病可在 8 个属的禾本科植物及小麦等农作物上寄生；疱黑粉病主要侵染早熟禾属、翦股颖属、羊茅属等。

【症状】条形黑粉病和秆黑粉病症状基本相同，病害会导致植株矮化、叶片变黄，叶片卷曲并在叶片和叶鞘上出现长条形、黑色冬孢子堆，孢子堆破裂，可散出黑粉，用手易抹掉。严重发病时，病株叶片卷曲并从顶向下倒伏碎裂，甚至造成植株死亡。由于被侵染植株分蘖少和病株的死亡，会引起草坪的斑秃。叶黑粉病的症状主要表现在叶片上，病叶背面有黑色椭圆形疱斑，即冬孢子堆，长度不超过 2 mm，疱斑周围褪绿。严重时，整个叶片褪绿变成近白色。冬孢子堆始终埋在寄主叶表皮下（图 5-22）。

【病原】黑粉病病原为黑粉菌（*Ustilago* spp.），是一种高度寄生专化性的病原物，可以在植物的叶片、叶鞘、茎以及花序等部位引起特异性症状。

【发生规律】条形黑粉病常在春秋季出现，随天气变暖症状逐渐消失，条形黑粉病主要通过种子和土壤传播，而且能在土壤中存活多年，由于病菌的多年累积，病害通常在至少 3 年的老草坪上发生比较严重；秆黑粉病，易发生在晚春或初秋，发病规律与条形黑粉病基本相同，土壤干旱、瘠薄、黏重以及播种过深时，发病加重；疱黑粉病同样主要发生在春、秋两季，较低的温度，适宜的湿度和营养条件有利病原菌的存活，高温干旱，施肥或多或少，均会加速病株的死亡，疱黑粉病病原菌从叶片入侵开始，通过气流、雨滴飞溅、人畜和工具的接触等途径传播。

图 5-22　黑粉病(图片来源:http://www.010golf.net/news/)

12. 白粉病 (powdery mildew)

【概述】白粉病在世界各地都有分布,为禾本科草坪草上常见的茎叶病害之一,尤以早熟禾、细羊茅和狗牙根发病最重,是早熟禾和羊茅属草上的重要病害。

【症状】受害叶片上先出现 1～2 mm 近圆形或椭圆形的褪绿斑点,后逐渐扩大成近圆形、椭圆形的绒絮状霉斑,初白色,后发展为污白色至灰褐色。霉层表面有白色粉状物,后期霉层中出现黄色、橙色或褐色颗粒。随病情发展,叶片变黄,直至植株早枯死亡。白粉病通常在春秋季发生严重,且老叶比新叶更容易发病,草坪呈灰白色,像撒了一层白粉,受振动白粉飘散(图 5-23)。

图 5-23　白粉病(图片来源:http://www.010golf.net/news/)

【病原】白粉病是由子囊菌门禾布氏白粉菌(*Erysiphe graminis*)引起。

【发生规律】白粉病病菌主要以菌丝体或闭囊壳在病株体内或病残体中越冬,越冬后的菌丝体产生分生孢子,成熟的闭囊壳释放子囊孢子,通过气流传播,在晚春或初夏对禾本科草坪草形成初侵染。分生孢子一般只存活 5 d 左右,萌发需要适温 17～20℃。白粉菌侵入植株后,寄生在叶片的表皮层细胞,通过吸器从活细胞中吸收营养。子囊孢子的释放需要高湿条件,故而在夏秋降雨之后,白粉病为害加重。

13. 炭疽病(anthracnose)

【概述】炭疽病可侵染几乎所有的草坪草,在世界各地的草坪草中都有发生,包括早熟禾、匍匐翦股颖、细叶羊茅、黑麦草和假俭草等,其中以一年生早熟禾和匍匐翦股颖上最为严重。在我国炭疽病在草坪草上有零星发生,但危害并不严重。

【症状】炭疽病症状随环境条件的不同而表现不同。寒冷潮湿时,病菌主要造成根、根颈、茎基部腐烂。病斑初期呈水渍状,颜色变深并逐渐扩展成褐色圆形大斑，后期病斑长有黑色分生孢子盘。当冠部组织受到侵染时，草株生长瘦弱，变黄枯死。当天气温暖时，尤其在土壤干燥而大气湿度较高的条件下，老叶会很快受到侵染，形成红褐色长形病斑，叶片从黄变褐，以致枯死，加速衰老死亡。成坪的草坪上受到炭疽病的侵染会出现直径不等、形状不规则的枯草斑，斑块会从红褐色变为黄色至黄褐色再到褐色(图 5-24)。

图 5-24　**炭疽病**(图片来源：http://www.010golf.net/news/)

【病原】炭疽病主要由半知菌亚门胶孢炭疽菌(*Colletotrichum graminicola*)引起。发生侵染时，最初叶片上为红斑块，病原菌以黑色菌核越冬，春季发芽，温度在 18～25℃时病状加剧。

【发生规律】病原菌以菌丝体和分生孢子在病株和病残体中越冬。在逆境条件下，湿度高、叶面湿润时，病菌可穿透叶、茎或根部组织造成侵染。分生孢子盘在坏死组织中形成，然后释放分生孢子，随风、雨水传播到健康的草坪上，形成侵染和扩散。高温高湿的天气，土壤紧实，磷肥、钾肥、氮肥不均衡，水分供应不足，叶面或根部水膜，都会促进病害的发生。

14. 霜霉病 (downy mildew)

【概述】霜霉病主要危害燕麦草、早熟禾、羊茅、翦股颖等多种禾本科草坪草，以及小麦、大麦、玉米、水稻等农作物。该病害在我国分布颇广，华东、西北、华北、西南等地均有发生。

【症状】感染霜霉病的草坪草，早期植株略矮，叶片变厚或变宽，叶片不变色。发病严重时，草坪上出现直径为 1～10 cm 黄色小斑块，受害植株根黄且短小，很容易被拔起。在潮湿条件下，感病叶片出现白色霜状霉层(图 5-25)。

图 5-25　**霜霉病**(图片来源：http://www.010golf.net/news/)

【病原】霜霉病的病原是大孢指疫霉(*Sclerophthora macrospora*)。

【发生规律】霜霉病通常在春末和秋季发生,适温为15～20℃,通常在排水不良的地方最先发生。高温多雨、低洼积水、大水漫灌等均利于病害的发生。

5.7.5 常用的除菌剂及特点

草坪草的杀菌剂按作用原理可以分为保护剂和治疗剂两种。

保护剂主要用于草坪草受到病害之前。保护剂可以消灭侵染草坪植物的病原菌或其他繁殖体,从而防止或减轻病害的发生。使用的目的主要是在于预防病菌的侵染与传播,一般在草坪建植前,采取杀菌剂进行药剂拌种处理,或者进行土壤处理,以杀灭种子和土壤中的病原菌,减少初次侵染原,使草坪草出苗后不致感染病害。

治疗剂是指在草坪植物发病后,通过内吸或渗透作用进入植物体内,抑制或杀死病原菌,使植物病株不再受侵染。治疗剂具有防治草坪病害的良好效果,使草坪病害治疗工作更为主动。

杀菌剂针对不同的病害或者草坪品种都有各自的适用对象,当草坪病害发生后,应根据病症对症治疗。如防治草坪褐斑病可选用的杀菌剂有草病灵1号、3号、代森锰锌、百菌清、灭霉霜、敌力脱、天达2116、甲基立枯灵等;防治腐霉枯萎病可选用的杀菌剂有百菌清、甲基托布津、多菌灵,或用甲霜灵+百维灵、甲霜灵+乙膦铝等药剂对半混合使用,用草病灵2号、3号、4号、阿西米达、敌力脱、代森锰锌、甲基托布津等进行喷雾或灌根;防治草坪白粉病可选用甲基托布津、多菌灵、退菌特等;防治镰刀菌危害可选用多菌灵、甲基托布津等;防治锈病可选用三唑酮、特普唑可湿性粉剂、百菌清等进行防治;防治草坪叶枯病可选用代森锰锌、福美双等;防治草坪黑斑病可选用代森锰锌、百菌清、甲基托布津、代森锌、多菌灵等杀菌剂。

在防治草坪病害时,应注意尽可能混合或交替使用不同的杀菌剂,以免病原菌产生抗药性。并且要注意在病害发生前的防控和发生后的治疗相结合。杀菌剂的用量和使用次数要根据病菌侵染特性和杀菌剂药剂残效期的长短和气候条件来决定,一般情况下每隔7～10 d喷洒一次,内吸性强的杀菌剂可每隔10～15 d喷施一次。

5.8 草坪虫害及其防治

5.8.1 草坪有害昆虫及其防治

5.8.1.1 草坪有害昆虫的分类

草坪业已成为了现代园林景观中不可或缺的要素之一,然而有害生物却严重破坏了草坪的观赏性,并降低了草坪的使用价值。其中,部分害虫以草坪为食,咬食草坪草的汁液,使草坪草形成斑秃或萎蔫枯黄;部分昆虫自身并不损坏草坪,但却在草坪上活动,叮咬草坪上栖息玩耍的人类,危害人类的健康;还有部分昆虫是病害的媒介,会导致草坪发生严重病害。

根据害虫对草坪草的危害部位不同,通常可以把草坪害虫分为两类,地上害虫和地下害虫。其中地上害虫,是危害草坪草茎叶部的害虫,主要包括蝗虫类、蟋蟀类、夜蛾类、蚜虫类、叶蝉类、飞虱类、蝽类等。地下害虫,是危害草坪草地下部或地面附近根茎部的害虫,也称作土壤害虫,主要包括蝼蛄类、金针虫类、金龟甲类、地老虎类等。

5.8.1.2 草坪有害昆虫的防治

1. 农业栽培管理防治

严格检疫。对引进建植草坪种子严格检疫,可以有效防止外来草坪有害生物的入侵和扩散。

适地适草。选用适合气候和立地条件的草坪草品种,通常根据当地的特点,选用抗逆性强的品种,同时在北方地区兼顾草坪品种的抗旱性。

合理选用品种。选用抗虫品种可以大大降低害虫对草坪草的危害。选用带有内寄生菌的品种,其产生的生物碱对植食性昆虫有毒性,对虫害有显著的防治效果。

科学灌溉施肥。合理适时灌溉,保证草坪健康生长,可避免草坪过干或过湿而胁迫草坪,提高草坪的抗虫能力。同时，根据草坪生长情况和季节施肥，施肥时应保持氮、磷、钾平衡。

2. 物理防治

可以采用黑光灯或高压汞灯灯光诱虫，或者其他植物材料诱虫。诱虫灯下应结合施用杀虫剂，避免诱虫灯区附近的虫害反而加重。人工捕捉和人工摘除卵块也可用来降低虫口数量。

3. 生物防治

可利用昆虫害虫寄生性和捕食性天敌对害虫进行生物防治。如小长腹寄生土蜂和病原微生物如白僵菌、绿僵菌、芽孢杆菌、苏云金杆菌和昆虫病毒(如斜纹夜蛾核多角体病毒)可用于防治部分草坪害虫；绿僵菌防治蛴螬的效果可达90%。

5.8.2 线虫及其防治

1. 概述

线虫(nenatode)是隐蔽性农林有害生物，主要危害热带、亚热带地区的农作物、花卉和草坪。线虫可使暖季型草坪草大面积死亡，或使冷季型草坪草生长势变弱。草坪危害程度因草坪品种、线虫种类、土壤感染程度及环境条件的不同而异。有的可以抗病害的草种或品种，却易感染线虫病。线虫主要为害草坪草根部，症状主要表现为地上部生长不良，叶片黄萎，生长势弱，部分根有斑点、截根、膨大或过度生长、卷曲等，严重时整株枯萎死亡。

2. 生活史

线虫分为内寄生型、半内寄生型和外寄生型。其中内寄生型，如根结线虫、穿孔线虫、胞囊线虫等，是虫体完全进入草坪草根内取食或永久性附贴取食，使草坪草根部褪色、膨大，虫体成熟后产卵，再侵染草坪为害。半内寄生型，如盘旋线虫、环纹线虫、针线虫等，虫体前部进入根部，口针长度介于内寄生和外寄生类型之间。外寄生型，如截根线虫、拟毛刺线虫、毛刺线虫等，习居在土壤却不进入根内取食，虫体较内寄生型长，通过长口针穿刺根组织，使草根膨大或变形。

线虫在幼虫期蜕皮4次，发育成熟后交配产卵，重复生活周期。在适宜的条件下，3～4周完成一代。线虫常习居草坪草根区土壤，如土壤条件好，线虫增殖快，危害加重。土壤类型、土壤温湿度、寄主养分、土壤生物均与线虫生长发育和为害程度密切相关。春末和秋季的冷季型草坪草，夏季和秋季的暖季型草坪草，为草坪根系生长活动期，也是线虫取食的活动期。线虫通常随草坪草扩散或土壤表层水移动扩散；长距离传播时，主要靠工具、灌溉水流、土壤基质和草皮运输等侵染。

3. 防治方法

农业防治：保证使用无线虫的种子、草皮和土壤建植新草坪。对已经被线虫侵染的草坪，重新建植时进行土壤熏蒸。由于受到线虫侵染的草坪根系较短、衰弱，且大多数根系处于土壤表层，多次少量灌水可以保证表层土壤不干，阻止线虫发生。此外，合理施肥，增施磷钾肥；适时松土；清除枯草层都具有防治线虫的效果。

化学防治：在气温10℃以上，土壤温度17～21℃条件下施药效果最好。熏蒸剂和土壤熏蒸剂需在播种前使用，避免与草种接触。常用药剂有溴甲烷、棉隆和2-氯异丙醚等。

5.8.3 常见草坪害虫

1. 蛴螬(grub)

【概述】蛴螬属鞘翅目金龟总科。是金龟甲的幼虫，又被称为白土蚕、核桃虫。成虫称为金龟甲或金龟子。蛴螬按其食性可分为植食性、粪食性、腐食性三类，其中植食性危害多种农作物、经济作物和花卉苗木、草坪。其喜欢食用刚播种的种子、根、块茎以及幼苗，是世界性的地下害虫，在我国也分布广泛。

【外形特征】蛴螬体型肥大，弯曲呈C形，多为白色或黄白色。头大而圆，多为黄褐色，左右生有对称刚毛。上颚显著，腹部肿胀。体壁较柔软多皱，体表疏生细毛。3对胸足，后足较长。腹部10节，第10节称为臀节，且生有刺毛。头部的刚毛和臀节刺毛均可作为分种的重要特征(图5-26)。

图 5-26 蛴螬(图片来源:http://www.010golf.net/news/)

【生活史】蛴螬只在地下活动,且与土壤的温度和湿度关系密切,当 10 cm 土层温度达 5℃时,蛴螬开始上升至土表,13～18℃时活动最盛,23℃以上时在深土中移动,到秋季土温下降到蛴螬活动适宜范围时,再移向土壤上层。蛴螬有假死和负趋光性,并对未腐熟的粪肥有趋性。成虫交配后 10～15 d 产卵,每次产卵百粒左右,一般产卵在松软湿润的土壤内,以水浇地最多。蛴螬是一类生活史较长的昆虫,年生代数因种、因地而异,一般 1 年 1 代,或 2～3 年 1 代,长者也有 5～6 年 1 代。

【防治方法】

农业防治:不施未腐熟的有机肥料;精耕细作,及时镇压土壤,清除田间杂草。发生严重的地区,秋冬翻地可把越冬幼虫翻到地表使其风干、冻死或被天敌捕食,机械杀伤。

化学防治:可用 50%辛硫磷乳油拌种,辛硫磷、水、种子比例为 1∶50∶600;可用 50%辛硫磷乳油 200～250 g/亩或 2%甲基异柳磷粉 2～3 kg/亩处理土壤;在蛴螬发生较重的地块,可用 80%敌百虫可溶性粉剂和 25%西维因毒杀。

物理防治:可设置黑光灯诱杀成虫。

生物防治:可利用茶色食虫虻、金龟子黑土蜂、白僵菌等对蛴螬进行防治。

2. 地老虎(cutworm)

【概述】地老虎属鳞翅目夜蛾科。世界约 2 万种,中国约 1 600 种。其中小地老虎、黄地老虎、大地老虎、白边地老虎和警纹地老虎等幼虫为害最为严重。地老虎的寄主和危害对象有农作物、经济作物、药用植物、牧草等,且多以多种杂草作为寄主。主要分布在欧、亚、非洲各地,在我国主要危害长江下游沿岸、黄淮地区和西南地区。

【外形特征】地老虎成虫体长 17～23 mm、翅展 40～54 mm。头部、胸部背面呈暗褐色,足褐色,前足胫、跗节外缘灰褐色,中后足为灰褐色环纹。前翅、前缘区、外缘呈褐色至暗褐色;基线浅褐色,黑色波浪形内横线双线,黑色环纹内具有圆灰斑,肾状纹黑色具黑边,内缘在中脉间有 3 个尖齿,亚外缘线与外横线间各脉上有黑点,外缘线黑色,后翅灰白色,纵脉及缘线褐色,腹部背面灰色(图 5-27)。

【生活史】地老虎对温度、湿度要求较高。在温度 30℃左右或 5℃以下的条件下,小地老虎 1～3 龄幼虫会大量死亡;温度高于 30℃时成虫寿命缩短,且停止产卵。小地老虎多为害北方沿河、沿湖的滩地或低洼内涝地以及常年灌区。成虫盛发期遇有适量降雨或灌水时常导致大发生。土壤含水量在 15%～20%的地区有利于幼虫生长发育和成虫产卵。成虫的趋光性和趋化性因虫种而不同。小地老虎、白边地老虎和黄地老虎对黑光灯有趋性;小地老虎对糖酒醋液具有强趋性。地老虎多产卵在土表、植物茎叶及枯草根际处。3 龄前幼虫多在土表或植株上活动,昼夜取食叶片、幼芽等部位,主要以夜间活动危害植物。地老虎的越冬习性复杂,黄地老虎和警纹地老虎均以老熟幼虫在土下越冬;白边地老虎以胚胎发育晚期而滞育的卵越冬;大地老虎以 3～6 龄幼虫在表土或草丛中越夏和越冬;小地老虎在北方难以越冬,在南部地区以少量幼虫或蛹越冬。

图 5-27 地老虎(图片来源:http://www.010golf.net/news/)

【防治方法】

农业防治:及时清除杂草;整地人工铲埂杀灭虫卵。

化学防治:通常在幼虫3龄前施药防治,以取得良好的防治效果。可选用2.5%敌百虫粉剂2.0～2.5 kg/亩喷粉;可选用2.5%敌百虫粉剂2.0～2.5 kg/亩,加10 kg细土制成毒土,顺垄撒在幼苗根际附近,或50%辛硫磷乳油0.5 kg加适量水喷拌细土125～175 kg制成毒土,施用毒土20～25 kg/亩;可选用90%晶体敌百虫800～1 000倍液、50%辛硫磷乳油800倍液、50%杀螟硫磷1 000～2 000倍液、20%菊杀乳油1 000～1 500倍液、2.5%溴氰菊酯(敌杀死)乳油3 000倍液喷雾;在虫龄较大、为害严重的地区,可用80%敌敌畏乳油或50%辛硫磷乳油,或50%二嗪农乳油1 000～1 500倍液灌根。

物理防治:通常在春季成虫发生期,采用糖醋液或黑光灯诱杀越冬成虫。

3. 蚧壳虫(scale insect)

【概述】蚧壳虫属节肢动物门六足亚门昆虫纲有翅亚纲半翅目胸喙亚目蚧科。蚧壳虫是果树、花卉、草坪最常见的害虫,常群集于枝、叶、果上。成虫、若虫以针状口器插入花卉叶、枝组织中吸取汁液,造成枝叶枯萎,甚至整株枯死,并能诱发煤污病,危害极大。蚧壳虫常见的有红圆蚧、褐圆蚧、康片蚧、矢尖蚧和吹绵蚧等。

【外形特征】蚧壳虫体长一般1～7 mm,最小的只有0.5 mm,大多数虫体被有蜡质分泌物。有扁平卵形躯体,有蜡质介壳,外形有圆形、椭圆形、牡蛎形等,形状因种而异。幼虫具短脚,幼龄可移动觅食,稍长则脚退化。雌雄异体,雌虫无翅,雄虫有1对膜质前翅,后翅退化为平衡棒,能飞(图5-28)。

图 5-28 蚧壳虫(图片来源:http://www.010golf.net/news/)

【生活史】蚧壳虫繁殖能力强，一年发生多代。卵孵化为若虫，短时间爬行后形成蚧壳虫。夏季高温、高湿天气为虫害高发期。蚧壳虫抗药能力强，一般药剂难以进入其体内，难以防治。温度、降雨和风对蚧壳虫的种群数量影响较大。如吹绵蚧喜在温暖潮湿的环境条件下生活，雌成虫在湿度较高，气温 25～26℃条件下产卵最多；若虫正常活动的适宜温度为 22～28℃，超过 32℃开始死亡，在 40℃以上或－12℃时即大量死亡。褐盔蜡蚧卵在平均气温 19.5～23.4℃，平均相对湿度 41%～50%时孵化率最高；平均气温超过 25.4℃，平均相对湿度低于 38%时，卵的孵化率降低 89.3%。低湿条件下蚧壳虫存活率降低，高湿条件往往有利于蚧壳虫的发生，当湿度低于 15%时，若虫会大量死亡。不同蚧壳虫对光照的反应并不相同，绵蚧科、蜡蚧科和粉蚧属表现为正趋光性，而生活在地下的珠蚧属表现为负趋光性。

【防治方法】

农业防治：在自然情况下，蚧壳虫自身传播扩散能力有限，分布具有局限性。发现病虫，及时清除，防止进一步传播扩散。

化学防治：在孵化不久的若虫，体表尚未分泌蜡质，蚧壳未形成时，可用药灭杀。可用 40%氧化乐果 1 000 倍液，或 50%马拉硫磷 1 500 倍液，或 255 亚胺硫磷 1 000 倍液，或 50%敌敌畏 1 000 倍液，或 2.5%溴氰菊酯 3 000 倍液，喷雾。每隔 7～10 d 喷 1 次，连续 2～3 次。

物理防治：利用天敌防治蚧壳虫，如捕食吹绵蚧的澳洲瓢虫、大红瓢虫、寄生盾蚧的金黄蚜小蜂、软蚧蚜小蜂、红点唇瓢虫等。

4. 蝼蛄（mole cricket）

【概述】蝼蛄俗名耕狗、土狗崽、拉拉蛄、扒扒狗、蠹蚍，地拉蛄等。属节肢动物门六足亚门昆虫纲有翅亚纲直翅目蝼蛄科。蝼蛄在我国绝大部分地区都有分布，其中以华北蝼蛄、东方蝼蛄、台湾蝼蛄和普通蝼蛄为主。华北蝼蛄又称单刺蝼蛄，主要分布在中国北方各地；东方蝼蛄，在中国各地均有分布，南方危害较重；台湾蝼蛄发生于台湾、广东、广西；普通蝼蛄仅分布在新疆。蝼蛄为多食性害虫，蝼蛄成虫和若虫在土中咬食刚播下的种子和幼芽，或将幼苗根、茎部咬断，使幼苗枯死，受害的根部呈乱麻状。蝼蛄在地下活动，将表土穿成许多隧道，使幼苗根部透风和土壤分离，造成幼苗因失水干枯致死。

【外形特征】蝼蛄体长圆形，黄褐色或暗褐色，全身密被短小软毛。雌虫体长 4～5 cm，雄虫较雌虫略小。头前尖后钝，大部被前胸板盖住。触角丝状。复眼，卵形黄褐色；内侧后方有单眼 3 个。咀嚼式口器，发达。前胸背板坚硬膨大。翅 2 对，前翅革质，黄褐色，较短，略呈三角形；后翅大，膜质透明，淡黄色。足 3 对，前足发达，基节大，圆形，腿节强大而略扁，胫节扁阔而坚硬，尖端有锐利的扁齿 4 枚，上 2 齿较大，形成开掘足。后足腿节大，内缘有 3～4 个能活动的刺，腹部纺锤形，背面棕褐色，腹面黄褐色，末端 2 节的背面两侧有刚毛（图 5-29）。

图 5-29　蝼蛄（图片来源：http://www.010golf.net/news/）

【生活史】蝼蛄为不完全变态，完成一世代需要3年左右。以成虫或较大的若虫在土穴内越冬，第二年4—5月开始活动，主要危害幼苗。越冬成虫从6月中旬开始在地穴产卵，7月初孵化，秋季达8～9龄，深入土中越冬。第二年春越冬若虫恢复活动继续危害，到秋季达12～13龄后入土越冬。第三年春又活动危害。夏季若虫发育为成虫，成虫越冬。蝼蛄具趋光性，并对香甜物质具有强烈趋性。成、幼虫均喜松软潮湿的沙壤土，20 cm表土层含水量20%以上最适宜，小于15%时活动减弱。当气温在12.5～19.8℃、土温为15.2～19.9℃时，对蝼蛄最适宜，温度过高或过低时，蝼蛄潜入深层土中。

【防治方法】

农业防治：深翻土壤、精耕细作；施用腐熟的有机肥料，不施用未腐熟的肥料；在蝼蛄危害期，追施碳酸氢铵等化肥，氨气对蝼蛄具有一定驱避作用；秋季，可进行大水灌地，使蝼蛄被迫向上迁移，在结冻前深翻，可将其冻死。

化学防治：在草坪播种前，可用50%辛硫磷乳油，按种子重量0.1%～0.2%拌种，堆闷12～24 h后播种；当蝼蛄发生危害严重时，每亩用3%辛硫磷颗粒剂1.5～2 kg，兑细土15～30 kg混匀撒于地表，在耕耙或栽植前沟施毒土；若苗床受害严重时，用80%敌敌畏乳油30倍液灌洞灭虫；也可将麦麸、豆饼、秕谷、棉籽饼或玉米碎粒等炒香，按饵料重量0.5%～1%的比例加入90%晶体敌百虫制成毒饵诱杀蝼蛄。

物理防治：蝼蛄发生危害期，可利用黑光灯、白炽灯诱杀成虫。

5. 夜蛾（armyworm）

【概述】夜蛾属节肢动物门六足亚门昆虫纲有翅亚纲鳞翅目夜蛾科。体三角形，粗壮，翅暗灰褐色，但热带某些种类鲜艳而有灿光，密生鳞毛。傍晚及夜间飞行，有趋光性。多为植食性害虫，少数种类捕食其他昆虫。全世界约2万种，中国约1 600种。

【外形特征】夜蛾卵为扁圆形，长约1 mm，乳白色，卵面有若干放射状纵纹，纵纹之间又有横纹。幼虫体长约60 mm，3龄前幼虫淡黄色，3龄后变为黄色或黑色。成虫体长28～32 mm，翅展65～71 mm，头部黑色，其他部位褐色。成虫口器发达，下唇须有钩形、椎形、三角形等多种形状，少数种类下唇须极长，可上弯达胸背。喙发达，静止时卷曲。复眼半球形，少数肾形。触角有线形、锯齿形等。额光滑或有突起。翅色多较晦暗，热带地区种类比较鲜艳。前翅通常有几条横线，中室中部与端部通常分别可见环纹与肾纹，亚中褶近基部常有剑纹（图5-30）。

图5-30　夜蛾（图片来源：http://www.010golf.net/news/）

【生活史】夜蛾一年可发生3代。成虫白天隐蔽，夜间活动，具有趋光性。成虫通常在植株叶背面产卵。初孵幼虫群集在植株叶背危害植株，取食叶肉使叶片形成筛状小孔。幼虫活泼，一般稍受惊动就会吐丝下垂，转移至其他叶片。3 龄后分散危害植株，受惊动以尾足和腹足紧握叶背，其头部左右摆动，口吐黄绿色汁液。气温高、湿度大、时晴时雨的天气最适宜虫害的发生。

【防治方法】

农业防治：及时铲除杂草，中耕松土，可以消灭部分虫蛹；结合其他日常维护，摘除卵块和群集幼虫的叶片，集中烧掉或深埋。

化学防治：在幼虫群集危害时期，于清晨露水未干前喷粉。可用 2.5%敌百虫粉剂或 1.5%对硫磷(1605)粉剂、1.5%乐果粉剂喷粉，每亩 1.5～2 kg。

5.9 草坪杂草防治

5.9.1 杂草的定义

杂草(weed)的广义概念是对人类活动不利或有害于生产场地的一切植物，一般是非栽培的野生植物，或对人类无作用的植物。

杂草是一个历史名词，在其发展过程当中，属性并不固定，具有时间性、空间性、相对性和绝对性四个特性。时间性体现在，同一种植物在某一时间段是杂草，在其他时间段可能是蔬菜，如荠菜和苋菜过去是杂草，现在是大众喜爱的蔬菜；现在是杂草的蒲公英、燕麦、芦苇，过去作为食用和军用。空间性体现在，同一种植物所处的空间位置不同，属性也不同。如狗牙根在田园是杂草，在高尔夫球场就是很好的草坪草；匍匐翦股颖建植高尔夫球场时是优良草种，但混入草地早熟禾草坪时，就会因构成斑块而需要防除。随着时间和空间的变化，杂草有可能变为栽培植物，或者再从栽培植物变为杂草。如红花酢浆草和黄花月见草，我国作为观赏植物引入，但是目前已经逸为野生，成为恶性杂草，在草坪中这种不稳定的属性，即杂草的相对性。但在特定的时间和空间里，某些杂草的属性是稳定的，即显示出杂草的绝对性。

5.9.2 草坪杂草的基本特性

任何植物出现在人们不愿意它出现的草坪之中时成为草坪杂草，也是指草坪上除栽培的草坪植物以外的其他植物，它们的生长和存在很可能会影响草坪的密度、颜色和质地，即使它们是草坪草，这些植物也被认为是草坪中的杂草。

草坪杂草的基本特性主要表现在杂草繁殖力强、生长势强、适应性广和抗逆性强等方面。

1. 繁殖力强

草坪杂草繁殖力强主要表现为杂草繁殖系数大、繁殖方式多样、籽实传播方式多样；种子寿命长以及种子成熟度与萌发时期参差不齐。

(1)繁殖系数大　许多杂草通过尽可能产生大量种子来繁衍后代，如马唐、马齿苋、灰绿藜等在上海地区一年可产生两到三代；一株马唐和马齿苋每代可产种 20 万～30 万粒。因此，如果没有认真清除草坪杂草而任其开花大量繁殖，那么将有数亿甚至数十亿粒种子留下，3～5 年后杂草将很难除尽。

(2)繁殖方式多样　杂草的繁殖方式多种多样。多数杂草以种子繁殖为主，如马唐、苋、龙葵、藜等；还有许多杂草可以营养繁殖，通过营养器官如根、茎、叶等传播、繁衍，如蒲公英的根、狗牙根的根状茎、香附子的球茎、马唐的匍匐枝等都能产生大量的芽并形成新个体。杂草的营养繁殖特性使杂草保持了亲代或母体的遗传特性，生长势、抗逆性、适应性都很强。

(3)籽实传播方式多样　杂草种子易脱落，有些杂草具有适于传播的结构或附属物，可以借助外力如风力、水、人、畜等传播很远，分布很广。如蒲公英种子轻而有冠毛，可随风传播；鬼针草种子有刺钩，可附着在动物皮毛和人类衣物上传播；繁缕种子被动物吞食之后随其粪便排出而传播等。此外，杂草种子也可混杂在作物种子、饲料或肥料中随交通工具进行长距离传播。

(4)种子寿命长　与作物相比，杂草种子寿命较长，许多杂草的种子埋于土中，多年后仍可发芽，如藜等植物的种子最长可在土壤中存活 1 700 年。蒲公英、野燕麦、看麦娘、牛筋草等杂草的种子可存活 5 年；荠菜、金狗尾、狼尾草、繁缕、苋菜的种子可存活 10 年以上；车前、狗尾草、蓼、马齿苋、龙葵、蓟的种子可存活 30 年以上；豚草、独行菜等种子可存活 40 年以上。

(5)种子成熟度与出苗时间参差不齐　许多杂草种子成熟期参差不齐,分期分批成熟,如藜、荠菜和打碗花;有些杂草种子具有保持休眠的机制,出苗时间不整齐,如滨藜等。

2.生长势强

杂草多为 C_4 植物,光能利用率高,能更有效地利用光能、CO_2 和水,生长迅速,竞争能力强,如马唐、狗尾草、香附子等。

3.适应性广,抗逆性强

许多杂草对盐碱、旱涝、极端高低温等不良环境具有很强的耐受能力。有些杂草有不同程度的耐盐碱能力,如藜、扁秆藨草和眼子菜;有些杂草,如野胡萝卜和野塘蒿,在营养体被啃食或被刈割的情况下,可以保持营养生长数年,直至开花结实;有些杂草开花盛期被拔出后,能集中养分供给少量种子成熟,如稗、蒲公英等;有些杂草种子耐极端高低温,如稗草种子在 40℃高温的堆肥中持续 1 个月仍有发芽能力,而繁缕种子在低温 3℃仍然能够发芽。

5.9.3　草坪杂草的危害

杂草是草坪有害生物的一个重要组成部分,杂草的侵入对草坪构成巨大危害。轻则使草坪退化,成为病虫害的寄宿地,影响草坪景观;重则将整块草坪吞噬,使草坪杂草丛生而报废。草坪杂草的危害有如下四个方面:

1.影响草坪草生长

草坪杂草与草坪草竞争养分、水分、光照和空间,直接影响草坪草的正常生长发育。首先,草坪杂草适应性强,根系庞大,与草坪草竞争地下部和地上部生长空间,截留水分和养分;其次,杂草种子数量远远高于草坪植物的播种量,许多草坪杂草如马唐、狗尾草、紫花地丁和车前草等繁殖速度、生长速度及成熟速度快于草坪草,加上出苗时间短,与草坪竞争,很容易形成草荒,毁掉草坪;第三,有些杂草的根、茎、叶能够分泌某些化合物(植物化感物质),具有化感作用(allelopathy),对草坪草的生长发育产生抑制或促进作用。如早熟禾根系的分泌物可抑制匍匐翦股颖的生长;萹蓄的根系能分泌一些生理代谢物质,抑制草坪草的生长;白三叶高浓度的根系分泌物对三种禾本科草坪草(多年生紫羊茅、草地早熟禾和匍匐翦股颖)具有不同程度的化感抑制作用,推测可能是白三叶入侵禾本科草坪的机制之一。恶性杂草丝茅草不同浓度根浸提液对 3 种冷季型草坪草(多年生黑麦草、草地早熟禾和高羊茅)种子的萌发指数、幼苗生长及生物量结构均有显著的化感效应,高浓度的浸提液显著抑制草坪草的生长与发育,浓度越高抑制作用越大。

2.病虫的寄宿地

许多杂草是一些草坪病虫害的中间寄主或寄宿地,病虫害利用杂草越冬、繁殖,会导致草坪植物病、虫害的发生。如夏枯草、通泉草和紫花地丁是蚜虫和蜘蛛的越冬寄主;杂草所带的病菌往往是草坪病害的初浸染源。如飞虱是重要的传毒媒介,而飞虱最有利的繁殖场所也是各种杂草。

3.破坏草坪观赏性

一般来说,杂草叶片的颜色、大小以及生长习性等与草坪草不同。在杂草生长季节,生长速度比草坪草快,使得草坪看起来参差不齐,当杂草超过一定数量后,会影响草坪的品质及观赏性,如蒲公英、车前等杂草,可形成特异的小株群,远看草坪凹凸不平,破坏草坪整齐度。在霜降来临后,杂草死亡后草坪出现大片枯黄和斑秃,并一直延续到翌年,成为新杂草生长的有利空间。又如,夏至草等多年生杂草与蓼等一年生杂草的侵染力极强,一旦侵入草坪,很快形成群落,完成自身生育期后,地上部枯黄造成草坪斑秃,其枯亡后的空地成为新杂草生长的有利空间,严重影响草坪的观赏性。

4.影响人畜安全

草坪是人类休闲的地方,有毒和有害的杂草侵入后,将影响人们的健康和安全,造成外伤或诱发疾病。有毒杂草,如打破碗碗花、猪殃殃、酢浆草、曼陀罗、龙葵和苍耳等,其种子、乳汁和气味等威胁人畜安全。有些杂草的种子、芒、叶、茎和分枝等有物理伤害作用,如白茅和针茅的茎,黄茅、狗尾草的芒;鬼针草的种子容易刺入人的衣服,较难拔掉。有些杂草的花粉和针刺等可以让人致病,如一些人对豚草(破布草)的花粉过敏,导致呼吸器官过敏,最后哮喘发作;荨麻具有蛰毛,人体裸露部位一旦触碰到就会引发疼痛长达 10 h 以上。苣荬菜、泽漆的茎含有丰富的白色汁液,碰断后一旦沾到衣服上很难清洗。

5.9.4 常见草坪杂草

我国目前杂草种类有 1 000 余种,有草坪杂草 450 种左右,分属 45 科,127 属。其中菊科 47 种,藜科 18 种,蔷薇科 13 种,禾本科 9 种,玄参科 18 种,莎草科 16 种,石竹科 14 种,唇形科 28 种,豆科 24 种,伞形科 12 种,蓼科 27 种,十字花科 25 种,毛茛科 15 种,茄科 11 种,大戟科 11 种,百合科 8 种,罂粟科 7 种,龙胆科 7 种。

草坪杂草种类较多,按不同的分类方法,可以分为不同的类型。在分类学上可以分为单子叶杂草和双子叶杂草两大类群;依据生活周期可分为一年生、二年生和多年生杂草;依据杂草对草坪草的危害程度和防治上的重要性可以把国内杂草分为重要杂草、主要杂草、地域性主要杂草以及次要杂草四个类群。根据形态学和对除草剂的敏感性可以分为禾本科杂草、莎草科杂草和阔叶杂草,本章节按照这种分类方法详细介绍了我国南方地区常见草坪杂草 33 种。在介绍每一种杂草时,均从学名、别名、生活型、分布与危害等四个方面进行阐述。

5.9.4.1 禾本科杂草

禾本科杂草的根常为须根。茎埋藏于地下成地下茎(常为根状,少为球状),着生地面上的称秆,节很明显,节间常中空。叶分为叶片和叶鞘两个部分,叶鞘包着秆,常一边开缝,边缘覆叠,少有封闭;叶片多为线性,全缘,平行脉。花序一般由多个小穗组成,排列成穗状、总状或圆锥花序。花单性或两性。果皮与种皮合生,称颖果;少有分离的囊果。

我国南方地区常见的禾本科杂草有马唐、看麦娘、狗牙根、稗草、牛筋草、白茅、千金子、双穗雀稗、早熟禾和狗尾草。

1. 马唐 *Digitaria sanguinalis* (L.) Scop.

【别名】大抓根草、鸡爪子草、面条筋

【识别要点】一年生草本。秆丛生,直立或下部倾斜,着地易生根;叶带状披针形,叶鞘基部及鞘口有毛;总状花序 3～10 个,呈指状排列于秆顶(图 5-31)。

图 5-31 马唐株丛(孟静摄)

【分布与危害】南自广东,北至黑龙江均有分布,是我国重要的草坪杂草,暖季型草坪和冷季型草坪中发生量均很大,危害较严重。

2. 看麦娘 *Alopecurus aequalis* Sobol.

【别名】棒棒草、棒槌草、山高粱

【识别要点】一或二年生草本。秆丛生,具 3～5 节,基部膝曲;叶带状;圆锥花序柱状,小穗含一朵小花,雄蕊 2 枚,花药橙黄色。

【分布与危害】分布于我国南北各地。适生于潮湿环境,危害暖季型草坪和冷季型草坪。

3. 狗牙根 *Cynodon dactylon* (L.) Pers.

【别名】草板筋、绊根草、爬根草、铁线草、咸沙草

【识别要点】多年生草本。根状茎匍匐生长,多分枝,节上生根;叶条形,叶鞘具脊,鞘口处常具有稀长柔毛,叶舌呈小纤毛状;穗状花序 3～6 枚,呈指状排列于茎顶。

【分布与危害】分布于我国长城以南各省。严重危害长江中下游地区结缕草等暖季型草坪,如防除不及时,极易造成草荒;是飞虱、叶蝉、纵卷叶虫、蚜虫、稻瘿蚊等的越冬寄主,并能感染纹枯病、小麦赤霉病、黑粉病、锈病等。

4. 稗草 *Echinochloa crusgalli* (L.) Beauv.

【别名】稗、风稗、野稗、水稗、扁扁草

【识别要点】一年生草本。秆基部倾斜或膝曲。叶鞘疏松裹秆,平滑无毛;叶舌缺;叶片扁平,线形,

无毛，边缘粗糙。圆锥花序直立，近尖塔形，主轴具棱，粗糙或具疣基长刺毛；小穗卵形，脉上密被疣基刺毛，具短柄或近无柄，密集在穗轴的一侧；外稃顶端延伸成一粗壮的芒。

【分布与危害】国内各省均有分布。是暖季型草坪和冷季型草坪的主要杂草之一。

附　稗草变种检索表

①圆锥花序有时再分小枝

②圆锥花序柔软，外稃芒长 5～15(～30)mm…………稗(原变种)var. *crusgalli*

②圆锥花序硬挺，外稃无芒或具极短芒，芒长常不超过 5 mm…………无芒稗 var. *mitis*

①圆锥花序单生，不分枝

③小穗长 3～4 mm，无芒…………………西来稗 var. *zelayensis*

③小穗长 2.5～3 mm，无芒或芒短于 5 mm

④叶片宽 2～5 mm，圆锥花序直立，贴向主轴…………小旱稗 var. *austro-japonensis*

④叶片宽 4～10 mm，圆锥花序上升。

⑤小穗略带紫色………细叶旱稗 var. *praticola*

⑤小穗绿色………………短芒稗 var. *breviseta*

5. 牛筋草 *Eleusine indica* (L.) Gaertn.

【别名】蟋蟀草、油葫芦草

【识别要点】一年生草本。须根发达。秆扁形，丛生；叶条形；穗状花序 2～7 枚，指状着生于顶端。

【分布与危害】我国长城以南各省均有分布。严重危害暖季型草坪和冷季型草坪；也是稻飞虱、稻苞虫等害虫的寄主。

6. 白茅 *Imperata cylindrica* (L.) Beauv.

【别名】茅针、白茅根、茅柴

【识别要点】多年生草本。根状茎匍匐，发达；秆直立，丛生，2～3 节，常带紫红色；叶带状或带状披针形，叶背主脉突出；圆锥花序圆柱状(图 5-32)。

图 5-32　白茅株丛(孟静摄)

【分布与危害】我国各省都有分布。主要危害土壤偏碱性的沿海地区草坪；也是褐稻虱、灰稻虱的寄主。

7. 千金子 *Leptochloa chinensis* (L.) Nees.

【别名】绣花草、水稗、雀儿舌头

【识别要点】一年生草本。须根，秆丛生，基部膝曲，节着地生根；叶带状披针形；圆锥花序，分枝细长，常呈紫酱红色。

【分布与危害】分布于我国黄河以南各省的潮湿低田。前茬为水稻田的草坪基地或生长环境较为潮湿的草坪危害较为严重。

8. 双穗雀稗 *Paspalum distichum* L.

【别名】游草、游水筋、双耳草

【识别要点】多年生草本。根茎横走；秆匍匐地面，节上生根；叶线形平展，叶鞘压扁，背部有脊；总状花序常 2 个生于总轴顶端；小穗成 2 行。

【分布与危害】主要分布于黄河以南各省。主要危害生长环境较为潮湿的暖季型草坪和冷季型草坪；也是叶蝉、飞虱、纵卷叶虫的越冬寄主。

9. 早熟禾 *Poa annua* L.

【别名】绒球草、稍草、烧草

【识别要点】一年生草本。秆丛生，基部倾斜；叶带状披针形，质地柔软，从主脉处对折，心叶尤为明显，叶鞘中部以下闭合；叶色较其他禾本科杂草深。

【分布与危害】分布于长江中下游各省的低湿田。对狗牙根草坪和马尼拉草坪危害较严重；是飞虱、叶蝉、蚜虫等的越冬寄主，也是矮缩病的中间寄主。

10. 狗尾草 *Setaria viridis* (L.) Beauv.

【别名】狗尾巴草、谷莠子、莠、莠草

【识别要点】一年生草本。秆丛生；叶条状披针形，淡绿色；圆锥花序紧密而呈圆柱状，刚毛粗壮，绿色或紫色，形状如狗尾巴。

【分布与危害】全国各地几乎都有分布。是暖季型草坪和冷季型草坪的主要危害杂草之一；是稻苞虫、小地老虎的寄主，也是稻纹枯病的传染媒介。

5.9.4.2 莎草科杂草

莎草科杂草多数有地下匍匐茎，须根。茎三棱或有时为圆筒形，实心，少中空。叶片线性，常排成三列；叶鞘的边缘合成管状包于茎上。总状花序，常数枚或多数生于茎上，或密集于茎端呈头状。花常无花被，两性花；有时为单性花，常雌雄同株，有时为异株。我国南方地区常见的莎草科杂草有香附子、碎米莎草、光鳞水蜈蚣等。

1. 香附子 *Cyperus rotundus* L.

【别名】香头草、回头青、旱三棱

【识别要点】多年生草本。根茎匍匐，细长，顶端膨大成椭圆形块茎，有香味，棕褐色；秆散生，叶基生，比秆短，叶表面有光亮的蜡质层；穗状花序有辐枝 3～10 个，有小穗 3～10 个，条形，排成伞形花序(图 5-33)。

图 5-33　香附子成株(左)和小穗(右)(孟静摄)

【分布与危害】分布于华东、华南、西南等热带、亚热带和暖温带南部地区。严重危害长江中下游地区的暖季型草坪，冷季型草坪也有发生和危害(图 5-34)。

图 5-34　香附子入侵草坪(孟静摄)

2. 碎米莎草 *Cyperus iria* L.

【别名】三方草、见骨草、荆三棱

【识别要点】一年生草本。秆丛生，扁三棱形；叶基生，根和茎基部紫色，叶鞘棕红色；聚伞花序具 4～9 个第一次辐射枝和 5～10 个第二次辐射枝，每枝具 3～10 个穗状小穗，每个穗状花序上有小穗 5～22 个。

【分布与危害】分布于我国暖温带、亚热带和热带地区的低湿田。主要危害前茬为水稻的草坪基地或地势较低、排水不畅的草坪。

3. 光鳞水蜈蚣 *Kyllinga brevifolia* Rottb. var. *leiolepis* (Franch. et Sav.) Hara

【别名】无刺鳞水蜈蚣、水蜈蚣、耙齿草

【识别要点】多年生草本。根茎横走，多分枝；秆散生，三棱形，节上生分枝，根茎上到处可长不定根，形状似蜈蚣；叶基部鞘状，抱茎；穗状花序单生，卵球形。

【分布与危害】分布于华南、华东、华中、西南等地的潮湿地。主要危害地势低洼或排水不畅的暖季型草坪和冷季型草坪。

5.9.4.3 阔叶杂草

阔叶杂草又称为双子叶杂草，是草坪杂草中数量最多的一类。胚常具两片子叶，叶常为网状脉。我国南方地区常见的阔叶杂草有苋科的空心莲子草、凹头苋，马齿苋科的马齿苋，菊科的小飞蓬、一年蓬、鳢肠、牛膝菊、蒲公英，伞形科的石胡荽、天胡荽，石竹科的簇生卷耳、牛繁缕，酢浆草科的酢浆草，车前科的车前，旋花科的田旋花，豆科的大巢菜，十字花科的荠菜，玄参科的阿拉伯婆婆纳，茜草科的猪殃殃，大戟科的铁苋菜等。

1. 空心莲子草 *Alternanthera philoxeroides* (Mart.) Griseb.

【别名】喜旱莲子草、水花生、空心苋、水蕹菜、革命草、东洋草

【识别要点】苋科。多年生草本。根肉质；茎全卧或上部斜升，着地或水面生根，圆形中空，常呈粉红色；叶对生，长圆形；头状花序具长梗，单生于叶腋，花被5，白色，纸质（图5-35）。

图5-35 空心莲子草成株（孟静摄）

【分布与危害】分布于我国热带和亚热带地区的潮湿地。严重危害暖季型草坪和冷季型草坪（图5-36）。

图5-36 空心莲子草危害状（孟静摄）

附 莲子草属分种检索表

①头状花序无总花梗，陆生……………莲子草 *A. sessilis* (L.) R. Br. ex DC.

①头状花序有总花梗，常湿生………空心莲子草 *A. philoxeroides*

2. 凹头苋 *Amaranthus blitum* L.

【别名】野苋、野苋菜

【识别要点】苋科。一年生草本。茎伏卧而上升，从基部分支。叶互生，卵形或菱状卵形，顶端凹缺。花簇大部分生于枝端叶腋呈直立穗状或圆锥花序（图5-37）。

图5-37 凹头苋成株（孟静摄）

【分布与危害】分布于我国南北各地。危害暖季型草坪和冷季型草坪。

3. 马齿苋 *Portulaca oleracea* L.

【别名】马菜、马苋、长命菜、五方草、麻绳菜、

马苋菜、瓜米菜、马蛇子菜、蚂蚁菜、五行菜、猪肥菜

【识别要点】马齿苋科。一年生草本。茎匍匐，暗红色；叶互生或近对生，倒卵形或匙形，叶背面淡绿色或淡红色，先端钝圆或微凹。花3～5朵生于枝端，花瓣5，黄色。

【分布与危害】全国各地几均出现。在水肥条件好的地方生长极旺盛，危害暖季型草坪和冷季型草坪。

4. 小飞蓬 *Erigeron canadensis* (L.) Cronq.

【别名】小蓬草、加拿大蓬、蓬头、小白酒草、飞蓬

【识别要点】菊科。一年生草本。茎直立多分枝；叶片互生，排列较密，叶线形，全缘或齿裂；头状花序密集，花白色或微带紫色。

【分布与危害】全国各地均有分布。危害暖季型草坪和冷季型草坪；也是棉铃虫、棉盲蝽的越冬寄主。

5. 一年蓬 *Erigeron annuus* L.

【别名】千层塔、蓬头草、治疟草、野蒿

【识别要点】菊科。一年生草本。全株被短柔毛；茎直立，基生叶矩圆形或阔卵形，叶缘具不规则粗齿，上部叶条形，全缘，中部和上部叶较小；头状花序排成伞房状，边花白色或淡蓝色，盘花黄色(图5-38)。

图 5-38　一年蓬花朵(左)和幼苗(右)(孟静摄)

【分布与危害】华东、华中地区均有分布。危害暖季型草坪和冷季型草坪；也是红蜘蛛的越冬场所。

6. 鳢肠 *Eclipta prostrate* L.

【别名】旱墨莲、旱蓼母、旱莲草、墨草

【识别要点】菊科。一年生草本。根发达；茎直立或斜升，多分枝，从叶腋中长出，节着地生根，全株被粗毛；叶对生，长圆状披针形，全缘或具细锯齿；头状花序生于枝端或叶腋，边花舌状，白色，盘花管状，黄色；茎叶搓烂后成墨黑色(图5-39)。

【分布与危害】我国长江、黄河中下游至珠江下游(广东)等都有分布。危害暖季型草坪和冷季型草坪，尤其对前茬是水稻的草坪基地危害较为严重。

7. 牛膝菊 *Galinsoga parviflora* Cav.

【别名】辣子草、珍珠草、向阳花、铜锤草

图 5-39　鳢肠头状花(孟静摄)

【识别要点】菊科。一年生草本。茎纤细，不分枝或自基部分枝，分枝斜升；叶对生，卵形或长椭圆状卵形，基出三脉或不明显五出脉，有叶柄；全部茎叶两面粗涩，被白色稀疏贴伏的短柔毛；头状花序半球形，有长花梗，多数在茎枝顶端排成疏松的伞房花序，舌状花白色；管状花黄色。

【分布与危害】分布于云南、四川、江西、浙江、上海等地的旱田。危害暖季型草坪和冷季型草坪。

8. 蒲公英 *Taraxacum mongolicum* Hand.-Mazz.

【别名】蒲公草、婆婆丁、灯笼草、姑姑英

【识别要点】菊科。多年生草本。全株具乳汁；主根粗壮，可形成不定芽；基生叶，倒披针形或椭圆状披针形，羽状分裂，叶缘具齿；头状花序，花全为舌状花，黄色；花梗直立，中空。瘦果顶端具喙，末端具白色冠毛。

【分布与危害】分布于东北、华北、华东、华中、西南、西北各地，危害暖季型草坪和冷季型草坪。

9. 石胡荽 *Centipeda minima*（L.）Br. et Ascher.

【别名】球子草

【识别要点】伞形科。一年生草本。茎多分枝，匍匐状；叶互生，楔状倒披针形，顶端钝，基部楔形；头状花序小，扁球形，单生于叶腋，无花序梗或极短；边缘花雌性，多层，花冠细管状，淡绿黄色，顶端2～3微裂；盘花两性，花冠管状，顶端4深裂，淡紫红色(图5-40)。

图5-40 石胡荽成株(孟静摄)

【分布与危害】除西北外，全国各地均有分布，以长江以南广大地区最多，常危害潮湿的马蹄金草坪。

10. 天胡荽 *Hydrocotyle sibthorpioides* Lam.

【别名】满天星、鹅不食草、细叶钱凿口、小叶铜钱草、龙灯碗、圆地炮

【识别要点】伞形科。多年生草本。茎枝匍匐，细长，节着地生根；叶互生，圆形或近肾形，5～7浅裂，基部深心形，两面均无毛；伞形花序与叶对生；花白色。

【分布与危害】分布于长江以南地区，危害暖季型草坪和冷季型草坪。

11. 簇生卷耳 *Cerastium fontanum* subsp. *vulgare*（Hartm.）Greuter et Burdet

【别名】簇生泉卷耳、狭叶泉卷耳、族生卷耳、猫儿草、婆婆纳指甲草

【识别要点】石竹科。多年生或一二年生草本。茎单生或丛生，近直立，被白色短柔毛和腺毛。叶对生，基生叶近匙形或倒卵状披针形，基部渐狭呈柄状；茎生叶近无柄，叶片卵形、狭卵状长圆形或披针形，全缘，中脉显著；聚伞花序顶生；花梗细，密被长腺毛，花后弯垂；萼片5，花瓣5，白色，花柱5。

【分布与危害】我国黄河中下游、广东、云南北部地区均有分布。主要危害结缕草属、狗牙根等暖季型草坪，也危害冷季型草坪。

12. 牛繁缕 *Myosoton aquaticum*（L.）Moench

【别名】鹅肠菜、鹅儿肠、鹅肠草

【识别要点】石竹科。越年生或多年生草本。茎下部伏卧，上部斜生，多分枝；叶对生，卵形或宽卵形，顶端急尖，基部稍心形，上部叶常无柄或具短柄，疏生柔毛。二歧聚伞花序顶生，花瓣白色，2深裂至基部，雄蕊10，稍短于花瓣；花柱短，5条，线形(图5-41)。

【分布与危害】分布于我国南方各省土壤潮湿的旱田。危害暖季型草坪和冷季型草坪。

图 5-41 牛繁缕花朵(孟静摄)

附 石竹科分属检索表

①花瓣先端全缘或有锯齿

①花瓣先端 2 裂

②花柱 3 繁缕属 *Stellaria* L.

②花柱 5 牛繁缕属 *Myosoton* Moench

13. 酢浆草 *Oxalis corniculata* L.

【别名】酸味草、野草头、鸠酸、酸醋浆、黄花酢浆草、老鸦嘴

【识别要点】酢浆草科。多年生草本。茎多分枝,匍匐或斜升,节着地生根;叶互生,三出复叶;小叶倒心形,无叶柄;伞形花序腋生,花瓣 5,黄色;蒴果圆柱形,具 5 棱,背裂。

【分布与危害】分布于我国各省的旱地和阴湿处。严重危害马蹄金草坪;是红蜘蛛的越冬场所和白粉病的传染媒介。

14. 车前 *Plantago asiatica* L.

【别名】车钴辘菜、车串子、车轮草、猪耳草、牛耳朵草、蛤蟆草

【识别要点】车前科。多年生草本。根茎短而粗壮;叶基生,卵形或椭圆形,全缘或不规则波状,叶柄与叶片几等长;穗状花序直立,着生于花茎上部。

【分布与危害】全国各地均有分布。危害暖季型草坪和冷季型草坪;是蚜虫和红蜘蛛的越冬寄主。

15. 田旋花 *Convolvulus arvensis* L.

【别名】箭叶旋花、中国旋花、白花藤扶田秧、扶秧苗、小旋花

【识别要点】旋花科。多年生草本。根状茎横走,茎平卧或缠绕,有条纹及棱角;叶卵状长圆形至披针形,先端钝或具小短尖头,基部大多戟形,或箭形及心形,全缘或 3 裂;叶柄较叶片短;叶脉羽状,基部掌状。花序腋生,花冠宽漏斗形,白色或粉红色,或白色具粉红或红色的瓣中带,或粉红色具红色或白色的瓣中带,5 浅裂;雄蕊 5,柱头 2。

【分布与危害】全国各省区分布。危害暖季型草坪和冷季型草坪。

16. 大巢菜 *Vicia sativa* Guss.

【别名】救荒野豌豆、野豌豆、野毛豆、野扁豆、雀雀豆、马豆、草藤、苕子

【识别要点】豆科。一年生或二年生草本。茎有棱,羽状复叶,具 4~8 对小叶,顶小叶成卷须,托叶戟形;花 1~2 朵生于叶腋,蝶形,红色;荚果条形。

【分布与危害】我国除海南省以外的地区都有分布。危害暖季型草坪和冷季型草坪;也是蚜虫、红蜘蛛的越冬场所。

17. 蔊菜 *Rorippa indica* (L.) Hiern

【别名】印度蔊菜、塘葛菜、葶苈、江剪刀草等

【识别要点】十字花科。一、二年生草本。植株较粗壮,无毛或具疏毛。茎单一或分枝,表面具纵沟。叶互生,基生叶及茎下部叶具长柄,叶形多变化,通常大头羽状分裂,顶端裂片大,卵状披针形,边缘具不整齐牙齿,侧裂片 1~5 对;茎上部叶片宽披针形或匙形,边缘具疏齿,具短柄或基部耳状抱茎;总状花序顶生或侧生,花小,多数,具细花梗;萼片 4,花瓣 4,黄色,雄蕊 6,2 枚稍短。

【分布与危害】我国大多数地区分布。危害暖季型草坪和冷季型草坪;也是蚜虫和红蜘蛛的越冬寄主。

18. 阿拉伯婆婆纳 *Veronica persica* Poir.

【别名】波斯婆婆纳

【识别要点】玄参科。一年生草本。铺散多分枝草本;叶 2~4 对,具短柄,卵形或圆形,基部浅心形,平截或浑圆;总状花序很长,花冠蓝色、紫色或蓝紫色,裂片卵形至圆形,喉部疏被毛;雄蕊短于花冠(图 5-42)。

【分布与危害】我国华北、华东以及中南的旱地均有分布。主要危害结缕草属、狗牙根等暖季型草坪,对冷季型草坪危害较轻(图 5-43)。

图 5-42　阿拉伯婆婆纳花朵(孟静摄)

图 5-43　阿拉伯婆婆纳危害状(孟静摄)

阿拉伯婆婆纳与婆婆纳的区别在于阿拉伯婆婆纳花梗长于苞片，蒴果网状脉明显。

19. 猪殃殃 *Galium aparine* L. var. *tenerum* (Gren. et Godr.) Rehb.

【别名】拉拉藤、爬拉殃、八仙草

【识别要点】茜草科。越年生或一年生草本。蔓生或攀缘；茎四棱形，棱上有倒生细刺；叶轮生，4～8 枚，线状倒披针形，叶表面、叶缘和叶背疏生细刺；聚伞花序有 3～10 朵花，黄绿色。

【分布与危害】全国大部分地区有分布。为旱性麦地危害最重的杂草之一。危害暖季型草坪和冷季型草坪。

20. 铁苋菜 *Acalypha australis* L.

【别名】夏草、海蚌含珠、蚌壳草

【识别要点】大戟科。一年生草本。茎直立有分枝；叶互生，卵状披针形；穗状花序腋生，花单性，雌雄同株，雄花多数，生于雌花之上；苞片叶状，1～3 枚，雌花围于蚌形苞片内，无花瓣。

【分布与危害】全国各地都有分布。危害暖季型草坪和冷季型草坪；是棉铃虫、红蜘蛛、蚜虫等害虫的中间寄主。

5.9.5　草坪杂草的防除

杂草防除的目的是将杂草对人类生产和经济活动的有害性减低到人们能够承受的范围之内。草坪杂草防除是草坪建植中的重要措施，也是高质量草坪管理的重要环节。

草坪杂草防除的方法很多，各种方法都能达到一定的效果，但都存在优缺点。因此，要控制草坪杂草的危害还必须坚持“预防为主，综合治理”的原则，即以化学防除为主、因地制宜地构建综合的草坪杂草防除体系。

1. 预防性措施

选用适宜的草坪草种和适当的管理技术，建成健康草坪，使之形成高密度而使杂草无法获得立足之地，最后被排出草坪，从而达到防除杂草的目的。从草坪管理的角度因地制宜地制定全面而具体的杂草防除计划，包括建坪前土壤消毒处理，适时播种，清洁草坪场地与周边环境，加强土、肥、水管理，加强病虫害防治和合理修剪等。同时，阻止杂草种子的形成、防治新种子进入等措施也对杂草防除十分有效。

2. 检疫防除

草坪杂草检疫防除是指人们依据国家制定的植物检疫法，运用一定的仪器设备和技术，科学地对输入和输出本国家或本地区的动植物或其产品中夹带的立法规定的有潜在性危害的有毒、有害杂草或杂草繁殖体(主要为种子)进行检疫监督处理的过程。目前我国冷季型草坪种子大多从国外进口，因此必须严格执行草坪杂草检疫制度。

3. 物理防除

草坪杂草物理防除的方法主要包括人工除草和机械除草两种方法。

人工除草指用手拔除杂草或以人工配合小型手工具如小铲子、手耙、镰刀挖掘割除杂草，该方法在杂草繁衍生长之前拔除杂草可收到良好的防除效果。一般拔除时间选择在大雨过后或灌水后。但是人工除草具有以下缺点：劳动强度大，无法控制效率；防除不彻底，拔大不能拔小，拔茎叶不能拔根；影响草坪质量和功能。人工除草对一年生杂草及多年生杂草幼苗清除极为有效，对以种子繁殖幼株的杂草效果较佳，应在杂草结籽前进行。但是对已长成杂草，特别是具有地下茎繁殖器官及匍匐茎的多年生杂草防除效果有限。在小面积草坪管理，如景观装饰草坪、家庭庭园草坪、高尔夫球场果岭草坪、杂草密度低的草坪地区，若因机械、化学除草剂无法防除杂草，需以人工除草方式防除杂草。

机械除草是指利用简单的人力剪草机具、背负式和推式动力机或各种乘坐式动力机械剪草机，以快速转动的刀片或其他切割物，在接近地面处见草坪杂草连带草坪草一起剪除。该方法效率远高于人工除草，可以调节植物的生长，抑制杂草的营养生长和繁殖生长，减弱杂草的生存竞争能力，在杂草开花之前进行可阻止杂草产生大量的种子，从而达到防除的目的。但是机械除草主要用于剪除杂草过高的地上部分，不能杀死生长旺盛又以营养器官繁殖的多年生杂草。

4. 生物防除

生物防除是指利用杂草的生物天敌如昆虫、植物病原微生物、动植物等生物来抑制杂草发生和消灭杂草的方法。该方法既减少了除草剂对环境的污染，又利用了自然界的生态平衡。

生物防除的方法主要有三种：一是释放转化型昆虫以虫治草，如利用泽兰实蝇防治紫茎泽兰，释放空心莲子草叶甲防治空心莲子草等；二是利用专化性致病微生物(细菌、真菌、线虫等)以菌治草，如利用微生物本身、微生物代谢产物或草坪杂草本身的特性进行防除；三是利用植物间的他感作用以草治草，即利用某些草坪草对其他植物的萌芽和幼苗生长的毒害作用进行生物防除。

5. 化学防除

化学防除是指利用除草剂防除草坪杂草的方法，它具有对草坪干扰小、劳动强度低、见效快、防效高、省时省工、费用低，适合大面积草坪除草等优点，但是也具有一定的缺点：由于除草剂均具有一定的毒性，如果大量使用或者使用不当，容易污染环境，引起公害，造成人畜中毒事故的发生；还可能危害草坪草，可能引起草坪杂草产生抗药性。

5.9.6 常用的除草剂及特点

除草剂是指可使杂草彻底地或者选择地发生枯死的药剂。草坪除草剂的类型有很多种，根据其化学机构可以分为无机化合物除草剂和有机化合物除草剂等；按照草坪杂草植物的作用方式或选择性，可分为选择性除草剂和灭生性除草剂；按在植物体内的移动情况或传导特性可分为触杀型除草剂和内吸传导型除草剂；按使用方法分为茎叶处理剂、土壤处理剂和茎叶、土壤处理剂；按作用机制分为生长调节除草剂、光合作用抑制剂、氨基酸生物合成抑制剂和脂肪酸生物合成抑制剂；按药效长短还可分为长效性和短效性除草剂。现将我国常用的草坪除草剂以及使用方法介绍如下。

5.9.6.1 常用的草坪除草剂

我国常用的草坪除草剂有以下几类：

1. 2,4-D类

2,4-D类是典型的选择性除草剂，能杀死双子叶杂草，对单子叶杂草安全。主要种类有2,4-D丁酯、二甲四氯等。药液喷洒在枝条或叶片后，阔叶型杂草吸入体内，引起正常生理活动紊乱，最后致死。

2. 西玛津、扑草净、敌草隆类

这类除草剂主要是对土壤起封闭作用。当药液均匀分布于土表后，犹如在地表罩上了一张毒网，可抑制杂草的萌生或杀死已萌生的杂草幼苗。

3. 草甘膦、百草枯类

是一类灭生性的除草剂，对任何植物均具有杀伤作用。主要用于建坪前的坪床处理。

草坪除草剂的用量一般按单位面积草坪上承受的药量计算。如20%的二甲四氯乳剂用量为0.2～1.0 mL/m^2，50%西玛津粉剂与50%扑草净粉剂的用量为0.2～1.0 g/m^2。

5.9.6.2 草坪除草剂的使用方法

1. 土壤处理

土壤处理是把除草剂施用于土壤表面(土壤封闭)。该方法优点是可以把杂草消灭于萌芽之中，同时还能控制禾本科草坪中的部分一年生禾本科杂草和阔叶草坪中的部分一年生阔叶杂草，在一定程度上缓解了杂草出苗之后的难题。缺点主要是这种方法仅对一年生杂草有效，对多年生杂草基本无效。处理时间一般在杂草萌芽期或幼苗期进行；一般采用喷雾法，也可采用毒土法。

2. 茎叶处理

茎叶处理是把除草剂直接喷洒于杂草茎叶。该方法优点是见草就除，针对性强，草坪养护人员最易接受，且对多年生杂草有较好的控制作用。缺点主要是有些除草剂选择性差，使用不当易对草坪草造成危害，且使用后中毒杂草残株枯黄，贴于草坪表面，影响草坪美观性。处理时间一般要求在天气晴朗的条件下使用，防止雨水冲掉药液而降低除草效果；一般采用喷雾法。

草坪除草应遵循“土壤处理为主，茎叶处理为辅的原则，预防为主，防治结合”，具体采用以下策略：对症用药，弄清草坪草和草坪杂草的种类以及选用除草剂的性质、草坪的生育时期；适时适量用药；了解环境，掌握条件，配套管理；防止使用不当，防止误用，防止残留药害。

5.10　其他辅助养护措施

5.10.1　碾压

草坪的碾压（turf rolling）是控制草坪草的措施，有利于草坪草的生长和草坪使用效果。碾压能增加草坪草分蘖和促进匍匐茎的生长，可使匍匐茎的浮起受到抑制，使节间变短、草坪密度增加；使叶丛紧密而平整，抑制杂草入侵；使草坪根部与坪床土壤紧密结合，吸收水分，易于产生新根，以利草坪的定植、成坪；可平整坪面；可增加运动场草坪场地的硬度，使场地平坦，提高草坪的使用价值。碾压适合用于草坪草的生长季以及草坪铺植后等时期。

碾压可用人力推动重碾或用机械进行。重碾为空心的铁轮，可用装水、充沙或加减重物的方法来调节重量。碾压时手推轮重一般为 60～200 kg，机动碾轮重为 80～500 kg。碾压时碾轮的重量依碾压的次数和目的而异，如为修整床面宜重压（200 kg）而少次、由播种产生的幼苗则宜轻压（50～60 kg）。以栽培为目的的草坪在春季到夏季碾压为好。有特殊用途的则在建坪后不久应进行碾压，降霜期、早春修剪时应进行碾压（图 5-44）。土壤黏重、水分过多时，在草坪草生长旺盛时期进行碾压。一般结合修剪、施土或铺沙进行碾压，运动场草坪在比赛前要进行修剪、灌水、碾压，碾压一般是在最后一道工序进行，可以通过不同走向进行碾压，使草坪草叶反光形成各种形状的花纹，以利比赛时产生较好的效果。应注意的是，土壤黏重、土壤水分过多以及草坪草较弱时不宜碾压。

图 5-44　辊压机（图片由 TORO 公司提供）

5.10.2　交播

交播（over seeding）或称复播或补播，又称追播或冬季补播或盖播。是在亚热带地区，秋季在暖型草坪上用冷型草坪草种子进行重播的一种技术措施，其目的是在暖型草坪草的休眠期获得一个良好外观的草坪，在生产中把这一技术称“交播”，是快速改良草坪和延长草坪绿期行之有效的措施。通常用于交播的冷型草坪草种具有生长力强、建坪迅速、耐热性差、寿命短的特性，常用的是多年生黑麦草、粗茎早熟禾等。

5.10.3 切边

切边(edging)是指用草坪修边机具将草坪绿地边缘切割整齐，以控制草坪根茎或匍匐茎等营养繁殖器官的越范围扩展，使之线条清晰，维持草坪景观效应，便于排水。草坪切边是观赏草坪、高养护草坪，尤其是纪念碑、雕像等四周草坪的一项重要养护措施；通常草坪内种植的树木须在树穴周围与花坛边缘对草坪切边，并做成相应的种植区，以保持其线条清晰，增加景观效果。切边除用铁锹、刀具等进行手工作业外，大面积草坪切边作业通常均采用专门的草坪机械。用来对草坪边界进行修整、清理的机械叫草坪切边机或草坪修边机。不同类型的草坪切边机分别配置多种不同类型的切刀，如震动切刀、圆盘切刀、旋转切刀等。常用草坪切边机有手推式草坪切边机、随进式草坪切边机与便携式草坪切边机和拖拉机挂接式草坪切边机等。

5.10.4 拖平

拖平(matting)就是用一个重的设备(如钢丝织物)拉过草坪的过程。拖平的作用主要是可粉碎黏结的土块并均匀分散到草坪上；中耕后拖平可刷掉粘在植物叶片上的土，便于剪草并有利于草坪美观；补播及复播后拖平有利于种子萌发和成长；可带起匍匐茎和杂草，便于修剪。

5.10.5 草坪退化与更新复壮

草坪退化是指在不良草坪生态环境条件下，草坪草组成变化引起草坪植被发生逆行演化，造成草坪表土介质理化性状变差，使草坪坪用功能下降的现象。草坪退化主要是由于自然因素、建坪与养护管理因素和人为因素引起的，如人为破坏或是使用过度，选择不适合的草种或品种，坪床处理不当或播种不均匀，不当修剪，不正确使用化学药剂、肥料而造成的草坪伤害，都会使草坪局部或是全部失去坪用价值。因此，定期采取一些更新复壮措施可以延长草坪的使用期限。

对于退化的草坪可根据实际情况进行复壮或更新。草坪复壮指恢复退化草坪功能，改善草坪生育条件和延长草坪寿命的养护管理措施，可大致分为养护复壮法与补播复壮法两类。在实践上，常使用通气松土、调节酸碱度、磙压和铺沙等养护方法实现草坪复壮。草坪更新是指不通过正常的栽培措施，不耕翻原有的草坪，进行部分或全部草坪的重新建植，从而达到草坪改良的目的。只要地形设计合理，表层以下 5 cm 的土壤结构良好，均可通过草坪的更新，达到满意的效果。常见的草坪更新方法如下：

1. 带状更新法

对具有匍匐茎分节生根的草坪植物，如野牛草、结缕草、狗牙根等，长到一定年限后，植物根系密集老化，蔓延能力退化，可每隔 50～60 cm 挖走 50 cm 宽的一条沟，增施泥炭土或堆肥泥土，重新垫平空条土地，过一两年就可长满，然后再挖走留下的 50 cm，重复之前的操作，3～4 年可全面更新一次。在我国南方可选用此法。

2. 断根更新法

由于土壤板结，引起草坪退化，可以定期在建成的草坪上，用打孔机将草坪地面扎成许多孔洞。孔的深度约 10 cm，孔洞内施入肥料，促进新根生长。另外，用齿长为 3～4 cm 的钉筒磙压，也能疏松土壤、切断老根，之后在草坪床面上撒施配制好的肥土，促其萌发新芽，达到更新复壮的目的。此法适合在我国南方和北方使用。针对一些草垫层较厚、土壤板结、草坪稀密不均、生长期较长的区域，可采取旋耕机进行旋耕，再浇水施肥，此法既达到了切断老根的效果，又能增加草坪草分蘖。我国南方在降雨、温度适宜的季节可采用。

3. 补植草皮

对于轻微的裸露斑块或局部杂草侵占，将杂草除掉后及时进行异地(或备草区)采苗补植。移植草皮前要修剪，补植后要踩实，使草皮与土壤结合紧密。

【复习思考题】

1. 概述草坪修剪的作用和原则。
2. 草坪施肥的作用和特点有哪些？
3. 概述草坪灌溉和排水的作用与意义。

4. 总结草坪通气方法措施的技术要点与注意事项。

5. 概述草坪铺沙的作用与技术要点。

6. 枯草层的利与弊。

7. 解释说明枯草层产生的原因。

8. 简述枯草层的管理方法。

9. 草坪病害一般可分为哪两类？病原分别为什么？

10. 试论述草坪病害的防治方法。

11. 常见的草坪病害有哪些？病原是什么？

12. 常用的草坪杀菌剂可分为哪两类？举例说明适用于常见病害的杀菌剂。

13. 草坪有害昆虫一般可分为哪两类？

14. 试论述草坪虫害的防治方法。

15. 线虫对草坪的危害是什么？线虫分为哪几类？防治方法是什么？

16. 常见的草坪害虫有哪些？

17. 杂草的概念。举一例说明杂草概念的相对性。

18. 简述杂草对草坪的危害。

19. 简述草坪杂草的防治策略。

20. 简述综合治理草坪有害生物的一般措施。制定本地区最常见的一种有害生物(病虫草害)的防治计划。

第6章 草坪的分类和应用

草坪也称草地，是园林中用人工铺植草皮或播种草籽培养形成的整片绿色地面，是园林景观的重要组成部分之一，同时也是休憩、娱乐的活动场所。草坪已成为构成健康、舒适、优美环境的重要手段和保护环境的重要基础建设。

国内外对草坪分类至今没有统一的标准，一般可以按用途、草种组合、景观效果、功能作用以及设计表现方式等方法对草坪进行分类。

6.1 草坪的分类

6.1.1 按草坪用途分类

1. 游憩草坪

游憩草坪也称为休憩草坪，通常分布在公园、广场、街道等公共绿地中，可供人入内散步、休息、开展游戏及各种游憩活动。种植于工厂、学校、医院、机关、科学研究单位以及分布于居民区、庭园的专供本单位、本系统、本地区居民休息活动的草坪也属此类。一般多铺设于大型绿地之中，在公园内应用最多。这类草坪面积大、数量多，在园林草坪中占比最大。草种应选择耐践踏、抗病虫和生长速度慢、生长低矮，叶片纤细、柔软、草姿优美的草坪草种(图 6-1)。

图 6-1 游憩草坪(玉溪聂耳音乐广场公园，朱燕蕾摄)

2. 观赏草坪

观赏草坪又可称观赏性草坪或花坛草坪。草坪以观赏为主要的目的，不允许游人入内游憩和践踏。常作为配景出现，铺设在广场雕像、喷泉、花坛、纪念碑或纪念物前等主景前后或四周，起到突出主景的作用。要求选择色泽好、绿色期长、草坪质地高和均一性好的草坪草种(图 6-2)。

图 6-2 观赏草坪(云南农业大学，朱燕蕾摄)

3. 运动场草坪

运动场草坪是供体育活动使用的草坪类型。如足球场草坪、网球场草坪、高尔夫球场草坪、木球场草坪、儿童游戏场草坪、赛车场草坪、赛马场草坪等。草坪植物应能抵抗践踏，并耐强度的刈割，还要有健壮发达的根系，在草坪遭受伤害后，能迅速形成新的草地。针对各种运动场运动特点的不同，对草坪植物的要求也不一致，需要因地制宜地选择草种（图 6-3）。

图 6-3　运动场草坪（美国 PeterDye 高尔夫球场，车伟光摄）

4. 固土护坡草坪

固土护坡草坪主要指种植在堤坝、湖岸、河岸、铁路、公路护坡以及其他土坡等处为防止水土流失和固土护坡作用而铺设的草坪。在雨水丰沛的南方地区主要是防止雨水冲刷和水土流失，多使用根系发达、匍匐生长、草丛茂密、覆盖度大、适应性强的草种。

6.1.2　按草种组合分类

1. 单一草坪

单一草坪一般指由一种草坪草种或品种建成的草坪，其均一性高、整齐美观，但稳定性较差，栽培管理要求高、要求精细管理。多用剪股颖、早熟禾、结缕草、狗牙根等单一草种建坪。如高尔夫球场发球台、果岭等都属于此类（图 6-4）。

图 6-4　单一草坪（天湖岛高尔夫球场果岭，车伟光摄）

2. 混播草坪

混播草坪指由两种或者两种以上草坪草混合播种建成的草坪。这种草坪由不同特征的草种组合搭配而成，从而加快草坪成坪速度，提高草坪稳定性，增强草坪抗逆性，延长草坪绿期，最终提高草坪的使用效果和防护功能。在草种选用时就选择质地及色泽差异较小的草种进行混播，以保证草坪的均一性。

3. 缀花草坪

缀花草坪是指在草坪或草地上（混合的或单一的），配置一些开花华丽的多年生植物。在草坪上点缀种植鸢尾、芍药、番红花、石蒜、韭兰、紫花地丁和水仙等草本花卉植物，花卉植物数量一般不超过草地总面积的 1/4～1/3，分布疏密有致，自然错落，使景观锦上添花（图 6-5 和图 6-6）。

图 6-5　缀花草坪（玉溪两江大瀑布（一），朱燕蕾摄）

图 6-6　缀花草坪(玉溪两江大瀑布(二),朱燕蕾摄)

6.1.3　按景观功能分类

1. 空旷草坪

空旷草坪是指地形开阔,面积大,只在草地上配植少量乔、灌木。形成开阔、壮观的景观,可以使游人领略到草原的自然风光。主要供体育游戏、群众活动,平时供游人散步、休息,节日可作演出场地。但在视觉上比较单一、空旷,在艺术效果上具有单纯而壮阔的气势,缺点是遮阴条件较差(图 6-7)。

图 6-7　空旷草坪(昆明公园,朱燕蕾摄)

2. 闭锁草坪

在草地的四周有乔木、建筑、土山等高于视平线的景物包围,这种四周包围的景物不论是连续或是断续,只要占草地四周的周界达 3/5 以上,同时屏障景物的高度在视平线以上,其高度大于草地长轴的平均长度的 1/10 时(即视线仰角超过 5°～6°时),则称为闭锁草坪(图 6-8)。

图 6-8　闭锁草坪(昆明公园,朱燕蕾摄)

3. 开朗草坪

在草坪四周边界的 3/5 范围以内,没有被高于视平线的景物屏障时,这种草坪称为开朗草坪(图 6-9)。

图 6-9　开朗草坪(昆明公园,朱燕蕾摄)

4. 稀树草坪

在草坪上稀疏的分布一些单株乔、灌木,株行距较大,当乔灌木的覆盖面积(郁闭度)为草坪总面积的 20%～30%时,称为稀树草坪。置身其间,似到稀树草原。稀树草坪主要是供大量人流活动游憩的草坪,具有一定的庇荫条件,也可作为观赏草坪。

5. 疏林草坪

草坪面积较小,其上配置有高大乔木,树木株距在 10 m 左右,郁闭度达 30%～60%。既可进行小型活动，也可供游人在林荫下游憩、阅读、野餐、进行空气浴等活动(图 6-10)。

图 6-10　疏林草坪(云南农业大学，朱燕蕾摄)

6. 林下草坪

在郁闭度大于 70%以上的密林地，或树群林下，种植的阴性草本植物的草坪。这种林地和树群，由于树木的株行距很小，不适于游人在林下活动；过多的游人入内，会影响树木的生长，同时林下的阴性草本植物组织内含水量很高，不耐践踏，林下草地以观赏和保持水土流失为主，游人不允许进入(图 6-11)。

图 6-11　林下草坪(云南农业大学，朱燕蕾摄)

6.1.4　按设计表现形式分类

1. 自然式草坪

自然式草坪以模仿自然为主，充分利用自然地形或模拟自然地形起伏，创造原野草地风光。草地周围的景物布局、草地上的周界及水体均为自然式，其中道路走向呈曲线状，建筑群、园林小品、山石等布局不对称；园林植物配植也以孤植、丛植或群植为主。游憩草地、疏林草地、自然地形的水土保持草地，缀花草地，多采用自然式的形式(图 6-12)。

图 6-12　自然式草坪(昆明呈贡中央公园，朱燕蕾摄)

2. 规则式草坪

规则式草坪的外形具有整齐的几何轮廓，整个平面布局要求整齐、对称。一般用于地形平整或具有几何形的坡地、台地，有各种轴线的规则式园林中。如主要建筑物前、大型广场内、纪念性绿地等均可布置规则式草坪(图 6-13)。

图 6-13　规则式草坪(昆明公园，朱燕蕾摄)

3. 混合式草坪

前两者相结合即为混合式。在绿地中，建筑物附近和主要出入口等处多采用整型式，然后逐步向自然式过渡。

6.2 草坪在园林绿化中的应用

草坪是园林绿化的重要组成部分，它对保护和美化环境、陶冶情操、防止尘土飞扬和水土流失、调节小气候、清新空气、减轻噪声和维护生态平衡等方面起着重要作用，是人类社会物质文明和精神文明建设的重要体现。在国际上，草坪建设已成为衡量现代化城市建设水平的重要标志之一。随着城市的建设和发展，我国许多大、中城市在城市建设的规划时都把铺设开阔、平坦、美观的草坪作为城市绿地系统的重要组成部分。草坪是园林植物配置中的基调和主体。能创造出舒适、恬静的环境，同时还能起到美化环境的作用。

草坪的运用已经深入到各种类型园林中，大到城市公园、广场、开放性绿地；小到居住区绿地，个人庭院、屋顶花园乃至树木的种植穴，都可以看到各类草坪草的影子，园林草坪已经成为园林植物造景的重要组成部分。通常在建设大面积的文化娱乐场所、公园绿地、中心广场绿地等时，把配置草坪、开阔视野作为主要手段来衬托主景。在居住小区或是城市道路周围，出现了许多以草坪为主景的景点设计，同时在草坪上配置乔木、灌木、花卉等作为配景，以增强草坪主景的效果。大面积的草坪与亭台、楼阁、水体、山石、树木、花卉有机的组合，能形成随季节变化、春华秋实、荣枯交替，独具风格的优美景观，给游人带来新的美感、新的意境，给人们的精神世界以积极的影响，为人们提供了舒适的活动场所。

草坪在形成景观的同时还能起到固土护坡和保持水土的作用。由于草坪植物的根系纵横交错，在表土中有密集的草根层与土壤紧密结合，还有致密植物茎叶覆盖地表，因而草坪植被及其根系可以有效地保护土壤免受雨水冲刷，具有良好的防止土壤侵蚀的作用。实验表明：在30°坡、200 mm/h的人工降雨强度下，当草坪盖度为100％、91％、60％、31％时，相应土壤的侵蚀度为0、11％、49％、100％。根据测定，在总降水量340 mm时，土壤冲刷农地为345 g/m^2，草地为9.3 g/m^2。土壤的侵蚀度依草坪密度的增加而锐减。另据研究表明，不同土地的表层20 cm厚的土层，被雨水冲刷尽所需要的时间，草地为3.2万年，而裸地仅为18年。由此可见草坪在园林绿地中在保持水土上的重要作用。

草坪是园林植物配置中的基调和主体。能创造出舒适、恬静的环境，同时还能起到美化环境的作用。在不同类型的园林中草坪应用均有其各自的特点，以下选择几种典型的园林绿地，并对其草坪应用的特征分别进行阐述。

6.2.1 公园草坪

6.2.1.1 公园功能分区

公园根据其规模和功能的不同可以分为市级综合性公园、区级综合性公园、居住区级公园、儿童公园、植物园、动物园等，各类公园根据其特征有着不同的功能分区，其中综合性公园分区最为典型，其功能分区是科学普及文化娱乐区、游览安静休息区、儿童活动区、体育活动区、园务管理区。

1.科学普及文化娱乐区

该区的功能是向广大人民群众开展科学文化教育，使广大游人在游乐中受到文化科学教育。具有活动场所多、活动内容形式多样、人流量大等特点，是全园的中心区域。常常设置有展览馆、画廊、剧场、青少活动室、动物角等。该区应设在靠近主要出入口处，地形平坦区域；要求不同活动区域有一定分隔，人均有30 m^2的活动面积。该区域内建筑布置适当集中，工程设备与生活服务设施齐全，布局有利于游人活动和内务管理。

在地形平坦、面积较大的地方，可采用规则式的方式进行布局，要求方向明确，有利于游人集散。在地形起伏、平地面积较小的地方，可以采用自然式进行布局，用园路进行联系。

2.游览安静休息区

安静休息区是综合性公园中占地面积最大的区域，专供游人安静休息，散步、游览和赏景等主要活动。位置一般离出入口较远，是公园景色最优美的区域，在景区内一般地形变化丰富，结合地形、水体、建筑、植物设置为公园的主景，再用大片风景林地作为配景和隔景，充分满足游人安静休息和赏景的需求。

3. 体育活动区

该区主要功能是为广大青少年开展各项体育活动。其布局要尽量靠近城市主要干道，或专门设置出入口，因地制宜设立各种活动场地。

4. 儿童活动区

占地面积小，各种设施复杂。多布置在公园出入口附近或景色开朗处，布置规划和分区道路易于识别，按年龄划分活动区，可用绿篱、栏杆、假山、水体等隔离，防止不同活动的相互干扰。

5. 公园管理区

主要功能是管理公园各项活动，多布设在专用出入口内部，内外交通联系方便处，周围用绿色树木与各区分隔。

6.2.1.2　公园草坪规划

公园的种植规划，首先要按照植物的生物学和生态学特性选择，再根据当地的气候条件、环境特征、园内的立地条件，结合景观的设计、防护功能要求和当地居民游赏习惯确定，应做到充分绿化和满足多种游憩及审美的要求。

根据不同的自然条件，结合不同的功能分区，将公园出入口、园路、广场、建筑小品等设施、环境与绿色植物合理配植形成景点，才能充分发挥其功能作用。

1. 科学普及文体娱乐区

地形平坦开阔，是公园中心区、正门区及最热闹的区域(图 6-14)。绿化多以花坛、花境、草坪为主，便于游人集散。

图 6-14　公园入口区(昆明世博园，朱燕蕾摄)

该区域内，可布置观赏草坪区，作为公园的核心景点之一，一般不允许游人入内游憩和践踏。可使用单一观赏草坪和缀花草坪。也可设置游憩草坪，供游人在草坪内开展各种娱乐活动。

2. 游览安静休息区

以生长健壮的几个树种为骨干，突出周围环境季相变化的特色。在植物配植上根据地形的高低起伏和天际线的变化，采用自然式配植树木。在林间空地中可设置草坪、亭、廊、花架、坐凳等(图 6-15)。

图 6-15　安静休息区(昆明沙滩公园，朱燕蕾摄)

该区域内常常设置疏林草坪区、日光浴场、林中草地等，景色自然深受游人喜爱，可供游人在林荫下游憩、阅读、进餐、空气浴等活动。

3. 体育活动区

宜选择生长快、高大挺拔、冠大荫浓的树种，以利夏季遮阴。球类场地四周的绿化，要离场地 5～6 m，色调要求单一化，以便形成统一绿色的背景。

根据不同体育活动的特征，使用不同类型的运动场草坪，以满足活动对场地的要求，如木球场草坪、游戏场草坪等。

4. 儿童活动区

儿童活动区内可选用生长健壮、浓荫类乔木，忌用有刺、有毒或有强烈刺激性反应的植物。四周要栽植大量乔、灌木与其他区域相隔离。活动场地中要适当疏植大乔木。供夏遮阴。出入口可设立雕像、花坛、山石或小喷泉等，配以体形优美、色彩鲜艳的灌木和花卉，以增加儿童活动的兴趣。可选择闭锁草坪、运动场草坪、疏林草坪等类型草坪供儿童开展游戏活动，同时也可为家长提供休息等候的场地。

5.园务管理区

要根据各项管理活动的不同，因地制宜地进行植物配置，使其与全园的景观相协调。

为了使公园与周围喧哗的城市环境产生一定的隔离，保持园内环境安静，可在公园靠近城市主干道的一侧及城市主要风向垂直方向布置较密集的防护林带。

在公园中从游人游览活动的角度来考虑，公园内还需要有空旷的铺装广场、林荫铺装广场、空旷草坪、疏林草地、密林和庇荫道路等场地。

公园的草坪绿地是一门综合性艺术，在全面绿化的基础上，要达到绿化、美化、香化，所以要有草本、花卉、灌木、乔木的充分结合，互相搭配，要讲究层次上的变化，既要郁闭和幽静，又要开阔和亮丽；既要有现代的热情奔放，又要有古老的壮观典雅，以充分显示欣欣向荣的城市田园风貌，把公园真正建成一个生气勃勃、心情舒畅、精神振奋的乐园，令人流连忘返、百看不厌的大乐园。

6.2.2 广场草坪

城市广场是由城市功能上的要求而设置的，是供人们活动的空间。城市广场通常是城市居民社会活动的中心，广场上可组织集会，供交通集散、组织居民游览休息、组织商业贸易的交流等。

6.2.2.1 现代城市广场的类型

现代城市广场的类型划分，是按广场的功能性质、平面组合和剖面形式等方面进行的，其中最为常见的是以广场的功能性质不同来进行分类。

1.市政广场

市政广场一般位于城市中心位置，通常是市政府、城市行政区中心、老行政区中心和旧行政厅所在地。它往往布置在城市主轴线上，形成一个城市的象征。在市政广场上，常有该城市的重要建筑物或大型雕塑等。广场一般面积较大，可能容纳大量人群在广场上自由活动、参加节日庆典，通常以硬质材料铺装为主。如北京天安门广场、莫斯科红场等。

市政广场布局形式一般较为规则，甚至是中轴对称的，标志性建筑物常位于轴线上，其他建筑及小品对称或对应布局，以加强广场稳重严整的气氛。

2.纪念广场

城市纪念广场题材非常广泛，涉及面很广，可以是纪念人物，也可以是纪念事件。通常广场中心或轴线，以纪念雕塑、纪念碑、纪念建筑或其他形式纪念物为标志，主体标志物应位于整个广场的构图中心位置。

纪念广场的大小没有严格要求，只要能达到纪念效果即可。因需要容纳众人举行缅怀纪念活动，所以应考虑广场中具有相对完整的硬质铺装地面，且与主要纪念标志物保持良好视线或轴线关系。

3.交通广场

交通广场的主要目的是有效地组织城市交通。包括人流、车流等是城市交通体系中有机组成部分。通常分两类：一是城市内外交通会合处，主要起交通转换作用，如火车站、长途汽车站前广场；另一是城市干道交叉口处交通广场。

对外交通的站前广场往往是一个城市的入口，其位置一般比较重要，常常是一个城市或城市区域的轴线端点，是一个城市景观的重要载体，广场可能体现一个城市的风貌，也是城市给人的第一印象。

城市干道交通广场常位于城市主干道交叉口，处于城市轴线上，是城市景观、风貌的重要组成部分，形成城市道路的对景、端景。一般以绿化为主，应有利于交通组织和司乘人员的动态观赏，同时广场上往往还设有城市标志性建筑或小品，如法国巴黎的凯旋门就是一个典型的环岛交通广场，以凯旋门作为交通广场上的重要标志性建筑。

4.休闲广场

休闲广场是市民休息、娱乐、游玩、交流等活动的重要场所，其位置常常位于人口较密集的地方，以方便市民使用为目的，如街道旁、市中心区、商业区甚至居民区内。

此类型广场空间多样自由，灵活多变，一般与环境结合很紧密。以让人轻松愉快为目的，因此广场尺度、空间形态、环境小品、绿化、休闲设施等都符合人的行为规律和人体尺度。

5. 文化广场

文化广场应有明确主题，可以更好地展示城市深厚的文化积淀和悠久历史，经过深入挖掘整理，以多种形式在广场上集中地表现出来。文化广场是城市室外文化展览馆，可以让人在休闲中了解城市的文化渊源，从而达到热爱城市、激发上进精神的目的。

6. 商业广场

商业广场是城市广场中最古老的功能和类型，其形态空间和规划布局无固定的模式可言，可根据城市道路、人流、物流、建筑环境等因素进行设计。商业广场必须与其环境相融、功能相符、交通组织合理，同时商业广场应充分考虑人们购物休闲的需要。如交往空间、休息空间的设置，都是在商业广场规划设计中必须考虑的空间。

6.2.2.2　广场草坪规划

不同类型的广场应有不同的风格和形式，绿化的设计也是风格和形式表达的重要手法之一。城市广场绿化设计应以满足广场功能为前提，充分利用植物的色、姿的变化进行合理的配置，适当运用园林小品和硬质铺装等园林造景要素，最终创造出美观实用的广场环境。

1. 市政广场

市政广场功能以集会和庆典活动为主，整个广场应以开敞空间手法进行设计。绿化设计应以平面造型为主，避免地形过多变化。使用大面积观赏草坪，尽量少使用高大乔木遮挡视线，在草坪上或边角地带点缀几组矮小灌木组合形成线条流畅、造型明快、色彩富于变化的图案。如天安门广场和上海人民广场都是比较典型的此类广场。

2. 纪念广场

纪念性广场的主题是某些名人或历史事件，因而在设计过程中，应充分渲染这一主题，通过在广场中心或侧面设置突出的纪念雕塑、纪念碑、纪念塔、纪念物和纪念性建筑作为标志物，按一定的布局形式，满足纪念氛围象征的要求。广场设计应体现观赏效果，以供人瞻仰。绿化设计要合理地组织交通，满足最大人流集散的要求。广场后侧或纪念物周围的绿化风格要完善，要根据主题突出绿化风格，如陵园、陵墓类的广场的绿化要体现出庄严、肃穆的气氛，多用常绿草坪和松柏类常绿乔、灌木；纪念历史事件的广场应体现事件的特征，并结合休闲绿地及小游园的设置，提供人们休憩的场地（图 6-16 和图 6-17）。

图 6-16　纪念广场（昆明聂耳公园，朱燕蕾摄）

图 6-17　纪念广场（西南联大旧址，朱燕蕾摄）

3. 交通广场

这类广场的特点是人流多、客流量大，且流动性强，主要起集散和引导、组织交通的功能。这类广场的观赏性强于参与性，因此 在设计时要充分体现这一特点，首先要满足其功能要求；在绿化布局上，以观赏性为主，不考虑参与性，应以大面积草坪为基础，各种彩叶植物组成各种流动、飘逸的装饰图案，色彩对比强烈，有极强的视觉效果，容易给游人留下深刻的印象。在交通广场的设计中，尤其要注意视线遮挡的问题，尤其是道路交叉广场和立交桥广场等，视线的通透性是非常重要的，否则容易造成交通事故。

4. 文化、休闲广场

这类广场的主要功能是满足市民的各种类型的文化休闲活动，空间布局灵活多变、分而不散，分散集中。绿化以草坪为主，草坪在设计时应构图简洁流畅，视线通透，植物栽植注重图案化，注重整形修剪，以达到较好的观赏效果。同时还要设计较多开放式草坪，以方便市民开展活动（图 6-18 和图 6-19）。

图 6-18　文体休闲广场（昆明公园（一），朱燕蕾摄）

图 6-19　文体休闲广场（昆明胜利公园（二），朱燕蕾摄）

6.2.3　居住小区草坪

居住区绿地是居住区环境的主要组成部分，一般指在居住小区或居住区范围内，以住宅建筑、公共建筑和道路用地以外布置绿化、园林建筑和园林小品，为居民提供游憩活动场地的用地。居住区绿地是接近居民生活并直接为居民服务的绿地，其中的公共绿地是居民进行日常户外活动的良好场所；居住区绿地形成建筑间必需的通风采光和景观视觉空间，它以绿化为主，能有效地改善居住区的生态环境；通过绿化与建筑物的配合，使居住区的室外开放空间富于变化，形成居住区赏心悦目、富有特色的景观环境。

6.2.3.1　居住区绿地类型

按功能和所处的环境，居住区绿地分为居住区公共绿地、设施专用绿地、居住区道路绿地及居住区宅旁宅间绿地和庭园绿地。

1. 居住区公共绿地

指居住区内居民使用绿地，这类绿地常与居住区或居住小区的公共活动中心和商业服务中心结合布局，主要功能是给居民提供日常户外游憩活动空间，让居民开展包括儿童游戏、健身锻炼、散步游览和文化娱乐等活动。结合环境条件和功能要求，布置园林水体、建筑、小品、铺装广场和照明灯具等，以园林植物景观为主体，创造居住区自然优美的园林环境。

公共绿地中包括居住区公园、居住小区公园，其面积较大、功能与城市小型公园类似。组团绿地是最接近居民的居住区公共绿地，以住宅组团内的居民为服务对象，在规划设计中，特别设置老年人和儿童休息活动场所。

2. 设施专用绿地

指居住区内各类公共建筑和公用设施的环境绿地，如居住区俱乐部、影剧院、少年宫、医院、中小学、幼儿园等用地的环境绿地。其绿化布置要满足公共建筑和公用设施的环境要求，并考虑与周围环境的关系。

3. 道路绿地

居住区主要道路两侧或中央的道路绿化带用

地。一般居住区内道路路幅较小，道路红线范围内不单独设绿化带，道路的绿化结合在道路两侧的居住区其他绿地中，如居住区宅旁绿地、组团绿地。

4. 宅旁绿地和居住庭园绿地

泛指居住区住宅前后和宅院内的绿化。在居住楼前后的绿化，就根据住宅的类型、建筑的平面布局、层数高低、迎光或背光以及建筑组合形式、间距的大小等因素进行规划。以实用、经济、美观为原则，为居民创造一个安静、舒适、美化的生活环境。

6.2.3.2　居住区绿地规划

1. 居住区公共绿地

居住区公园、居住小区公园其绿地规划与城市公园类似。它常布置在居民区中心部位，其服务半径多在 500 m 以内，供全区居民购物、观赏、游乐、休息、聚会等使用。

组团绿地的规划布局，应充分考虑出入口、园路和活动场地与周围居住区道路相协调。绿地内要有一定的铺装地面，满足居民邻里交往和户外活动要求，并布置幼儿游戏场地，设置园椅和少量结合休息设施的园林小品。为保持较高的绿化覆盖率，又有充足的铺装活动场地，可以在铺装地上留种植穴种植高大乔木，形成树荫式铺地广场。着重用乔、灌木、草坪进行绿化。结合地形设置雕塑、花坛等，形成住宅组团的公共活动中心（图 6-20 和图 6-21）。

图 6-20　居住区公共绿地（昆明公园（一），朱燕蕾摄）

图 6-21　居住区公共绿地（昆明公园（二），朱燕蕾摄）

2. 设施专用绿地

居住区内公共建筑、服务设施的院落和场地，如学校、幼儿园、托儿所、社区中心、商场、居住区出入口周围的绿地，除了按所属建筑、设施的功能要求和环境特点进行绿化布置外，还与居住区整体环境的绿化相联系，通过绿化来协调居住区中不同功能建筑、区域之间的景观及空间关系。

在主入口和中心地带等开放空间的重要部位，往往布局有标志性的喷泉或艺术小品的景观集散广场。绿化布置应强调装饰美化效果，常采用缀花草坪、装饰花钵和模纹花坛等，设计简洁明快，观赏价值高。

学校、幼儿园及社区中心等公共建筑区域绿化，在满足使用功能的前提下，适当加大绿地面积，增强绿地生态功能。利用现有地形地貌进行绿地规划，通过绿化划分不同功能区域，减少相互干扰，力求达到遮阴、减少噪声、美化环境的效果，为居民创造环境优美、安静、舒适的室外空间（图 6-22）。

图 6-22　设施专用绿地（朱燕蕾摄）

3.道路绿地

居住区道路把游园、住宅、庭院连成一体，它是组织联系各小区绿地的纽带。其功能是具有美化、遮阴、减少噪声、防尘等特点。其主、次干道通过采用不同的植物种植加以区分，统一中求变化，使居住区各组成部分具有特色。绿化树种应选择开阔或具有叶色变化的乔灌木，其形式与周围环境的绿化布局紧密配合，以形成相互关联的整体。靠近宅间的道路绿化，不能影响室内采光和通风，适合种植低矮的花灌木、花卉和草坪。在人流较多的地方，如公共建筑附近的街道绿化可与其周围公共绿地相互渗透，并融为一体(图 6-23 和图 6-24)。

图 6-23　道路绿地(一)(朱燕蕾摄)

图 6-24　道路绿地(二)(朱燕蕾摄)

4.宅旁绿地和居住庭园绿地

宅旁绿地和居住庭园绿地是居住区内占地比重大，也是居民日常使用最多的绿地。绿化形式应丰富多彩，各具特色，使居民具有舒适、亲切、自然的感受。在宅间绿地面积较大部分可以设置小型游戏和休息的场地，以便老人及儿童就近使用绿地。高层单元住宅四周的绿化要简洁大方、使用大色块，以达到满足高层俯视的艺术效果(图 6-25 和图 6-26)。

图 6-25　宅旁绿地(一)(朱燕蕾摄)

图 6-26　宅旁绿地(二)(朱燕蕾摄)

6.2.4　单位附属绿地草坪

单位附属绿地是指城市规划中分散附属于各单位建筑庭园，以改善和美化人工建筑为主要功能，不对公众开放的绿地。如工业企业、商业金融、交通运输、仓储、市政公用、机关团体、部队、教育机构、医疗卫生、科研设计、文体设施等各种单位建筑场地空间。

6.2.4.1　单位附属绿地特点

1.工业企业附属绿地

工业企业附属绿地是城市绿化的重要组成部

分。企业绿化不仅能美化厂容,吸收有害气体、阻滞尘埃、降低噪音、改善环境,而且使职工有一个清新优美的劳动环境,振奋精神,提高劳动效率,对创造良好的企业形象有极其重要的意义。

2.事业单位附属绿地

事业单位附属绿地包括行政机关、学校、科研院所、医疗卫生机构、文化体育设施、商业金融机构、社会团体机构、旅游娱乐设施等单位的庭院环境绿地。这类绿地主要为各类场所从事办公、学习、科学研究、疗养健身、旅游购物、经营服务乃至生活居住提供良好的生态环境。

6.2.4.2　单位附属绿地规划

1.工业企业附属绿地

由于企业自然条件落后、环境条件差,框架结构多,建筑群密度大,增加了绿化难度,草坪的铺设很好地解决了这一矛盾,起到良好的绿化和美化作用。企业的绿化布局一定要与企业功能区划相适应。一般分为前区、生产区、生活区及道路。

企业前区,应创造良好的室内外空间,绿化的目的是要创建一个清新、安静、优美的工作环境。在建筑物四周绿化要做到大方、美观、舒适。

生产区,是职工工作和生产的地方,其周围的绿化对净化空气、吸尘、降低噪声、调节职工精神状态,提高工作效率及产品质量等有重要的作用。常常因地制宜开辟小游园,以方便职工工间休息、散步、聊天。为休憩和活动提供良好的环境空间。园内可设草坪、喷泉、山石、花架、坐凳等。道路绿化草坪的设计和建植,既要保证交通运输通畅,还应考虑阻挡行车时扬起的灰尘、尾气和噪声。

2.事业单位附属绿地

大部分事业单位通常设有入口区、办公区、教学环境区、生活环境区、体育活动区、医疗卫生环境、游憩绿地区等区域构成。

入口区,作为单位的"窗口",其环境绿地景观效果直接影响一个单位的形象。大门内外,一般都留有较大的广场空间,以适应人员及各种车辆的出入停留,外广场通常设置花坛、路标等,广场外缘可设花台、花境,观赏草坪多配植花灌木和草本花卉,以观赏植物群体色彩美为主,创造热烈氛围和活泼的精神面貌,给人以较强的视觉冲击力。内广场多与通向庭园内部的主干道相结合,其间可布置花坛、水池、喷泉、雕塑、花台、花境、草坪、树坛或小型游憩绿地等。停车场可设置植草砖停车场,增加绿化覆盖面积,提高环境绿化生态效益。

办公区,是公共事业单位管理和社会活动集中区域,也是对外交流与服务的一个重要窗口,直接关系到各公共事业单位在社会上的形象。植物种植设计除衬托主体建筑、丰富园林景观和发挥生态功能之外,还注重艺术造景效果,多设置花坛、观赏草坪、花境、对植树、树列或树木造型景观等,在空间组织上多采用开敞空间,给人以明朗、舒畅的感受。

教学区是学校,特别是高等院校公共庭园的一个重要功能区,其环境要求安静、优美,同时还要能满足师生课间休息活动的需要,能够观赏到优美的植物景观,呼吸新鲜空气,调剂大脑,消除疲劳。建筑间绿化多采用自然式布局,形成绿带避免相互干扰,创造幽静的学习环境。为保证室内的自然采光,在教学楼前常常设置开阔的草坪,供学生课间休息活动。在草坪中间设置主景花坛,也可以在草坪四周种植一、二年生草花。草坪上可摆放雕塑,其基部配置花坛。为更好地吸附灰尘及净化空气,学校实验楼前的植物应以草坪和花灌木为主,边沿设置绿篱,地面要用草坪或地被植物覆盖,减少尘土飞扬,确保空气洁净。在具有化学污染物的实验室外围,要选择一些抗污染植物(图6-27)。

图6-27　教学区休息绿地(昆明理工大学,朱燕蕾摄)

生活环境区，是以生活居住为主要功能的庭园小区，绿化的功能主要是改善小气候，为居民创造一个整洁、舒适、优美的生活环境。学生宿舍区人口密度大，为了保证室内外空气流通、自然采光，高大树木绿化必须远离宿舍楼，四周多采用常绿花灌木。在宿舍四周栽植花灌木，北向和道路两侧可配置耐阴花木，南向种植耐践踏的草坪。当绿化用地面积较大时，还可布置疏林草地或小游园，供学生室外学习、休息和社交活动使用。其他生活区与一般居住区环境绿化要求相似。宅旁绿地景观内容以花灌木、草坪和多年生草花及地被植物为主（图 6-28）。

图 6-28　生活环境区绿地（昆明学院，朱燕蕾摄）

体育活动区，一般远离教学区和办公区，而又靠近生活区的区域。外围常用隔离绿带，将之与其他功能区分隔，减少相互干扰。除了满足运动间隙休息遮阴要求配置乔木之外，多采用灌木、草坪和地被植物作为绿化主体，既起到绿化、美化的作用，也能保证参加运动人员和栽植植物的安全。在体育馆大门两侧常布置花台或花坛、种植树林、铺设草坪，以色彩鲜艳的大色块造景来烘托体育活动的热烈气氛（图 6-29）。

医疗卫生区域，其庭园环境绿地规划设计，要注重卫生防护隔离，减弱噪声、阻滞烟尘，创造安静幽雅、整洁卫生、有益健康的户外绿色环境。门诊部是病人候诊问医的场所人流量大，应设置较大面积的缓冲绿地空间。前庭绿地设计用草坪以环境美化装饰为主，并疏植一些高大乔木，其周边可设

图 6-29　体育活动区绿地（昆明学院，朱燕蕾摄）

座椅供人休息。广场周边可设置草坪、花坛、花台、绿篱等植物景观。住院部或疗养区通常可设计小游园供病人观赏、散步以及户外休息。

游憩绿地可结合单位特点进行布置，如植物园、树木园、百草园、专类花卉园、生态园等各种形式和内容的小游园，既创造户外休息赏景空间，又能与教学科研有机结合，还能使人增加科学知识和游园兴趣，并能体现庭园环境绿化造景特色。规则式绿地可铺植较大面积的草坪，配植生长健壮、形态丰满、色彩优美的花灌木或孤植树，适当设置一些园林小品；自然式绿地则多用乔木或灌木树丛进行空间分隔和景观设计，适当布置草坪，且多为疏林草地或林缘草坪、湖边草地等。利用或改造自然地形进行园林艺术构图，因势利导，巧于因借，形成可供人们游览、欣赏、休息和社会交往活动时，有优美风景的园林空间（图 6-30）。

图 6-30　游憩绿地（昆明学院，朱燕蕾摄）

6.2.5 道路绿地草坪

道路绿化是指以道路为主体的相关空地上的绿化和美化。现代绿化不仅可以构成优美街景和城市景观，也成为认识城市的重要标志，而且是一个区域的连续构图景观的组合，形成区域的景观特色和地域特点。它在减少环境污染，保持生态平衡，防御风沙与火灾等方面都有重要作用，并具有相应的社会效益与一定的经济效益。

6.2.5.1 道路绿地类型

1. 交通岛

交通岛是管理交通而设于路面上的一种岛状设施，可分为中心岛、导向岛和立体交叉绿岛。

2. 分车绿带

车行道之间可以绿化的分隔带，位于上下行机动车道或机动车与非机动车道之间的绿带。

3. 人行道绿带

又称行道树绿带，是车行道路与人行道之间的绿化带，以种植行道树为主的绿带。

4. 路侧绿带

在道路侧方，布设在人行道边缘到道路红线之间的绿带。

5. 基础绿带

又称基础栽植，是紧靠建筑的一条较窄的绿带。

6. 边坡绿化

边坡绿化以保护坡面，稳固路基，减少水土流失，丰富道路景观为目的。

6.2.5.2 道路绿地规划

1. 交通岛

中心岛要保持各路口之间的行车视线通透，不宜栽植过密乔木，而应布置成装饰性绿地，多使用嵌花草皮花坛或以低矮的常绿灌木组成简单的图案的花坛，不允许路人进入其内。

对于立体交叉绿岛，是面积较大的绿化地段，一般应种植开阔的草坪，草坪上点缀具较高观赏价值的常绿树和花灌木，也可种植一些宿根花卉，构成一幅舒朗而壮观的图景。如绿岛面积过大，在不影响交通安全的前提下，可按街心花园的形式进行布置，设置园路、亭、水池、雕塑、花坛、座椅等。

2. 分车绿带

分车绿带起到分隔组织交通与保障安全的作用，机动车道的中央分隔带应进行防炫目种植，除此还应有防尘、减噪作用。种植以乔木为主，搭配灌木、草地、花卉等，选择开敞式分车带时，通常种植草皮，低矮灌木或较大行距的大乔木，以达到开朗通透效果(图 6-31)。但是由于不便于养护，现在分车绿带常常种植灌木而非草坪。

图 6-31 分车绿带(昆明人民中路，朱燕蕾摄)

3. 人行道绿带

在人流量较大的道路，行道树一般采用树池方式种植。人流量较小道路，可采用树带式种植，在乔木下方一般铺植草皮或地被植物保护植物根系和土壤不受损坏和侵蚀(图 6-32)。

图 6-32 人行道绿带(朱燕蕾摄)

4. 路侧绿带

根据其相邻用地性质、防护和景观要求进行规划设计。

开放式绿地，俗称街道小游园，以植物为主，可用树丛、树群、花坛、草坪等布置。内部可设园路、小型广场、园林建筑小品等，供人们入内游览和休息。

林荫路是道路绿化的重点，植物配植要考虑空间层次，色彩搭配，体现城市道路绿化特色。利用植物与车行道隔开，在其内部地段辟出各种不同休息场地，并设置园林设施，供行人和附近居民作短时间休息之用。

滨水绿地是城市中临河、湖、海等水体的道路绿地。一面临水，空间开阔，环境优美，充分满足游人亲水要求，是城市景观重要组成部分。在水面宽阔处，沿岸风光绮丽，沿水边设置较宽阔的绿化带，布置步道、草坪、花坛等园林设施。游步道应尽量靠近水边，以满足人们近水边行走的需求。在具有天然坡岸延伸入水面处，可采用自然式布置游步道和树木，步道和广场外种植灌木铺栽草皮，将天然石块置于岸边更显自然景致(图 6-33)。

图 6-33　路侧绿带(云南人民自卫军元江建军纪念广场，朱燕蕾摄)

5. 边坡绿化

以保护坡面，稳固路基，减少水土流失，防止雨水冲刷，丰富道路景观为目的。在护坡上常常种植草坪或耐瘠薄、耐旱、生长旺盛的灌木或草皮用于固土护坡(图 6-34 和图 6-35)。

图 6-34　边坡绿化(昆明西山风景区，朱燕蕾摄)

图 6-35　边坡绿化(昆明学院，朱燕蕾摄)

6.3　草坪在运动场中的应用

运动场草坪是指以草坪为竞技、运动游戏活动载体的专用场地，是指在人工培育的条件下生长的有承受人类体育运动能力的草本植物群落。运动场草坪具有良好的缓冲性能，因此可以保证一定的安全性和舒适性，减少对运动员、运动器械、参赛动物等造成的伤害和磨损；同时运动场草坪因草坪草的覆盖具有一定的生态功能和美化功能。运动场草坪包括：球类运动场草坪，常见的有高尔夫球场草坪、足球场草坪、网球场草坪、棒球场和垒球场草坪、保龄球场草坪等；竞技运动场草坪；赛马场、斗牛场草坪等类型。因运动场草坪的使用特性，决定了草坪草必须具有较强的生命力、生长速度快、根系发达、耐践踏、耐修剪、再生性好、覆盖性好等特点。运动场草坪在我国作为一类独立的草坪，其发展时间不长，其兴起要以北京亚运村体育场为起点。目前足球场草坪在我国各省区(除西藏外)都有建植，高尔夫球场基本分布在我国经济比较发达的沿海地区和大城市，除少数为小型球场外，大多数均为标准型高尔夫球场。网球场草坪仅在北京、上海、广州及南京等地建有几座，该类型草坪并未普及，多数仍为硬地网球场。赛马场草坪在我国香港有标准场地，其他马术运动开展较早的地区，其赛马场草坪是以野生天然草地为主，不属于本文所介绍的内容。

6.3.1 足球场草坪

足球是一种古老的竞技项目，随着足球运动水平的不断提高和竞赛规则的完善，对足球场草坪的要求日益提高。一般标准足球场长 95～120 m，宽 45～90 m。草坪种植面积为 5 275～10 000 m^2。

6.3.1.1 草种的选择

足球场草坪的草种选择，一般在温带、湿润地区常选用：草地早熟禾、高羊茅、紫羊茅、结缕草、多年生黑麦草等混播。在热带、亚热带地区选用：结缕草、狗牙根、假俭草、多年生黑麦草和地毯草等混播。上述草坪草种具有很好的耐践踏能力，且恢复能力极强。

如 1989 年重庆市大田湾体育场草坪的更新采用的是：结缕草(占 90%以上)和假俭草(占 5%)等混合草坪，形成了质量高，造价低廉，成坪快，耐践踏的高质量运动场草坪。冷季型草种种植一般选择在春秋两季，尤其以 9 月下旬为好。一方面减少了杂草的侵害，另一方面草坪经过秋季和第二年春季两个季节的生长，植株更强健，有利于渡过夏季的高温天气；暖季型草坪种植一般选择在夏季(5—8 月)进行。

6.3.1.2 足球场草坪的建植

1. 足球场的坪床结构

在足球场草坪建植中，其重点一般放在建立良好的坪床剖面结构、草坪生长层沙土比例上，其目的是考虑足球场的排水、滤水性能、草坪层的运动性能、草坪恢复生长性能以及对运动员的安全性能等。一般足球场剖面分为草坪层、种植层、滤水层(沙石层和碎石层)以及素土夯实层(内含盲道)等部分。

种植层：种植层为草坪提供生存空间，因而种植层的土壤配比对草坪质量有至关重要的作用，关系到草坪建植的成败与否。根据不同的要求，种植层营养土配比可分为两种：

(1)专业体育场馆比赛用场地　因此类场地使用频率相对较小，且有较好的养护管理水平，因而营养土配比可设计为：河沙(Φ 1.5～25 mm)：细壤土：土壤改良剂：沸石：肥料(复合肥＋磷肥)＝75：10：8：4：3。坪床表面保持 5‰ 坡度排水。这种种植层设计方案可保证排水迅速，大雨亦可比赛，且满足草坪的生长环境要求，土壤有良好的通透性。

(2)学校足球场　此类场地使用频繁，且养护管理条件相对较差，故种植层配比为：河沙(Φ 1.5～25 mm)：细壤土：土壤改良剂：沸石：肥料(复合肥＋磷肥)＝60：20：10：5：5。这种设计有利于延长场地的使用寿命且养护管理较为方便。

纱网层：采用 16 目塑料纱网铺设，以阻挡沙粒落入石子层中。

石子层：直径 3～4 cm 的石子经水洗后铺设 10 cm 厚。

素土夯实层：此层为 5‰ 坡度的素土夯实层。

2. 足球场的喷灌设计

图 6-36 所示的足球场共设计了 10 个美国 TORO-690 地理式自动伸缩喷头，射程半径为 20～30 m，压力 5.5～7 kg/cm^2，流量 16～18 m^3/h，可保证在 4 级风力的情况下喷淋均匀。

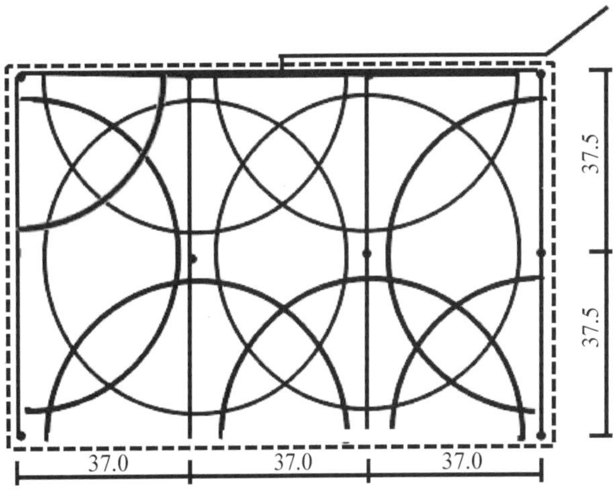

图 6-36　足球场草坪喷灌平面设计图(单位：m)
(引自田地，1998 年)

3. 排水

排水设计分为地表排水和暗沟排水两个系统。地表排水以3‰的坡度向四周自然排水。暗沟排水采用硬PVC有孔排水管，管径100 mm，排水坡度为5‰，方向人字形由中间向四边排水，如图6-37所示。

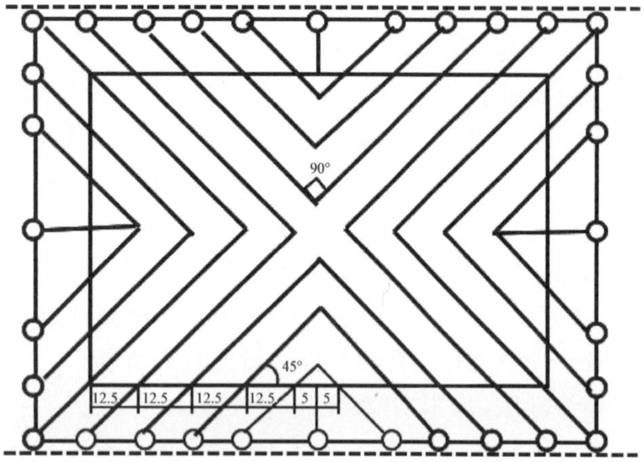

图6-37　足球场草坪排水平面设计图(单位：m)
(引自田地，1998年)

4. 种植

种子播种法：足球场草坪一般要求达到1～3株/cm^2的草坪植株要求，结合新体育场草坪建植工期要求，依据种子大小、发芽率、发芽势及混合比例和种子价格等，确定混播总量。将种子分为两等份，每等份为纵横两个方向播种，播种时尽可能做到匀速前进，匀速撒播，见图6-38。播种后用碾压器分别进行纵向、横向、对角线四次磙压，以保证种子与土壤紧密接触，然后覆盖无纺布，并固定。

草皮铺设法：在草皮生产基地按足球场规范培育草皮卷，等草皮卷成熟后铲出，再运到施工现场进行直接铺设。铲出的草皮块须大小相同、厚度一致。拉线将草皮块整齐排列铺设，其缝隙应控制在1～2 cm，并用营养土填满缝隙。草皮铺设完成后应立即用轻辊(小于100 kg)磙压并浇水，随后转入常规管理。

草茎播种法：人工或机械方法从种源地(如已成坪的草坪地、草皮生产基地等)取草坪的营养茎，一般1 m^2的营养枝可铺撒5～8 m^2。草茎播种后覆沙或覆营养土、磙压、喷水等进行正常养护管理。

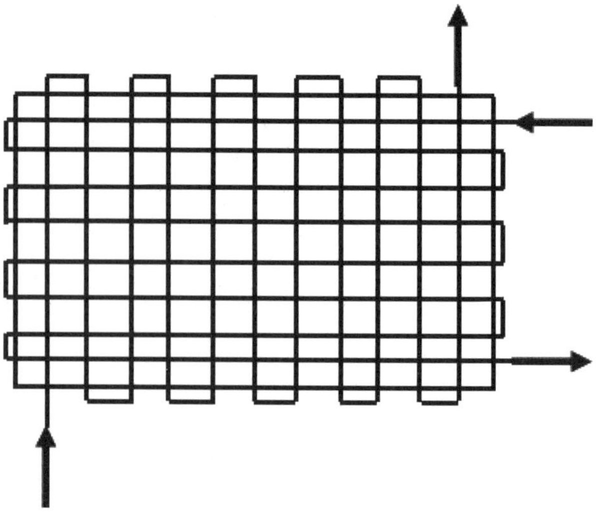

图6-38　草坪播种路线图
(引自田地，1998年)

复播：在暖季型草坪上复播冷季型草坪即能实现四季绿色。复播最佳时间是10月上旬。复播方法：暖季型草坪重修剪(留茬高度1.5～2.0 cm)→划线，按面积称种子→撒播冷季型草坪种子→浇水(每天至少浇水1次直至出苗，出苗后转入常规管理)。复播的冷季型种子要求叶色绿、耐低温不耐高温，高温季节会自然休眠死亡或大部分死亡。

6.3.1.3　足球场草坪的养护

建植后的新草坪需4～6周的特殊养护。在此期间，草坪需频繁浇水，以促进根系活跃生长与扎根，要保持土壤湿润直到幼苗达到5 cm高，然后逐渐减少浇水次数。在这段时期，需供给幼苗充足的肥料以满足其活跃生长的需要，有利于生长健壮的成熟草坪草的形成。在新草坪首次修剪之前进行轻度磙压，可以促进草的分蘖与匍匐茎的生长。要注意的是：在建植草坪后的6个月内，对新建草坪要精心护理，尽量不使用，以减少对幼苗的损伤。草坪成坪后养护：

(1)灌水　由于沙质土壤持水力差，所以加强灌溉始终是足球场最关键的养护管理措施。灌水时间应少量多次，一般在清晨或傍晚灌溉较好。夏季为了降温，中午也可以进行喷灌，此外，冬季干旱时期加强灌水也是很必要的。

(2)杂草防治　由于足球场面积较大，一般采用化学除草剂防治杂草。建植前可喷施草甘膦、威百亩等除草剂;芽前除草剂常用的有氟草胺、敌草索等;芽后除草剂常用2,4-D、麦草威等。

此外清除杂草入侵源也是防治杂草的重要途径。一般杂草通过如下途径进入足球场草坪:草坪草种子、修复时覆沙和土、草坪机具或从附近未管理区域传播而来。因此,在建植草坪之前,要严格检查上述提及的途径中是否有杂草的繁殖体,并采取措施及时清除。

(3)修剪　足球场草坪第1次修剪应在草坪草长至7.0～8.0 cm时进行,其留茬高度为5.0～6.0 cm,以后根据草坪草的生长状态,每5～7 d修剪1次,留茬根据草坪的类型不同保持在2.5～4.5 cm,修剪应遵循1/3原则。

(4)施肥　在草坪第1次修剪后立即施氮肥,施量为5 g/m²。之后每年施2～3次,每次10～20 g/m²为宜,所施肥料最好采用草坪专用缓释肥。施用草坪专用缓释肥不仅可避免对环境的污染和对人体的潜在危害,而且能避免草坪疯长,减少修剪次数和病虫害的发生,大量节省用工。施肥应结合修剪、划破表土、镇压、灌水进行。

(5)磙压和覆沙　足球场草坪由于每次使用后,剧烈的运动会导致凹凸不平,因此要定期覆沙,并进行镇压,使草坪保持平整。

(6)打孔通气　草皮形成后,为促进草坪草的营养生长和改善坪床的通气状况,应定期打孔或划破改良。打孔或划破宜在早春或深冬进行,实心打孔锥长10～15 cm,直径1.3 cm,每平方米不得少于100个。另外,也有空心的打孔锥,其通气效果更好。过度践踏的草坪场,在春季土壤湿润时,应进行3～6次的打孔或2～3次划破处理。

(7)修复和补救　足球场草坪的球门区域践踏较严重,草坪损伤较大,应及时更换草皮和补播,补播品种要与原场地草坪草种相同。

(8)防除病虫害　草坪真菌病的化学防除,应定期喷洒甲霜铜、氯化汞、孔雀石绿等防治真菌病。汞盐用量42～84 kg/100 m²,在秋、冬两季进行1～2次。用硫酸铵3份+煅烧过的硫酸铁1份+干燥惰性沙土10～250份制备成毒土。在土壤潮湿、天气温暖、草带露水的时候撒入草坪,可防治草坪藓类,全年均可进行。另外,一年应1～2次在草坪上喷施杀虫剂。

(9)永久花纹　足球场草坪的永久花纹可由颜色深浅不同草坪草种或品种分别种植或品种组合中掺入不同比例的混合草种。播种时先在坪床上画出设计的花纹图案,按设计图案进行分别播种,播种后浇水时不能使喷水过强,防止种子相互飞溅混杂。花纹图案的边界要经常整饬,以便轮廓清晰,必要时也可进行着色处理。常用的涂料为室内装饰有色涂料,要求水洗容易脱落,对草坪和土壤无害为宜。最好的方法是待草生长到一定高度,在修剪后清除到场外。

(10)临时性花纹　由宽幅剪草机和镇压器在草坪上压出的花纹。它是由于草坪草茎叶倒伏方向不同,叶片反射光的差异所形成。花纹的宽度为2～3 m,不能交叉混乱。通常在球赛前一天或当天作业完成。因为经过夜晚或较长时间生长,草坪草恢复垂直状后花纹会消失。

(11)赛前与赛后管理　赛前1周左右应对草坪进行综合的培育管理(修剪、施肥、灌水等),有条件的可施用草坪染色剂,使之更加符合运动员的视觉,利于运动员的正常发挥。赛前1～2 d,划线、镇压、制造草坪花纹,使之出现美丽的景观。赛后立即清场,修补草坪、补播,特别注意损坏地块的修补和镇压。灌溉让草坪尽快恢复。1个赛季结束后还应封闭场地,进行综合处理,以满足下一赛季的利用。

6.3.1.4 足球场草坪质量标准

目前国家对足球场草坪的质量标准尚未制定,这里提出一个初步的评价标准及实施方法。草坪品质特征及测定项目,草坪品质的主要特征应包括覆盖度、均匀性、颜色和损伤后的恢复能力。

(1)覆盖度用一条100 m长的测绳,穿过足球场的不同区域,再用钢卷尺测量有空隙(无草生长)地长度(L_i),取其平均值。

(2)均一性是指整个足球场草坪草长势一致。评定方法是修剪7 d后,采用平均法:全场无强长势或弱长势的斑块出现,记为优,评分大于8分;斑块小于1 m²,数量小于10个,记为良好,评分7～8

分;斑块大或数目多于10个,记为差,评分7分。

(3)颜色是在生长季内草坪草修剪后应呈均一的嫩绿(黄绿)色。评定方法为修剪养护后或足球场草坪使用前,由远观和近观评定。黑绿色记为8分,黄绿色记为7分,淡黄或浅黄记为6分。

(4)草坪草恢复能力,采取计时法评定,即在一场正式足球赛后草坪草由黄变到正常长势所需时间。由于季节和管理水平不同,只能取相对值。恢复期1~2周记为8分,恢复期3~4周记为7分,恢复期大于4周记为6分。

6.3.2 网球场草坪

网球是一项古老的体育运动,其起源及演变可以概括为:网球孕育在法国,诞生在英国,开始普及和形成高潮在美国,现盛行全世界,被称为世界第二运动。1873年,英国的温菲尔德 Walter Clopton Wingfield 创造了“草地网球”。在19世纪后期,由英、美、法等国商人、传教士和士兵作为娱乐活动相继传入我国。我国网球运动发展比较晚,但随着近年来我国国民经济的不断发展,网球这个昔日被认为是“贵族运动”的体育项目,在改革开放劲风的吹拂下,日益为中国大众所接受,“网球热”继续在我国各地兴起。

草地网球场是以有生命的草坪草作为网球运动的主要支撑,以求达到外观美丽、弹力均匀、涵球性好、耐用性强等坪用要求。草地网球场呈长方形,分单打和双打两种。单打场地宽为8.23 m,长为23.77 m;双打场地宽为10.97 m,长和单打场地一样。

尽管它诞生得较早,但由于它投资较大,建植管理困难,为此它在世界范围内还不普及。在我国草坪网球场亦可以说尚属试验研究阶段。

6.3.2.1 网球场草坪的草种选择

网球场草坪要有一定的硬度以保持对球的弹性,高度要适中,草种生长点应低;要能耐高强度的践踏,再生能力要强;青绿期要长(全年青绿期270 d左右),要适应当地气候、土壤,抗病虫害能力要强;要耐频繁的低修剪,弹性要好,受外力后,要能很快恢复原状;草坪草质地要良好,致密,外形要美观。有选用单一品种建坪,也有选用几种草坪草种混播建坪。具体来讲匍匐翦股颖及其改良的品种、狗牙根、草地早熟禾、多年生黑麦草、高羊茅、紫羊茅是良好的草地网球场草坪草种。

6.3.2.2 网球场草坪的建植

1. 坪床结构

网球场草坪坪床结构从上到下依次为植物生长土层、透水层、排水管道和隔水层,如图6-39所示。

草坪生长层厚度为15 cm,由较好的沙质土壤加泥炭等有机质组成。下渗排水层为较粗的沙质土壤和砾石层构成,厚度为20 cm,利于水体下渗,砾石层下铺排水管道,排水管沟开挖成15 cm×15 cm,沟底夯实,边角修成弧形以利于排水。砾石层下部为隔水层,其厚度为10~15 cm,开挖排水管沟前将隔水层夯实,以不透水或少量透水为原则,对地基起稳定作用。

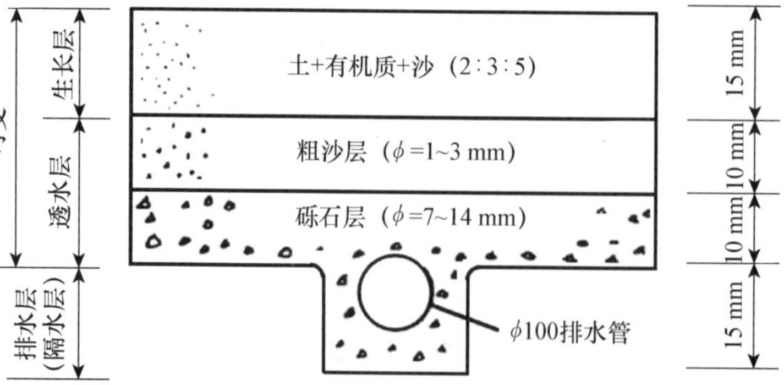

图6-39 网球场草坪坪床结构图

(引自贾生海,1998年)

2. 灌溉及排水设置

网球场喷灌系统的布设原则是：标准淡水量供给要充足，水压稳定，操作、管理、维修等方便，同时与场地的其他设施相协调布置，互不干扰，现提供两种布置方案。

方案一：给水主管在界外，一条支管通入场内与网球场球网立柱相通，喷头安装在立柱顶部。特点是使用国产摇臂式喷头，喷头安装在立柱上，不影响场内运动和其他设施，管理方便，缺点是喷头喷完后需卸下，如图 6-40a 所示。

方案二：给水主管在界外，两条支管通入场内，布置 4 个雨鸟(rain bird)地埋升降式喷头。此方案的特点是喷头固定，喷头置于土中，顶部与地面平齐，工作时，喷头升降体在水压作用下自动升起，水流喷出。停水后，升降体在重力和弹簧作用下恢复原位与地面平齐。缺点是水流射到立柱上，受立柱阻挡，会造成局部积水，如图 6-40b 所示。

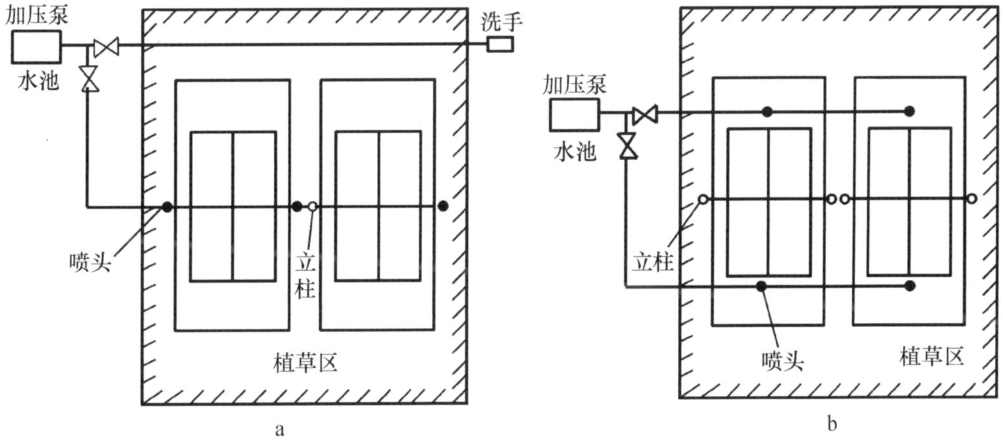

图 6-40　网球场草坪喷灌系统设置图

(引自贾生海，1998 年)

网球场草坪采用以地表排水为主，暗管排水为辅的排水设计，球场面从中点起以 1% 的坡度向四周倾斜，球场四周设深 100 cm 的排水暗沟，在床土 60 cm 处设置“非”字形排水管道，排水管采用塑料波纹排水管，规格为 ϕ100，排水干支管连接采用 45° 斜三通顺水连接；排水支管间距为 2.8 m，排水管最小铺设坡度为 0.5%。排水管与暗沟相通，最后将水排入附近池塘内，排水管布置如图 6-41 所示。

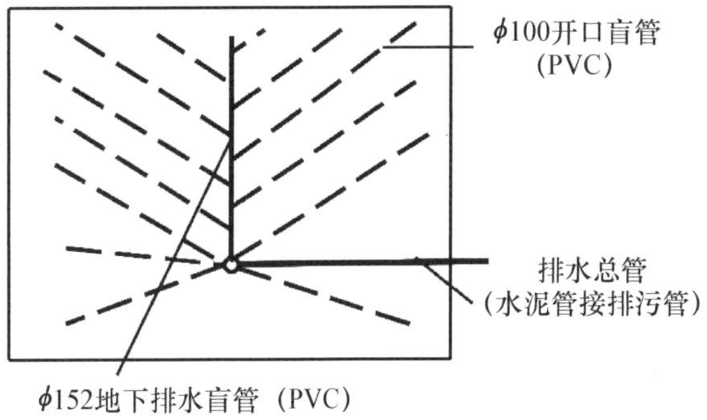

图 6-41　网球场草坪排水管道布置图

(引自贾生海，1998 年)

3. 种植

常采用播种种植，播种量的确定因不同草种种子的大小、质量、拟建草坪密度、主要草坪草的定植速度(成坪速度)、再生能力、混播比例不同而不同。常用的草种单播量为：匍匐翦股颖 4～8 g/cm^2；草地早熟禾 8～10 g/cm^2；匍匐紫羊茅 20～25 g/cm^2；黑麦草 25～30 g/cm^2；小糠草 10～15 g/cm^2。以上 5 个草种的混播比例为：40∶30∶20∶5∶5，混播用量按 30 g/cm^2 计算。

播种用手摇播种机撒播，撒播时将播区划成若干小区，根据小面积计算播种量后按小区称取种子，逐区播种，每小区种子分两次播完，以免撒播不匀。覆土深度一般以 2～3 cm 为宜，最好的覆土方法是种子播完后，其上撒一层细沙。或撒播完后，用细齿耙耙一遍床面。

播种后，苗床上覆盖一层草袋或遮阳网，以免洒水时将种子冲走，出苗不匀。

6.3.2.3 网球场草坪的养护

1. 修剪

草坪修剪的时间、高度和次数，不仅与草坪的生长发育有关，还跟草坪的种类有关，同时跟肥料的供给有关。修剪后留茬高度一般要求为 2.0～4.0 mm，修剪频度视生长季节而定，修剪时要遵循1/3 原则。

2. 施肥

施肥应以少量多次为原则。一般草地网球场最常用的是可以直接溶于水的肥料，主要是氮肥和钾肥。通过追加磷肥和钾肥，最大限度地促进生长发育。在施肥前要对草坪进行修剪，在施肥的过程中要注意施肥的均匀性，施肥后一定要浇水，以防止草坪烧伤。

3. 灌溉

草地网球场的灌水应该以能够补充因植物和土壤的蒸腾作用而损失的水量为标准。一般选用喷灌方法浇水，常见的机械喷灌有：微喷系统、摇臂喷灌系统、地理伸缩旋喷系统等。

4. 病虫害防治

草坪病害、虫害主要发生在高湿的季节，应针对不同病害，具体分析，对症下药，把握"预防为主，防治结合"这个原则。在雨后天晴针对实际情况喷洒不同的农药进行预防。

5. 杂草防除

杂草防除本着预防为主的指导思想和安全、有效、经济、简易的原则，因时制宜，合理运用农业、生物、化学、物理的方法控制防除。当杂草发生时应遵循主动除草原则，在杂草生长的各不同时期采取较合理的人工剔除和除草剂进行除草。

6. 碾压

碾压是一种保持草坪表面均匀一致和为了防止土壤变形影响球的弹性而采取的提高土壤坚固性的措施。

6.3.3 高尔夫球场草坪

高尔夫，英文 GOLF，四个字母分别代表：G 代表绿地(green)、O 代表氧气(oxygen)、L 代表阳光(light)和 F 代表友谊(friendship)。高尔夫真正的兴起，应起始于 1457 年的苏格兰圣·安德鲁斯(St. Andrews)。从 1860 年举办的首届英国公开赛算起，现代高尔夫球运动历经 140 年的发展，已成为现代体育运动中发展最快的项目之一。就全世界高尔夫及高尔夫草坪利用历史看，高尔夫及高尔夫草坪的发生和发展应该包括 3 个阶段：Links、石楠丛及现代阶段。至 2015 年，全世界已有 34 011 家高尔夫设施(折合 32 030 个 18 洞)分布在 206 个国家和地区。高尔夫运动的产业最为发达的国家是美国、英国、加拿大和日本；在高尔夫新兴起的一些国家，高尔夫球产业也越来越成为这些国家拉动国民经济的重要因素，如亚洲的泰国、印度尼西亚、新加坡等。

1984 年广州中山温泉高尔夫球会的成立标志着高尔夫运动正式进入我国，随后高尔夫俱乐部在我国的北京和沿海经济发达地区以及旅游条件好的地区迅速增加。2014 年我国共有高尔夫设施总数 538 家，折合 656 个 18 洞；而 2015 年仅 438 家高尔夫设施，折合约 542 个 18 洞。

6.3.3.1 高尔夫球场概述

高尔夫球是以棒击球入穴来完成运动的全过程。高尔夫球场一般设在景色优美的地区，标准球场长 5 943.6～6 400.8 m，占地面积 50～60 hm^2，球场设 18(或 9)个洞穴(洞穴数是 18 的整数倍或分数倍)。高尔夫球杆长约 1 m，为木材或金属制成。比赛时，每位参赛者各需 14 根球杆(木头球杆 5 根，金属头球杆 9 根)。

一般功能完备的高尔夫俱乐部包括 3 个分区：会所区、球道区、管理区。会所区包括：会馆、停车场、球童室、进出场道路、练习果岭、其他公共活动区(网球场、游泳戏水池)；球道区包括：发球台、球道、果岭、高草区、沙坑、水域、球车道和练习场等；管理区包括：供办公、维修、仓储和职工生活的场地等。下面简单介绍高尔夫球场常用的术语：

1. 标准杆(par)

标准杆是指一个优秀选手不出任何差错将球从发球台打上果岭，然后从果岭推球进洞需要的杆数。美国高尔夫球协会对此作了规定：共有三种标准杆，即 3 杆、4 杆和 5 杆。在任何情况下均规定果岭上需要 2 杆。

2. 发球台(tee)

发球台(图 6-42)是每个球道的起始点，一个标准 18 洞球场共有 18 个发球区，每个发球区共有3～5 个发球台，分别是：职业发球台(gold tee)；男子发球台 1(blue tee)；男子发球台 2(white tee)；女子发球台(red tee)。

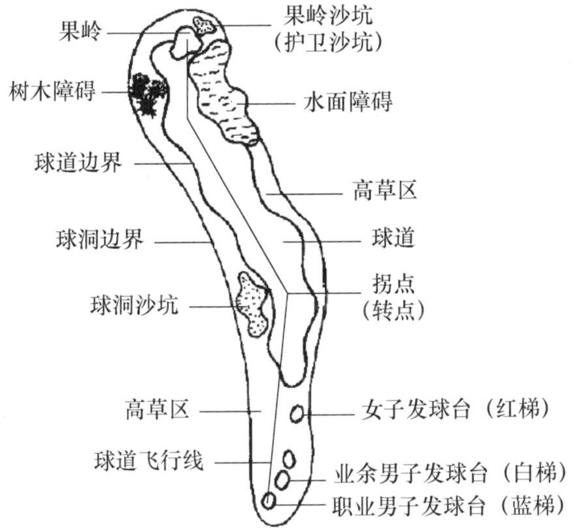

图 6-42 高尔夫球场一个球洞(球道)的组成图

(仿梁树友，1999)

3. 球道(fairway)

打球经过的草坪，宽 30～60 m，长度与标准杆相一致，标准 18 洞球场中球道总长度为 6 000～6 500 m。球道两侧为高草区、深草区和隔离带；4 杆球道中间设 1 个落球点(设计中击球落地的地方)；5 杆球道中间设 2 个落球点。

4. 果岭(green)

是每个球道的目标和终点，果岭上设置球洞，球手推球入洞标志着本球道比赛的结束。果岭面积一般为 500～700 m^2，标准球场果岭总面积 9 000～12 000 m^2。果岭面积约占球场面积的 2%。球洞是埋在地下的直径 10.795 cm、深 10.16 cm 的圆罐。

5. 沙坑(bunker)

有果岭沙坑和球道沙坑两种，是四周围绕草坪、中间沙子覆盖的凹陷地，在高尔夫球场中作为打球的障碍区。

6. 水域障碍(water hazard)

指球场中的湖面、池塘、河流、小溪、沼泽地等，在高尔夫球场中主要作为打球的障碍。

6.3.3.2 高尔夫球场草种选择

高尔夫球场选用的草坪草必须具有根系发达、耐践踏、再生能力强、耐修剪、成坪快、覆盖性强等特点。基于球场的各个区域的功能不同，球道、发球台、果岭、障碍区草坪草种类也各不相同。

1. 发球台

发球台草坪应平整、致密，无明显草垫和枯草层，恢复力强，能耐 1～2 cm 的修剪高度，同时还应具有良好的弹性和光滑度，以确保球员的发球质量。

北方高尔夫球场宜选用草地早熟禾、匍匐翦股颖、结缕草等草种进行建植。其中草地早熟禾不耐低修剪，但随着新的草地早熟禾品种的出现(可耐低修剪)，其作为发球台草坪草的使用将增加。南方高尔夫球场的发球台宜选用翦股颖、狗牙根、黑麦草、早熟禾等草种进行建植，尤以翦股颖和狗牙根最为适宜，而草坪型多年生黑麦草因其耐践踏和建坪速度快，也适合用作发球台草坪建植。温带与亚热带之间的过渡地区的高尔夫球场发球台宜选用结缕草进行建植。

2. 球道

球道是高尔夫球场中面积最大的部分，该区域草坪要求致密、低矮、均一，基本无杂草，停球性好，能耐 3 cm 以下的低修剪，草坪再生性、恢复性好。北方多选用草地早熟禾和结缕草进行建植。南方地区宜选用狗牙根建植，尤其是经过培育改良后的狗牙根品种，也可以采用草坪型多年生黑麦草与草地早熟禾混播的方式建植球道草坪。过渡地带可选用结缕草和一些抗寒型狗牙根进行建植。

3. 障碍区

障碍区草坪宜选择生长较为缓慢、能耐 3.5～10 cm 的修剪高度，需肥量较低(特别是对氮肥的需求量)、耐干旱、根系发达、水土保持能力强、耐粗放管理、抗性强、半直立生长的丛生或密集簇生的草种，力求以最低水平的管理和花费获取最为理想的效果。北方地区宜选用高羊茅、草地早熟禾、多年生黑麦草等草种；南方地区多选用结缕草、狗牙根、假俭草等草种。此外，为了增加障碍区的景观效果，通常也栽植一些野生的花卉植物。

4. 果岭

果岭草坪草应具备生长点低，能耐小于 0.5 cm 的修剪高度，直立生长，株形整齐，分蘖和再生能力强，恢复性好，色泽优美等特点。北方多选用匍匐翦股颖作为果岭草坪草种；南方主要选用改良的狗牙根品种进行果岭建植。

6.3.3.3 高尔夫球场果岭的建植

果岭是球场建造一个重要的环节，技术含量比较高，日常养护比较精细，目前，果岭的建造方法基本上以 USGA 制定的程序作为标准，下面结合实践讲述果岭的建造程序。

1. 地基的粗造型和细造型

果岭地基的粗造型一般是按照果岭的设计图纸，挖出或填埋所需土方，以达到设计要求的高度和轮廓。果岭地基高度要低于果岭造型面 40 cm，并对果岭的边缘及地基进行修补、夯实、整洁等工作，使整体平顺光滑，地基造型应当与最终果岭造型面的形状尽量一致(图 6-43)。

图 6-43 高尔夫球场果岭地基造型

(图片来源：http://www.golf998.com/index.php)

2. 排水系统的安装

(1)放样划线　排水管道的布置是以主管道沿着最大落差线铺设为原则，支管道一般以 45°角贯穿地基斜面，两侧交替排列，其与主管道之间存在一个自然的落差。支管道的铺设间距一般为 4 m，应延伸到果岭的边缘。排水系统的设计务必考虑水分从击球区域快速排走的方式及规律。排水管应当是有孔的塑料管，其最小直径应达到 10 cm(图 6-44)。

图 6-44 高尔夫球场果岭排水系统放线

(图片来源：http://www.golf998.com/index.php)

(2)开沟挖土　排水沟应当在完全紧实的地基上开挖，沟的深浅依排水管的大小来决定，沟比管宽和深各长 10～15 cm，一般来说至少应 15 cm 宽、20 cm 深，要使排水管始终保持一定的坡度，从其最远端到出水口之间至少应保持 0.5% 的坡度(图 6-45)。挖沟时的废物应当从地基中移走，排水沟的底部应当平坦、干净(图 6-46)。

图 6-45　人工移走土方

图 6-46　人工挖沟

（图片来源：http://www.golf998.com/index.php）

（3）夯实平整　排水沟开好后，用铁铲或其他工具拍实沟的三面，使泥和砾石有较好的分隔。

（4）检测排水沟坡度　在所有的排水沟挖完平整后，用相应的测量工具重新检测排水沟的坡度，使其满足设计的要求倾斜度（图 6-47）。

图 6-47　检测排水沟的坡度

（图片来源：http://www.golf998.com/index.php）

（5）沟底铺放砾石　在排水沟中应当放置一层砾石，其厚度至少应保证 2.5 cm，一般厚 5～10 cm，砾石层铺设厚度均匀。砾石的直径 4～10 mm。一般而言，所有的排水管道都应当铺设在排水沟中的砾石床上（图 6-48）。

（6）放排水管　排水主管直径 200 mm，侧排水管直径 110 mm。一般选用有孔波纹塑料管，主管和支管的进水口用管道封口盖密封，主管和支管的连接处用三通连接（图 6-49）。

图 6-48　沟底铺砾石

（图片来源：http://www.golf998.com/index.php）

图 6-49　安装排水管

（图片来源：http://www.golf998.com/index.php）

(7)铺放砾石盖满排水管　排水管放在沟的中间，在管的左右和上面都填放经水冲洗过的 4～10 mm 砾石，砾石面比地基面略高，呈龟背形(图 6-50)。

图 6-50　盖排水管

(图片来源:http://www.golf998.com/index.php)

(8)安装隔离板　在果岭的边缘即土壤和沙质根际层之间，垂直放入一条带状的塑料薄板，薄板厚 0.5～1 mm，宽 25～30 cm。一是防止果岭外的土壤混入沙质根际层；二是防止果岭草和果岭环外的草互混(图 6-51)。

图 6-51　安装塑料隔离板

(图片来源:http://www.golf998.com/index.php)

3. 草坪草根际坪床结构

图 6-52 为 USGA 的果岭构造示意图。由左侧经典的 USGA 果岭结构图可以看出，果岭构造在地基上依次是砾石层(厚 10 cm)、过渡层(也称粗沙层，厚 5～10 cm)、根际层(厚 30 cm)，整个果岭的深度为45～50 cm。但是现在在国内一些知名的球场建造公司，普遍省略了粗沙层，经实践也不影响整体性能。

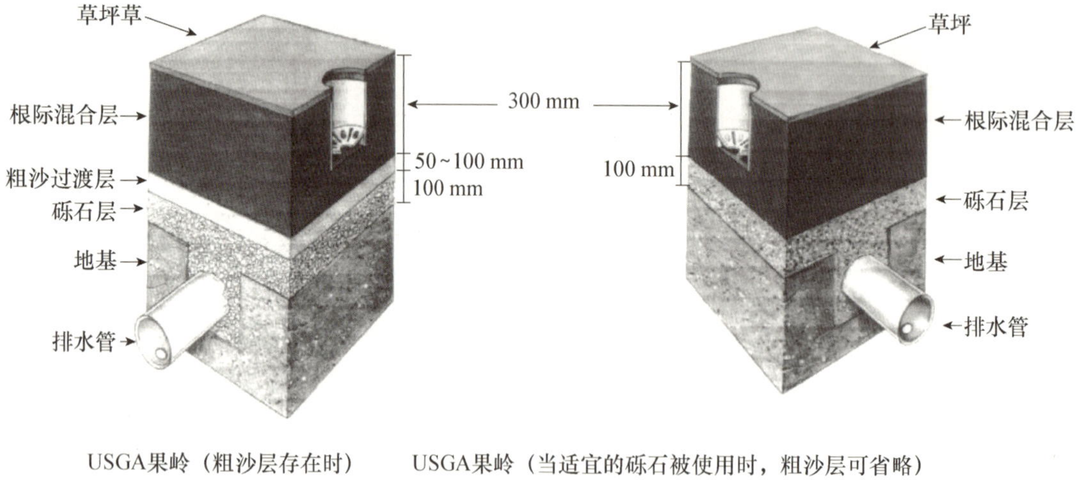

图 6-52　美国高尔夫球协会推荐 USGA 果岭结构示意图

(图片来源:http://www.usga.org)

(1)砾石层　在排水层的基础上，铺上一层厚约 10 cm 经过水冲洗过的 4～10 mm 粒径的砾石，将整个果岭地基铺满。

(2)根际层　USGA 方法认为果岭根际层应以粗沙和中沙为主，即粒径大小在 0.25～1 mm 之间的颗粒最少要达到总量的 60%以上；很粗的沙与小砾石(2.0～3.4 mm)的含量之和不能超过总量的10%,且小砾石量最大不超过 3%;细沙量不超过20%;小于 0.15 mm 的很细的沙、粉粒、黏粒分别不能超过总量的 5%,而且三者总和不能超过 10%。这样的粒径分布能够保证整个根际层颗粒分布的均匀性较高。

按照 USGA 推荐标准的要求,根际层一般都是由有机质与沙子混合而成,两者的比例视沙的粒径大小和分布的实际情况而定(图 6-53)。

图 6-53　铺放根际层混合物

(图片来源:http://www.golf998.com/index.php)

4. 果岭坪床的熏蒸

坪床应该用溴甲烷熏蒸处理,用量为 450～550 kg/hm²,也可用其他方法,目的是清除场地上存留的杂草种子和可再生性的杂草植株体(图 6-54)。

5. 喷灌系统的安装

果岭区域内的喷灌系统主要由喷头(埋弹出式喷头)、电磁控制阀、快速补水插座、喷灌管组成。喷灌面要覆盖到整个果岭;每只喷头喷水的最远点达到相邻的喷头出水口,即相邻的喷头喷水能相互100%重叠;每个果岭 4～6 个喷头,有些大果岭会超过 6 个;每个果岭设 1～2 个电磁阀门;每个电磁阀门控制 1～4 个喷头;喷头最大射程一般控制在20 m;多选择出水量小、雾化效果好的喷头,使果岭表层能有效地吸收。

6. 果岭表层细造型

熏蒸完后,用耙沙机反复多次耙平果岭。

图 6-54　铺放根际层混合物

(图片来源:http://www.golf998.com/index.php)

7. 果岭草坪的建植

对用草茎无性繁殖的狗牙根等草种来说,种草的步骤大致为:预浇水—根茎栽植—浇水—碾压—养护管理等环节。

(1)预浇水　在种植前预先浇湿果岭,有利于草根茎的恢复生长,减轻人或机械对果岭表面的挤压、破坏,有利于种植方式的实施。

(2)施基肥　一般而言,纯氮的施用量为 3～5 g/m²,磷和钾的用量可视土样化验结果而定。所施用的氮肥中应有 50%～75%为缓释肥,钾肥也最好使用缓释剂型。

(3)种植(撒植)　将草茎充分地撕散开,撒在果岭面层,密度以少露出沙为宜。用铺沙机覆沙,盖沙厚度不露根茎,因种后浇水,覆盖的沙子层自然下沉渗入根茎间,会露出部分根茎,减少根茎的水分蒸发,有利于其恢复生长。草茎要求 100%均匀撒在坪床表面,不能成团,果岭周边区域可适量增加草茎用量。

(4)碾压　用机动式碾压机交叉两遍碾压果岭,使草根茎与沙子充分接触,有利于生根发新芽,并能将种植时因人走动留下的痕迹碾压平整,恢复果岭细造型后的表面形状。

(5)再浇水　充分浇水以湿润种植层,以不形成地表径流为宜。

6.3.3.4　高尔夫球场的管理

高尔夫球场草坪的养护管理中,果岭草坪的管理最为精细，下面以果岭为例说明高尔夫球场草坪养护管理的方法及措施。

1. 灌溉

果岭植草后浇水管理原则以少量多次、湿润根层为宜。尤其是在炎热的夏季或干燥的秋季，每天浇水次数3～6次，喷头调整成细雨雾状为宜。成坪后以灌深灌透、多量少次为宜，待表层2 cm根际层完全干枯后再进行下一次灌溉。

2. 施肥

在草坪草新根长至2 cm，新芽萌发1～2 cm时，为了加快成坪速度，定期10～15 d施肥一次，以高氮、高磷、低钾的速效肥为主，每次施肥后注意浇水。成坪后应根据根际层土壤和草坪的营养测试分析制订施肥计划。

3. 磙压

磙压的目的是压实果岭，使果岭的表面平滑，并有助于茎枝压入土壤中。磙压前浇水，磙压的效果会更好。磙压的次数视果岭松实度和光滑度而定。

4. 铺沙

铺沙是解决光滑问题的主要措施之一，铺沙前剪草有助于沙子的沉落和拖沙时沙的均匀再分配。初期铺沙的厚度稍厚，以覆盖根茎、露出叶片为适度。后期随着果岭光滑度加大，铺沙厚度减薄，量少次数加多。

5. 补植

补植能使果岭的草覆盖加快，成坪一致。补植时最关键的还是注意水分的补充。

6. 剪草

初期剪草应在草的覆盖率达90%以上、苗高有10～15 mm时。剪草应在草坪上无露水时进行。剪草高度初期控制在3.0～5.5 mm。在重大比赛期间，为了追求较快的果岭速度，修剪高度有时也会降到3.0 mm以下，修剪频率增加到每天早晚各一次。

7. 打孔

打孔应在草坪草的生长季节进行，根据果岭状况，通常每年打孔2～3次，孔深4.6～10.2 cm，孔径5～15 cm。

8. 杂草和虫害防治

初建的草坪极少发生病害。防治方面主要针对杂草和害虫。果岭成坪初期，多为人工拔除杂草，采用除草剂时应谨慎选择。虫害防治最好是发生初期即采取措施至清除为止。

9. 疏草

疏草次数取决于枯草层形成的速度，在草坪生长高峰期疏草深度宜深。

6.4 水土保持草坪

护坡草坪是指建植在高速公路两侧、河湖水库堤岸边的平地或坡地上，主要以水土保持为目的的保护性草坪，也常称为设施草坪，是管理较为粗放的草坪。由于条件较差，必须把握好草坪建植的每一个环节，才能保证护坡草坪的成功建植。

6.4.1 草种的选择

护坡草坪在外观质量如色泽、质地等方面的要求相对较低，重要的是草坪要有发达致密的根系、较强的适应性和抗性，以及耐粗放管理的特点。

在温带和寒带用于公路堤坝护坡的草种有草地早熟禾、细羊茅和黑麦草及其混配；在热带和亚热带地区有普通狗牙根、假俭草和结缕草等；高羊茅可分布于亚热带和温带之间的广大过渡地带。

6.4.2 建植时间

抓住雨季，迅速建植草坪，建植后草坪即可增加土壤含水量，停止水土冲蚀。在干旱与半干旱地区，雨季前夕应努力抢种，雨季则要“顶雨建植”；在湿润地区，雨季前30～45 d，努力抢种、抢栽、抢铺。在雨季到来时，“保护草种”已迅速覆盖地面达到或超过70%，可有效防止日降水量≤50 mm的水土冲蚀。也可抓住雨季刚过，土壤墒情尚丰之时，抢种、抢铺、抢栽植。另外，如果采用喷播法建植草坪，应在雨季前或雨季尾进行较好。

6.4.3 建植方法

护坡草坪建植方式有9种：

1. 台阶种植

台阶种植是我国民间传统方式之一。凡能起台阶的坡地，都可以变“一面坡”为若干个台阶的平面，种、栽、铺都行，管理较方便。

2. 菱形种植

菱形种植也是我国民间的传统方式之一。在坡地上按斜线交叉种草，将整个斜坡分割成一块块小的菱形。一旦出苗或成活，就可以产生分导水流，起到防止冲蚀的效果。

3. 铺植法

在坡陡、侵蚀严重的地方可直接用草皮(30 cm×30 cm)铺植，当坡度较大时，草皮铺后应用木桩或竹签加以固定，直到根系扎入土壤。

4. 喷播法

把草种、肥料、纤维覆盖物、保水剂、黏合剂等混合在一起，用高压水或压缩空气将混合物喷向地表。播种、施肥、浇水、覆盖等几道工序同时完成，效率较高，尤其适于在陡坡地建植草坪。

5. 植生带法

在降水量大的地区为防止种子直播后被雨水冲跑，可用铺设植生带法建植草坪。在实际应用过程中，对植生带法加以改良形成了一些新型植生带，如肥料袋植生网、稻草种子带、草种附着袋等。

6. 生态袋法

生态袋，是由高分子聚乙烯相关材料制成，耐腐蚀性强，透水不透土。通过连接扣和固定扣将生态袋相互之间连接起来，通过锚杆和加筋土工格栅将生态袋和原始坡面锚固在一起。生态袋绿化一般适用于各类土质边坡；同时也适用于泥岩、灰岩、砂岩等岩质路堑边坡(图 6-55)。

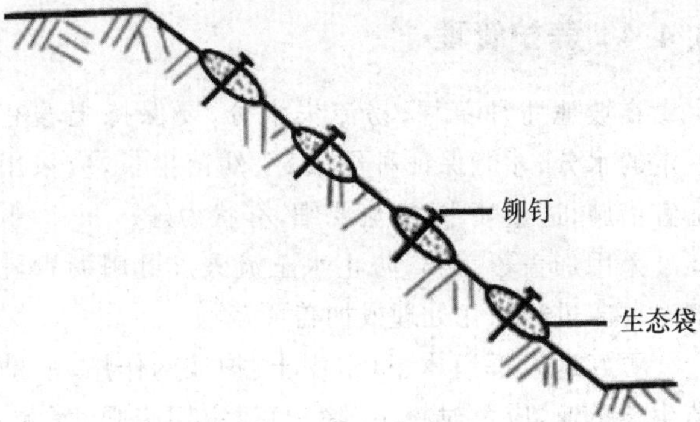

图 6-55　生态袋固坡技术示意

(引自李品芳，2010 年)

7. 工程护坡建植

在土壤条件较差，坡度大于 45°的地段，应首先采用工程固土，即在边缘用石块或水泥砌成菱形或拱形网格，网格中栽植草坪植物。目前多采用空心混凝土预制块进行护坡。具体的植草施工步骤为：

修整坡面：尽量降低坡度。若为路基则延伸坡脚；若是路侧高坡，则剥削坡顶，延长坡面纵线。

加固坡脚：用块石或毛石浆砌至一定高度，墙面上每隔一定距离要预留排水孔，以便排泄坡面多余的水，同时筑好坡顶和坡脚的排水沟。

铺砌空心块：为使空心块整齐美观，应拉施工线，按设计严格施工。

填充营养土：空心块内填充配有基肥的营养土至框高的 1/2～3/4。

播种或移栽草坪草：播种后覆以 1～2 cm 细沙或营养土，以种子不露出土表为宜。

喷水保苗：根据当地降水量情况，要保证种子发芽的水分，待苗出齐后进入正常管理。

8. 塑料三维植被网种植法

三维植被网是由高强度平面网和单层或多层塑料凹凸网经热熔后粘结而形成的一种稳定的立体网结构，材质疏松柔韧，留有 90%以上的空间可充填土壤及沙粒。植物的根系可从整个网中均衡地穿过，深入地下可达 0.5～2.0 m，这样植被、网垫和泥土三者形成一种牢固的复合力学嵌锁体系，这种复合体系具有较好的柔韧性，当边坡出现沉降时可随之沉降，不会造成架空，是一种永久性的边坡防护方式。

9. 灌草混栽技术

采用灌木、草坪混栽，进行固定护坡，灌木生长初期比草本植物生长缓慢，覆盖地表能力较差，但其持久护坡能力好。草本植物初期就能很好地拦蓄斜面地表径流，覆盖地表速度快，减免侵蚀作用好。灌草结合，能持久地保护坡地。

6.4.4 养护管理

在坡地播种草坪，易流失水分，要保持土壤有一定的水分，才能保证种子发芽、幼苗生长，应采用适宜措施，适量喷水，水流要细，雾状为好。

采用加盖覆盖物，防止水土流失。可用沥青乳剂对坪床进行固化处理或加盖覆盖物。

更好地发挥灌木、草本固土、护坡的作用，使幼苗生长迅速，应及时松土、除杂草，定期施肥、灌水。应在栽植后 2～3 年对灌木进行平茬复壮，平茬后能萌生出繁茂的新枝。

【复习思考题】

1. 运动场草坪与园林草坪有何异同？
2. 简述足球场草坪草种选择及养护方法。
3. 简述高尔夫球场草坪草种选择及养护方法。
4. 简述高尔夫球场果岭的建植方法。
5. 简述水土保持草坪的概念及作用。
6. 水土保持草坪建植的方法有哪些？

第7章

草坪质量评价

对成坪后的草坪进行评价是为了评估草坪是否满足人们对它的期望与要求。草坪质量是评价草坪好坏的综合指标，由草坪的用途、生长季节的外观及其他方面的特性共同决定。草坪利用目的不同，对其质量要求也不同，评价的指标及标准也有不同侧重。如观赏草坪要求外观致密、均匀一致，颜色漂亮，绿色期长等，评价时应着重草坪的外观质量；运动场草坪要求耐践踏、耐频繁修剪、回弹力高、恢复速度快，评价时侧重草坪的功能质量；以水土保持为目的的设施草坪则要求草坪草具有发达的根系，较强的固持土壤能力，生长迅速，覆盖能力强，生态适应性广，评价时主要关注草坪的生态质量。

7.1　草坪质量概述

草坪外观质量是草坪质量评价中最常被关注的评价指标。外观质量是景观指标，是人们对草坪的视觉感受，是评价草坪品质的基础，由草坪内在特性作用于外部特征所构成，体现了草坪的优劣程度，既反映草坪的基本外部特征，又通过草坪的外在表现反映其适应性，在草坪质量评价中处于非常重要的地位。常见的评价指标包括：草坪颜色、草坪密度、草坪均一度、草坪质地、草坪高度、草坪盖度等。

7.1.1　草坪的外观质量

1. 草坪颜色

草坪颜色是草坪植物反射日光后对人眼的颜色感觉。草坪颜色可反映草坪植物的生长状况和草坪的管理水平，同时也反映了人们对其喜好的程度。当太阳光照射到草坪表面的时候，一些波长的光被草坪草吸收，其他一些波长的光被反射，当反射的光进入人的肉眼，就是人所感受的颜色。草坪颜色是评价草坪总体状况最好的指标之一。

不同草种和品种在颜色上会有较大的差别，从浅绿、深绿到浓绿。可根据不同国家不同地区人们对草坪颜色的喜好来选择草种。例如，美国人和中国人大多喜欢深绿色，日本人喜好淡绿色，英国人则喜好黄绿色。当发生营养元素供应不足、病害、虫害、水分缺乏等其他胁迫和不利于草坪草生长发育的条件时，草坪草叶片就会发生失绿黄化。当营养元素过多、萎蔫和疾病发生前，草坪草叶片的颜色会不正常的加深。此外，修剪质量也可以影响草坪的颜色，修剪不当、一次性修剪过多等状况导致茎叶顶端参差不齐，使草坪出现白色到灰褐色的坪面。

草坪颜色的测定一般采用目测评分法、叶绿素含量测定法、叶绿素荧光测定仪、叶绿素测定仪、照度计法、植物效能分析仪法、数码照相法、高光谱分析法等。目测法具有一定的主观印象和个人喜好，在评价过程中，应选择有经验的专家在阴天或早上各自打分，最后取平均。叶绿素含量测定以丙酮或乙醇做溶剂，通过分光光度计测定。利用便携式的叶绿素荧光测定仪和叶绿素测定仪可以方便快捷地获得叶绿素含量。高光谱遥感具有波段多、光谱分辨率高、光谱范围窄、波段连续性强的特点，能从复杂的遥感数据中，快速、非破坏性地准确预测色素含量。

2. 草坪密度

草坪密度是指单位面积上草坪植物个体或枝条的数量。草坪密度表明了草坪植株的稠密程度，是外观质量评估的重要指标。密度良好的草坪，它的景观效果、弹性、耐践踏性等性能相对较好。草坪密度随遗传特性、自然环境和养护水平等因素而变化。遗传特性对草坪密度起决定性作用，一些草坪品种，如匍匐翦股颖、狗牙根建植的草坪一般密度很高。同一种内不同变种和品种密度也不相同，如匍匐翦股颖 G-2 密度高，Penncross 密度低；草地早熟禾品种 America 和 Midnight 的密度高，而 Kenblue 和 Park 低。草坪最后的密度取决于养护管理水平和环境条件。水分充足、修剪高度低、营养元素充足通常会增加草坪的枝条密度；而施肥量不足、修剪频率低、一次修剪过多叶片，会严重降低草坪密度。

草坪密度一般通过目测法和实测法来进行评估。目测法是专家进行分级或打分，一般人为划分密度等级。实测法需先选择样方，再通过人工计数的方式统计枝条个数，3 次重复。样方的选择要保证准确性和代表性。

3. 草坪均一度

草坪均一度指草坪草色泽一致、生长高度整齐及密度均匀的程度。具体包括两个方面：一是要求颜色、形态、长势上的均一、整齐；二是要求草坪表面的平坦性。高质量的草坪应是高度均一，不具有裸露地、杂草、病虫害斑块，生长型一致的草坪。因为不易度量，草坪均一度是比较难评估的指标之一。草坪均一度是质地、密度、草坪草构成、颜色以及修剪高度的综合特征。对于混播建植的草坪而言，均一性是最重要的质量指标之一。

常见的草坪均一度的测定方法有目测法、样方法、均匀度法。目测法直接、简单、快速，在生产实践中应用广泛。样方法是用直径为 10 cm 的样圆，统计样方内不同类群的数量，计算各自的比例及在整个草坪中的变异情况。均匀度是用草坪密度变异系数、颜色变异系数和质地变异系数来计算均匀度。

4. 草坪质地

草坪质地是指草坪草叶片的宽度和细腻程度，是人们对草坪叶片喜爱程度的指标。手感光滑舒适、叶片细腻、叶片宽度大小合适的草坪质地最佳。手感不光滑、叶片宽、粗糙的草坪质地最差。一般情况下，草坪质地多指草坪草叶片的宽度。孙吉雄(1995)认为质地最好的叶宽为 0.4 cm，评价为很好；0.3～0.5 cm 为好；0.3 cm 或 0.5 cm 为中等；0.2～0.3 cm 和 0.5～0.6 cm 为差。但是，也有人认为，草坪草叶片越细，质地越好。草坪质地在 1.5～3 mm 是最受欢迎的。草坪质地的测定一般用草坪草叶片最宽处的宽度来表示，在测定过程中要选取叶龄与着生部位相同的叶片。

5. 草坪高度

草坪高度是指草坪草顶部(包括修剪后的草层平面)与地表的平均距离。草坪的修剪高度影响着草坪的外观质量，不同草种所能忍受的最低修剪高度不同，决定了草坪草种的使用范围。例如，在高尔夫球场的发球台区域，要求草坪高度为 7～10 mm；果岭区域的草坪高度为 5～7 mm；球道区的草坪高度为 1.3～2.0 cm。在网球场、曲棍球场、健身房、游泳池周围的草坪高度为 1.0～2.0 cm。而在足球场、橄榄球场的草坪高度为 2.0～3.0 cm。草坪高度一般通过直尺或游标卡尺进行测定，样本数应大于 30。

6. 草坪盖度

草坪盖度是指一定面积上草坪植物的垂直投影面积与草坪所占土地面积的比例。盖度是与密度相关的指标，但密度不能完全反映个体分布情况，而盖度可以表示植物所占有的空间范围。盖度越大，草坪质量越高，盖度是指种群在地面所覆盖的面积比率，即为种群实际所占据的水平空间的面积。

草坪盖度常见的测定方法有目测法和点测法。目测法需先制作一个面积为 1 m^2 的样方，可用铁丝或细绳分为 100 个 1 cm^2 的小格，目测计数草坪草在每格中所占有的比例，用百分数表示草坪的盖度值。点测法又叫样点法，目前常用的是方格网针刺法，首先需要一个面积为 1 m^2 的样方，可用铁丝或细绳分为 100 个 1 cm^2 的小格，将细长的针垂直或成一定角度穿过草层，统计植物种及全部植物种与针接触的次数和针刺总数，二者的比值即为某一草坪草的盖度和草坪草的总盖度，用百分数表示盖度。

7.1.2　草坪的功能质量

草坪的功能质量指的是草坪的使用质量，即草坪承担一定的使用目的所表现出来的特性。不同使用目的草坪对功能质量要求也不一致，比如高尔夫球场对草坪的滚动摩擦性能要求很高。足球、橄榄球、赛马场等比赛场地，由于人和动物的高强度践踏，因此，对草坪的耐践踏性要求严格。运动场草坪除了要求耐践踏之外，还应该对运动员有缓冲作用，起到保护运动员的作用。草坪功能质量应该包括草坪对运动项目的适应性和运动员对草坪性能的感觉与要求。

1. 草坪弹性

草坪弹性是指外力作用草坪后，草坪恢复原状态的能力。这是与草坪耐践踏性密切相关的一个特性指标。在球场日常管理过程中，早上喷灌可以加快草坪草的弹性的恢复，特别是在果岭上。初冬季节，应禁止一切草坪活动，因为这时草坪弹性差，践踏所造成的伤害无法恢复。

2. 草坪回弹性

草坪回弹性是草坪吸收外力冲击而不改变草坪表面特性的能力。草坪回弹性受草坪草种类、土壤物理性状等多种因素的影响，是草坪功能质量中的重要指标。高尔夫球场草坪的回弹性保证球滚动方向的正确，而足球场草坪回弹性对于减少运动员受伤的程度具有重要的意义。

弹性和回弹性在实际应用中不易测定，因此在评价运动场草坪弹性和回弹性时多采用球反弹系数间接表示。目前常用的方法是球场反弹法，根据国际足联对足球场草坪的要求，足球第一次反弹高度在下落高度的 20%～50%为合格。

3. 草坪滚动摩擦性能

草坪滚动摩擦性能是指草坪和与其接触的物体在接触面上发生阻碍相对运动的力，常用于评价球在草坪表面上滚动的性能。在实际测定中，将球放在 1 m 左右高的测槽中，沿 45°或 26.6°下滑，从接触草坪起到滚动停止时的滚动距离来表示。根据草坪的不同用途，选择标准赛球和测槽。如足球场草坪测槽宽度为 110 mm；板球和曲棍球测槽宽度为 50 mm；高尔夫球场果岭上用果岭测速器测定球的滚动距离，以评估草坪质量。由于草坪上一般具有一定的坡度，还受到风的影响，因此在测定过程中正反两个方向都要测定。草坪滚动距离的计算公式为：

$$DR=2S\uparrow\cdot S\downarrow/(S\uparrow+S\downarrow)$$

其中，DR 为滚动距离；$S\uparrow$ 为迎坡滚动距离；$S\downarrow$ 为顺坡滚动距离。测定过程中，正反两个方向的滚动距离重复 3 次，取平均值，3 次测定中，球距不超过 20 cm，即数值较准确，如超出则需重测。迎坡滚动距离和顺坡滚动距离差距大于 45 cm 时，则测定数据不可靠，应该重新选择地方测定。

4. 草坪硬度

草坪硬度是指草坪抵抗其他物体刻画或压入其表面的能力，与草坪的缓冲性能密切相关。常见的测定方法有：球员脚陷入深度、土壤针入度仪、土壤冲击仪、悬挂锤等。

5. 草坪滑动摩擦性能

草坪滑动摩擦性能是指互相接触的物体在相对滑动时受到的阻碍作用，主要用来评价运动员脚底与草坪表面之间的关系。常见的测定方法有：滑动距离和转动系数法。

滑动距离的测定采用标准测车以一定速度在草坪表面滑动的距离来反映草坪表面滑动摩擦性能。转动系数的测定是采用在底部装有运动鞋鞋钉的圆盘进行测定。

6. 草坪强度

草坪强度是指草坪忍受外来冲击、拉张、践踏等机械拉力而不被撕裂的能力。在草皮卷的生产过程中，草坪强度是最重要的指标，若草坪强度太小，草皮无法进行铲取、搬运和移栽。常见的草坪测定方法是利用草皮强度计，给草皮块施加一个均匀一致的拉力直到将草皮撕裂。草坪强度也可凭经验目测，分为强、较强、中等、较弱、弱 5 个档次。

7. 草坪恢复力

草坪恢复力是指草坪在使用过程受到损坏后自行恢复到原来状态的能力。与草坪草的遗传特性、养护措施、土壤、自然环境都有关系。在测定过程中可采用挖块法、抽条法来评估草坪草恢复速度的快慢,也可用一定时间内的恢复率来表示恢复力。

7.1.3 草坪的生态质量

生态质量是指生态环境的优劣程度,是在一定具体的时间和空间内,生态系统的总体或部分生态与环境因子的组合对人类的生存及社会经济持续发展的适宜程度。草坪生态质量是指草坪草间以及草坪草与环境之间相互作用所表现出来的特性。草坪生态质量可反映草坪对环境和利用方式的适应能力。草坪生态质量的主要标准是:组成成分、分枝类型抗逆性、绿期、生物量几个方面。

1. 草坪组成成分

草坪组成成分是指构成草坪的植物种或品种以及它们的比例。草坪根据使用目的的不同,所需要的草坪组成成分也不同。例如,观赏草坪要求种类单一;绿化草坪要求有多个组成成分,以增加草坪的适应性,降低管理成本。

2. 草坪草分枝类型

草坪草分枝类型是指草坪草的枝条生长特性和分枝方式,与草坪的扩展能力和再生能力密切相关。主要包括 3 种类型:丛生型、匍匐茎型和根茎型。

丛生型草坪草主要通过分蘖进行分枝,主要靠侧枝的发育增加草坪密度,一般分蘖能力强。在播种量比例较小时,其竞争能力就比较弱,容易形成分散独立的株丛,导致草坪的均一性降低。但是在播种量充足的情况下,草坪的均一性较高。丛生型草坪草出苗后,随着生长期的延长草坪枝叶密度增加,种间竞争和个体的相互干扰加大,草坪草的竞争力主要取决于耐密植能力。

匍匐型草坪草通过地上水平枝条扩展,水平扩展的匍匐茎向下可产生根系,向上能产生新的植株,从而使草坪的密度和盖度不断增加。在沙质土壤上,匍匐茎易分枝形成新的个体。匍匐茎的生长点离地面较近,因此能耐低修剪。

根茎型草坪草通过地下根状茎进行扩展,根茎上的节向上形成分蘖芽,向下形成根,分蘖芽可以分蘖出许多的地上枝条。这类草坪草在定植后扩展能力很强,能够形成均一的草坪。

某个品种的草坪草可能同时具有多个分枝类型,比如既有根茎,又有匍匐茎,使得该品种的草坪草的竞争能力高于单一分枝类型的草坪草。一般来说,匍匐型草坪草的竞争力最大,但是某些具有自我繁殖性能的密丛型草坪草竞争力比匍匐型草坪草的更强。

3. 草坪草的抗逆性

草坪在整个生活期中,会遭遇到寒冷、干旱、高温、水涝、盐渍和病虫害等不利的环境因素。草坪草的抗逆性指的是草坪草抵御这些不利环境和践踏、修剪等情况的能力。草坪的抗逆性来源于多个方面,其中起主要决定作用的是遗传因素,即长期自然选择下产生的基因突变,还包括草坪的管理水平和技术以及混播草坪的草种配比的影响。寒冷的冬季到来之前,对草坪灌溉一定量的封冻水,有利于草坪草安全越冬,提高草坪草的耐寒性。在实际评价抗逆性操作中,运动场草坪需要耐践踏、耐修剪和耐高强度管理;水土保持草坪则需要耐干旱;而观赏草坪需要抗病虫。

4. 草坪绿期

草坪绿期是指草坪群落中 80% 的植物返青之日到 80% 的植物呈现枯黄之日的持续日数。根据草坪绿期的长短,可分为常绿草坪、夏绿草坪和冬绿草坪。常绿草坪指一年四季常绿的草坪,也包括通过冷、暖不同类型草坪草秋季交播建立的"套种常绿草坪"以及应用保护栽培技术形成的保护地常绿草坪。夏绿草坪指在春、夏、秋三季保持绿期,冬季枯黄休眠的草坪。冬绿草坪指在秋、冬、春三季保持绿色,夏季枯黄休眠的草坪,春、秋是生长旺季。

5. 草坪植物的生物量

生物量既是表现植物群落数量特征的重要参数,也是反映群落初级生产力的重要指标,也是生态系统获取能量能力的主要体现,对生态系统的结构形成和功能非常重要。草坪植物的生物量指的是单位时间内单位面积的草坪个体数、重量或其能量。一般情况下用重量来表示草坪植物的生物量，可用鲜重或干重表示。总生物量由地上部生物量和地下部生物量两部分构成。

地下生物量是指草坪植物地下部分单位面积一定深度内活根的干重。挖掘法是进行地下生物量研究最古老最常用的方法，但是测定结果变异极大。为了使研究的结果更准确，人们把计算机、摄像机、扫描、电波、磁波等现代化设备和技术引入到地下生物量的测定中，出现了微根窗法、地面穿透雷达法、核磁共振成像法、X光扫描分析等新技术。当然，除了直接测定地下生物量之外，也可以通过模型估算间接测定，常用的建立模型的方法有：根冠比法、同位素法、元素平衡法等。

地上生物量是草坪生长速度和再生能力的数量指标，用单位面积草坪在单位时间内的修剪量来表示。小面积的地上生物量测定可采用收获法进行研究，大尺度上的地上生物量获取则是通过遥感估算模型来统计的。

7.1.4　草坪的基况质量

草坪基况指的是草坪群落所着生的土壤条件和其所处的气候条件。虽然草坪是一种人工植被，同时受到人为因素、气候因素，土壤因素的影响，但是在草坪基况中起主要作用的仍然是土壤因素。土壤因素对草坪基况质量的影响主要表现在土壤养分、土壤水分、土壤质地、土壤酸碱度几个方面。

1.土壤养分

土壤养分主要是指通过土壤所提供的植物生活所必需的营养元素，是土壤肥力的重要物质基础。土壤能为植物提供的化学元素根据在植物体内含量的多少可分为大量元素和微量元素。土壤的酸碱性和土壤质地都会影响土壤中营养元素的含量，比如，在沙质土、沼泽土中微量元素含量极少；在强碱性土壤中，一些微量元素有效性低，能够供给植物的养分也很少。

2.土壤水分

土壤水分是草坪草所需水分的主要来源。土壤水并非纯水，而是稀薄的溶液，不仅溶有各种溶质，又有溶解的气体，而且还有胶体颗粒悬浮或分散在其中。土壤水包括吸湿水、膜状水、毛管水和重力水4个类型。其中吸湿水是不能被草坪草利用的无效水，膜状水、毛管水、重力水都能被草坪草利用。毛管水对于草坪草来说是最宝贵的水分，因为它溶解养分，并能在毛管力的作用下，向上、下、左、右方向运动，能迅速地输送水分和养分到草坪草根部。

3.土壤质地

土壤质地是指按土壤中不同粒径颗粒相对含量的组成而区分的粗细度，是土壤的一种较为稳定的自然属性，被普遍用来作为土壤物理性质的指标特征。目前国际上常用的土壤质地分类标准主要有国际制、美国制和苏联卡庆斯基制等。我国土壤质地可分为三大类共十二种质地名称。包括沙土、壤土、黏土三大类。其中沙土又可分为极重沙土、重沙土、中沙土、轻沙土；壤土分为沙粉土、粉土、沙壤、壤土；黏土分为轻黏土、中黏土、重黏土、极重黏土。

沙土土粒间多为大孔隙，通透性好，排水快，蓄水量少，保水能力弱；土壤胶体含量低，土壤有机质含量低，土壤养分较缺乏，保肥能力和缓冲性能较弱；含水量低，热容量小，接受太阳辐射后增温快，但夜间散热降温也快，昼夜温差大。黏土土粒间多为小空隙，总空隙量较大，故蓄水量也较大，保水能力强；土壤胶体含量高，有机质含量高，土壤养分丰富，保肥能力和缓冲性能较强；含水量高，热容量大，接受太阳辐射后增温较慢，夜间散热降温慢，昼夜温差小。壤土的特性介于沙土和黏土之间，兼具二者的优点，既不过黏，也不过沙，是理想的土壤质地类型。

4.土壤酸碱度

土壤的酸碱反应是土壤的重要属性，是土壤的基本化学性质之一。土壤的酸度是以H^+和Al^{3+}为基础的，由存在于土壤溶液中的H^+和被吸附于土壤胶体表面的H^+和Al^{3+}两部分组成。土壤的碱度是指土壤中OH^-含量的多少，主要来源是弱势强碱盐的水解和土壤胶体上吸附的Na^+。我国的土壤呈现“东南酸、西北碱”的规律，如华南、西南地区广泛的红、黄壤 pH 较低，而北方土壤多为中性和碱性。

7.2 草坪质量评价应用

草坪草品种在草坪质量中起着关键作用，草坪草品种自身的遗传特性决定着颜色、质地、高度、抗逆性、绿期、强度、硬度、滚动摩擦性能、滑动摩擦性能、恢复力等质量指标，因此，建造高质量的草坪，首先应从草坪利用的目的来选择草坪草品种。

7.2.1 草坪草品种比较

随着草坪草育种事业的发展，越来越多的草坪草品种被开发和培育，品种性能不断得到改进，大范围的品种比较项目应运而生，美国农业部的全国草坪草品种比较试验项目(national turfgrass evaluation program，NTEP)将众多的草坪草种子在各个试验点进行种植、比较，确定了不同草坪草品种的适应性和质量，使得草坪草品种的选择更加科学和规范。

NTEP 的报告首先包括试验地土壤条件和管理措施，具体是土壤质地、土壤 pH、土壤有效磷和钾含量、修剪高度、修剪频率、灌溉计划等。接下来是各个试验地的评比结果，具体包括草坪颜色、密度、盖度、病虫害情况、抗逆性、均一度等。

从 NTEP 的报告中，我们可以得到同一草坪草品种在不同地区的各种质量指标得分及总体质量的平均得分；也可以得到同一草坪草品种在不同月份的得分及最后的平均得分；还可以得到草坪草品种在不同地区的质量排序。

目前，在我国也逐步开始草坪品种的比较试验，以增加对各个草坪草品种的了解，满足中国草坪业的发展。中国草坪品种区域生态试验(CTVT)，依托农业科研院校，在国内布置 10 个试验点，共进行了包括草地早熟禾、高羊茅、翦股颖、多年生黑麦草、狗牙根等 100 多个品种的试验。草坪品种联合评比项目(UTEP)依托草坪公司，有 8 个试验点，比较草坪品种 50 余个。2008 年以来，国家农业部启动国家草品种区域试验项目，联合各级草原技术推广部门、有关科研院所、大专院校，在我国搭建了 51 个试验站，开展了 300 多个草坪草品种的评价工作，已经完成 38 个参试品种的多年多点测定试验。

草坪草品种主要分为两大类型：冷季型、暖季型。冷季型草坪的最适生长温度为 15～25℃，适宜生活在我国黄河以北的地区，具有生长速度快、成坪快，既可播种繁殖、又便于营养繁殖的优点，但是在夏季高温多湿的地区易发生病害，在南方越夏困难。暖季型草坪草主要分布我国长江以南的广大地区，最适生长温度在 26～32℃之间，大部分品种竞争力强，其他杂草难以入侵，然而绝大部分品种通过营养繁殖，对湿度要求高，抗寒性差。

在我国，常见的冷季型草坪草品种有：多年生黑麦草、草地早熟禾、粗茎早熟禾、紫羊茅、高羊茅、羊茅草、匍匐翦股颖、细弱翦股颖、无芒雀麦、冰草、碱茅、白颖苔草等。我国常见的暖季型草坪草有：结缕草、大穗结缕草、中华结缕草、马尼拉结缕草、细叶结缕草、野牛草、狗牙根、杂交狗牙根、假俭草、低碳草、双穗雀稗、竹节草、钝叶草等。

在进行草坪草品种选择的时候，依据草坪利用的目的，选择叶片质地和枝叶密度、抗寒性、耐热性、抗旱性、耐阴性、耐酸性、耐涝性、耐盐性、管理水平、抗病性、枯草层、耐践踏和恢复力适宜的草种。

草坪草的组合一般有两种形式：一是同种不同品种的组合播种，即混合；二是两种以上草坪草种的组合播种，混播一般用于匍匐茎和根茎不发达的草种。混播不但能够避免单一品种适应性差的缺点，还能避免多元混播造成的草坪颜色的不一致。

在北方温寒地区，可选择由草地早熟禾、加拿大早熟禾、匍匐翦股颖等，或由他们之中某个草种为主的混播草坪。在南方温暖地区，可选择狗牙根、地毯草、结缕草为主要草种，多年生黑麦草为辅的混播草坪。

在高尔夫球场中，根据果岭、发球台、球道、高草区的使用目的选择草种。在果岭上，北方寒冷地区，可选择匍匐翦股颖和匍匐紫羊茅等，但我国普遍使用的是匍匐翦股颖，匍匐紫羊茅在北欧一些国家应用较广。匍匐翦股颖应用的主要品种有Penncross、putter、seaside、Penneagle、Cato、S1091等。南方地区多采用杂交狗牙根(天堂草)系列草种，常见的品种有矮生天堂草(Tifdwarf)和天堂草328(Tifgreen)。其中矮生天堂草是天堂草 328 的变种，而天堂草 328 是杂交种。近年来，海滨雀稗和杂交狗牙根也在南方球场上得到广泛引用。

发球台作为开球区域，草坪受球杆和高强度践踏严重，因此对草坪草的恢复能力要求较高。

北方常用的用作发球台的草坪草种类有：匍匐翦股颖、草地早熟禾、细弱翦股颖等。适用于发球台的匍匐翦股颖草坪草品种主要有：PennA-1、PennA-4、Pennlink、Penneagle、Penncross、Putter、Cato、SR1020、Seaside、Cobra、Toronto、Cohensey。其中，Toronto 较适合寒冷地区，Cohensey 适合过渡地区，Seaside 适合盐碱性地区。适合用于发球台的草地早熟禾草坪有：Nuglade、Blue moon、Unique、Freedom、Opal、Haga、Conni、Rugby Ⅱ、Blur star、Midnight、Eclipse 等。这些品种都具有质地细致，再生能力强，恢复速度快的特点。细弱翦股颖作为发球台草坪，常用到的品种有 Highland、Astoria、Exeter 等。无论采用何种草坪草建植发球台草坪，一般冷季型草坪草很少进行单播，多采用混播，以增强草坪整体的抗性，应对复杂多变的环境条件。

南方地区发球台采用草种是狗牙根，常见品种有：Tifway、Midway、Midron、Ormond、Santa Ana 等。其中，Tifway 恢复能力强，茎叶密度大，是比较理想的发球台草坪草种。Midron 耐寒能力强，在低气温情况下仍然能保持旺盛的生长速度。

球道是高尔夫球场草坪的主体，常应用的草坪草品种有：草地早熟禾、匍匐翦股颖、细叶羊茅类、多年生黑麦草、杂交狗牙根、普通狗牙根、结缕草、海滨雀稗。

北方球场球道常用的品种有：草地早熟禾、匍匐翦股颖、细叶羊茅类、多年生黑麦草。草地早熟禾常用品种有：Blue moon、Unique、Conni、Opal、Haga、Midnight、Freedom、Nuglade、Ruglade、Rugby Ⅱ、Impact、Bluechi、Blue star、Merit Nassue 等。一般建植的时候多采用混播，草地早熟禾为主。匍匐翦股颖常用于球道上的品种有：Penncross、PennA-1、PennA-4、Cato、Seaside、Peneagle、Washington、Putter、Cobra、SR1020、Prominent、Pennway 等。由于匍匐翦股颖对养护水平要求较高，因此比较适合管理资金投入较大的球场。

南方球场球道常用的品种是：杂交狗牙根、普通狗牙根、结缕草、海滨雀稗。杂交狗牙根的常用品种有：Tifway、Tiflawn、T-419、Tifgreen、Snata Ana、Midway、Sunturf、Cope、Texturf、Sundevil 等。普通狗牙根常用的有：NuMex Sahara、Sonesta、Midlawn、Vamont 、Flora Tex，适合于养护管理水平不高的球场。结缕草常用的品种有：日本结缕草、沟叶结缕草、细叶结缕草。其中日本结缕草可在北方种植，但是存在绿期短，成坪慢，恢复差等问题。海滨雀稗常应用的品种有：Adalayd、Futurf、TropicShore、FSP-1、FSP-2、Salam 等。特别适合于海滨地区和盐碱地区。

高草区管理粗放，对草坪草的需求也不同。在北方，常用的草坪草有：草地早熟禾、高羊茅、多年生黑麦草。适宜的高羊茅品种有：Wrangler、Finelawn、Arid、Houndog、Houndog 5、Cochise、Bonsai、Eldorado、Safari、Pixie、Vegas、Baelexas、Crossfire Ⅱ、Mini Mustang、Water saver、Wolfpack 等。多年生黑麦草常用的品种包括：Taya、Prenier、Pinnacle、Cutter、Figaro、Panther、Barcelona 等。草地早熟禾常用品种是：Baron、Bartitia、Rugby、Newport、Nassau、Merit、Newport、Kenblu 等。南方地区，高草区的草坪常用的包括：普通狗牙根、假俭草、地毯草、钝叶草、结缕草、沟叶结缕草、野牛草等。

在足球场中，根据南北方气候条件的差异，适合的草坪草品种也不一样。在北方足球场中，常见的是高羊茅、黑麦草、早熟禾。将高羊茅、黑麦草、早熟禾按比例进行混合，建植的草坪耐践踏能力强，再生性能好。高羊茅、早熟禾混合种植的草坪成坪效果好，病害少，养护管理容易。在南方足球场中，一般采用单播的草坪，如结缕草和狗牙根。结缕草和狗牙根都具有耐旱，耐践踏，修复能力强的特点，在南方地区可保持一年常绿，是建造足球场草坪的优良品种。

7.2.2 足球场草坪质量评价

足球场场地作为足球运动的基础,决定着足球运动的质量、安全和观赏性。对于足球场草坪的评价,不同的国家和地区有不同的评测体系。

国际足球联合会是管理英式足球、室内五人足球和沙滩足球的国际管理机构,将足球草场地分为FIFA Quality Pro和FIFA Quality两个级别。FIFA Quality Pro用于较高使用水平的训练场地和公共运动场地。FIFA Quality用于低到中级使用水平的足球比赛场地。

欧洲足球协会联盟负责管理欧洲区各项足球事务,并代表欧洲的足球机构。他们规定足球场场地必须是平整光滑的天然草坪或人造草坪,没有造成威胁的设施,但是对于足球场场地的质量测试并没有明确的规定。

亚洲足球联合会负责管理亚洲区足球事务,认为人造草坪必须通过FIFA质量认证,并且其表面必须是绿色的,但是也并未独立规定足球场场地测试方法和指标。

英格兰足球总会是管理英格兰境内有关足球事务的法定机构,制定了草坪场地质量性能标准,其中明确说明了天然草坪足球场地的质量要求、测试项目、测试标准等。由英国草坪场地研究院研究发布的性能质量标准是对英国足球场场地测试系统的更完整说明,为运动草坪提供测试产品质量价值的定义和服务。

性能质量标准测试质量分为3个类别的质量:场地结构质量、表观质量和比赛质量。

(1)场地结构质量包括土壤pH、草坪盖度、裸露区域、草坪高度等指标。

(2)表观质量涵盖草屑、草坪颜色、条纹等指标。

(3)比赛质量则包含了球的滚动距离、场地强度、场地抗拉性等指标。

在美国,应用最广泛的草坪草评测体系是NTEP(美国国家草坪评价项目),主要针对的是草坪草质量,考虑草坪草的表观和功能情况,分析草坪颜色、叶片质地、密度、盖度、抗病虫害能力等,在一定程度上可以客观地反映出草坪草的生长状态和生长环境,但是质量评价的范围较小,且没有其他指标对草坪进行评价。

我国在中华人民共和国国家标准GB/T 19995.1—2005中,将天然草坪足球场分为三级,第一级针对世界杯、国际锦标赛、奥林匹克运动会、国家级竞赛;第二级针对省级、地区级竞赛;第三级面对教学及群众性休闲活动。在该标准中明确了表面硬度、牵引力系数、球反弹率、球滚动距离等12个测定指标,但并未提出草坪质量指标的分级标准。

国家标准GB/T 18247.7—2000将足球场草坪分为一级、二级、三级等3个等级,主要的评价指标有:盖度、草坪高度、均一性等10个指标。

中华人民共和国农业部NY/T 634—2002《草坪质量分级》行业标准中,从草坪颜色、盖度、病虫害等12个方面将足球场草坪分为一级、二级、三级等3个等级。虽然目前对于足球场草坪质量评价还没有统一的标准和体系,但是我们可以从以下几个方面来考虑对足球场草坪进行质量评价。

一是坪床质量,包含了基况质量、生态质量和外观质量中的部分指标,如草坪高度、草坪盖度、病害、虫害、草坪组成成分、土壤养分、土壤酸碱度、土壤质地等。其中,最重要的是草坪高度和草坪盖度,草坪高度和盖度不仅受到土壤理化性质、病虫害、草坪组成成分的影响。反过来,草高度和盖度同时影响这些指标,更直接影响足球场坪观质量指标——均一度,对运动质量指标——硬度、转动摩擦和球滚动距离的影响更加深刻。

二是坪观质量,包括了外观质量中的部分指标,如草坪均一度、表面破碎度、场地标志线可见时长等。

三是运动质量,包含了功能质量中的部分指标,如球的滚动距离、表面硬度、转动摩擦性能、滑动摩擦性能、草坪弹性等。其中,硬度指标是最核心的指标,几乎所有的运动质量指标都对硬度产生影响,而且其他运动质量指标也几乎都与硬度相关。

在获得评测体系中各指标的测定结果之后,对足球场质量评价的分级方式有两种:

一种是通过分级评价,即足球场地的每个指标若均达到某个等级的标准要求,则认为该场地是该等级足球场。

另一种是平均重要指标式，即所列指标均认为同等重要的指标，足球场场地的最终质量评级以各指标平均的总和或平均值为标准，进行场地分级。

无论哪一种评价分级方式都是假设场地评价中所有指标的重要性相同的情况下进行的分级质量评价。这种评价分级方式存在无法客观地指出导致场地不佳的原因，无法体现运动员对场地质量侧重等问题，目前，采用层次分析法对各评价指标进行递阶层次的构建，根据各指标的权重进行的评价分级方法能更切实地服务足球场草坪使用者，并帮助和指导足球场草坪管理者、建造者对足球场草坪进行管理和改善。

7.2.3 高尔夫球场草坪质量评价

一个标准18洞高尔夫球场占地面积一般为60～100 hm^2。一般情况下，分为3个部分，即会馆区、草坪管理区、球场区。

会馆区：是整个球场的管理中枢，承担着接待、办公、管理、后勤供应等多重职能。

草坪管理区：是球场区日常维护管理机械和物资等存放的区域，以及机械保养和维修的区域，也是进行草坪试验与其他管理活动的场所。

球场区：是高尔夫球场的主体部分，面积占整个球场的95％以上，由发球区、球道区、果岭区、障碍区组成。

发球区是打球的起点和开球的草坪区域，是每个球洞不可缺少的组成部分之一。

发球台总面积一般为7 000～20 000 m^2。常见的发球台形状有长方形、正方形、半圆形、类圆形、圆形、椭圆形、S形、O形、L形、不规则的自由式等。

球道通常指发球台和果岭之间，较利于击球的草坪区域，是从发球台通往果岭的最佳路线，球道并不是每个球洞必需的，有些三杆洞常常没有球道。球道总长度为6 000～6 500 m，总面积为10～20 hm^2。设计良好的标准18洞高尔夫球场球道总面积为12～16 hm^2，约占球场总面积的18％。

障碍区丰富多样，如高草区、沙坑、海、湖、河流、树木、草丘等。障碍区的设置是为了增加打球难度，增强打球的刺激性，同时丰富球场景观，提高球场的观赏性。一般一个标准18洞球场的高草区占地面积为15～35 hm^2。其他障碍根据球场的设计需要进行调整。

果岭区是高尔夫球场场地的核心组成部分。在高尔夫运动中，75％的击球是在果岭上完成的，虽然果岭的面积仅占球场面积的1.6％。高尔夫球在果岭上的运动形式主要以滚动为主，果岭面既要吸收高尔夫球高速飞入时的冲量，同时也要提供一定的弹性保证高尔夫球的继续运动。

在对高尔夫球场进行评价的时候，一般根据球场不同的功能区域分区评价。可按照果岭、球道、发球台、高草区分别进行评价。当然，更细致的高尔夫球场评价，还包括了正面果岭环、沙坑、湖水的质量评价。如果条件有限的情况下，只对果岭进行评价，也能很大程度上代表整个高尔夫球场的草坪质量。虽然各个评价体系的指标各不相同，但是以下的评价指标具有一定的代表性，比如在评价果岭的时候，考虑到果岭的使用功能是最重要的，通常采用果岭速度、果岭表面硬度、果岭平滑度、球疤数量、修剪高度等来评价果岭的使用功能，而果岭作为人类在高尔夫球场活动时间最长的区域之一，观赏功能也不能忽略，通常采用色泽、均一性、盖度、密度、病虫害等来评价。越来越多的研究，也注意到果岭坪床结构对果岭质量的影响，因此，在评价果岭时，加入果岭坪床pH、坪床总孔隙度、坪床N/P/K含量、坪床有机质含量、入渗率等指标，这些指标预示着果岭草坪随着时间推移可使用价值的变化因子。球道是整个球场占地面积最大的一个组成结构，决定着人们对球场的第一印象，因此对球道进行评价时，草坪的外观质量更为重要，通常的评价指标有：草坪颜色、均一性、草坪高度、草坪盖度、杂草、落地率、托球品质等。发球台处于球场的开始部分，也决定了对球场的第一印象，在评价发球台时，常使用草坪颜色、草坪高度、密度、盖度、杂草、均一性、表面硬度作为评价的标准。高草区属于障碍区，一般情况下，对草坪质量要求不高，评价的指标包括：草坪颜色、均一性、盖度等。对正面果岭环进行评价，主要从裸地率、杂草、托球品质等方面进行测评。沙坑的评价指标包括：沙坑的紧实度、粒子分布度、饱和导水率、破碎潜力、粒子形状和颜色等指标。对沙坑进行评价，是为了评价沙坑对高尔夫球的托球能力，若沙坑质量不合格，易造成高尔夫球的掩埋。对湖水的质量评价，主要针对的是：湖水的酸碱度、溶解氧量、氮含量、磷含量等这些指标。

在得到各指标的评价结果之后，需要对高尔夫球场的质量进行综合评价。一般情况下，不管哪种计算方法，都会引入权重。权重是草坪专家、从业人员、运动员等对草坪评价中各指标的重要性的主观评价；也可通过计算机方法赋予各指标权重值。在得到各指标的权重之后，与各指标的评价得分相乘，就得到各区域的质量综合评价，比如，果岭草坪质量的综合评价。

对高尔夫球场，除果岭外的区域，我们定义为其他区域，根据不同的功能赋予的权重值也不一样，比如正面果岭环的权重为30%、球道的权重为30%、发球台的权重为30%，沙坑的权重为40%，综合评价值用百分数表示，其最大值为100%。将权重与各区域的草坪质量评价结果相乘后相加，就得到其他区域的草坪质量评价结果。整个高尔夫球场质量的综合评价是以果岭质量评价的结果占60%，其他区域的平均结果占40%，以这样的权重比例累加计算出来的。当然，对于高尔夫草坪质量的评价，也可以采用更简单方便的评价方法。根据得分来划分草坪质量的等级，比如采用9分制或5分制来评价草坪质量。NTEP采用的是9分制评分法，以9代表可能的最高得分，以1作为最差的得分，以6作为最低合格质量得分。5分制是以5分为最高得分，1分为最差。这种评分方法受主观影响较大，在确定得分的过程中要尽力包括从差到优的所有可能的情况。

7.2.4 草坪生态学评价

由于环境问题的日益严重使人们认识到生存环境面临着深刻的危机。各种有关生态系统与人类关系的研究不断涌现，生态系统服务的价值受到重视。生态系统服务功能是生态系统与生态过程所形成及所维持的人类赖以生存的自然环境条件与效用。它是指人类直接或间接从生态系统得到的利益，主要包括向经济社会系统输入有用物质和能量，接受和转化来自经济社会系统的废弃物，以及直接向人类社会成员提供服务。生态系统的服务价值具体来说，可分为5类。第一是直接使用价值，是生态系统产生的原材料和娱乐休闲等可以直接消费的价值。第二是间接使用价值，包括营养物质的积累、水源涵养、固土保肥、环境净化等维系生命生存并且无法交易的生态系统的各种协调作用的价值。第三是选择价值，主要是指当前并不使用而留待将来开发利用留存的某些生态系统服务的价值，包括生物多样性的保护，栖息地的庇护功能，相当于人类为未来的可持续发展提前缴纳的支付意愿。第四是遗产价值，是人类确保子孙后代能开发利用生态系统服务而支付的保险金。第五是存在价值，主要指生态系统服务本身的内在价值，人们为了它的存在需要支付的价值。

草坪是城市绿地的重要组成部分，特别是高尔夫球场，占地面积较大，影响的范围广、被认为是城市绿地的一种特殊类型。比如，北京市高尔夫球场总占地面积约为3 500 hm^2，约占全市城市绿地总面积的13%。在对高尔夫球场进行生态系统服务价值评价的时候，评价的指标有：涵养水源、保育土壤、固碳释氧、养分循环、净化大气环境、维持生物多样性、物质生产、运动休闲。评价方法根据指标的不同而有所差异，比如，在评价调节水量时，物质量评价方法采用球场理论可蓄水量，价值量评价方法采用替代工程法。在评价固土时，物质量评价方法采用相对落地减少泥沙流失量，价值量评价方法采用替代工程法。在评价水产品时，物质量评价方法采用水产品数量，价值量评价方法采用影子价格法。在评价旅行费用时，物质量评价方法采用打球人次，价值量评价方法采用旅行费用法。在高尔夫球场的生态系统服务价值中，运动休闲价值所占的比例最大，超过生态系统服务价值的95%以上。谢高地等(2003)建立了中国陆地生态系统单位面积服务价值指数，温带森林和草地的该指数分别为1.35万元/hm^2、0.35万元/hm^2，明显低于高尔夫球场 2.13 万元/hm^2(忽略运动休闲价值)。

其他类型的草坪，比如自然保护区天然草坪、城市绿地和运动场草坪，根据他们的功能，在选择评价指标时会有所侧重。比如自然保护区草坪可从典型性、演替序列、可用性、开发难易、维持难易几个方面进行评价。运动场草坪可从草坪质量、服务半径、服务强度、开发难易、维持难易进行评价。城市绿地评价的指标有：服务半径、风景水平、客流量、交通条件、开发难易、维持难易。

【复习思考题】

1. 草坪外观质量评价要素包括哪些?
2. 草坪功能质量评价的指标有哪些?
3. 草坪生态质量评价的标准有哪些?
4. 影响足球场草坪评价的因素有哪些?
5. 列举影响高尔夫球场草坪评价的因素。

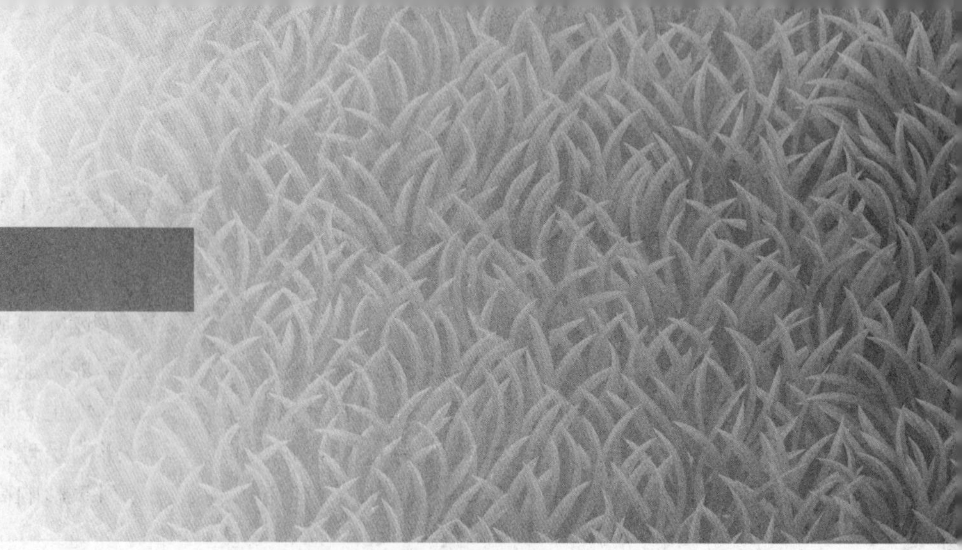

附　录

附表 1　草坪学常用词汇英汉对照表

A	
acarina	螨类
aciculiform	针形
acid	酸的,酸性的
acid soil	酸性土壤
acidity	酸度,酸性
acre	英亩
acreage	英亩数,(以英亩计算的)土地面积
acridoidea	直翅目蝗科
acropetal transport	向顶运输
adaptation	适应
adapted soil	改良土壤
adventitious roots	不定根
aerating green	果岭(土壤)通气
aerating	打孔
aerator	打孔机
aerify	(草坪)通气
agropyron mosaic virus	冰草花叶病毒病
air filter	空气滤清器
air pollution	大气污染
alkali	碱,碱性,碱质
anthracnose	炭疽病
angiospermae	被子植物亚门
alkali soil	碱土
annual	一年生
aphid	蚜虫
aphididae	同翅目蚜科
apice	叶尖
applieater	施肥机
apoplastic movement	非胞质运动
apron	落球区
ascochyta leaf blight	壳二孢叶斑病
auricle	叶耳
available soil moisture	土壤有效水分
awn	芒
axillary bud	腋芽
B	
bacterial wilt disease	细菌性萎蔫病
bacteriosis	细菌病害
ball mark	球击痕
barley stripe mosaic virus	大麦条纹花叶病毒
barley yellow dwarf virus	大麦黄矮病毒病
barnyard manure	厩肥
baseball	棒球
basipetal transport	向基运输
bent-grass nematode	翦股颖粒线虫
bermudagrass	狗牙根
biennial	两年生,越年生
bipolarisleaf blight	离蠕孢叶枯病
blackclypei	黑痣病
breeder seed	育种种子

British Open 英国公开赛
brome mosaic virus 雀麦花叶病毒病
brown patch 褐斑病
brown strip 褐条斑病
bud 芽(花芽)
bunch type 丛生型
bunker 沙坑

C

calcium 钙
capillarity 毛细管作用
caryopsis 颖果
cercospora leaf spot 尾孢叶斑病
certified seed 许可种子
chloropidae 双翅目杆蝇科
cicadellidae 同翅目叶蝉科
cladosporium eyespot 眼斑病
clearing operation 清理
climite 气候
clipping 草屑
cocksfoot motte virus 鸭茅斑驳病毒病
cocksfoot streak virus 鸭茅条斑病毒病
collar 叶环
color 颜色
cool-season turfgrass 冷季型草坪草
comber 梳草机
combing 梳草
compactmn 土壤板结,土壤紧实
controller 控制器
contact herbicide 触杀型除草剂
copper spot 铜斑病
coring 打孔,芯土耕作,除芯土
crown 根颈
cultivation 中耕
cup 杯
cutworms 地老虎
cuvularia leaf blight 弯孢霉叶枯病
cylinder mower 滚刀式剪草机

D

delphacidae 同翅目飞虱科
delphiacis 飞虱
density 密度
determinate rhizome 有限根状茎
dethatched 垂直修剪
dethahching (去)枯草层
devolopment 发育
dwarf hunt of wheat 小麦矮腥黑穗病
dig 土壤翻耕
disk rake 圆盘耙
divot 草皮痕
dollar spot 币斑病
dormant 休眠
downy mildew 霜霉病
drainage 排水,排水系统
drechslera leaf blight 德氏霉叶枯病
drill 条播机,播种机,条播
dropping zones 抛球区
drought hardiness 抗旱性
drought tolerance 耐旱性
dry spot (草坪)干斑
duty of water 喷灌定额

E

earthing 覆土
earthworms 蚯蚓
ecological adaptation 生态适应性
edging 切边
edger 切边机
elateridae 叩甲科
elasticity 弹性
electrical conductivity 电导率
electric-driver mower 电动剪草机
embryo 胚
emergence herbicide 芽后除草剂
endophytic fungi 内生真菌
endosperm 胚乳
entyloma blister smut 疱黑粉病
eragrostoideae 画眉草亚科
evaporation 蒸发

evapotranspiration(ET)	蒸散作用
exotic grass	外来草种
extravaginal branching	鞘外分枝
F	
fairway	球道
fairway bunker	球道沙坑
fairy ring	蘑菇圈病
fall seeding	秋播
fast release N fertilizer	速效氮肥
fertilization	施肥
fertilizer drill	施肥机
fertilizer spreader	施肥机
festuca necrosis virus	羊茅坏死病毒
fibrous root system	须根系
fiddle	手摇播种机
field capacity	田间持水量
filter	过滤器
fine grade	细整
flagstick	旗杆
nail mower	旋刀式剪草机
floret	小花
flowering culm	花茎
football	美式橄榄球
foundation seed	基础种子
fumigate	熏蒸
fumigation	熏蒸法
fusarium blight	镰刀菌枯萎病
functional	功能性
frequency of cutting	修剪频率
G	
gemmation	发芽
germinal bud	胚芽
glumes	颖片
glumiflorae	颖花亚纲
glyphosate	草甘膦
golf course	高尔夫球场
golf green cup changer	高尔夫果岭球穴更换器
grade	整地
grand slam	大满贯
grass box	集草袋
grass bunker	草坑
grass bunt	禾草腥黑穗病
grasshoppers	蝗虫
gray leaf spot	灰斑病
green	绿色
green bunker	果岭沙坑
ground under repair	修理地
growth	生长
growth habit	生长型
growth rate	生长速率
growth regulator	生长调节剂
grub	蛴螬
gryllotalpidae	直翅目蝼蛄科
H	
hand-driver mower	手推式剪草机
handfork	园艺小铲
harrow	耙地
hazards	障碍区
height of cutting	修剪高度
herb	草本植物
herbicide	除莠剂
hole	洞
hole cutter	打孔器,土壤取样器
horizontal trimming	水平修剪
hose	水管
hover mowing	气垫式剪草机
humus	腐殖质
hydro-seeding	喷播法
I	
indeterminate rhizome	无限根状茎
infection disease	侵染性病害
infiltration rate	渗透率
inflorescence	花序
integrated pest management (IPM)	有害生物综合治理
International Turfgrass Research Society	国际草坪研究会

intravaginal branching	鞘内分枝
irrigation	灌溉
irrigation and drainage	灌溉与排水
irrigation frequency	灌溉频率
irrigation program	灌溉方案
irrigating quota	灌溉定额
irrigation system	灌溉系统
J	
jet	喷嘴,喷口,喷射
jointing	拔节,抽茎
K	
kamal bunt of wheat	小麦印度腥黑穗病
L	
lamina	叶片
larva	幼虫
latent period	潜伏期
lateral	侧生的
lawn	草坪
leaf	叶
leaf axil	叶轴
leaf blade	叶片
leafhoppers	叶蝉
leaf rust	叶锈病
leaf sheath	叶鞘
Ieaf texture	叶质地
legumes	豆科植物
lemma	外稃
leucaniaaeparata	黏虫
light	光
light compensation point	光补偿点
light duration	日照长度
light intensity	光照强度
light saturation point	光饱和点
ligule	叶舌
lime	石灰
living host	寄主
loam	壤土
locust	蝗虫
loosen	疏松(土壤等)
M	
maintenance	养护
malathion	马拉硫磷
management intensity	养护管理强度
matting	拖拉网垫
mechanical aerator	动力打孔机
mechanical purity	种子纯净度
mecoprop	Z-[(4-氯-邻用苯基)氧]丙酸,2 甲 4 氯丙酸
membranous	膜质
mesocotyl	中胚轴
methyl bromide	溴甲烷
micro element fertilizer	微肥
micro-nutrients	微量元素
midvein	中脉
mini-sprinkler	微喷
miridae	半翅目盲蝽科
modification	修补
moisture pool	水分库
mole	鼹鼠
molecrickt	蝼蛄
monocotyledoneae	单子叶植物纲
mower	剪草机
mowing	草坪修剪
mulching	覆盖
N	
native grass	乡土草种
The National Turfgrass Evaluation Program(NTEP)	美国国家草坪评比项目
National Turfgrass Federation(NTF)	国家草坪基金会
nematosis	线虫病害
nigrospora blight	黑孢枯萎病
nitrogen fertilizer	氮肥
noetuidae	鳞翅目夜蛾科
nodal roots	节根
node	节
no-infection disease	非传染性病害

non-selective herbicide 灭生性除草剂
nonstructural carbohydrate 非结构性碳水化合物
nozzle 喷嘴
nursery green 草圃果岭

O

one-piece-ball 单层球
ophiobolus patch 禾草全蚀病
orchardgrass leaf blight 喙孢霉叶枯病
ornamental 观赏性
ornamental lawn 观赏性草坪
oscillating arm (摆动式喷头上的)摆臂
oscillating sprinkler head 摆动式喷头
overhead irrigation 喷灌
over seeding 草坪草覆播
oxygen 氧气

P

palea 内稃
panicoideae 黍亚科
particle size distribution 沙粒大小分配
peat 泥炭
percolation 渗漏
period of cutting 修剪周期
petrol-driven mower 汽油剪草机
pH 酸碱度
photoperiodism 光周期
photosynthesis 光合作用
phosphates fertilizer 磷肥
piching wedge 劈起杆
pink snow molds 雪霉叶枯病
plantae 植物界
plant growth regulation 植物生长调节剂
plug 草块
plugging 塞植法
poaceae 禾本科
poales 禾本目
poeae 早熟禾族
pooideae 早熟禾亚科
potash fertilizer 钾肥
potential evapotranspiration 蒸散量
powdery mildew 白粉病
practice green 练习果岭
practice hole green 习洞果岭
precipitation 降水
preda 根际宝
pre-emergence herbicide 芽前除草剂
pricking 穿刺
primary nutrients 大量元素
primary roots 初生根
porosity 孔隙度
pulse-jet sprinkler 脉冲式喷头
pump 泵
purer 推杆
putting green 推杆果岭
pyralidae 鳞翅目螟蛾科
pythium bhght 腐霉枯萎病

Q

quality 质量,品质
quarantine disease 检疫性病害
quick lime 生石灰
quota 定额

R

rachilla 小花轴
rake 短齿铁耙
reconditioning 更新
recuperative capacity 再生力,再生性
recreational 娱乐性
red thread 红丝病
registered seed 注册种子
renovation 更新
reproductive stage 生殖生长
resilience 回弹力
rhizome 根状茎
rhizome-bunch type 根茎-丛生型
rhizome type 根茎型
rigidity 刚性
roller 碾压机,镇压器
roiling 碾压,镇压
root 根

rotary mower	旋刀式剪草机
rotary sprinkler	旋转式喷头
rotary tillage	旋耕
rough	高草区(高尔夫球场)
rough grade	粗整
rugby	英式橄榄球
rust	锈病
ryegrass mosaic virus	黑麦草花叶病毒病

S

sand	沙
sand wedge	沙杆
scarabaeoidea	鞘翅目金龟甲总科
scarifying	划条
secondary nutrients	中量元素
secondary root	次生根
seed	种子
seedling	幼苗
seeding	播种
seeding rate	播种量
seed quality	种子质量
selective herbicide	选择性除草剂
seminal root	种子根
septoria leaf spots	壳针孢叶斑病
smoothness	平滑度
shade tolerance	耐阴性
shoot	草坪草滋生芽
sieve	筛
sign	病征
site clearing	场地清理
site preparing	场地准备
site survey	场地调查
slaked lime	熟石灰
slicing	划条
slime molds	黏霉病
slow release N fertilizer	缓效氮肥
smoothness	平滑程度
smut	黑粉病
soccer	足球运动
sod	草皮
sodding	铺草皮,铺植
sodwebworms	草地螟
soil mix density	土壤容重
soil modification	土壤改良
soil moisture	土壤水分
solar radiation	太阳辐射
solid-tine	实心椎体
southern blight	白绢病
sowing	播种
spermatphyta	种子植物门
spiking	穿刺、深度打孔
spiketooth harrow	钉齿耙
sports turf	运动场草坪
sprig	草茎、嫩枝
sprigging	扦插,插枝条法
spring dead spot	春季坏死斑病
spring-time rake	钢丝耙
sprinkler	喷头
stem	茎
static sprinkler	固定式喷头
stolon	匍匐茎
stolon type	匍匐茎型
stripe smut	条黑粉病
summer patch	夏季斑枯病
sustainable cropprotection (SCP)	持续植保
sustainable pestmanagement (SPM)	有害生物持续治理
sward	草皮
symplastic movement	共质运动
symptom	症状
syringing	叶面喷水
systemic herbicide	传导型除草剂

T

take-all patch	全蚀斑块病
tee	球座
tee ground	发球台
temperature	温度
temperature effect	温周期现象

tensiometer	张力计
texture	质地
thatch	枯草层
three fundamental points of temperature	温度的三基点
tifdwarf	矮生天堂草
tifgreen	天堂草
tillering	分蘖
top dressing	表施土壤
topsoil	表土层
tractor mower	剪草车
traffic	践踏
transpiration	蒸腾
transpiration ratio	蒸腾系数
travelling sprinkler	移动式喷头
trimming	修边
trimmer	修边剪
turf	草坪
turf colorant	草坪着色剂
turf doctor	换草器
turfgrass disease	草坪病害
turf establishment	草坪建植
TPI（Turfgrass Producers International）	国际草坪生产者协会
turfgrass variety selection	草种选择
turf maintenance	草坪养护
turf management	草坪管理
turf marker	染色剂
turf quality	草坪质量
turf quality evaluation	草坪质量评定
turf repairing	草坪修补
turf visual estimates	草坪外观质量评价
two-piece-ball	双层球

U

uniformity	均一性
United States Golf Association（USGA）	美国高尔夫协会
US Masters	美国名人赛
US Open	美国公开赛
US PGA Championship	美国职业高尔夫球协会锦标赛
US Open	美国公开赛
utility turf	设施草坪

V

valve	阀门
vegetative planting	营养体繁殖
vegetative stage	营养生长
vertical mower	垂直修剪机
vertical mowing	垂直修剪
vertical trimming	垂直切边
vernalization	春化作用
viability	种子活力,种子发芽力
virus	病毒病害
visual estimates	草坪外观质量评价

W

walk-behind mower	行走式剪草机
warm-season turfgrass	暖季型草坪草
water distribution line	分水管道
water hazard	水障碍
water-injection cultivation	射水式中耕法
water retention capacity	持水力
water sources	水源
weather	天气
weedkiller	除草剂
wetting agents	湿润剂
wheat soil-borne mosaic virus	小麦土传花叶病毒病
wheat spindle streak mosaic virus	小麦梭条斑花叶病毒病
wheat streak mosaic virus	小麦线条花叶病毒病
wilting moisture	凋萎系数
wind	风
wire worm	金线虫

Y

Yard	码(距离单位)

附表 2　常见草坪草识别特征表(引自徐国庆,2014)

草坪草名称	识别特征
草地早熟禾	芽中幼叶折叠;叶舌膜质,很钝呈截形,长 0.2～1.0 mm;无叶耳;叶环中等宽度,分离,光滑;叶片"V"形或扁平,宽 2～4 mm,两侧平行,边缘较粗糙,叶尖船形,主叶脉的两侧有两条浅色平行线;圆锥花序开展。
一年生早熟禾	芽中幼叶折叠;叶舌膜质,光滑,长 0.8～3.0 mm;无叶耳;叶环宽,分离;叶片"V"形或扁平,宽 2～5 mm,两侧平行或朝叶间逐渐变细,边缘较光滑,叶尖船形,主叶脉的两侧有两条浅色平行线;圆锥花序开展。
粗茎早熟禾	芽中幼叶折叠;叶舌膜质,全缘或纤毛状,长 2～6 mm;无叶耳;叶环宽,分离,叶片"V"形或扁平,宽 2～4 mm,叶片两面都很光滑,主叶脉的两侧有两条浅色平行线;叶尖呈明显的船形。圆锥花序开展。
高羊茅	芽中幼叶卷曲;普通型叶舌膜质,截形,长 0.4～1.2 mm;普通型叶耳圆形,短而钝,有短柔毛;改良型无叶舌叶耳;叶环宽,分离;叶片条形,宽 5～10 mm,叶尖较尖,边缘具鳞片,叶脉突出,缺少主脉;圆锥花序。
紫羊茅	芽中幼叶折叠;叶舌膜质,长 0.5 mm;无叶耳;叶环宽,分离,叶片宽 1.5～3.0 mm,对折或内卷;两圆锥花序紧缩。
多年生黑麦草	芽中幼叶折叠;叶舌膜质,小而钝,长 0.5～1.0 mm;叶耳短或无;叶环宽,分离;叶片扁平,宽 3～6 mm,叶尖较尖,正面叶脉明显,背面光滑;穗状花序。
一年生黑麦草	芽中幼叶卷旋;叶舌膜质,小而钝,长 0.5～1.0 mm;叶耳爪状;叶环宽,连续;叶片扁平,宽 3～7 mm,叶尖较尖,正面叶脉明显,背面光滑;穗状花序。
匍匐翦股颖	芽中幼叶卷旋;叶舌膜质,长 5～6 mm,先端缺刻状齿裂;无叶耳;叶环宽,分离;叶片扁平,宽 3～7 mm,叶尖较尖,边缘粗糙,正面叶脉明显;圆锥花序紧缩。
小糠草	芽中幼叶卷旋;叶舌膜质,长 1.5～5.0 mm,锐尖到钝形;无叶耳;叶环宽,分离;叶片扁平,宽 3～5 mm,叶尖较尖,边缘粗糙,叶面粗糙,叶脉明显;圆锥花序。
日本结缕草	芽中幼叶卷旋;叶舌纤毛状,长 1.5～5.0 mm;无叶耳;叶环宽,连续,具长茸毛;叶片扁平或稍内卷,宽 2～4 mm,叶尖较尖,正面疏生柔毛,背面近无毛;总状花序,小穗两侧压扁。
沟叶结缕草	芽中幼叶卷旋;叶舌短而不明显,顶端碎裂成短纤毛状;无叶耳;叶环宽,连续;叶片内卷具纵沟,宽 1～2 mm,叶尖较尖,无毛;总状花序,小穗卵状披针形。
细叶结缕草	芽中幼叶卷旋;叶舌膜质,长约 0.3 mm,顶端碎裂成短纤毛状;无叶耳;叶环宽,连续;叶片内卷呈针状,宽约 0.5 mm,叶尖较尖;总状花序。
狗牙根	芽中幼叶折叠;叶舌纤毛状,长约 0.2 mm;无叶耳;叶环连续;叶片扁平,宽 1～3 mm,叶尖较尖,通常两面无毛;鞘口具毛;总状花序。
地毯草	芽中幼叶折叠;叶舌长约 0.5 mm,纤毛状;无叶耳;叶环窄,连续,具短茸毛;叶片扁平,宽 6～12 mm,顶端较钝,两面无毛或上面被柔毛,叶表有三条明显的叶脉,叶缘呈波浪状;鞘口具毛;总状花序 2～5 枚,最长两枚成对而生,呈指状排列在主轴上。
钝叶草	芽中幼叶折叠;叶舌极短,纤毛状;无叶耳;叶环窄,连续,具短茸毛;叶片扁平,宽 4～10 mm,叶尖较钝,基部截平或近圆形,两面无毛;叶片与叶鞘相交处有明显溢痕且叶片与叶鞘呈 90°扭转;鞘口具毛;花序主轴扁平呈叶状,具翼,穗状花序嵌于主轴的凹穴内。
假俭草	芽中幼叶折叠;叶舌膜质,边缘纤毛状,总长 0.5 mm;无叶耳;叶环宽,连续,边缘具短茸毛;叶片扁平,宽 3～5 mm,叶尖较钝,基部边缘具茸毛;总状花序。

附表3 主要草坪草种子形态特征(引自师尚礼,2005)

草种	种子形态特征
多年生黑麦草	矩圆形,长2.8～3.4 mm,宽1.1～1.3 mm;棕褐色至深棕色;颖短于小穗,第一颖除在顶生小穗外均退化,通常长于第一花,具5脉,边缘狭膜质;外稃宽披针形,长5～7 mm,宽1.2～1.4 mm,淡黄色或黄色,无芒或上部小穗具短芒;内稃与外稃等长,脊上具短纤毛,内外稃与颖果紧贴,不易分离;脐不明显;腹面凹陷;胚卵形,长占颖果的1/5～1/4,色同于颖果。
一年生黑麦草	倒卵形或矩圆形,长2.5～3.4 mm,宽1～1.2 mm;褐色至棕色;颖质地较硬,具狭膜质边缘;第一颖退化,第二颖长5～8 mm,具5～7脉;外稃宽披针形,长4～6 mm,宽1.3～1.8 mm,淡黄色或黄色,顶部膜质透明,具5脉,中脉延伸成细弱芒,芒长5 mm;内稃与外稃等长,边缘内折,内外稃与颖果易分离;脐不明显;腹面凹陷;胚卵形至圆形,长占颖果的1/5～1/4,色同于颖果。
紫羊茅	矩圆形,长2.5～3.2 mm,宽1 mm;深棕色;颖狭披针形,先端尖,第一颖具1脉,第二颖具3脉;外稃披针形,长4.5～5.5 mm,宽1～1.2 mm,淡褐黄色或尖端带紫色,具不明显的5脉,先端具1～2 mm细芒;内稃与外稃等;脐不明显;腹面具宽沟;胚近圆形,长占颖果的1/6～1/5,色浅于颖果。
高羊茅	矩圆形,长3.4～4.2 mm,宽1.2～1.5 mm;深灰色或棕褐色;颖披针形,无毛,先端尖,边缘膜质,第一颖具1脉,第二颖具3脉;外稃矩圆状披针形,长6.8～8 mm,先端渐尖,具短芒,芒长2 mm,少数无芒;内稃与外稃等长,脊上具短纤毛,内稃具点状皱纹,纸质,具2脉;脐不明显;腹面具沟;胚卵形或广卵形,长约占颖果的1/4,色稍浅于颖果。
羊茅	椭圆状矩圆形,长1～1.5 mm,宽0.5 mm;深紫色;颖披针形,先端尖,第一颖具1脉,第二颖具3脉;外稃宽披针形,长2.6～3 mm,黄褐色或稍带紫色,先端无芒或仅具短尖头,上部1/3粗糙;内外稃等长;脐不明显;腹面具宽沟;胚近圆形,长约占颖果的1/4,色浅于颖果。
草地早熟禾	纺锤形,具3棱,长1.1～1.5 mm,宽1.6 mm;红棕色,无光泽;颖卵状圆形或卵圆状披针形,先端尖,光滑或脊上粗糙,第一颖具1脉,第二颖具3脉;外稃卵圆状披针形,长2.3～3 mm,宽0.6～0.8 mm,草黄色或带紫色;内稃稍短于外稃或内外稃等长;脐不明显;腹面具沟,呈小舟形;胚椭圆形或近圆形,长约占颖果的1/5,色浅于颖果。
结缕草	近矩圆形,两边扁,长1～1.2 mm,深黄褐色,稍透明;顶端具宿存花柱,第一颖退化,第二颖为草质;无芒或仅具1 mm尖端,两侧边缘在基部合生,全部包囊膜质的外稃,具1脉(成脊),内稃通常退化;脐明显,色深于颖果;胚在一侧的角上,中间突起,长占颖果的1/2～3/5。
细弱翦股颖	长椭圆形,长1～1.3 mm,宽0.4～0.6 mm;黄褐色;颖片先端尖,脊上部微粗糙;外稃膜质,透明,长1.5 mm,中脉稍突出成齿,无芒;内稃长为外稃2/3,具2脉,透明,顶部凹隐,稃体与颖果易分离;脐椭圆形,稍突出;胚长椭圆形,长占颖果的1/4。
狗牙根	矩圆形,长0.9～1.1 mm,淡棕色或褐色;颖具1中脉,形成背脊,长1.2～2 mm,等长或第二颖稍长;外稃草质,与小穗等长,具3脉,中脉成脊,脊上具短毛,背脊拱起为2截体,侧面为近半圆形,内稃约与外稃等长,具2脊;脐圆形,紫黑色;胚矩圆形,凸起,长占颖果的1/3～1/2。
虎尾草	纺锤形或狭椭圆形,长2 mm,宽0.5～0.7 mm;淡棕色,具光泽,透明;颖不等长,膜质,具1脉;第一外稃长3～4 mm,具3脉,两边脉具长柔毛,毛长者与稃体等长,芒自顶端以下伸出,长9～15 mm;内稃稍短于外稃,不孕外稃顶端截平,长约2 mm,芒长3.5～11 mm;脐圆形,紫黑色,紫色或黑紫色;胚椭圆形,长约占颖果的2/3～3/4,色浅于颖果。
狼尾草	矩圆形,扁平;长2～2.6 mm,宽1.4～1.6 mm;灰褐色;第一颖微小,卵形,脉不明显,第二颖具3～5脉,长为小穗的1/3～1/2;外稃草质,具7～11脉,与小穗等长,孕花外稃硬质,不具皱纹,背面不隆起,与小穗等长;内稃薄脐明显,上部紫褐色;胚卵形,凹陷,长约占颖果的1/2,色浅于颖果。

续附表 3

草种	种子形态特征
杂三叶	椭圆状心脏形或心脏形，略扁；长 1～1.5 mm，宽 0.95～1.25 mm，厚 0.5～0.75 mm；多为暗绿色，少数暗褐色，皆具黑色花斑点，也有的种子几乎呈灰黑色；近光滑，具微颗粒；无光泽或微具光泽；胚根与子叶等长或稍短，尖与子叶分开，两者之间具 1 条与种皮同色的小沟；种脐位于种子基部，圆形，直径 0.88 mm，成白色小环，其中心有小黑点；肿瘤位于种脐的下边，距种脐 0.14 mm；胚乳很薄。
白三叶	多为心脏形，少为近三角形，两侧扁；长 1～1.5 mm，宽 0.8～1.3 mm，厚 0.4～0.9 mm；黄色、黄褐色，近光滑，具微颗粒；有光泽；胚根粗，突起，与子叶等长或近等长，两者明显地分开，之间成一明显小沟；也有胚根短于子叶的，约为子叶长的 2/3；种脐在种子基部，圆形，直径 0.12 mm，成小白圈，圈心呈褐色小点；具褐色晕环；肿瘤在种子基部，距种脐 0.12 mm；脐条明显，胚乳很薄。
红三叶	倒三角、倒卵形或宽椭圆形，两侧扁；长 1.5～2.5 mm，宽 1～2 mm，厚 0.7～1.3 mm；多为上部紫色或深紫色，下部黄色或绿黄色，少数为纯一色者，即呈黄色、暗紫色或黄褐色，光滑，长有光泽；胚根尖突出，呈鼻状，尖与子叶分开，构成 35°或 45°角，为子叶的 1/2；种脐在种子长的 1/2 以下，圆形，直径 0.23 mm，成白色小环，环心褐色；晕轮浅褐色；种瘤在种子基部，偏向具种脐的一边，呈小突起，浅褐色，距种脐 0.5～0.7 mm；胚乳很薄。

附表 4　主要草坪草坪用性能的比较

快 ↑	建坪活力	多年生黑麦草	狗牙根
		高羊茅	钝叶草
		细羊茅	百喜草
		匍匐翦股颖	百足草
		细弱翦股颖	地毯草
↓ 慢		草地早熟禾	结缕草
粗糙 ↑	质地	高羊茅	地毯草
		多年生黑麦草	钝叶草
		草地早熟禾	百喜草
		细弱翦股颖	百足草
		匍匐翦股颖	结缕草
↓ 细腻		细羊茅	狗牙根
高 ↑	新梢密度	匍匐翦股颖	狗牙根
		细弱翦股颖	结缕草
		细羊茅	钝叶草
		草地早熟禾	百足草
		多年生黑麦草	地毯草
↓ 低		高羊茅	百喜草
高 ↑	耐寒性	匍匐翦股颖	结缕草
		草地早熟禾	狗牙根
		细弱翦股颖	百喜草
		细羊茅	百足草
		高羊茅	地毯草
↓ 低		多年生黑麦草	钝叶草

续附表 4

高	耐热性	高羊茅	结缕草
	耐热性	匍匐剪股颖	狗牙根
	耐热性	草地早熟禾	地毯草
	耐热性	细弱剪股颖	百足草
	耐热性	细羊茅	钝叶草
低	耐热性	多年生黑麦草	百喜草
高	耐旱性	细羊茅	狗牙根
	耐旱性	高羊茅	结缕草
	耐旱性	草地早熟禾	百喜草
	耐旱性	多年生黑麦草	钝叶草
	耐旱性	细弱剪股颖	百足草
低	耐旱性	匍匐剪股颖	地毯草
高	耐阴性	细羊茅	钝叶草
	耐阴性	细弱剪股颖	结缕草
	耐阴性	高羊茅	百足草
	耐阴性	匍匐剪股颖	地毯草
	耐阴性	草地早熟禾	百喜草
低	耐阴性	多年生黑麦草	狗牙根
高	耐酸性	高羊茅	地毯草
	耐酸性	细羊茅	百足草
	耐酸性	细弱剪股颖	狗牙根
	耐酸性	匍匐剪股颖	结缕草
	耐酸性	多年生黑麦草	钝叶草
低	耐酸性	草地早熟禾	百喜草
高	耐涝性	匍匐剪股颖	狗牙根
	耐涝性	高羊茅	百喜草
	耐涝性	细弱剪股颖	钝叶草
	耐涝性	草地早熟禾	地毯草
	耐涝性	多年生黑麦草	结缕草
低	耐涝性	细羊茅	百足草
高	耐盐性	匍匐剪股颖	狗牙根
	耐盐性	高羊茅	结缕草
	耐盐性	多年生黑麦草	钝叶草
	耐盐性	细羊茅	百喜草
	耐盐性	草地早熟禾	地毯草
低	耐盐性	细弱剪股颖	百足草
高	修剪适宜高度	高羊茅	百喜草
	修剪适宜高度	细羊茅	钝叶草
	修剪适宜高度	多年生黑麦草	地毯草
	修剪适宜高度	草地早熟禾	百足草
	修剪适宜高度	细弱剪股颖	结缕草
低	修剪适宜高度	匍匐剪股颖	狗牙根

续附表 4

好 ↑ ↓ 低	修剪质量	草地早熟禾 细弱剪股颖 匍匐剪股颖 高羊茅 细羊茅 多年生黑麦草	钝叶草 狗牙根 百足草 地毯草 结缕草 百喜草
高 ↑ ↓ 低	肥力要求	匍匐剪股颖 细弱剪股颖 草地早熟禾 多年生黑麦草 高羊茅 细羊茅	狗牙根 钝叶草 结缕草 百足草 地毯草 百喜草
高 ↑ ↓ 低	发病率	匍匐剪股颖 细弱剪股颖 细羊茅 草地早熟禾 多年生黑麦草 高羊茅	钝叶草 狗牙根 结缕草 地毯草 百喜草 百足草
高 ↑ ↓ 低	枯草层积累率	匍匐剪股颖 细弱剪股颖 草地早熟禾 细羊茅 多年生黑麦草 高羊茅	狗牙根 钝叶草 结缕草 百足草 地毯草 百喜草
高 ↑ ↓ 低	耐磨性	高羊茅 多年生黑麦草 草地早熟禾 细羊茅 匍匐剪股颖 细弱剪股颖	结缕草 狗牙根 百喜草 钝叶草 地毯草 百足草
高 ↑ ↓ 低	恢复能力	匍匐剪股颖 草地早熟禾 高羊茅 多年生黑麦草 细羊茅 细弱剪股颖	狗牙根 钝叶草 百喜草 地毯草 百足草 结缕草

参考文献

[1] 陈雅君，杜广明. 园林草坪学[M]. 北京：气象出版社，2009.

[2] 陈志明. 南京地区草坪停车场施工技术[J]. 安徽农业科学，2008(35)：15444-15446.

[3] 陈志明. 南京地区足球场草坪建植技术初探[J]. 草业科学，2011(03)：372-375.

[4] 陈志一. 草坪栽培与管理大全[M]. 北京：中国农业出版社，2003.

[5] 董萌，赵运林. 草坪草常见病害的发生与防治[J]. 湖南城市学院学报(自然科学版)，2006(01)：57-61.

[6] 段景联，董迎合. 足球场草坪的建植与养护[J]. 山西建筑，2009(20)：352-353.

[7] 韩烈保. 高尔夫球场草坪[M]. 北京：中国农业出版社，2004.

[8] 何莽，陈奕滨，饶勇. 我国高尔夫球场发展和区域分布的影响因素分析[J]. 北京体育大学学报，2011(01)：122-125.

[9] 何秋，刘建秀. 草坪草真菌病害的研究进展[J]. 草业科学，2006(04)：95-104.

[10] 胡林，边秀举，阳新玲，等. 草坪科学与管理[M]. 北京：中国农业大学出版社，2001.

[11] 胡先祥，肖琼霞，黄芳. 足球场草坪建植与养护技术[J]. 湖北林业科技，2005(04)：57-58.

[12] 贾生海，齐广平，何步文，等. 网球场草坪建植技术[J]. 甘肃农业大学学报，1998(04)：388-392.

[13] 贾生海，苏德荣，康天福. 草坪网球场灌溉及排水技术[J]. 节水灌溉，1998(04)：9-11，45.

[14] 李春月. 草坪虫害种类及其防治[J]. 现代农村科技，2012(19)：22.

[15] 廖宁. 中国高尔夫球场数量预测和发展研究[D]. 北京林业大学，2008.

[16] 廖学军，杨知健. 高尔夫草坪草种的选择[J]. 作物研究，2009(05)：380-382.

[17] 马国胜，潘文明. 草坪常见病害及其综合防治技术[J]. 中国园林，2004(08)：72-74.

[18] 马宗仁，常向前. 高尔夫球场草坪与护养[M]. 兰州：兰州大学出版社，1996.

[19] 马宗仁. 现代高尔夫科学草坪技术[M]. 天津：天津科学技术出版社，2008.

[20] 尚以顺，吴佳海，刘贵林，等. 标准化足球场草坪的建植与管理[J]. 贵州农业科学，2002(01)：54-56.

[21] 师尚礼.草类植物种子学[M].北京:科学出版社,2011.
[22] 宋钢.草坪常见虫害的发生及综合防治措施[J].植物医生,2010(04):29-30.
[23] 宋希强.观赏植物种质资源学[M].北京:中国建筑工业出版社,2012.
[24] 孙吉雄.草坪学[M].2版.北京:中国农业出版社,2004.
[25] 孙吉雄.草坪学[M].3版.北京:中国农业出版社,2011.
[26] 孙吉雄.草坪绿地实用技术指南[M].北京:金盾出版社,2002.
[27] 孙吉雄,韩烈保.草坪学[M].4版.北京:中国农业出版社,2015.
[28] 谭继清,罗宏果.草坪线虫病及其防治(综述)[J].四川草原,1995(04):38-40.
[29] 谭继清,谭志坚,周福生.再论中国目前足球场草坪[J].四川草原,2003(05):53-55.
[30] 谭继清.草坪病害及其防治[J].四川草原,1999(03):18-35.
[31] 谭永钦,张国安,周兴苗.我国草坪害虫防治研究进展[J].湖北植保,2001(02):33-35.
[32] 汤巧香.园林草坪学[M].武汉:华中科技大学出版社,2014.
[33] 田地.国际一流足球场草坪的建植技术研究[J].中国园林,1998(05):54-56.
[34] 王慧忠,何翠屏.运动场草坪的建设及管理技术[J].贵州大学学报(农业与生物科学版),2002(03):166-170,200.
[35] 王秀梅.草坪虫害的综合防治技术探析[J].科技创新导报,2010(07):117.
[36] 王贞,谷丽荣,许玉娟.高尔夫球场草坪的养护管理[J].草业科学,2007(10):85-89.
[37] 文克俭,吴佳海,周玉锋,等.7种草坪草病害种类调查及主要病原菌鉴定[J].贵州农业科学,2012(08):126-128.
[38] 武维华.植物生理学[M].北京:科学技术出版社,2012.
[39] 西南五省(区)建设厅.西南建筑标准图集(下)[M].成都:四川科技出版社,1995.
[40] 席亚娟,林常青,刘长辉.浅谈草坪病害及其防治[J].防护林科技,2007(02):92-94.
[41] 徐国庆,张巨明.草坪学[M].北京:中国林业出版社,2014.
[42] 杨秀珍,王兆龙.园林草坪与地被[M].北京:中国林业出版社,2010.
[43] 余德亿,汤葆莎,翁启勇.几种暖季型草坪草病害及病原种类[J].草业科学,2001(04):60-64.
[44] 张晓波,赵艳.草坪科学与管理专业英语[M].北京:中国轻工业出版社,2011.
[45] 张耀武,李世范.浅谈草坪虫害的发生及综合防治技术[J].现代园艺,2009(12):82-83.
[46] 张源盛.高尔夫球场草坪的草种选择及养护管理[J].北方园艺,2007(08):139-141.
[47] 张志豪,孙吉雄,罗仁锋.用狗牙根建植网球场草坪方法探讨[J].甘肃农业大学学报,1997(01):48-51.
[48] 张自和,柴琦.草坪学通论[M].北京:科学出版社,2009.
[49] 郑玉忠,张振霞.高尔夫果岭常用的草坪草种类及特性[J].现代农业科技,2010(04):255-256,258.
[50] 周寿荣.草坪地被与人类环境[M].成都:四川科技出版社,1996:275.
[51] Beard J B. Turfgrass:science and culture [M]. New Jersey:Prentice-Hall,1973.
[52] Beard J B. Turf management for golf courses [M]. Second Edition. New York:John Wiley & Sons,2001.
[53] Beard J B. Beard's turfgrass encyclopedia for golf courses[M]. Michigan:Michigan State University Press,2005.

[54] Beard J B, Kenna M P. Water quality and quantity issues for turfgrasses in urban landscapes [M]. Ames, Iowa: Council for Agricultural Science and Technology, 2008.

[55] Beard J B, Green R L. The role of turfgrasses in environmental protection and their benefits to humans[J]. Journal of Environmental Quality, 1994, 23: 452-460.

[56] Beard D. Turfgrass maintenance reduction handbook: sports, lawns, and golf [M]. New York: John Wiley & Sons, 2000.

[57] Turgeon A J, Vargas J M. The turf problem solver: case studies and solutions for environmental, cultural and pest problems [M]. New York: John Wiley & Sons, 2005.

[58] John Neylan. Dusting as a Technique for Thatch Management[M]. AGCSATech, Australian Turfgrass Management, 2002.

主要参考网站及草坪行(产)业相关网站链接

http://aggiehorticulture. tamu. edu/extension/xeriscape/table1. html
http://aggiehorticulture. tamu. edu/extension/xeriscape/xeriscape. html
http://aggiehorticulture. tamu. edu/greenhouse/hortgardens/conservation/index. html
http://aggiehorticulture. tamu. edu/plantanswers/turf/irri. htm
http://aggiehorticulture. tamu. edu/plantanswers/turf/turf. html
http://aggieturf. tamu. edu/aggieturf2/lawns/lindex. html
http://aggieturf. tamu. edu/aggieturf2/soilsample/soilsample1. html
http://aggieturf. tamu. edu/answers4you/index. htm
http://db. kib. ac. cn/eflora/Default. aspx
http://edis. ifas. ufl. edu/AE087/
http://eesc. oregonstate. edu/agcomwebfile/edmat/pubresults. lasso? sortnum=0616
http://magazine. audubon. org/pdf/pesti_chart. pdf
http://ohric. ucdavis. edu/Newsltr/CTC/ctcv_index1. htm
http://oregonstate. edu/dept/hort/turf/eco. htm
http://pubs. caes. uga. edu/caespubs/pubs/PDF/B710. pdf
http://pubs. caes. uga. edu/caespubs/pubs/PDF/b773. pdf
http://pubs. caes. uga. edu/caespubs/pubs/PDF/L387. pdf
http://pubs. caes. uga. edu/caespubs/pubs/pdf-home. html
https://strigroup. com/
http://www. usga. org/
http://wateright. org/publications. asp
http://weather. nmsu. edu/Teaching_Material/soil456/irrgationsys/index. htm
http://www. aces. edu/pubs/docs/A/ANR-0092/

http://www.aepvalvebox.com
http://www.arhomeandgarden.org/lawns/default.asp
http://www.ca.uky.edu/agc/pubs/id/id105/id105.htm
http://www.ca.uky.edu/agc/pubs/id/id72/id72.htm
http://www.ca.uky.edu/agc/pubs/id/id79/id79.htm
http://www.ca.uky.edu/agc/pubs/ppa/ppa1/ppa1.pdf
http://www.canr.uconn.edu/garden/
http://www.cvh.org.cn/
http://www.for-wild.org/landscap.html
http://www.golf998.com/index.php
http://www.hort.uconn.edu/ipm/homegrnd/htms/13inslwn.htm
http://www.hort.uconn.edu/ipm/homegrnd/htms/37lpests.htm
http://www.hort.uconn.edu/ipm/homegrnd/htms/58lcm.htm
http://www.igin.com
http://www.irrigation.org/ia/main.html
http://www.irrigationtutorials.com/
http://www.lawngrass.com/states/index.html
http://www.oznet.ksu.edu/library/hort2/MF2059.PDF
http://www.plantideas.com/
http://www.rainbird.com
http://www.raincad.com/
http://www.randa.org/
http://www.spearsmfg.com
http://www.sprinklerspot.com/
http://www.toro.com
http://www.turfbubbler.com
http://www.weathermatic.com
http://www.weathermiser.com
http://www2.ctahr.hawaii.edu/ctahr2001/Extension/index.html